NIANGZAOJIU JISHU

高职高专“十一五”规划教材

★食品类系列

酿造酒技术

丁立孝　赵金海　主编

化学工业出版社

·北京·

本书是高职高专“十一五”规划教材★食品类系列之一，主要介绍葡萄酒和啤酒的原料选择、酿造技术、生产管理、产品的后处理等内容。本着“厚基础、重理论与实践相结合、针对酿造酒行业”的原则，在编写过程中参考了能够反映近几年来啤酒、葡萄酒发展的最新资料，把近几年出现的新技术、新工艺、新设备以及质量管理等方面的最新知识收入本教材，注意传统与现代酿造酒技术的结合，并特别突出工厂实际生产应用技术，力求理论与实践紧密结合，强调质量管理意识，以培养学生的生产和管理技能。本书还设计了基础实训项目、综合设计实训项目以及企业实训项目，以加强学生的实际操作与知识综合应用能力的培养。

本书适宜作为高职高专食品类、生物技术类相关专业的教材，也可以供相关专业的科研人员及酿酒企业技术人员参考。

图书在版编目（CIP）数据

酿造酒技术/丁立孝，赵金海主编．—北京：化学工业出版社，2008.7（2023.8 重印）
高职高专“十一五”规划教材★食品类系列
ISBN 978-7-122-03407-6

Ⅰ．酿…　Ⅱ．①丁…②赵…　Ⅲ．酿酒-生产工艺-高等学校：技术学院-教材　Ⅳ．TS261.4

中国版本图书馆 CIP 数据核字（2008）第 107777 号

责任编辑：李植峰　梁静丽　郎红旗　　文字编辑：焦欣渝
责任校对：徐贞珍　　装帧设计：尹琳琳

出版发行：化学工业出版社（北京市东城区青年湖南街 13 号　邮政编码 100011）
印　　装：北京科印技术咨询服务有限公司数码印刷分部
787mm×1092mm　1/16　印张 17½　字数 419 千字　　2023 年 8 月北京第 1 版第 9 次印刷

购书咨询：010-64518888　　售后服务：010-64518899
网　　址：http://www.cip.com.cn
凡购买本书，如有缺损质量问题，本社销售中心负责调换。

定　　价：39.00 元

高职高专食品类“十一五”规划教材
建设单位

（按汉语拼音排列）

北京电子科技职业学院
北京农业职业学院
滨州市技术学院
滨州职业学院
长春职业技术学院
常熟理工学院
重庆工贸职业技术学院
重庆三峡职业技术学院
东营职业学院
福建华南女子职业学院
福建宁德职业技术学院
广东农工商职业技术学院
广东轻工职业技术学院
广西农业职业技术学院
广西职业技术学院
广州城市职业学院
海南职业技术学院
河北交通职业技术学院
河南工贸职业学院
河南农业职业学院
河南濮阳职业技术学院
河南商业高等专科学校
河南质量工程职业学院
黑龙江农业职业技术学院
黑龙江畜牧兽医职业学院
呼和浩特职业学院
湖北大学知行学院
湖北轻工职业技术学院
黄河水利职业技术学院
济宁职业技术学院
嘉兴职业技术学院
江苏财经职业技术学院
江苏农林职业技术学院
江苏食品职业技术学院
江苏畜牧兽医职业技术学院
江西工业贸易职业技术学院
焦作大学
荆楚理工学院
景德镇高等专科学校
开封大学
漯河医学高等专科学校
漯河职业技术学院
南阳理工学院
内江职业技术学院
内蒙古大学
内蒙古化工职业学院
内蒙古农业大学职业技术学院
内蒙古商贸职业学院
平顶山工业职业技术学院
日照职业技术学院
陕西宝鸡职业技术学院
商丘职业技术学院
深圳职业技术学院
沈阳师范大学
双汇实业集团有限责任公司
苏州农业职业技术学院
天津职业大学
武汉生物工程学院
襄樊职业技术学院
信阳农业高等专科学校
杨凌职业技术学院
永城职业学院
漳州职业技术学院
浙江经贸职业技术学院
郑州牧业工程高等专科学校
郑州轻工职业学院
中国神马集团
中州大学

《酿造酒技术》编写人员

主　　编　丁立孝　（日照职业技术学院）

　　　　　　　赵金海　（郑州轻工业学院轻工职业学院）

副 主 编　陈忠军　（内蒙古农业大学食品科学与工程学院）

　　　　　　　徐金良　（青岛东尼葡萄酿酒有限公司）

参编人员　（按姓名汉语拼音排列）

　　　　　　　陈忠军　（内蒙古农业大学食品科学与工程学院）

　　　　　　　丁立孝　（日照职业技术学院）

　　　　　　　杜璋璋　（济宁职业技术学院）

　　　　　　　胡慧萍　（日照职业技术学院）

　　　　　　　王家东　（信阳农业高等专科学校）

　　　　　　　王荣荣　（信阳农业高等专科学校）

　　　　　　　须瑛敏　（苏州农业职业技术学院）

　　　　　　　徐金良　（青岛东尼葡萄酿酒有限公司）

　　　　　　　张　莉　（青岛农业大学海都学院）

　　　　　　　赵春杰　（内蒙古农业大学职业技术学院）

　　　　　　　赵金海　（郑州轻工业学院轻工职业学院）

　　　　　　　赵永奇　（河南金星啤酒集团）

序

作为高等教育发展的一个类型，近年来我国的高职高专教育蓬勃发展，“十五”期间是其跨越式发展阶段，高职高专教育的规模空前壮大，专业建设、改革和发展思路进一步明晰，教育研究和教学实践都取得了丰硕成果。各级教育主管部门、高职高专院校以及各类出版社对高职高专教材建设给予了较大的支持和投入，出版了一些特色教材，但由于整个高职高专教育改革尚处于探索阶段，故而“十五”期间出版的一些教材难免存在一定程度的不足。课程改革和教材建设的相对滞后也导致目前的人才培养效果与市场需求之间还存在着一定的偏差。为适应高职高专教学的发展，在总结“十五”期间高职高专教学改革成果的基础上，组织编写一批突出高职高专教育特色，以培养适应行业需要的高级技能型人才为目标的高质量的教材不仅十分必要，而且十分迫切。

教育部《关于全面提高高等职业教育教学质量的若干意见》（教高［2006］16号）中提出，将重点建设好3000种左右国家规划教材，号召教师与行业企业共同开发紧密结合生产实际的实训教材。“十一五”期间，教育部将深化教学内容和课程体系改革，全面提高高等职业教育教学质量作为工作重点，从培养目标、专业改革与建设、人才培养模式、实训基地建设、教学团队建设、教学质量保障体系、领导管理规范化等多方面对高等职业教育提出新的要求。这对于教材建设既是机遇，又是挑战，每一个与高职高专教育相关的部门和个人都有责任、有义务为高职高专教材建设做出贡献。

化学工业出版社为中央级综合科技出版社，是国家规划教材的重要出版基地，为我国高等教育的发展做出了积极贡献，被新闻出版总署领导评价为“导向正确、管理规范、特色鲜明、效益良好的模范出版社”，最近荣获中国出版政府奖——先进出版单位奖。依照教育部的部署和要求，2006年化学工业出版社在“教育部高等学校高职高专食品类专业教学指导委员会”的指导下，邀请开设食品类专业的60余家高职高专骨干院校和食品相关行业企业作为教材建设单位，共同研讨开发食品类高职高专“十一五”规划教材，成立了“高职高专食品类‘十一五’规划教材建设委员会”和“高职高专食品类‘十一五’规划教材编审委员会”，拟在“十一五”期间组织相关院校的一线教师和相关企业的技术人员，在深入调研、整体规划的基础上，编写出版一套食品类相关专业基础课、专业课及专业相关外延课程教材——“高职高专‘十一五’规划教材★食品类系列”。该批教材将涵盖各类高职高专院校的食品加工、食品营养与检测和食品生物技术等专业开设的课程，从而形成优化配套的高职高专教材体系。目前，该套教材的首批编写计划已顺利实施，首批60余本教材将于2008年陆续出版。

该套教材的建设贯彻了以应用性职业岗位需求为中心，以素质教育、创新教育为基础，以学生能力培养为本位的教育理念；教材编写中突出了理论知识“必需”、“够用”、“管用”的原则；体现了以职业需求为导向的原则；坚持了以职业能力培养为主线的原则；体现了以常规技术为基础、关键技术为重点，先进技术为导向的与时俱进的原则。整套教材具有较好的系统性和规划性。此套教材汇集众多食品类高职高专院校教师的教学经验和教改成果，又得到了相关行业企业专家的指导和积极参与，相信它的出版不仅能较好地满足高职高专食品类专业的教学需求，而且对促进高职高专课程建设与改革、提高教学质量也将起到积极的推动作用。希望每一位与高职高专食品类专业教育相关的教师和行业技术人员，都能关注、参与此套教材的建设，并提出宝贵的意见和建议。毕竟，为高职高专食品类专业教育服务，共同开发、建设出一套优质教材是我们应尽的责任和义务。

贡汉坤

前　言

啤酒和葡萄酒是世界上产量最大的两种饮料酒，也是我国工业化生产程度最高的两种酿造酒。进入21世纪，随着人民生活水平的不断提高和饮酒方式的改变，我国啤酒、葡萄酒的生产量、消费量均呈现快速增长的趋势，从而带动了产业的升级和发展。啤酒产量已连续6年居世界首位，而且今后还将稳步发展。2007年我国葡萄酒产量约66.5万吨，同比增加37%，创历史最高水平，行业保持快速增长势头。由于人们对啤酒和葡萄酒品种结构和产品质量要求越来越高，以及新技术、新工艺在啤酒和葡萄酒酿造中的应用，企业对技术人才的需求越来越多，人才供求矛盾日渐突出，培养能在一线操作的高技能人才是当务之急。为此，我们组织编写了这本以培养酿造酒产业急需的高技能人才为目标的教材。

酿造酒技术是高职高专食品类专业一门重要的专业技术课程。本教材主要介绍葡萄酒和啤酒的原料选择、酿造技术、生产管理、产品的后处理等内容。在本书编写过程中主要突出了如下特点。

1. 编写人员结构合理，突出了工学结合、校企合作的高职教育特色。根据高等职业教育的特点，结合职业技能鉴定和职业岗位群知识和技能的要求，本书组织了具有丰富专业理论和实践经验的10多位来自不同院校的教师和企业技术人员参加了本书的编写。

2. 在编写过程中参考了能够反映近几年来啤酒、葡萄酒发展的最新资料，把近几年出现的新技术、新工艺、新设备以及质量管理等方面的最新知识收入本教材，力求理论与实践紧密结合，强调质量管理意识，注重实践实训，旨在培养学生的实际操作与知识综合应用能力。

3. 内容的取舍与编排，避免面面俱到，防止与其他酿造技术课程的冲突或重复，本着"厚基础、重理论与实践相结合、针对酿造酒行业"的原则，注意传统与现代酿造酒技术的结合，并特别突出工厂实际生产应用技术，培养学生的生产和管理技能。

4. 在编写形式上，力求便于学生掌握知识和提高自学能力，注重职业能力培养，每章开始都有学习目标，结尾附有少而精的思考题，以方便学生巩固知识、举一反三、活学活用。酿造酒技术是一门应用性很强的专业技术课程，在编写内容上充分考虑这一特点，编写了基础实训项目、综合设计实训项目以及企业实训项目，以培养学生的实践能力。

参加本书编写的有丁立孝、王荣荣、王家东、张莉、杜璋璋、陈忠军、胡慧萍、赵永奇、赵金海、赵春杰、须瑛敏、徐金良，丁立孝、赵金海担任主编。各位编写人员密切配合，积极协作，确保了按时、保质地完成编写任务。日照职业技术学院的丁振、宋庆武和鲁曾参与了全书统稿和校对，特此致谢。

本书适宜作为高职高专食品类、生物技术类相关专业的教材，也可以供相关专业的科研人员及酿酒企业技术人员参考。

由于编者水平和时间有限，疏漏和不足之处在所难免，请广大读者和同行专家提出宝贵意见。

编者

2008年5月

于日照职业技术学院泽厚园

目　　录

第一篇　葡萄酒酿造技术

第二篇 啤酒酿造技术

第三篇 实训项目

第一篇　葡萄酒酿造技术

第一章 葡萄酒工业发展史

学习目标

1. 了解国内外葡萄酒工业的发展史。
2. 了解中国葡萄酒工业的发展现状及发展趋势。

第一节 世界葡萄酒工业历史

关于葡萄酒的起源，众说纷纭。据考古资料，人类在10000年前的新石器时代就开始了采集野生葡萄果实和酿造天然葡萄酒。欧洲最早开始种植葡萄并进行葡萄酒酿造的国家是希腊。一些旅行者和新的疆土征服者把葡萄栽培和葡萄酒酿造技术从小亚细亚和埃及带到希腊的克里特岛，逐渐遍及希腊及其诸海岛。3000年前，希腊的葡萄种植已极为兴盛。

公元前6世纪，希腊人把小亚细亚原产的葡萄酒通过马赛港传入高卢（即现在的法国），并将葡萄栽培和葡萄酒酿造技术传给了高卢人。

罗马人从希腊人那里学会葡萄栽培和葡萄酒酿造技术后，很快在意大利半岛全面推广。直至今天，这些地区仍是重要的葡萄和葡萄酒产区。

15～16世纪，葡萄栽培和葡萄酒酿造技术随着传教士的足迹，传入南非、澳大利亚、新西兰、日本、朝鲜和美洲等地。

19世纪中叶，是美国葡萄和葡萄酒生产的大发展时期。1861年从欧洲引入葡萄苗木20万株，在加利福尼亚建成了葡萄园，但由于根瘤蚜的危害，几乎全部被摧毁。后来，用美洲原生葡萄作为砧木嫁接欧洲种葡萄，防治了根瘤蚜，葡萄酒工业才又逐渐发展起来。现在，南北美洲均有葡萄酒生产。阿根廷、美国的加利福尼亚州以及墨西哥均为世界著名的葡萄酒产区。

有关葡萄酒的科学研究，开始于1857年的法国微生物学家巴斯德的葡萄酒发酵原理的发现，即葡萄酒的酿造就是酵母菌将葡萄汁发酵生成酒精的过程，巴斯德的研究使得葡萄酒的酿造技术能够大幅度提高，并逐渐形成一门专门学科。

进入20世纪，酿酒技术得到了很大发展，发明了各种新式的酿造方法，并且能够精确控制酿造过程，同时人们也意识到了葡萄种植的重要性，形成了葡萄酒“七分原料，三分酿造”的认识。只有依靠葡萄园所拥有的天然环境，才能酿造出具有特色和风格的优质葡萄酒。于是，1936年法国最先开始建立了AOC法定产区管理系统，不仅管理葡萄酒的品质，也规定各地葡萄酒的特色和传统，使每一产区的酒能维持当地的特色。这种管理制度也限制了欧洲葡萄酒产业朝工业化饮料的方向发展。然而，新兴的葡萄酒生产国在品质和产量上都有相当大的提高和增长。1976年的巴黎评酒会，成为美国葡萄酒工业崛起的里程碑；20世纪80年代，澳大利亚的葡萄酒工业开始崛起；90年代，智利、阿根廷、南非等国家加入其中，共同形成了一个咄咄逼人的葡萄酒新世界。

世界葡萄酒的产量在20世纪80年代的初期达到最高峰（333.6亿升），此后逐年下降，到20世纪90年代初，全球葡萄酒产量下降了70亿升（下降21%）。2004年的世界葡萄酒总产量中，欧洲占主导地位，占总产量的71%。仅欧盟25国就占全球产量的62%。其次为美洲，占全球产量的16%。

法国是传统葡萄酒生产国，葡萄酒行业贡献了12%的农业总产值和99亿美元的GDP。不过，虽然法国拥有著名的波尔多葡萄酒，但是并没有特别著名的品牌，而且葡萄酒标签也比较晦涩难懂，严重影响了出口业务。近年来法国葡萄酒出口与消费呈现下滑态势，尤其是2004年被法国业内人士称为葡萄酒行业危机年，葡萄酒（含香槟酒）出口数量和金额同比分别下降6.7%和9.2%，不仅如此，其国内人均消费仅为20世纪60年代的一半，创下历史新低。

意大利是全球葡萄酒第一大生产国，近年来不仅人均消费量下降，而且出口情况也出现滞胀，特别是对德国和法国的出口量变化更为明显。这种情况的出现，反映了全球葡萄酒行业近几十年来的格局变化，即旧世界传统文化型生产与新世界工业化大生产之间的对抗。发生这种变化的主要原因是，葡萄酒已经成为即兴型快速消费品，而不仅是传统文化消费。

美国是全球最大的葡萄酒进口国之一，目前主流产品价格在10美元以下，人均年消费量在10瓶左右，虽然比10年前增长了7瓶，但是相对于法国77瓶的人均年消费量，市场增长空间非常巨大。

第二节 中国葡萄酒工业历史

据文字记载，葡萄酒在我国已经有2000多年的历史了。公元前138年，汉武帝时派使臣张骞出使西域，并从西域大宛[1]引进了酿酒葡萄，吸引来了酿酒艺人传授酿造葡萄酒的技术。据史料记载，汉武帝时，离宫别馆，尽栽葡萄。这充分说明我国在西汉时期，已从邻国学习并掌握了葡萄种植和葡萄酿酒技术。西域自古以来一直是我国葡萄酒的主要产地。《吐鲁番出土文书》（现代根据出土文书汇编而成的）中有不少史料记载了公元4～8世纪吐鲁番地区葡萄园种植、经营、租让及葡萄酒买卖的情况。从这些史料可以看出，在那一历史时期，葡萄酒生产的规模是较大的。

汉代虽然曾引入了葡萄及葡萄酒生产技术，但葡萄酒的酿造技术并未大面积推广。东汉时，葡萄酒仍非常珍贵，据《太平御览》卷972引《续汉书》云：扶风孟佗以葡萄酒一斗遗张让，即以为凉州刺史。这足以证明当时葡萄酒的稀罕。

后来，唐太宗也从西域引入葡萄，《南部新书》丙卷记载："太宗破高昌，收马乳葡萄种于苑，并得酒法，仍自损益之，造酒成绿色，芳香酷烈，味兼醍醐，长安始识其味也。"使得葡萄酒在内地有了较大的影响力，并在唐代延续了较长的历史时期，以致在唐代的许多诗句中，葡萄酒的名字屡屡出现。如脍炙人口的著名诗句："葡萄美酒夜光杯，欲饮琵琶马上催"（王翰《凉州词》）。刘禹锡（772～842年）也曾作诗赞美葡萄酒，诗云："我本是晋人，种此如种玉，酿之成美酒，尽日饮不足"。这说明当时山西早已种植葡萄，并酿造葡萄酒。白居易、李白等都有吟诵葡萄酒的诗。

1892年，爱国华侨张弼士先生投资300万两白银在山东烟台建立张裕葡萄酒公司。聘请奥地利人拔保担任酿酒师，引进120多个酿酒葡萄品种，在东山葡萄园和西山葡萄园栽培，并引进国外的酿酒工艺和酿酒设备，使我国的葡萄酒生产走上工业化大生产的道路。1915年，张裕葡萄酒公司生产的葡萄酒和白兰地，在美国旧金山举行的万国博览会上获得金质奖章和最优等奖状。从此，我国的葡萄酒生产技术迈上了一个新台阶。

新中国成立后，我国的葡萄酒工业获得了新生。葡萄酒行业在初创时期主要是以扩大生产为主，由国家轻工业部组织实施了葡萄酒行业的改建、扩建工程。从1954年开始的第一个五年计划期间，我国自行设计建设了北京东郊葡萄酒厂，这是全国156个重点建设项目之一，相继扩建的还有烟台张裕葡萄酒公司、青岛葡萄酒厂、北京葡萄酒厂、吉林通化葡萄酒

[1] 大宛是古代西域的一个国家，在中亚费尔干纳盆地。

厂、陕西丹凤葡萄酒厂、山西清徐露酒厂、河北沙城葡萄酒厂等。第二个五年计划期间，进一步发挥地域优势，大力开发黄河故道，先后从保加利亚、匈牙利、前苏联引入了酿酒葡萄品种，我国自己也开展了葡萄品种的选育工作，建设自己的葡萄种植基地，并且新建了河南民权、兰考和郑州葡萄酒厂，安徽的萧县葡萄酒厂以及江苏的连云港和丰县等10多个葡萄酒厂，使葡萄酒行业不断壮大。

20世纪70年代以后，新疆吐鲁番、宁夏玉泉、湖北枣阳、广西永福、云南开源等地又相继改建或新建了一批葡萄酒厂，使全国县以上的葡萄酒厂增加到100多家，葡萄酒的产量由1949年的不足200t，发展到1978年的6.4万吨。同时在新疆、甘肃的干旱地区，渤海沿岸平原，黄河故道，黄土高原干旱地区、淮河流域，东北长白山地区，建立了葡萄园和葡萄生产基地。在此期间，全国性的葡萄酿酒与栽培协作大会对行业的发展起到了重要的推动作用。1974年12月在山东烟台召开了“葡萄酒和酿酒葡萄品种研究技术协作会”，会议交流了新中国成立以来各地在葡萄酒生产和葡萄栽培上的经验，分析了存在的问题，成立了“全国性葡萄栽培和葡萄酿酒研究技术协作组”，对于协调行业发展，特别是提高对酿酒葡萄品种的认识，发挥了积极的作用。1978年党的十一届三中全会以后，葡萄酒行业发生了巨大的变化。1987年的全国酿酒工作会议提出了饮料酒发展的四个转变，其中“粮食酒向果类酒的转变”为葡萄酒的发展创造了机遇。但是，由于葡萄酒市场管理缺乏规范，导致伪劣产品盛行，消费者不愿购买。1989年前后葡萄酒行业出现大面积滑坡，葡萄种植面积骤减，葡萄酒企业纷纷倒闭，只有少数企业勉强维持。但从总的趋势看，葡萄酒行业仍然处在发展之中，1981年葡萄酒产量超过10万吨，1985年达到23.30万吨，1988年达到30.85万吨的最好纪录。在1978～1983年间，由郭其昌领导的干白葡萄酒新工艺的研究成功，改变了葡萄酒产品以甜型配制酒为主的状况，为我国葡萄酒与国际标准接轨迈出了关键性的一步。1983年按照新工艺生产的长城干白葡萄酒在14届国际品酒会上获得银奖，这是新中国成立以来我国的葡萄酒产品首次获得国际社会的认可。与此相关的葡萄酒稳定性研究、葡萄酒生产新技术工业性实验、葡萄酒行业标准QB/T 1980—94及国家标准GB/T 15037—94的制定等，大大提高了我国葡萄酒的整体素质。1980年中法合营王朝葡萄酿酒有限公司以及1983年长城葡萄酿酒有限公司相继成立，并飞速发展，再加上张裕葡萄酒公司，我国葡萄酒行业形成了三足鼎立的局面。他们不仅占领了全国50%以上的葡萄酒市场，也使中国的葡萄酒工业在国际舞台上有了自己的一席之地。

20世纪90年代，“洋酒热”首先带动了我国白兰地生产的发展，紧接着“干红热”在1995年底迅速升温，为葡萄酒行业的发展创造了机遇，在短短几年的时间里，葡萄酒企业的数量迅速增加，由1985年底的240多家增至目前的近500家，酿酒葡萄基地也由原来的10多万亩发展到目前的40多万亩。产量过万吨的企业已经有7家。与此同时，还有一批严格按国际标准、专业生产干型葡萄酒的中小企业也得到了国内外消费者的认可。苹果酸-乳酸菌发酵、气囊式压榨机和滚动式发酵罐等先进技术和设备的应用，进一步缩短了我国葡萄酒行业与国际水平的差距，为我国葡萄酒工业的腾飞奠定了坚实的基础。

第三节 中国葡萄酒工业发展趋势

进入21世纪，随着人民生活水平的不断提高和饮酒方式的改变，我国葡萄酒的生产量、消费量均呈现快速增长的趋势。根据国家统计局统计数据显示，2003年和2004年我国葡萄酒产量分别为34.3万吨和39.3万吨，同比增幅分别高达13.5%和14.6%，为同期饮料酒行业中增长速度最快的酒种。2006年葡萄酒行业进入平稳发展期。全年行业销售收入达到129.52亿元，同比增长25.04%，利润总额达到13.53亿元，同比增长19.60%。2007年1～5月，国内葡萄酒产量同比增长15.3%，销售收入同比增长18%，行业保持快速增长势头。

葡萄酒行业集中度远高于啤酒和白酒。张裕、长城和王朝三个品牌的葡萄酒销量占50%的市场份额。利润总额更是占到行业的67%。王朝、张裕、长城三家国产品牌通过超市等多渠道的扩张，已在国内消费者心目中占据重要的位置。

目前，洋葡萄酒在我国还是非主流产品，我国葡萄酒市场占有率的前十名全是国产品牌。但进口葡萄酒的销量也在飞速增长。经过修订的葡萄酒国家标准已于2008年1月1日在生产领域里实施，并由推荐性国家标准改为强制性国家标准，加上关税逐渐下降，洋葡萄酒在中国市场的销售越来越有利，国内企业竞争压力越来越大。

中国葡萄酒产业在未来将发生巨大的变化，主要有以下发展趋势。

1. 发展高端葡萄酒

最近三年，高档葡萄酒的销量年均增长50%，酒庄酒的销量年均增长则超过了100%。世界葡萄酒行业最负盛名的《葡萄酒报告》预测：2010年中国葡萄酒消费结构中，高、中、低档酒的比例分别为50%、40%、10%。高端市场的利润率往往高达30%～50%。伴随着葡萄酒市场的规范化、消费的成熟化，品牌、品质成为葡萄酒消费的主要因素，加上经济发展、消费者可支配收入等宏观经济因素的影响，消费者的葡萄酒消费逐渐转向奢侈消费，葡萄酒行业结构也向倒金字塔形转变。高端葡萄酒发展势头迅猛，增加了高端葡萄酒市场的竞争压力，但葡萄酒市场高端化趋势不会改变，高端市场也会成为中外企业争夺的焦点。

2. 打造葡萄酒消费文化

葡萄酒文化是浪漫、时尚和个性的文化，消费群体主要是城市中高收入阶层。中国目前还没有形成一个良好的葡萄酒文化和葡萄酒饮用氛围。但在世界范围内，关注葡萄酒原产地的消费习惯是主流，这为企业发展高端葡萄酒指明了方向。近年来，酒庄建设已成为葡萄酒行业一个热点，很多企业开始认识到生产精品酒和发展葡萄酒特色旅游的重要性。与此同时，多元化的投资，大规模葡萄酒生产企业的建立，也使得中国的葡萄酒行业充满活力。

3. 洋葡萄酒进口量增大，占据高价位市场

随着消费观念的转变，葡萄酒消费也从初期追逐流行风尚为主，渐向注重品牌、讲究口味、讲究质量的理性消费转变，国产优质葡萄酒因其价格合适，受到消费者喜爱。而同时，国外品牌的葡萄酒进口猛增。据统计，2003年我国进口散装葡萄酒3.65余万吨，2005年进口4.28万吨，2006年进口8.93万吨，进口洋葡萄酒由于运作市场经验丰富，品牌含金量高，促销手段高明，20多年来一直占据着中国三星级以上酒店高消费场所的市场。随着中国加入WTO和进口关税的逐年下调，洋葡萄酒还会向中低档葡萄酒市场渗透，中国葡萄酒面临着更为严酷的市场竞争。

4. 中国葡萄酒产业面临产业升级

不论从国内葡萄酒企业还是从国际葡萄酒竞争态势观察，我国葡萄酒产业都面临一个产业升级的问题。除几大名牌之外，中小品牌企业大都面临产业规模小、品牌和产品缺乏个性和影响力、营销手段单一、营销方法落后、行业从业人员整体素质偏低、忽视长期营销网络营建与维护、忽视酒文化传播和固定消费群体的培养等多方面的危机。葡萄酒业最缺乏的是什么？既不是资金，也不是原料，而是企业管理和市场营销的硬功夫。因此，整个行业存在着素质有待提高的产业升级问题。

5. 消费地区和人群逐步扩大

目前，我国葡萄酒的消费主要集中在东部地区、大中型城市和中青年、高学历、高收入人群，但从趋势来看，消费的地区和人群已有向外延伸的趋势，并将继续保持下去。一家西班牙葡萄酒厂商曾公开断言，世界未来的葡萄酒市场将是中国、印度和巴西三国鼎立的市场。尤其中国，人民生活越来越富裕，名牌消费意识日益增长，将出现越来越多的崇尚世界大牌葡萄酒的消费者。

21世纪的中国，交通方便，通讯发达，信息传递极为便捷，这些都为葡萄酒的发展创

造了极为有利的条件。再加上媒体对葡萄酒的宣传引导，已达到深入人心、家喻户晓。当人们真正认识了葡萄酒，就促进了葡萄酒的消费。中国将成为世界上葡萄酒消费增长最快的市场，中国葡萄酒产业的发展有着非常广阔的前景。

思考题

1. 国外葡萄酒的发展有何历史特点？
2. 查阅资料进一步了解中国葡萄酒工业的现状及其发展趋势。

第二章　葡萄酒的简介

学习目标

1. 熟悉葡萄酒的种类及其特点。
2. 了解世界著名葡萄酒。

第一节　葡萄酒的分类

根据我国最新的国家标准（GB 15037—2006），葡萄酒是以新鲜葡萄或葡萄汁为原料，经酵母发酵酿制而成的、酒精度不低于7%（体积分数）的各类葡萄酒。葡萄酒品种繁多，有不同的分类方法。常见的分类方法如下。

一、按葡萄酒的色泽分类

（1）白葡萄酒（white wine）　用白葡萄或皮红汁白的葡萄的果汁发酵制成，酒的色泽从无色到金黄，包括近似无色、微黄带绿、浅黄、禾秆黄色、金黄色等。

（2）红葡萄酒（red wine）　用皮红肉白或皮肉皆红的酿酒葡萄带皮发酵，或用先以热浸提法浸出了葡萄皮中的色素和香味物质的葡萄汁发酵制成。酒的颜色有紫红、深红、宝石红、红微带棕色、棕红色。

（3）桃红葡萄酒（rose wine）　用红葡萄或红、白葡萄混合，带皮或不带皮发酵制成。葡萄固体成分浸出少，颜色和口味介于红、白葡萄酒之间，主要有桃红、淡玫瑰红、浅红色，颜色过深或过浅均不符合桃红葡萄酒的要求。

二、按二氧化碳含量分类

（1）平静葡萄酒（still wine）　指的是在20℃，二氧化碳压力小于0.05MPa的葡萄酒。

（2）起泡葡萄酒（sparkling wine）　指葡萄原酒经密闭二次发酵产生二氧化碳，在20℃时二氧化碳压力≥0.35MPa（以250mL/瓶计）的葡萄酒，酒精度不低于8%（体积分数）。

（3）加气起泡葡萄酒（carbonated wine）　指在20℃时二氧化碳（全部或部分由人工充填）压力≥0.35MPa（以250mL/瓶计）的葡萄酒，酒精度不低于4%（体积分数）。

三、按含糖量多少分类

（1）干葡萄酒（dry wine）　也称干酒，含糖量（以葡萄糖计）≤4.0g/L，葡萄酒中的糖分几乎已发酵完，饮用时觉不出甜味，微酸爽口，具有柔和、协调、细腻的果香与酒香。根据颜色的不同，又分为干红葡萄酒、干白葡萄酒、干桃红葡萄酒。

（2）半干葡萄酒（semi-dry wine）　含糖量4.1～12.0g/L，饮用时微感甜味。根据颜色的不同，又分为半干红葡萄酒、半干白葡萄酒、半干桃红葡萄酒。

（3）半甜葡萄酒（semi-sweet wine）　含糖量12.1～50g/L，饮用时有甘甜、爽口感。根据颜色的不同，又分为半甜红葡萄酒、半甜白葡萄酒、半甜桃红葡萄酒。它是日本和美国消费较多的品种。

（4）甜葡萄酒（sweet wine）　含糖量≥50.1g/L，饮用时有明显甘甜、醇厚适口的酒香和果香，其酒精含量一般在15%左右，亦称浓甜葡萄酒。根据颜色的不同，又分为甜红葡萄酒、甜白葡萄酒、甜桃红葡萄酒。

天然的半干、半甜葡萄酒是采用含糖量较高的葡萄为原料，在主发酵尚未结束时即停止发酵，使其中的糖分保留下来。我国生产的半甜葡萄酒或甜葡萄酒常采用调配时补加转化糖来提高含糖量，也有的采用添加浓缩葡萄汁的方法以提高含糖量。

四、按酿造方法分类

(1) 天然葡萄酒（brut wine）　完全以葡萄为原料发酵而成，不添加糖分、酒精及香料的葡萄酒。

(2) 加强葡萄酒（fortified wine）　用人工添加白兰地或脱臭酒精，以提高酒精含量的葡萄酒称为加强葡萄酒；除了提高酒精含量外，同时提高含糖量的葡萄酒称加强甜葡萄酒，在我国称浓甜葡萄酒。

(3) 加香葡萄酒（flavored wine）　按含糖量不同可将加香葡萄酒称为干酒和甜酒。甜酒含糖量和葡萄酒含糖标准相同。开胃型葡萄酒采用葡萄原酒浸泡芳香物质，再经调配制成，如味美思、丁香葡萄酒等；或采用葡萄原酒浸泡药材，制成滋补型葡萄酒，如人参葡萄酒等。

第二节　世界著名葡萄酒介绍

1. 索丹（Saurternes）酒

法国波尔多地区的索丹，盛产世界著名的索丹甜白葡萄酒。

索丹酒是利用灰腐病的“灰腐”作用，提高果浆含糖量后，再行采收，酿造葡萄酒的。常用名贵酿造品种赛美蓉（Semillon）、米士加得尔（Miscadolle）等含糖量极高的葡萄为原料，采用自然发酵，在发酵尚未结束时添加葡萄蒸馏酒精或二氧化硫停止发酵。再经较长时间的贮存，酒的口味浓厚，酒体丰满，带有特殊香味，是一种具有特殊典型风味的甜白葡萄酒。

2. 马尔萨拉（Marsala）酒

马尔萨拉是意大利西西里岛上一个港口，这里因盛产优良的干白葡萄酒而闻名于世界，另外尚有半干酒与甜酒。

这种白葡萄酒绝大部分用亚士匹南（Aspignan）等红葡萄品种制造，采摘后尽快破碎、压榨、果汁分离，为避免带入过多的色素，需用亚硫酸脱色。由于原料含糖量不太高，故需加糖发酵。每升葡萄汁加糖 51g。发酵完毕，分离换桶。换桶时加入用马尔萨拉葡萄酒蒸馏并经陈酿的酒精，每次添加量为 1%～2%，分次添加，直到成品酒酒精含量达 15%为止。换桶都在春秋两季。利用换桶机会将酒倒换几次，尽量接触空气，以引起氧化作用，加速陈酿。贮存期较长，最长达五年，同时加入 0.01%的树脂（一种烧焦了的松树），使酒产生一种特殊的风味。

3. 谐丽（Sheery）酒

谐丽酒是世界闻名的葡萄酒之一，原产于西班牙南部赫雷斯-德拉弗安特拉（Terez dela Frontera）地区，在西班牙称 Zerez（惹拉兹），英国称 Sheery（谐丽）。

谐丽酒是用特殊地区（酿谐丽酒的葡萄种植土壤有三种，微白土壤、矿泉泥和沙土）种植的白葡萄，采用独特工艺酿制而成的，酒的色泽呈金黄色，有强烈和独特的酒香味和幽长的回味。谐丽酒可分成干酒和甜酒两类。葡萄品种巴洛米洛（Polomino）和彼得罗-希门涅斯（Pedo-Ximens），前者主要酿制干谐丽，后者主要酿制甜谐丽。干谐丽酒用含糖分 18%～20%的巴洛米洛葡萄，按照一般白葡萄酒工艺酿成含酒精 12%左右的原酒，然后添加葡萄蒸馏酒精使酒精含量达到 15%～15.5%，再移至 500～600L 的橡木桶中进行独特的“生物陈酿”。

4. 马德拉（Madeira）酒

马德拉酒产于大西洋中葡萄牙的马德拉岛。

马德拉酒有不甜、甜、极甜之分，其中以不甜的马德拉酒最著名。它的工艺特点为：采用加热方法缩短贮存期。将装在桶中的葡萄酒或装在瓶中的葡萄酒放在太阳下曝晒，或放在大暖室中，经过8～10个月，酒就具备了要经过多年陈酿（10多年）才能产生的风味。另一种方法是在新葡萄酒中加入10%～15%预先在烘炉中加热过的酒。准备加热的酒装在陶瓷坛中，在55℃（不宜超过此温）的烘炉中加温。不甜的马德拉酒其酒精含量常超过20%，酒精的添加是采用逐次加入的方法。

5. 马拉加（Malaga）酒

马拉加酒产于西班牙的马拉加地区，以出产极甜的酒而闻名于世。

马拉加酒的特点是将葡萄汁直接用火浓缩，然后根据酒的性质在葡萄酒中加入10%～15%的葡萄浓缩汁。马拉加原甜葡萄酒的酿造，选用的葡萄越熟越好，采摘后曝晒2～3天，经破碎取一次压榨汁在橡木桶中发酵。这种酒的酒精含量一般为15%～17%，葡萄原酒保留糖分100g/L，再用这种原酒作酒基配制各种类型的马拉加酒。

6. 阿斯蒂（Asti）起泡葡萄酒

阿斯蒂葡萄酒是一种在压力罐中制造的带甜味及芳香的起泡酒。其原酒由白麝香葡萄酿成，生产区域是意大利阿斯蒂山麓。这种酒的酒精含量为6%～9%，还原糖含量为6%～10%。

7. 波尔特（Port）酒

波尔特酒产于葡萄牙杜洛河流域，原始类型为甜酒，现在通常有绝干酒、干酒（常为白葡萄酒）、半干酒和甜酒（常为红葡萄酒）。采用的主要葡萄品种是巴士特尔多（Bstardo），生产中用酒精来终止发酵，在500L橡木桶中陈酿2年以上。该酒有一种特殊的香味，酒精含量为18%～20%。

8. 多加意（Tokay）酒

多加意酒是世界著名的甜葡萄酒，产于匈牙利多加意市。

多加意酒是采用匈牙利胡尔曼（Furmint）葡萄酿造，该葡萄含糖量高，出汁多。葡萄成熟后留在藤上自然风干，任其萎缩，至10月底采摘后，破碎压榨，放入装有用95%酒精浸泡过的肉豆蔻的橡木桶中发酵，以增加香气。生产出的酒在地下酒窖中贮存2～3年，每年换桶两次，自然澄清后装瓶出售。酒液棕红，果香、酒香协调，口味醇甜，酸度适中，有独特的风格。

思考题

1. 葡萄酒按色泽分类，可分成哪几类？各有何特点？
2. 葡萄酒按含糖量多少分类，可分成哪几类？各有何特点？
3. 葡萄酒按酿造工艺分类，可分成哪几类？各有何特点？
4. 葡萄酒按二氧化碳含量分类，可分成哪几类？各有何特点？
5. 根据你对葡萄酒的认识，你认为葡萄酒还有哪些分类方法？
6. 查阅资料进一步了解世界著名的葡萄酒品种并举例说明。

第三章　葡萄酒的原料选择与准备

学习目标

1. 掌握葡萄酒酿造前原料的选择与准备的相关知识。

2. 熟悉酿酒葡萄的种类、采收、葡萄汁的制备及二氧化硫的添加等相关知识。

第一节　葡萄酒生产原料

一、酿酒用葡萄品种

葡萄是一种营养价值很高、用途很广的浆果植物，具有高产、结果早、适应性强、寿命长的特点，因此世界上栽种范围很广。我国也有大面积栽培。如今，随着人民生活水平的提高和酿酒工业的发展，葡萄的栽培得到了快速发展。

在所有水果中，葡萄最适于酿酒，其主要原因如下：

① 葡萄汁的糖分含量，最适合酵母的生长繁殖；

② 葡萄皮上带有天然葡萄酒酵母；

③ 葡萄汁里含有酵母生长所需的所有营养成分，满足了酵母的生长繁殖条件；

④ 葡萄汁酸度较高，能抑制细菌生长，但其酸度仍在酵母的适宜生长范围内；

⑤ 由于葡萄汁的糖度高，发酵得到的酒精度也高，再加上酸度高，从而保证了酒的生物稳定性；

⑥ 葡萄有美丽的颜色，或浓郁或清雅的香味，酿成酒后，色、香、味俱佳，是“帝王也为之垂涎的美酒”。

酿酒葡萄按其用途可分为三类，即酿造白葡萄酒品种、酿造红葡萄酒品种和酿造调色调香葡萄酒品种。

酿造白葡萄酒的优良葡萄品种有：贵人香、霞多丽、白诗南、龙眼、赛美蓉等。其中我国主栽品种是贵人香和龙眼。尤其龙眼，是我国古老的栽培品种，现在从黄土高原到山东均有广泛栽培，其中河北怀涿盆地栽培面积最大。屡次在国际上获奖，被誉为“东方美酒”的长城干白，就是以龙眼葡萄作为原料，成酒品质极佳，呈淡黄色，酒香纯正，具果香，酒体细致，柔和爽口，回味延绵。20 世纪 80 年代大量从法国引进的赛美蓉，现河北、山东、陕西和新疆均有栽培。

酿造红葡萄酒的优良品种有赤霞珠、品丽珠、梅鹿辄、佳丽酿、黑品乐、法国蓝、宝石解百纳等。这些品种大都是 1892 年由欧洲传入我国的，有的品种 20 世纪 80 年代后又经多次引入。其中法国蓝适应性强，早熟高产，成酒呈宝石红色，味醇厚，是我国酿造红葡萄酒的主要良种之一。赤霞珠是法国波尔多地区酿造干红葡萄酒的传统名贵品种之一，具有“解百纳”的典型性，成酒酒质优，随着近几年“干红热”的流行，已成为我国红葡萄酒的重要原料品种。

酿造调（染）色调香葡萄酒的优良品种有烟 74、晚红蜜、红汁露、巴柯等。其中烟 74 原产于中国，1966 年张裕公司用紫北塞和汉堡麝香杂交育成，现胶东半岛栽培较多。烟 74 是目前最优良的调色品种，颜色深且鲜艳，长期陈酿后不易沉淀。红汁露也是原产于中国，系用梅鹿辄和味儿多杂交育成。成酒呈深宝石红色，味醇厚纯正，陈酿后色素不易沉淀，后味正，特别适于作调色品种。

供酿酒用葡萄品种多达千种以上，多数为欧亚种。现将我国的主要品种简介如下

(一) 酿造白葡萄酒的优良品种

1. 龙眼

龙眼别名秋子、紫葡萄等，属欧亚种，原产于中国，在我国具有悠久的历史，是我国古老的栽培品种。我国河北昌黎、张家口、山东、山西等地均有栽培。它的生长期 160～180d，有效积温 3300～3600℃，为极晚熟品种。浆果含糖量 120～180g/L，含酸量 8～9.8g/L，出汁率 75%～80%。它所酿之酒为淡黄色，酒香纯正，具果香，酒体细致，柔和爽口。该品种适应性强，耐贮运，是我国酿造高级白葡萄酒的主要原料之一。

2. 雷司令 (Gray riesling)

雷司令属欧亚种，原产于德国，是世界著名品种。1892 年我国从西欧引入，在山东烟台和胶东地区栽培较多。它的生长期为 144～147d，有效积温 3200～3500℃，为中熟品种。浆果含糖 170～210g/L，含酸 5～7g/L，出汁率 68%～71%。它所酿之酒为浅禾黄色，香气浓郁，酒质纯净。该品种适应性强，较易栽培，但抗病性较差，主要酿制干白、甜白葡萄酒及香槟酒，具典型性。

3. 贵人香 (Italian riesling)

贵人香别名意斯林、意大利里斯林，属欧亚种，原产于法国南部。1892 年我国从西欧引入山东烟台，目前山东半岛及黄河故道地区栽培较多。它的生长期 147～156d，有效积温 3400～3500℃。浆果含糖 170～200g/L，含酸 6～8g/L，出汁率 80%。它所酿之酒为浅黄色，果香浓郁，味醇爽口，回味绵长。该品种适应性强，易管理，是酿造优质白葡萄酒的主要品种之一，是世界古老的酿酒品种。

4. 白羽

白羽别名尔卡齐杰利、白翼，原产于格鲁吉亚。1956 年引入我国，目前山东、河南、江苏、陕西等地均有大量栽培。它的生长期为 144～170d，有效积温 3200～3500℃，为中晚熟品种。浆果含糖量为 120～190g/L，含酸量 8～10g/L，出汁率 80%。它所酿之酒为浅黄色，果香协调，酒体完整。该品种栽培性状好，适应性强，是我国目前酿造白葡萄酒的主要品种之一，同时还可酿造白兰地和香槟酒。

5. 李将军 (Pinot Gris)

李将军别名灰品乐、灰比诺，属欧亚种，原产于法国。1892 年我国从西欧引入，目前在烟台地区有栽培，它的生长期为 133～148d，有效积温 2700～3100℃。浆果含糖量 160～195g/L，含酸量 7～10g/L，出汁率 75%。它所酿之酒为浅黄色，清香爽口，回味绵延，具典型性。该品种为黑品乐的变种，故其有与黑品乐相似的品质，适宜酿造干白葡萄酒与香槟酒。

(二) 酿造红葡萄酒的优良品种

1. 法国蓝 (Blue French)

法国蓝别名玛瑙红，属欧亚种，原产于奥地利。1892 年引入我国山东烟台后，1954 年再次从匈牙利引入北京。目前烟台、青岛、黄河故道和北京等地均有栽培。它的生长期为 126～140d，有效积温 2800～3300℃，为中熟品种。浆果含糖量 160～200g/L，含酸量 7～8.5g/L，出汁率 75%～80%。它所酿之酒具宝石红色，味醇香浓。该品种适应性强，栽培性能好，丰产易管，是我国酿制红葡萄酒的良种之一。

2. 佳丽酿 (Carignane)

佳丽酿别名法国红，属欧亚种，原产于西班牙。1892 年引入我国，目前山东烟台、青岛、济南、北京及黄河故道栽培较多。它的生长期为 150～168d，有效积温 3300～3600℃，为晚熟品种。浆果含糖 150～190g/L，含酸 9～11g/L，出汁率 75%～80%，它所酿之酒为深宝石红色，味纯正，酒体丰满。该品种适应性强，耐盐碱，丰产，是酿制红葡萄酒的良种之一，亦可酿制白葡萄酒。

3. 汉堡麝香（Muscat hamburg）

汉堡麝香别名玫瑰香、麝香，属欧亚种，原产于英国。我国于1892年引入山东烟台，目前我国各地均有栽培。它的生长期为130～155d，有效积温3000～3300℃，为中晚熟品种。浆果含糖160～195g/L，含酸7～9.5g/L，出汁率75%～80%，它所酿之酒呈红棕色，柔和爽口，浓麝香气。该品种适应性强，各地均有栽培，除作甜红葡萄酒原料外，还可酿制干白葡萄酒。

4. 赤霞珠（Cabernet Sauvignon）

赤霞珠别名解百纳，属欧亚种，原产于法国。1892年由西欧引入我国烟台，目前山东、河北、河南、陕西、北京等地区有栽培。它的生长期为148～158d，有效积温3200～3500℃，为中晚熟品种。浆果含糖160～200g/L，含酸6～7.5g/L，出汁率75%～80%。它所酿之酒呈宝石红色，醇和协调，酒体丰满，具典型性。该品种耐旱抗寒，是酿制干红葡萄酒的传统名贵品种之一。

5. 蛇龙珠（Cabernet Gernischet）

蛇龙珠属欧亚种，原产于法国。我国1892年引入，目前烟台、青岛、河北昌黎等地栽培较多。它的生长期为150d左右，有效积温3300～3400℃。浆果含糖160～195g/L，含酸5.5～7.0g/L，出汁率75%～78%。它所酿之酒为宝石红色，酒质细腻爽口。该品种适应性强，结果期较晚，产量高。与赤霞珠、品丽珠共称酿造红葡萄酒的三珠。是酿制高级红葡萄酒的品种。

6. 品丽珠（Cabernet Franc）

品丽珠别名卡门耐悌，属欧亚种，原产于法国。我国烟台、河南、北京等地都有栽培。它的生长期为150～155d，有效积温3200～3400℃，为中晚熟品种。浆果含糖180～210g/L，含酸7～8g/L，出汁率约70%，是优良红葡萄酒品种。

（三）山葡萄

山葡萄是我国特产，盛产于黑龙江、辽宁、吉林等省。

公酿一号具山葡萄的特性，抗寒性、抗逆性强，是酿造山葡萄酒的良种之一。公酿一号别名28号葡萄，原产于中国，山欧杂种，是汉堡麓香与山葡萄杂交育成。它的生长期为123～130d，有效积温2700～2900℃。浆果含糖150～160g/L，含酸15～21g/L，出汁率65%～70%，它所酿之酒呈深宝石红色，色艳、酸甜适口，具山葡萄酒的典型性。

（四）调色品种

调色品种其果实颜色呈紫红至紫黑色。这种葡萄皮和果汁均为红色或紫红色。按红葡萄酒酿造方法酿酒其酒色深可达黑色，专作葡萄酒的调色用。

1. 紫北塞（Alicante Bouschet）

紫北塞属欧亚种，原产于法国，目前我国烟台有少量栽培。它的生长期为130～150d，有效积温3000～3300℃。浆果含糖140～170g/L，含酸6～6.8g/L，出汁率70%。该品种是世界古老品种，适应性与抗病性弱，所酿之酒经陈酿后色素易沉淀。

2. 烟74

烟74欧亚种，原产于中国。烟台张裕公司用紫北塞与汉堡麝香杂交而成。山东半岛栽培较多。它的生长期为120～125d，有效积温2800～2900℃。浆果含糖160～180g/L，含酸6～7.5g/L，出汁率70%。它所酿之酒呈紫黑色，色素极浓。

二、葡萄的成分

葡萄果实的组成可以分成果梗、果皮、果肉、葡萄籽等四个部分。每一部分的成分对于酒的品质产生极大影响，而且葡萄的成分常常变化，不但因品种而不同，即使同一品种亦常因土壤气候、施肥方法、栽培方法等而改变其成分。白葡萄酒是将葡萄汁榨出发酵，主要与果汁的成分有关，红葡萄酒连同果皮、果核等一起发酵，因此除果汁外，果皮等的成分也影响到成品的色香味。

(一) 果梗

果梗是支撑浆果的骨架，其主要成分见表 1-3-1。

表 1-3-1 果梗的主要成分

成　分	含量/%	成　分	含量/%
水分	75～80	无机盐（主要是钙盐）	1.5～2.5
木质素	6～7		
单宁	1～3	有机酸	0.3～1.2
树脂	1～2	糖分	0.3～0.5

果梗中的单宁具有粗糙的涩味，这种单宁是不应在葡萄酒中出现的。果梗中的树脂具有苦味，会使酒产生过重的涩味。果梗含糖分很少，但其含水量却高于果肉的含水量，如果发酵时果梗不除去，则果梗中的一部分水进入具有高渗透压的果汁中，而果汁发酵所形成的酒精渗入果梗。因此对于同一浆果，不去梗发酵比去梗发酵所得的酒的酒精度要低。此外，发酵时果梗的存在，会由于部分花色苷固定在果梗上，而对红葡萄酒的色泽不利。因此，在葡萄浆果破碎的同时要进行除梗。

(二) 果粒

果粒即葡萄浆果包括三个部分：果皮、葡萄籽、果肉（浆）。其比例为：果皮 6%～12%，葡萄籽 2%～5%，果肉（浆）83%～92%。

1. 果皮

葡萄的果皮由表皮和皮层构成，在表皮上面有一层蜡液，可使表皮不被湿润。皮层由一层细胞构成。在果粒发育成长时，果皮的重量增加很少。果粒长大后，果皮成为有弹性的薄膜，能使空气渗入，而阻止微生物的进入，保护了果实。

果皮中含有单宁和花色苷，这两种成分对酿造红葡萄酒极其重要，是葡萄和葡萄酒中的主要色素物质。

(1) 单宁　果皮的单宁含量因葡萄品种不同而异，一般在 0.5%～2%。此外，果实成熟时的气候条件对此有影响，栽培条件也有影响。提高产量的同时，果汁浓度降低，其首先是果实颜色和单宁含量的降低。

(2) 花色素　除少数果皮与果肉都含色素的有色葡萄品种，例如紫北塞、烟 73、烟 74 以外，大多数葡萄的色素只存在于果皮中。因此可以用红色葡萄去皮后酿造白葡萄酒或桃红葡萄酒。葡萄随品种不同而有各种各样的颜色，白葡萄有白青、黄、青白、淡黄、金黄等颜色；红葡萄有淡红、鲜红、深红、红黄、褐色、浓褐色、赤褐色等；黑葡萄有淡紫、紫红、紫黑、黑色等颜色。葡萄的红色来源于花色素，所以花色素主要存在于红色品种（包括黑葡萄）中。

(3) 芳香物质　果皮中所含的芳香成分赋予果实一种特有的果实香味，不同的葡萄品种，这种香味也是特定的，它决定于它们所含有的芳香物质的种类及其比例。但香味的浓度却受气候、土壤、栽培条件和果实成熟度的影响。葡萄的香味物质种类很多，主要有醇类及其脂、芳香醛、萜烯类物质等。例如玫瑰香型葡萄的果香主要是由萜烯类引起的，其中主要含里哪醇（沉香醇）、橙花醇，以及苏品醇。在玫瑰香中，已鉴定出 60 多种芳香物质。在雷司令中有 50 多种。有少数品种，如玫瑰香品种系中，也有较多香味物质存在于果肉中。

2. 葡萄籽

一般葡萄有四个籽，有的葡萄由于发育不全而缺少几个籽，有些葡萄无籽，如新疆无核白葡萄。有核（籽）葡萄经处理也可变为无核葡萄。葡萄籽含有对葡萄酒有害的物质，例如脂肪和单宁。葡萄籽中的单宁与果皮中的单宁结构不一样，这反映在两者的酒精指数和高聚指数的不同上。葡萄籽中所含单宁具有较高的收敛性。因此在破碎、压榨时要避免葡萄籽被压碎，而使油脂和单宁进入葡萄酒。

3. 果肉

果肉是葡萄的主要部分。果肉由细胞壁很薄的大细胞构成，每个大细胞中都有一个很大的液泡，其中含有糖、酸、及其他物质。酿酒用葡萄的果肉柔软多汁，而食用品种则显得组织紧密而耐嚼。果肉成分见表 1-3-2。

表 1-3-2　果肉的主要成分

成　　分	含量/%	成　　分	含量/%
水分	65～80	酒石酸	0.2～1.0
还原糖	15～30	单宁	痕量
矿物质	0.2～0.3	果胶物质	0.05～0.1
苹果酸	0.1～1.5		

果肉中的主要成分是还原糖和有机酸，其还原糖是果糖和葡萄糖。中部果肉的含糖量最高。

三、酿酒用其他原材料

1. 白砂糖（蔗糖）

配酒和葡萄汁改良需要使用白砂糖或绵白糖。白砂糖应符合国标 GB 317—84 优级或一级质量标准。

2. 食用酒精

配酒时要用到食用酒精，其质量必须达到国标一级的质量标准，若为二级酒精则需要进行脱臭、精制。也可采用葡萄酒精原白兰地（葡萄皮渣经发酵和蒸馏而得到的，又称皮渣白兰地）。

3. 酒石酸、柠檬酸

葡萄汁的增酸改良要用到酒石酸和柠檬酸。另外，在配酒时，要用柠檬酸调节酒的滋味，并可防止铁破坏病。柠檬酸应符合国标 GB 2760—81 所规定的质量标准，纯度 98%以上。

4. 二氧化硫

在葡萄酒酿造中，二氧化硫有着重要的作用：选择性杀菌或抑菌作用；澄清作用；促使果皮成分溶出、增酸和抗氧化等作用。

二氧化硫有三种应用形式：①直接燃烧硫黄生成二氧化硫，这是一种最古老的方法，目前有些葡萄酒厂用此法来对贮酒室、发酵和贮酒容器进行杀菌；②将气体二氧化硫在加压或冷冻下形成液体，贮存于钢瓶中，可以直接使用，或间接将之溶于水中成亚硫酸后再使用，使用方便而准确；③使用偏重亚硫酸钾（$K_2S_2O_5$）固体。偏重亚硫酸钾为白色结晶，理论上含二氧化硫 57.6%（实际按 50%计算），需保存在干燥处。这种药剂目前在国内葡萄酒厂普遍使用。

5. 澄清剂

（1）葡萄酒澄清使用的澄清剂（又称下胶材料）　包括明胶、硅胶，鱼胶、蛋清、干酪素（酪蛋白）、皂土、单宁、血粉、果胶酶等。

（2）白葡萄汁澄清使用的澄清剂　包括二氧化硫、果胶酶、皂土等。

第二节　酿酒葡萄的采收与葡萄汁的制备

一、酿酒葡萄的采收

科学地确定采收期，不但能提高葡萄的产量，而且最重要的是能提高葡萄酒的质量。

1. 成熟系数（M）

在葡萄成熟过程中，含糖量增加，含酸量降低，而糖与酸的含量与葡萄酒的质量密切相关。因此有人提出，可以用含糖量与含酸量之比值表示为浆果的成熟度，称作成熟系数。

$$M=\frac{S}{A}$$

式中 S——含糖量，g/L；

A——含酸量，g/L；

M——成熟系数。

不同品种，在完熟时的 M 值不同，但一般认为，要获得优质葡萄酒，M 值必须≥20。

2. M 值的测定

测定 M 值时，首先要取样。一般在浆果完熟前 4 周开始，前 2 周每周取样一次，以后每周取两次样。在同一葡萄园中，均匀分散地选取 250 棵植株，在每棵植株上随机地取一粒葡萄，但应注意在不同植株上，更换所取葡萄粒在果穗的着生方向和上下位置。每次取样应在相同植株上进行。

每次取样后，应马上进行分析，把 250 粒葡萄压汁，应注意压干、混匀。然后从中取样分析含糖量和含酸量。把分析结果绘于坐标纸上，测定日期为横坐标，含糖量、含酸量及 M 值为纵坐标。这样绘出的曲线，能够代表品种，地区及年份的特点，以帮助确定最佳采收期。

3. 葡萄酒类型对葡萄浆果成熟度的要求

葡萄浆果中各种成分的含量及其比例是影响葡萄酒质量的重要因素，而且不同类型葡萄酒对此具有不同的要求。对于浆果中各种成分的含量及比例的差异，除了品种特性之外，正如上述，浆果的成熟度也是决定的因素。因此要酿造优质葡萄酒，首先就要根据酒的类型，选择适当的葡萄品种，并在接近成熟期时采收。

① 对于酿造果香味清雅的干白葡萄酒和起泡葡萄酒，应在葡萄即将完全成熟，葡萄浆果中的芳香物质含量接近最高时采收。

② 对于红葡萄酒，应在葡萄完全成熟时，即色素物质含量最高，但酸又不过低时采收。

③ 对于要求酒精度高的或甜葡萄酒，则应在过熟期采收，尽量增加葡萄汁的糖度。

4. 影响采收期确定的其他因素

除了要考虑在质量上对葡萄浆果的要求，还应兼顾葡萄的产量，以得到最大经济效益为目的。除此而外，还需要防止病害和自然灾害给葡萄带来损失，对于容易发生病害和自然灾害的地区，可提早采收。还要考虑本厂的运输能力、劳力安排以及发酵能力等。

5. 采收和运输

葡萄的采收方式可分为成片采摘和挑选采摘，但不管哪种方式都应根据确定采收期的原则，确定采摘的每一果穗，不符合要求的暂时不采。好坏分开，分别酿造。

剪葡萄最好使用剪枝剪子，这样不会动摇枝蔓而使葡萄掉在地上。小心地剪下葡萄穗使蜡质不被抹去。剪下的葡萄穗放在筐内或木箱里，并作好品种名称和质量等级的标记。

在运输过程中，为了防止葡萄受尘土污染，应用包装纸盖好。每箱要装实，但不可过满，以防挤压。使用卡车运输要满载，以免过于颠簸，而且要用绳子把箱子捆牢，防止箱子跳动而造成葡萄破损。车顶部要有覆盖物，以防葡萄受日晒和雨淋。采收后的葡萄应迅速运走。

二、葡萄汁的制备

1. 葡萄的破碎与除梗

不论酿制红葡萄酒还是白葡萄酒，都需先将葡萄去梗。新式葡萄破碎机都附有除梗装置，有先破碎后除梗，或先除梗后破碎两种形式。

(1) 破碎要求

① 每粒葡萄都要破碎。

② 籽实不能压破，梗不能压碎，皮不能压扁。

③ 破碎过程中，葡萄及汁不得与铁、铜等金属接触。

(2) 葡萄的除梗破碎　除梗是使葡萄果粒或果浆与果梗分离并将果梗除去的操作。现代化的酿酒企业葡萄的破碎与除梗都是由除梗破碎机完成的，分为卧式除梗破碎机、立式除梗破碎机、破碎-去梗-送浆联合机、离心破碎去梗机等。

除梗对于酿造葡萄酒有如下好处。

① 减少发酵醪液体积。除梗以后，醪液体积减少，从而减少了发酵容器的用量。

② 便于输送。可以选用较简单的输送设备，并提高了输送效率。

③ 改良了葡萄酒的味感。由于防止了果梗中草味和苦涩物质的溶出，更为柔和。

④ 防止了因果梗固定色素所造成的色素损失。

酿制红葡萄酒，应完全除梗，而且除梗率越高越好。

2. 压榨和渣汁的分离

压榨是将果渣中的果汁通过压力分离出来的操作过程。葡萄汁分为自流汁和压榨汁。

在破碎过程中自流出来的葡萄汁叫自流汁。与此相区别，加压之后流出来的葡萄汁叫压榨汁。为了增加出汁率，在压榨时一般采用2～3次压榨。第一次压榨后，将残渣疏松，再作二次压榨。各种汁的得汁率因葡萄品种、设备及操作方法的不同而异。

由于葡萄浆果的不同部位所含成分有差别，自流汁和压榨汁来源于果实的不同部分，所以所含成分也有些不同。压榨达到一定程度后，继续榨取的汁成分会有较大的变化。当发现压榨汁的口味明显变劣时，此为压榨终点。

用自流汁酿制的葡萄酒，酒体柔和，口味圆润、爽口。一次压榨汁酿制的葡萄酒虽也爽口，但酒体已较厚实，一般可以将这两种汁分开发酵，用于不同用途，有时也合并发酵。但二次压榨汁酿的酒一般酒体粗糙，酿造白葡萄酒是不适合的，可用于生产白兰地。

第三节　葡萄汁的改良

优良的葡萄品种，如在栽培季里一切条件合适，常常可以得到满意的葡萄汁。由于气候条件、栽培管理等因素，很难保证所收获的葡萄处于理想的成熟状态，使压榨出的葡萄汁成分不一，单纯用这种组成不理想的葡萄汁是不可能酿制出优质葡萄酒的。为了弥补葡萄汁组成的某些缺陷，在规定允许的情况下，可人为地添加一些成分于葡萄汁中，以调整葡萄汁的组成。其目的是：

① 使酿成的酒成分接近，便于管理；

② 防止发酵不正常；

③ 酿成的酒质量较好。

葡萄酒的改良常指糖度、酸度的调整。但应强调指出，葡萄成分的调整有一定的局限性，它只能在一定程度上调整葡萄中某些组分的缺少或过多。对于未成熟或过熟的葡萄，此法显得无能为力。所以，人们不要依赖于葡萄成分的调整而过早或粗心大意地采摘葡萄。

一、糖度的调整

1. 加糖

每1.7g糖可生成1%（即1mL/100mL）酒精，按此计算，一般干酒的酒精含量在11%左右，甜酒在15%左右，若葡萄汁中含糖量低于应生成的酒精含量时，必须提高糖度，发酵后才能达到所需的酒精含量。

用于提高潜在酒精含量的糖必须是蔗糖，常用98.0%～99.5%的结晶白砂糖。

(1) 加糖量的计算　例如：利用潜在酒精含量为9.5%的5000L葡萄汁发酵成酒精含量为12%的干白葡萄酒，则需要增加酒精含量为：

$$12\%-9.5\%=2.5\%$$

需添加糖量：

$$2.5\times17.0\times5000=212500\text{g}=212.5\text{kg}$$

(2) 加糖操作的要点

① 加糖前应量出较准确的葡萄汁体积，一般每200L加一次糖（视容器而定）。

② 加糖时先将糖用葡萄汁溶解制成糖浆。

③ 用冷汁溶解，不要加热，更不要先用水将糖溶成糖浆。

④ 加糖后要充分搅拌，使其完全溶解。

⑤ 溶解后的体积要有记录，作为发酵开始的体积。

⑥ 加糖的时间最好在酒精发酵刚开始的时候。

若考虑到白砂糖本身所占体积，加糖量计算也可这样：因为1kg砂糖占0.625L体积。

利用潜在酒精含量为9.5%的5000L葡萄汁发酵成酒精含量为12%的干白葡萄酒，则需添加糖量：(12－9.5)×17.0×5000＝212500g＝212.5kg

添加的糖所占体积为：212.5×0.625＝132.8125L

则应加入白砂糖：(5000＋132.8125)×17×(12－9.5)＝218.145kg

在实际生产中由于葡萄酒国家标准对酒精含量的误差规定为1（体积比，即mL/100mL），所以加糖时一般不考虑白砂糖本身所占体积。

世界上很多葡萄酒生产国家，不允许加糖发酵，或加糖量有一定限制。若葡萄含糖低时，只有采用添加浓缩葡萄汁。

2. 添加浓缩葡萄汁

浓缩葡萄汁可采用真空浓缩法制得，使果汁保持原来的风味，有利于提高葡萄酒的质量。

加浓缩葡萄汁的计算：首先对浓缩汁的含糖量进行分析，然后用交叉法求出浓缩汁的添加量。

例如：已知浓缩汁的潜在酒精含量为50%，5000L发酵葡萄汁的潜在酒精含量为10%，葡萄酒要求达到酒精含量为11.5%，则可用交叉法求出需加入的浓缩汁量。

浓缩汁	50%		1.5
要求酒精含量		11.5%	
发酵用葡萄汁	10%		38.5

即在38.5L的发酵液中加1.5L浓缩汁，才能使葡萄酒达到11.5%的酒精含量。

根据上述比例求得浓缩汁添加量为：1.5×5000/38.5＝194.8L

采用浓缩葡萄汁来提高糖分的方法，一般不在主发酵前期间加入葡萄汁，因其含糖量太高易造成发酵困难，都采用在主酵后期添加。

浓缩葡萄汁是在较低的真空度下，加热稀葡萄汁（必须在大剂量二氧化硫下保存），将其大部分水分蒸发掉而得到的。商品浓缩葡萄汁的相对密度一般为1.240～1.330（28～36°Bé)。这种加工方法不仅浓缩了葡萄汁中的有机物质，而且还浓缩了矿物质。酸度也像糖一样得到了浓缩。但浓缩后，一部分酒石酸以酒石酸氢钾形式沉淀析出。添加时要注意浓缩汁的酸度，因葡萄汁浓缩后酸度也同时提高。如加入量不影响葡萄汁酸度时，可不作任何处理；为了避免酸化作用的发生，葡萄汁在浓缩前最好先进行脱酸，若酸度太高，需在浓缩汁中加入适量碳酸钙中和，降酸后使用。否则，添加浓缩葡萄汁后常易发生酸化作用。

二、酸度的调整

(一) 补酸

成熟葡萄中若缺乏酸度，可用添加酒石酸或柠檬酸的方法来加以调整。欧共体允许各葡萄酒产区根据各自情况对葡萄、葡萄汁以及处于发酵期的发酵葡萄汁补酸。但是，加糖葡萄汁和成品酒严禁补酸。然而，若发酵条件控制不当，则经苹果酸-乳酸发酵后会造成成品酒酸度偏低。在这种情况下，只有通过补酸才能弥补酸度偏低的不足。

葡萄汁在发酵前一般酸度调整到6g/L左右，pH3.3～3.5。

1．添加酒石酸和柠檬酸

一般情况下酒石酸加到葡萄汁中，且最好在酒精发酵开始时进行。因为葡萄酒酸度过低，pH 值就高，则游离二氧化硫的比例较低，葡萄易受细菌侵害和被氧化。

在葡萄酒中，可用加入柠檬酸的方式防止铁破坏病。由于葡萄酒中柠檬酸的总量不得超过 1.0g/L，所以，添加的柠檬酸量一般不超过 0.5g/L。

CEE 规定，在通常年份，增酸幅度不得高于 1.5g/L；特殊年份，幅度可增加到 3.0g/L。

【例】 葡萄汁滴定总酸为 5.5g/L，若要提高到 8.0g/L，每 1000L 需加酒石酸或柠檬酸为多少？

$$(8.0-5.5)\times1000=2500g=2.5kg$$

即每 1000L 葡萄汁加酒石酸 2.5kg。

1g 酒石酸相当于 0.935g 柠檬酸，若加柠檬酸则需加 $2.5\times0.935=2.3$kg。

2．添加未成熟的葡萄压榨汁来提高酸度

计算方法同上。

加酸时，先用少量葡萄汁与酸混合，缓慢均匀地加入葡萄汁中，需搅拌均匀（可用泵），操作中不可使用铁质容器。

一般情况下不需要降低酸度，因为酸度稍高对发酵有好处。在贮存过程中，酸度会自然降低约 30%～40%，主要以酒石酸盐析出。但酸度过高，必须降酸。方法有生物法苹果酸-乳酸发酵和化学法添加碳酸钙降酸。

（二）降酸

1．双钙盐脱酸法

当葡萄汁严重过酸时，可采用双钙盐（由等量的酒石酸钙和苹果酸钙组成）脱酸法。该法实质上是用含有部分双钙盐的碳酸钙中和葡萄汁至 pH 4.2～4.5。双钙盐法脱酸的结果不仅生成了酒石酸盐沉淀，而且还有等摩尔的酒石酸钙和苹果酸钙混合物生成。在实际应用时，可根据需要将一部分葡萄汁用此法处理，用压榨法或过滤法分离出结晶状沉淀。然后，再将处理后的葡萄汁与未处理的酸度较高的葡萄汁混合。

白葡萄汁的脱酸是在葡萄汁澄清之后，加膨润土的同时进行。红葡萄酒的脱酸可在第一次换桶时进行。

不同试剂的脱酸作用不同，表 1-3-3 列出了分别用碳酸钙 1.0g/hL 及酒石酸氢钾 1.5g/hL 处理同一葡萄汁所得出的实验数据。分析结果表明，酒石酸的下降与固定酸的下降有对应关系。并可注意到，脱酸后的葡萄酒其钾、钙含量均有不同程度的提高。

表 1-3-3　不同试剂的脱酸作用

指　标	对　照	碳　酸　钙	酒石酸氢钾
固定酸/(g/L)	5.86	4.96	5.07
pH	2.91	3.20	3.17
酒石酸/(g/L)	4.73	3.11	2.97
钾/(g/L)	0.86	1.00	1.03
钙/(g/L)	0.08	0.12	0.08

2．自然脱酸法

在葡萄酒酿造过程中，还存在一系列自然脱酸作用。开始先生成酒石酸氢钾沉淀，而后发生苹果酸-乳酸发酵，最后又有部分酒石酸盐沉淀析出。

（三）添加单宁

在有些情况下，允许在葡萄酒中添加酿酒专用单宁。某些酿酒添加剂、发酵激活剂除了含有偏重亚硫酸钾外，还以液体或固体的形式含有一定量的单宁，使用这种添加剂往往是不可取的。

所用的单宁添加剂其组成成分与葡萄单宁差异较大。添加单宁并不有利于色素的溶解和稳定性，对于单宁含量较低的红葡萄酒，可采用延长果皮浸泡时间的方法来弥补单宁的不足，就是带皮发酵也比添加单宁的效果好。用霉烂的葡萄酿酒，即使添加单宁也不能阻止氧化破坏病的发生。

第四节 二氧化硫的作用与添加

二氧化硫处理就是在发酵基质中或在葡萄酒中加入适量的二氧化硫，以便发酵能顺利进行或有利于葡萄酒的贮存。

一、二氧化硫的作用

(1) 杀菌和抑菌 二氧化硫是一种杀菌剂，它能抑制各种微生物的活动（繁殖、发酵）。微生物抵抗二氧化硫的能力不一样。细菌最为敏感，其次是尖端酵母。而葡萄酒酵母抗二氧化硫能力较强（250mg/L）。通过加入适量的二氧化硫，能使葡萄酒酵母健康发育与正常发酵。

(2) 澄清作用 添加适量的二氧化硫，抑制了微生物的活动，因而推迟了发酵开始，有利于葡萄汁中悬浮物的沉降，使葡萄汁很快获得澄清，这对酿造白葡萄酒、桃红葡萄酒及葡萄汁的杀菌均有很大的好处。

(3) 溶解作用 由于二氧化硫的应用，生成的亚硫酸有利于果皮中色素、酒石、无机盐等成分的溶解，可增加浸出物的含量和酒的色度。

(4) 增酸作用 增酸是杀菌与溶解两个作用的结果：一方面二氧化硫阻止了分解苹果酸与酒石酸的细菌活动；另一方面亚硫酸氧化成硫酸，与苹果酸及酒石酸的钾、钙等盐类作用，使酸游离，增加了不挥发酸的含量。

(5) 抗氧作用 二氧化硫能防止酒的氧化，特别是阻碍和破坏葡萄中的多酚氧化酶，包括健康葡萄中的酪氨酸酶和霉烂葡萄中的虫漆酶，减少单宁、色素的氧化。二氧化硫不仅能阻止氧化浑浊，颜色退化，并能防止葡萄汁过早褐变。

(6) 护色作用 二氧化硫能够抑制多酚氧化酶的活性。虽然由于与色素物质结合也可使色素暂时失去颜色，但当二氧化硫慢慢消失后，色素重又游离，从而起到保护色素的作用，不过对于红葡萄酒在成品前加入较多量二氧化硫时，会有使成品红葡萄酒色变浅的不良作用。

(7) 还原作用 葡萄酒中加入二氧化硫后，能降低氧化还原电位，这有利于酯香的生成，有利于葡萄酒的老化，但却不利于红葡萄酒的成熟。这可以通过选好使用时机和适当的用量来解决。在某种还原条件下，二氧化硫可形成具有臭鸡蛋味的硫化氢（H_2S）。硫化氢可与酒精化合生成硫醇。这样就给葡萄酒带来了不良风味。硫化氢还可与酒中铜离子生成硫化铜而成为破坏病的根源之一。

总之，二氧化硫在葡萄酒生产及贮藏中具有不可取代的地位。对于二氧化硫有利作用的发挥和不良作用的避免，需要通过合理的用量及使用时间实现。

二、二氧化硫的添加

酿造者对亚硫酸处理有基本的使用方法，无论用哪种方法，都关系到葡萄酒酿造的发展与高质量酒的获得。所用剂量应考虑到若干因素：葡萄的成熟度，健康状况，温度，糖的含量，特别是酸度。

1. 添加量

各国法律都规定了葡萄酒中二氧化硫的添加量。

1953 年国际葡萄栽培与酿酒会议提出参考允许量，成品酒中总二氧化硫含量（mg/L）为：干白，350；干红，300；甜酒，450。我国规定为 250mg/L。游离二氧化硫含量（mg/L）为：干白，50；干红，30；甜酒，100。我国规定为 50mg/L。

二氧化硫的具体添加量与葡萄品种，葡萄汁成分、温度、存在的微生物及其活力、酿酒工艺及时期有关。

葡萄汁（浆）在自然发酵时二氧化硫的一般参考添加量见表1-3-4所示。

表1-3-4 二氧化硫的用量 单位：mg/L

葡萄状况	红葡萄酒	白葡萄酒
清洁、无病、酸度偏高	40～80	80～120
清洁、无病、酸度适中(0.6%～0.8%)	50～100	100～150
果子破裂、有霉病	120～180	180～220

2. 添加方式

(1) 气体 燃烧硫黄绳、硫黄纸、硫黄块，产生二氧化硫气体，一般仅用于发酵桶的消毒，使用时需在专门燃烧器具内进行，现在已很少使用。

(2) 液体 一般常用市售亚硫酸试剂，使用浓度为5%～6%。它有使用方便、添加量准确的优点。

(3) 固体 常用偏重亚硫酸钾（$K_2S_2O_5$），加入酒中产生二氧化硫。

思考题

1. 查阅资料进一步了解酿酒用葡萄的品种及其酿造性特点，并讨论葡萄品种对酒的品质的影响。
2. 葡萄采收和运输方式对葡萄酒品质有何影响？
3. 葡萄酒酿造过程中加糖的目的是什么？有何注意事项？
4. 二氧化硫的作用是什么？如何确定二氧化硫添加的方法？

第四章　葡萄酒酵母

学习目标

1. 了解葡萄酒酵母的一般特征及酵母的种类。
2. 掌握影响酵母菌酒精发酵的因素与控制措施。
3. 理解并掌握酒母的制备及活性干酵母的使用方法。
4. 能够分析葡萄酒酵母对葡萄酒酿造过程的影响并学会解决生产实践中的相关问题。

第一节　葡萄酒酿造中酵母特点及种类

葡萄酒发酵中最主要的微生物是酵母菌，乳酸菌在发酵中也起一定的作用。此外，发酵液中还可能存在一些杂菌和有害微生物。葡萄酒的发酵可在不添加外源纯粹培养酵母的情况下，由天然存在的酵母进行自然发酵而成，也可添加优良的纯粹培养酵母进行葡萄酒发酵。

在葡萄酒的发酵过程中，酵母将葡萄汁中的大部分糖类（葡萄糖和果糖）转变成酒精、二氧化碳，同时酵母也利用葡萄汁中的含氮化合物和硫化物，产生了一些新的代谢产物，如甘油、琥珀酸、高级醇、醛、酯等，并进一步合成赋予葡萄酒独特的风味与香味的物质。因此，酵母在葡萄酒的酿造中起着非常重要的作用，了解葡萄酒酵母的特征、菌种的培养方法以及酵母对葡萄酒的影响作用是整个葡萄酒酿造过程的基础。

一、葡萄酒酵母的形态与特性

葡萄酒酿造所需的酵母，必须具有良好的发酵力。因此，在葡萄酒的生产中，常常将具有良好发酵力的酵母称作“葡萄酒酵母”。在分类学上，葡萄汁和葡萄酒中的葡萄酒酵母（*Saccharomyces ellipsoideus*）是属于真菌子囊菌纲酵母属（*Saccharomyces*）酿酒酵母（*Saccharomyces serevisiae* ）种，是一种单细胞微生物，其细胞形状以卵形和长形为主，也有圆形和短卵形细胞，大小为（8～9）μm×（15～20）μm。常形成假丝，但不发达也不典型。

葡萄酒酵母繁殖主要是无性繁殖，以单端（顶端）出芽繁殖。在条件不利时也易形成1～4个子囊孢子。子囊孢子为圆形或椭圆形，表面光滑。产酒精能力（即可产生的最大酒精度）强（17%），转化1%的酒精需17～18g/L糖，抗SO_2能力强（250mg/L）。在葡萄汁琼脂培养基上，25℃培养3d，形成圆形菌落，色泽呈奶黄色，表面光滑，边缘整齐，中心部位略凸出，质地为明胶状，很易被接种针挑起，培养基无颜色变化。葡萄酒酵母除了用于葡萄酒生产以外，还广泛用于苹果酒等果酒的发酵。现在，世界上许多葡萄酒厂、研究所和有关院校已经优选和培育出各具特色的葡萄酒酵母的亚种和变种。比如我国张裕7318酵母、法国香槟酵母、匈牙利多加意（Tokey）酵母等。

二、与葡萄酒酿造相关的其他酵母种类

与葡萄酒酿造相关的酵母分属于裂殖酵母属（*Schizosaccharomyces*）、克勒克酵母属（*Kloeckera*）、类酵母属（*Saccharomycodes*）、有孢汉逊酵母属（*Hanseniaspora*）、德巴利酵母属（*Debaryomyces*）、梅奇酵母属（*Metschnikowia*）、有孢圆酵母属（*Torulaspora*）、接合酵母属（*Zygosaccharomyces*）、酿酒酵母属（*Saccharomyces*）、红酵母属（*Rhodotorula*）以及假丝酵母属（*Candida*）等，其中以酿酒酵母属（*Saccharomyces*）最为重要，通常使

用该属的酵母有酿酒酵母（*S. cerevisiae*）和贝酵母（*S. baynanus*）等种的菌株，葡萄酒酵母（*S. ellipsoideus*）就属于酿酒酵母属。除此之外，参与葡萄酒酿造的还有一些对葡萄酒的酿造并不重要甚至有害的酵母，比如尖端酵母、假丝酵母，其发酵力弱，对葡萄酒并无不良影响；但一些好气性的产膜酵母，会在葡萄汁液面上生长繁殖，使葡萄汁变质。

1. 酿酒酵母（*S. serevisiae*）

酿酒酵母细胞为椭圆形。产酒精能力强，转化1%的酒精需17～18g/L糖，抗SO_2能力强。它在葡萄酒酿造过程中占有重要的地位，能够将葡萄汁中绝大部分的糖转化为酒精。

2. 贝酵母（*S. bayanus*）

贝酵母和葡萄酒酵母的形状和大小相似，但它的产酒精能力更强。在酒精发酵后期，主要是贝酵母把葡萄汁中的糖转化为酒精。但贝酵母可引起瓶内发酵。它抗SO_2的能力也强（250mg/L）。

3. 戴尔有孢圆酵母（*Torulaspora delbrueckii*）

戴尔有孢圆酵母细胞小，近圆形（6.5μm×5.5μm），产酒精能力为8%～14%，它的主要特点是能缓慢地发酵大量的糖。

4. 柠檬形克勒克酵母（*Kloeckera aniculatta*）

柠檬形克勒克酵母大量存在于葡萄汁中，它与葡萄酒酵母一起占葡萄汁中酵母总量的80%～90%。它的主要特征是产酒精能力低（4%～5%），产酒精效率低（酒精含量1%需糖21～22g/L），形成的挥发酸多，但它对SO_2极为敏感。因此，可用SO_2处理的方式将其除去。

5. 星形假丝酵母（*Candida stellatta*）

星形假丝酵母细胞小，椭圆形。产酒精能力为10%～11%，主要存在于感染灰腐病的葡萄汁中。

第二节 酵母的酒精发酵

一、酒精发酵的过程

酵母的酒精发酵过程是一个非常复杂的生物化学过程：葡萄汁中的葡萄糖或者果糖，在酵母分泌的一系列酶（还原酶、脱羧酶和转化酶）的作用下，经过30多步生物化学反应，最终生成酒精和CO_2，是酿造葡萄酒最重要的过程。在这一过程中，葡萄酒酵母是最良好的发酵菌种。

酒精发酵并不仅仅是将95%的糖分解为酒精和二氧化碳，而且还将剩余的5%的糖转化生成其他副产物：甘油、琥珀酸及其他芳香物质。这些产物对葡萄酒的口味和香味具有重要的影响，比如，甘油具有甜味，可使葡萄酒的口味圆润。也正是在酒精发酵这一阶段，才使葡萄汁具有了葡萄酒的气味。一般认为，葡萄酒芳香物质的含量为其形成的酒精量的1%左右。所以，生产中经常采取一些措施来促进这些芳香物质的形成，并且防止它们由于二氧化碳的释放而带来的损失。

用于葡萄酒酿造中最重要的糖类是葡萄糖、果糖和蔗糖。葡萄糖、果糖是成熟浆果里积累的，酵母菌能直接利用它们，生成酒精和CO_2。但是，实际生产中，往往因为葡萄本身含糖度低，发酵后的酒精含量达不到人们的要求，所以要人为地添加蔗糖。

二、酒精发酵过程中酵母菌种类的变化

在酒精发酵过程中，不同的酵母菌种在不同的阶段产生作用，好像“接力”一样。酒精发酵的初期，主要是非产孢酵母的活动，如克氏酵母属的柠檬形克勒克酵母（*K. aniculatta*）和圆酵母属的星形球拟酵母（*C. stellatta*）。很快酿酒酵母属（*Saccharomyces*）的酵母菌种（即葡萄酒酵母）开始活动，在酒精发酵后期，葡萄酒酵母（*S. ellipsoideus*）成为优势种，而酒精发酵的完成主要依赖于产酒精能力强的贝酵母（*S. bayanus*）。

三、影响酒精发酵的因素与控制

酵母菌生长发育和繁殖所需的条件也正是酒精发酵所需的条件。因为，只有在适合酵母菌出芽、繁殖的条件下，酒精发酵才能顺利进行，而发酵停止就是酵母菌停止生长和死亡的信号。

1. 温度的影响与控制

温度是酵母生长的重要条件，酵母繁殖的最适温度是25℃左右。温度太高或者太低，对酵母菌的生长与繁殖都不利。

(1) 温度低于10～12℃时，会推迟葡萄酒醪进行发酵，此时，必须尽快提高发酵温度，促使发酵，以便防止因霉菌和产膜酵母繁殖引起的醪液变质。

(2) 温度超过35℃时，也不能顺利进行发酵。这是因为酵母菌繁殖速度会迅速下降，呈疲劳状态，酵母会很快丧失活力而死亡（只要40～45℃，保持1～1.5h或60～65℃保持10～15min就可杀死酵母），此时，酒精发酵就有停止的危险。当发酵温度达到一定值时，酵母菌不再繁殖，并且死亡，这一温度就称为发酵临界温度。发酵临界温度受许多因素（如通风、基质的含糖量、酵母菌的种类及其营养条件等）的影响，所以很难将某一特定的温度确定为发酵临界温度。在实践中主要利用"危险温区"这一概念。在一般情况下，发酵危险温区为32～35℃。但这并不意味着每当发酵温度进入危险区，发酵就一定会受到影响，并且停止，而只表明，在这一情况下，有停止发酵的危险。需要强调指出的是，在控制和调节发酵温度时，应尽量避免温度进入危险区，而不能在温度进入危险区以后才开始降温，因为这时，酵母菌的活动能力和繁殖能力已经降低。

(3) 温度达到20℃时，酵母菌的繁殖速度加快，每升高1℃，发酵速度就可提高10%。因此发酵速度（即糖的转化速度）也随着温度的提高而加快，在30℃时达到最大值。但是，发酵速度越快，停止发酵越早，生成的酒精浓度也就越低，因为在这种情况下，酵母菌的疲劳现象出现较早。因此，在实际生产中要想获得高酒精浓度的发酵醪液，就必须控制较低的发酵温度。

根据国内外生产葡萄酒的经验：

① 白葡萄酒的最佳发酵温度在14～18℃范围内，温度过低，发酵困难，加重浆液的氧化；温度过高，发酵速度太快，损失部分果香，降低了葡萄酒的感官质量。但是在酒精发酵过程产生热量，每发酵生成1%酒精所产生的热量，能使其醪液的温度升高1.3℃，所以在白葡萄酒的发酵过程中要采取有力的冷却措施，才能有效地控制发酵温度。目前常用的冷却方法有：罐外冷却，即在罐体外面加冷却带或者米洛板；罐内冷却，即在罐的里面安装冷插板。

② 红葡萄酒发酵最适宜的温度范围在26～30℃，最低不低于25℃，最高不高于32℃。温度过低，红葡萄皮中的单宁、色素不能充分浸渍到酒里，影响成品酒的颜色和口味。发酵温度过高，使葡萄的果香遭受损失，影响成品酒香气。红葡萄酒的发酵罐，最好也能有冷却带或安冷插板，这样能够有效地控制发酵品温。

2. 通气的影响与控制

酵母菌繁殖需要氧气，在完全无氧的条件下，酵母菌只能繁殖几代，然后就停止生长。这时只要给予少量的空气，它们又能出芽繁殖。如果缺氧时间过长，多数酵母菌细胞就会死亡。所以要维持酵母长时间的发酵，必须供给足够的氧气。在进行酒精发酵以前，对葡萄的处理（破碎、除梗、泵送以及对白葡萄汁的澄清等）保证了部分氧的溶解。在发酵过程中，氧越多，发酵就越快、越彻底。但是如果完全暴露在空气中，酵母大量繁殖却会明显降低产酒率。因此，在生产中常用倒罐的方式来保证酵母菌对氧的需要，只是对于不同品种的葡萄酒酿造要求不一样。比如：红葡萄酒是带皮发酵的，皮渣会形成一层盖帽，隔绝了空气，易造成酵母缺氧，导致发酵中断。所以，红葡萄酒发酵工艺上要求不断倒罐。一个罐每24h至少要倒两次，每次要使罐内一半以上的醪液得到循环。倒罐不仅能够补充氧气，萃取色素，还可以使酵母分布均匀，保证发酵的顺利进行。

但是，白葡萄酒的发酵，因为是皮渣分离后，葡萄汁单独进行发酵，一般又采用开放式或半开放式的发酵罐，发酵过程中，产生的 CO_2 能随时排走，所以不需要倒罐，也能保证充足的氧气。

3. SO_2 的影响与控制

SO_2 具有很好的选择性杀菌和抑菌能力，还能够防止葡萄酒的氧化。葡萄酒酵母耐受 SO_2 的能力比野生酵母及其他杂菌强。因此，在长期的葡萄酒生产中，人们利用微生物的这种特性，在发酵时添加适量的 SO_2，就可以有效地控制野生酵母和杂菌的繁殖，从而发挥葡萄酒酵母的酿酒优势。

4. 酸度的影响与控制

酵母菌在中性或微酸性条件下，发酵能力最强。如在 pH4.0 的条件下，其发酵能力比在 pH3.0 时更强，在 pH 很低的条件下，酵母菌活动生成挥发酸或停止活动。因此，酸度高并不利于酵母菌的活动，但却能抑制其他微生物（如细菌）的繁殖。

5. 酵母代谢产物的影响与控制

在发酵过程中，酵母菌本身可以分泌一些抑制其自身活性，进一步抑制发酵进行的物质。这些物质大多是酒精发酵的一些中间产物，主要是脂肪酸。生产中常采用活性炭吸附以除去这些脂肪酸，从而促进酒精发酵，防止发酵中止。但是，在葡萄酒中加入活性炭后又很难将之除去。现在有研究表明，利用酵母菌皮（高温杀死酵母菌而获得）同样具有这种吸附特性，且能解决上述除去活性炭的难题。发酵前加入 0.2～1g/L 的酵母菌皮，可大大加速发酵，使发酵更为彻底。而且，酵母菌皮除可用于防止发酵中止外，还可用于发酵停止的葡萄酒重新发酵。如果第一次发酵由于各种原因自然中止，含有大量残糖，这时加入酵母菌皮，可除去有毒脂肪酸，使发酵重新进行，且不影响葡萄酒的感官特征。

第三节　葡萄酒发酵的酒母制备

一、葡萄酒酵母的来源

1. 天然葡萄酒酵母

酵母菌广泛地存在于自然界，凡是有糖的地方就可能有酵母菌的存在。葡萄成熟后，其浆果果皮的蜡质层上附着大量的天然酵母菌，并且浆果很容易从穗上脱落进入土壤，流出果汁，为酵母菌的繁殖提供了良好的环境条件。可以说，土壤是酵母菌的大本营：在秋季，采收葡萄后残留的酵母菌摄取充分的营养，在土壤里大量生长繁殖；在冬季，酵母菌以孢子状态进入休眠期越冬，到来年春、夏季，酵母菌又大量繁殖，并随风飘散，依附于葡萄果皮上。总之，葡萄酒厂内的土壤、发酵容器、盛酒容器以及管道都可以成为酵母菌繁殖的场所。

2. 优良葡萄酒酵母的选育

为了保证发酵的正常顺利进行，获得质量优等的葡萄酒，往往要从天然酵母中选育出优良的纯种酵母。一般来说，优良葡萄酒酵母菌株应具有以下发酵特性：

① 产酒风味好，除具有葡萄本身的果香外，酵母菌也产生良好的果香与酒香；

② 发酵能力强，发酵的残糖低（残糖达到 4g/L 以下），这是葡萄酒酵母最基本的要求；

③ 耐亚硫酸的能力强，具有较高的对二氧化硫的抵抗力；

④ 具有较高的耐酒精能力，一般可使酒精含量达到 16%（体积分数）以上；

⑤ 有较好的凝集力和较快的沉降速度，便于从酒中分离；

⑥ 耐低温，能在低温（15℃）下发酵，以保持果香和新鲜清爽的口味。

为了确保正常顺利的发酵，获得质量上乘且稳定一致的葡萄酒产品，往往选择优良葡萄酒酵母菌种培养成酒母添加到发酵醪液中进行发酵。另外，为达到分解苹果酸、消除残糖、产生香气、生产特种葡萄酒等目的，也可采用有特殊性能的酵母添加到发酵液中进行发酵。

国内目前使用的优良葡萄酒酵母菌株举例如表1-4-1所示。

表1-4-1 国内葡萄酒生产中使用的优良酵母菌株举例

菌 株	特 点	备 注
1450	属酿酒酵母，细胞圆形、卵圆形，(4.5～5.4)μm×(5.4～6.6)μm；耐SO_2、酒精和低温，发酵速度快而平稳，残糖低，产酒精率高，产挥发酸低，产果香好，凝集性好	轻工业部食品发酵工业科学研究所供应，已制成活性干酵母
Am-1	属贝酵母，细胞椭圆形，(3.6～5.5)μm×(5.4～10)μm；耐SO_2、酒精和低温，发酵速度快而平稳，发酵力强，对糖发酵完全，产酸适量，酿成的酒风味纯正、爽口。尤其适于后期发酵不彻底时添加	轻工业部食品发酵工业科学研究所供应，已制成活性干酵母
TQ嗜杀酵母	耐SO_2能力强，耐低温和酒精，发酵快，凝集性好，对野生酵母有杀伤能力，可净化发酵系统	天津轻工业学院选得，有几个不同的菌株
Castelli 838	属酿酒酵母，细胞卵形(2.5～7.0)μm×(4.5×11.0)μm；耐16～18℃低温，耐25%浓糖，耐酸(pH2.5～3.0)，起发早，发酵均衡、彻底，发酵力强，产品风味好，柔和、爽净、协调	
8562	细胞椭圆稍长，耐低温和酒精，不耐SO_2，发酵快而平稳，产挥发酸低；酿成的白葡萄酒色浅，果香清雅，细腻清爽，协调	北京夜光杯葡萄酒厂选出
8567	细胞椭圆、较大，耐低温、酒精和SO_2，发酵速度快，产挥发酸低，酿成的白葡萄酒色浅，果香明显，清爽协调	北京夜光杯葡萄酒厂选出
法国酵母 SAF-OENOS	属酿酒酵母，发酵快而平稳，凝集性好，沉淀紧密澄清快，耐低温、SO_2和酒精，产挥发酸低，酿成的白葡萄酒果香好，风味好	河北沙城中国长城葡萄酒公司从法国购入的活性干酵母
7318	发酵能力强，产酒有果香，适用于葡萄酒及白兰地发酵	烟台张裕葡萄酿酒公司1973年选育
7448	发酵能力强，产酒果香味好，适用于葡萄酒及白兰地发酵	烟台张裕葡萄酿酒公司1974年选育
加拿大酵母 LALVIN R2	属贝酵母，适于澄清果汁的低温发酵，耐SO_2和酒精，兼有杀伤活性。不仅可用以生产高质量的红、白葡萄酒，也可用于起泡葡萄酒二次发酵及葡萄酒发酵中断后的再发酵	青岛葡萄酒厂从加拿大LALLEMAND公司购入的活性干酵母

二、葡萄酒酵母的扩大培养

通常可通过添加适量的二氧化硫来控制野生酵母，因为葡萄酒酵母对酒精与二氧化硫的抵抗力大于其他酵母。最合适的是将葡萄酒酵母经过纯粹培养和扩大培养，然后加入到果汁中酿成葡萄酒，这是在我们可能控制的条件下保证产品质量的有效措施。

葡萄酒酵母扩大培养一般有两种方法：

一种是天然酵母的扩大培养，即在葡萄采摘的前1周，摘取熟透的、含糖高的健全葡萄，其量为酿酒批量的3%～5%，破碎、榨汁并添加亚硫酸（100mg/L），混合均匀，在温暖处任其自然发酵，待发酵进入高潮期，酿酒酵母占优势时，就可作为首次发酵的种母使用。

另一种是将保藏（酒厂实验室或科研所）的纯酵母菌种，扩大培养制成酒母后使用。从斜面试管菌种到生产使用的酒母，需经过数次扩大培养，每次扩大倍数为10～20倍。具体流程和操作如下。

1. 工艺流程

原菌种（活化）→麦汁斜面试管培养（扩培10倍）→液体试管培养（扩培12.5倍）

↓

酒母←酒母罐（桶）培养←玻璃瓶（卡氏罐）（扩培20倍）←三角瓶培养（扩培12倍）

2. 培养工艺

(1) 斜面试管菌种 斜面试管菌种由于长时间保藏于低温下，细胞已处于衰老状态，需转接于5°Bé麦汁制成的新鲜斜面培养基上，25～28℃培养3～4d，使其活化。

(2) 液体试管培养 取灭过菌的新鲜澄清葡萄汁，分装入经过干热灭菌的10mL试管中，用0.1MPa ($1kgf/cm^2$) 的蒸汽灭菌20min，放冷备用。在无菌条件下接入斜面试管活化培养的酵母，每支斜面试管可接种10支液体试管，摇匀使酵母分布均匀，置于25～28℃恒温培养24～28h，发酵旺盛时转接入三角瓶培养。

(3) 三角瓶培养 向经干热灭菌的500mL三角瓶中注入新鲜澄清的葡萄汁250mL，用0.1MPa的蒸汽灭菌20min，冷却后接入两支液体培养试管，摇匀，25℃恒温箱中培养24～30h，发酵旺盛时转接入玻璃瓶培养。

(4) 玻璃瓶（卡氏罐）培养 向洗净的10L细口玻璃瓶（或容量稍大的卡氏罐）中加入新鲜澄清的葡萄汁6L，常压蒸煮（100℃）1h以上，冷却后加入亚硫酸，使其二氧化硫含量达80mL/L，经4～8h后接入两个发酵旺盛的三角瓶培养酒母，摇匀后换上发酵栓（用棉栓也可），于20～25℃室温下培养2～3d，其间需摇瓶数次，至发酵旺盛时接入酒母培养罐（桶）。

(5) 酒母罐（桶）培养 一些小厂可用两只200～300L带盖的木桶（或不锈钢罐）培养酒母。木桶洗净并经硫黄烟熏杀菌，过4h后向一桶中注入新鲜成熟的葡萄汁至80%的容量，加入100～150mg/L的亚硫酸，搅匀，静置过夜。吸取上层清液至另一桶中，随即添加1～2个玻璃瓶培养酵母，25℃培养，每天用酒精消毒过的木把搅动1～2次，使葡萄汁接触空气，加速酵母的生长繁殖，经2～3d至发酵旺盛时即可使用。每次取培养量的2/3，留1/3，然后再放入处理好的澄清葡萄汁继续培养。若卫生管理严格，可连续分割培养多次。有条件的酒厂，可用各种形式的酒母培养罐进行通风培养，酵母不仅繁殖快，而且质量好。

(6) 酒母的使用 培养好的酒母一般应在葡萄醪中添加SO_2后经4～8h发酵再加入，目的是减少游离SO_2对酵母生长和发酵的影响。酒母的用量为1%～10%，具体添加量要视情况而定。一般来讲，在酿酒初期为3%～5%；至中期，因发酵容器上已附着有大量的酵母，酒母的用量可减少为1%～2%；如果葡萄有病害或运输中有破碎污染，则酵母接种量应增加到5%以上。

第四节 葡萄酒活性干酵母的应用

酿造葡萄酒可采用天然酵母发酵、菌种扩大培养发酵和活性干酵母发酵三种方法。在酿酒行业中，葡萄酒活性干酵母的使用最早。20世纪60年代初，在欧美各国开始出现葡萄酒活性干酵母产品。活性干酵母具有使用方便、启动发酵速度快、发酵彻底等优点。目前，在世界各地的葡萄酒行业中，葡萄酒活性干酵母已得到普遍使用。在我国，最早（1981年）使用葡萄酒活性干酵母的是中法合资的王朝葡萄酒厂；最早（1985年）研究葡萄酒活性干酵母的是天津轻工业学院；最早（1987年）工业化生产葡萄酒活性干酵母的是烟台酵母厂。目前，国内应用的葡萄酒活性干酵母不仅品种多，有安琪酵母、西班牙Agrovin酵母及莱蒙特（LALLEMAND）公司的活性干酵母；而且分类很细，有干红专用酵母、干白专用酵母、起泡酒专用酵母等。以莱蒙特公司的活性干酵母为例，其中干红专用酵母就有D254、RA17、BM45、RC212等多种，每一种型号的酵母酿出的葡萄原酒颜色差异很大，所以在生产中要根据实际需要来选择。

一、活性干酵母及其特点

1. 活性干酵母

活性干酵母（active dry yeast）是由特殊培养的鲜酵母经压榨干燥脱水后，仍保持强的发酵能力的干酵母制品。将压榨酵母挤压成细条状或小球状，利用低湿度的循环空气经流化床连续干燥，使最终酵母水分达8%左右，并保持酵母的发酵能力。

2. 活性干酵母的基本特点

(1) 常温下长期贮存而不失去活性。

(2) 将活性干酵母在一定条件下复水活化后，即恢复成自然状态并具有正常酵母活性的细胞。其中，细胞含量超过 200×10^8cfu/g，含水量小于6%的活性干酵母被称为高活性干酵母 (instant active dry yeast)。与活性干酵母相比，高活性干酵母具有性能稳定、含水量低、颗粒小、复水快、贮藏时间长、易于运输、使用方便等优点，被广泛地应用于发酵面食加工和酿酒领域。目前的产品种类有面包、酒精、葡萄酒用的活性干酵母。

葡萄酒活性干酵母一般是浅灰黄色的圆球形或圆柱形颗粒，蛋白质含量40%～45%，酵母细胞数 $(20\sim30)\times10^9$ 个/g，20℃常温下，保存1年失活率约20%，4℃低温保存1年，失活率仅5%～10%。但启封后最好一次用完。

二、活性干酵母的使用

无论是发酵红葡萄酒，还是发酵白葡萄酒，葡萄浆或葡萄汁入发酵罐以后，都要尽快地促进发酵，缩短预发酵的时间。因为葡萄浆或葡萄汁在起发酵以前，一方面很容易受到氧化，另一方面也很容易遭受野生酵母或其他杂菌的污染，所以在澄清的葡萄汁或葡萄浆中应及时添加活性干酵母。活性干酵母不能直接投入葡萄汁中进行发酵，需抓住复水活化、适应使用环境（尤其对特殊用途的酵母）、防止污染这三个关键。正确的用法如下。

1. 活性干酵母的使用方法

活性干酵母的用量因商品的酵母菌株、细胞数、贮存条件及贮存期、使用目的及方法等而异。一般来讲，活性干酵母的添加量为每升葡萄醪添加约0.1～0.2g干酵母。活性干酵母的用法主要有两种。

(1) 复水活化后直接使用　活性干酵母必须先复水恢复其活性，才能直接投入发酵使用。此法简单，为工厂所常用。其做法是：将添加量为10%的活性干酵母加入35～38℃的含4%葡萄糖或蔗糖的温水中，或者加入不加 SO_2 的稀葡萄汁中，小心混匀，每隔10min轻轻搅拌一下，30min后，培养的酵母已经完成复水活化，可直接添加到经 SO_2 处理的葡萄汁中发酵。

(2) 活化后扩大培养制成酵母使用　为了提高活性干酵母的使用效果，减少商品活性干酵母的用量，并使酵母在扩大培养中进一步适应使用环境，恢复全部的潜在能力，也可在复水活化后再进行扩大培养，制成酒母使用。具体做法是：将复水活化的酵母投入澄清的含80～100mg/L SO_2 的葡萄汁中培养，扩大倍数为5～10倍，当培养至酵母的对数生长期后，再次扩大5～10倍培养（为了防止污染，最多不超过3级为宜）。培养条件与一般的葡萄酒酵母扩大培养一致。

有的酒厂为了降低生产成本，减少活性干酵母的用量，采用正处于发酵的葡萄醪接种，即所谓的“串罐”。

2. 活性干酵母应用举例

活性干酵母由于具有使用方便、启动发酵速度快、副产物少、发酵彻底等优点，已逐渐取代了自然酵母发酵和菌种扩大培养发酵，在国内受到越来越多的厂家所喜爱。但要注意的是，活性干酵母的种类并不相同，有的适合于红葡萄酒的发酵，有的适合于白葡萄酒的发酵，有的适合于香槟酒的发酵。同样是适合白葡萄酒发酵的活性干酵母，不同的活性干酵母产酒风味也有差异。因此，应该根据所酿葡萄酒的种类和特点，来选购适宜型号的活性干酵母。比如，要想酿造颜色较深的红葡萄酒，最好是选择干红专用而且有利于浸提色素单宁和芳香物质的酵母菌种。

例1　活性干酵母在白葡萄酒中的应用

酿造白葡萄酒，澄清汁入发酵罐以后，应立即添加活性干酵母。添加的方法是，将1∶10的活性干酵母与1∶1的葡萄汁和软化水的混合物混合搅拌，即1kg活性干酵母与10kL葡萄汁和软化水的混合液（其中5kL葡萄汁，5kL软化水）混合搅拌1h，加入盛10t白葡萄汁的发酵罐里，循环均匀即可。

例 2 活性干酵母在红葡萄酒中的应用

红葡萄酒发酵，添加活性干酵母的数量及添加方法与白葡萄酒相同。只是红葡萄酒是带皮发酵，刚入罐的葡萄浆、皮渣和汁不能马上分开，无法取汁，应该在葡萄入罐 12h 以后，自罐的下部取葡萄汁，与 1∶1 的软化水混合。取 1 质量份的活性干酵母与 10 质量份的葡萄汁和软化水的混合物混合搅拌 1h 后，自发酵罐的顶部加入，然后用泵循环，使活性干酵母在罐里尽量达到均匀分布状态。

思 考 题

1. 简述葡萄酒酿造中酵母菌的种类及葡萄酒酵母的特征。
2. 影响酵母酒精发酵的因素有哪些？生产实际中该如何控制？
3. 为什么要进行葡萄酒酵母的扩大培养？简述其培养工艺。
4. 什么是活性干酵母？什么是高活性干酵母？
5. 生产中如何使用活性干酵母？在使用中应该注意哪些问题？

第五章　传统葡萄酒酿造工艺

学习目标

1. 掌握红葡萄酒的酿造工艺技术。
2. 掌握白葡萄酒的酿造工艺技术。
3. 掌握桃红葡萄酒的酿造工艺技术。
4. 掌握葡萄酒的后处理及其罐装技术。
5. 学会用本章所学基本理论，分析产品生产中常见问题。

第一节　红葡萄酒酿造工艺

红葡萄酒除传统的酿造工艺外还有旋转罐法、二氧化碳热浸提法和连续发酵法。本节主要介绍红葡萄酒的传统酿造工艺。

红葡萄酒是葡萄酒中的一种主要产品，原料主要采用红皮白肉的葡萄品种，如赤霞珠、美乐、佳丽酿等，辅助采用皮肉皆红或紫红的染色葡萄品种，以增强酒天然的颜色，如烟73等。红葡萄酒按其含糖量可分为干、半干、半甜和甜红葡萄酒。我国酿造红葡萄酒主要以干红葡萄酒为原酒，然后按GB 15037—2006的规定调配成半干、半甜和甜红葡萄酒，但是世界的一些知名甜葡萄酒并不是按此法酿造，它们有特殊的酿造工艺。

一、红葡萄酒传统生产工艺

（一）生产工艺流程

红葡萄酒传统工艺流程见图1-5-1。

（二）工艺介绍

1. 原料

酿造红葡萄酒的葡萄分两种。

第一类是皮带色而果肉无色，国内常采用的此类葡萄有赤霞珠（Cabernet Sauvignon）、蛇龙珠（Cabernet Gernischet）、美乐（Merlot）、品丽珠（Cabernet Franc）、佳丽酿（Carignane）、法国蓝（Blue French）、玫瑰香（Muscat Hamburg）等，它们一般要满足以下要求，方能采用：

① 色泽红，紫红，黑紫红；

② 成熟度好，酸度5～8g/L，含糖量一般在180g/L以上；

③ 健康，不腐烂，不感染任何病菌；

④ 采摘时果皮上不能附有任何有效的药物残留。

第二类葡萄属于调色葡萄，其主要目的为增加红葡萄酒的天然色泽，一般情况下红葡萄酒不需要借助于调色葡萄增色，但当第一类葡萄成熟度不够，或果皮色泽浅的时候，需要用第二类葡萄调色，国内常用的葡萄品种有烟74、烟73、晚红密、巴柯、紫北塞等。它们的主要特点为皮肉都呈深紫色、紫红色或红色，所酿之酒色价高，此类葡萄主要起调色作用，所以采摘时主要考虑颜色，而对酸度和糖度的要求不高。一般酸度6～10g/L；糖度＞120g/L即可采收。

2. 挑选

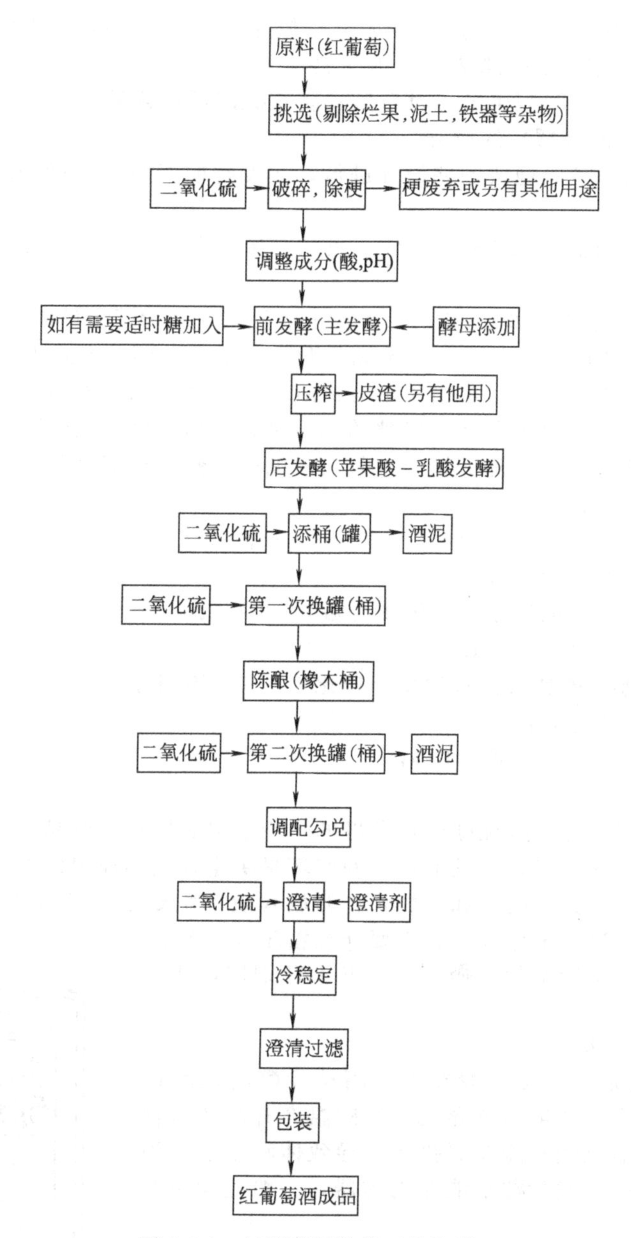

图 1-5-1 红葡萄酒传统工艺流程

葡萄果实进入下一道工序前一定要进行挑选。即操纵者在输送带的两侧将正在输送的葡萄中的异物及不合格葡萄剔除出去。

挑选的主要对象：腐烂、不成熟的葡萄，杂枝叶、铁器、石块、泥土块及其他与葡萄无关的杂物。

挑选的主要目的：防止杂物对破碎、压榨等设备造成损害；防止杂物对产品造成污染和对口感造成影响。

3. 破碎

葡萄进入破碎机后将果实打碎，梗随之从机器中吐出，而皮、浆果、汁、籽的混合醪被泵入指定的发酵罐，这一过程称为破碎。破碎的同时应往混合醪中添加二氧化硫，为了避免二氧化硫对设备造成腐蚀，不应直接将二氧化硫添加于破碎机中或破碎前的葡萄中，而是直接添加到对应的发酵罐中。为添加方便，二氧化硫一般制成 6% 的亚硫酸溶液。添加量应根据葡萄的健康程度、酸度、pH 而定，添加量一般为 40～80ppm❶，即葡萄越健康，酸度越高，pH 越低，二氧化硫的添加量越少，反之越多。

二氧化硫的作用：杀死野生酵母及杂菌；防止破碎后的浆果氧化。

4. 调整发酵醪（混合醪）的成分

为保证发酵顺利、健康地按预期设计进行，在发酵前要对发酵醪的酸度、pH 和糖度进行调整。

（1）酸度　一般调整至 6.5～8.5g/L，目的在于增强发酵醪的杀菌框架、葡萄酒的结构及层次感。

（2）pH　一般调整为 3.0～3.5，目的在于前发酵期间增强发酵醪的抗菌、抑菌性。

酸度与 pH 的调整应互相兼顾，尽量满足两者之要求。调整方式主要是向发酵醪中添加 L-酒石酸，不推荐使用柠檬酸、苹果酸等有机酸，绝对禁止添加强酸。

（3）糖分的调整　如果葡萄汁可发酵的糖不足，为满足葡萄酒的酒精度的需要，应向发酵醪中添加适宜的糖分，可添加的糖应该是白砂糖、天然的果葡糖浆、浓缩的葡萄汁，具体添加量以下面公式为准：

$$M=(A\times 18-S)\times M_1\times K/1000$$

式中　M——需添加糖的量，kg；

A——发酵成酒后的酒精度（体积分数）（20℃）；

S——葡萄醪的糖度，g/L；

18——在红葡萄醪中 18g/L 的糖分转化为 1%（体积分数）（20℃）的酒精；

M_1——葡萄的质量，kg；

K——葡萄品种的出汁量，L/kg。

5. 前发酵

前发酵是葡萄醪中可发酵性糖分在酵母的作用下将其转化为酒精和二氧化碳，同时浸提色素物质和芳香物质的过程。前发酵进行的好坏是决定葡萄酒质量的关键。

红葡萄酒发酵方式分密闭式和开放式，开放式发酵主要以开放的水泥池作为发酵容器，现在基本上已淘汰，这里不作介绍，主要介绍密闭式发酵。

（1）发酵容器　带控温和外循环设施的不锈钢罐，如图 1-5-2 所示。

（2）前发酵的管理

① 容器的充满系数　发酵醪在进行酒精发酵时体积增加。原因：发酵时本身产生热量导致发酵醪温度升高使体积增加；产生大量二氧化碳不能及时排除，导致体积增加。为了保证发酵正常进行，发酵醪不能充满容器，一般充满系数≤80%。

② 酵母的添加　国内多数企业使用经培育优选的成品酵母，其特点：使用方便；酵母强壮且耐二氧化硫。添加时要先将其活化，活化方法：将酵母颗粒缓缓撒入 40℃的糖水溶液中（含糖量一般要大于 20g/L），边撒边搅拌，待均匀后静置 15～20min，看其外观，如泡沫浓厚、蓬松且迅速膨胀，基本断定活化成功，将活化后的酵母液均匀倒入发酵醪的表面上即可，添加量按产品使用说明。

③ 皮渣的浸提　皮渣浸提得充分与否直接决定葡萄酒的色泽和香气质量。葡萄皮渣相对密度比葡萄汁小，又加上发酵时产生大量的二氧化碳，这会使大多数的葡萄皮渣浮在

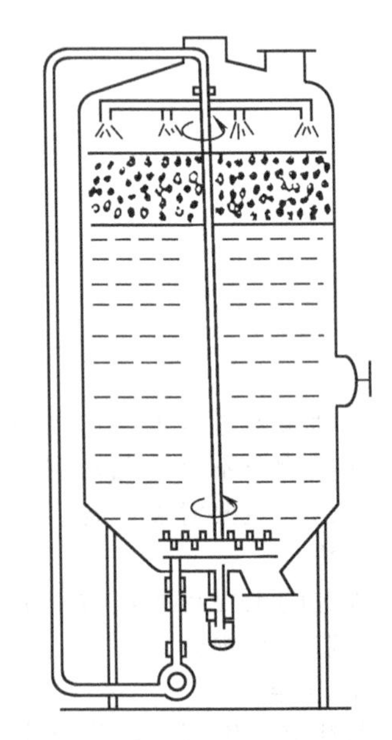

图 1-5-2　新型红葡萄酒发酵罐

❶ ppm 指 mg/kg，也可简单理解为 10^{-6}。

葡萄汁的上表面，而形成很厚的盖子，这种盖子称“酒盖”或“皮盖”。因皮盖与空气直接接触，容易感染有害杂菌，败坏了葡萄酒的质量，同时皮渣未能最大程度地浸泡而影响了香气和色素的浸提。为保证葡萄酒的质量，需将皮盖压入发酵醪中。其方式有两种：一种用泵将汁从发酵罐底部抽出，喷淋到皮盖上，喷淋时间和频次视发酵的实际情况而定；另一种是在发酵罐内壁四周制成卡口，装上压板，压板的位置恰好使皮渣完全浸于葡萄汁中。

④ 发酵温度控制　发酵是一个不断释放热量的过程。随着发酵的不断进行，发酵醪的温度会越来越高，这直接影响了葡萄酒的质量。为此应有效地控制（降温）发酵醪的温度。其控温方式：外循环冷却；葡萄汁循环；发酵罐外壁焊接冷却带，内部安装蛇形冷却管。一般来讲，发酵温度越高，色泽浸提越好，色价越高，但发酵温度过高，会导致过多的不和谐副产物产生和香气流失，而导致酒质粗糙，口味寡淡，为求得口味醇和、酒质细腻、果香及酒香浓郁幽雅的葡萄酒，发酵温度应控制低一些。综合以上考虑，红葡萄酒发酵温度一般控制在 25～30℃的范围。

6. 压榨

当前发酵结束后，把发酵醪泵入压榨机中，通过机器操作而将葡萄酒汁与皮籽分开，这一过程称为压榨。

当前发酵进行 5～8d 后，基本结束。判定发酵结束因素：

① 残糖 4g/L 以下；

② 发酵液面只有少量或没有二氧化碳气泡，液面较平静；

③“皮盖”已经下沉，发酵液温度接近室温，并有明显的酒香。

如符合以上因素，表明前发酵已结束，可以出罐压榨，压榨前先将自流原酒放出，放净后，打开出渣口，螺旋泵将皮渣运至压榨机内，压榨后得到的酒汁为压榨酒。

前发酵结束后各种物质的比例如下：皮渣 11.5%～15.5%；自流原酒 52.9%～64.1%；压榨原酒 10.3%～25.8%；酒脚 8.9%～14.5%。

自流原酒和压榨原酒成分差异较大，一般要分开存放。自流原酒质量好，是酿制优质名贵葡萄酒必需的基础原酒。

葡萄酒的压榨设备，国内常用卧式转筐双压板压榨机、连续压榨机、气囊压榨机。气囊压榨机是现代企业常用的设备，也是国际上流行的设备。这里主要介绍气囊压榨机，其余压榨设备在白葡萄酒的酿造工艺中讲述。

气囊压榨机由机架、转动罐、传动系统和电脑控制系统组成。机架由机座、接汁盘和出渣挡板三个部分组成，其基本工作程序如下：待葡萄浆装满罐后，气泵开始工作，向气囊充空气，对葡萄浆施加压力。在压榨过程中，加压是逐步进行的，先用 0.04MPa 压力，然后放压，旋转罐体，疏松葡萄浆后，再重新升压到 0.09MPa，然后再放压，旋转罐体，疏松葡萄浆后再生压。加压一般在 1～2h 内分 4～5 次逐步将压力由零增到 0.2MPa。待葡萄浆达到规定的压榨程度时即可排渣。排渣时，打开入料口密封盖，旋转罐体，罐内的葡萄渣即可甩出。图 1-5-3～图 1-5-5 描述了气囊压榨机转动罐的工作顺序和状态。

气囊压榨机与其他压榨机相比，具有明显的优点：压榨介质为空气，空气具有柔软和可压缩的特点，因此对果肉较柔软的葡萄进行压榨，可制取高档葡萄酒所需的葡萄汁。压榨过程中，因各压力的时间间隔分明，可制取不同档次的葡萄汁。气囊压榨机具有果汁分离机和葡萄压榨机的功能，可节省果汁分离机。

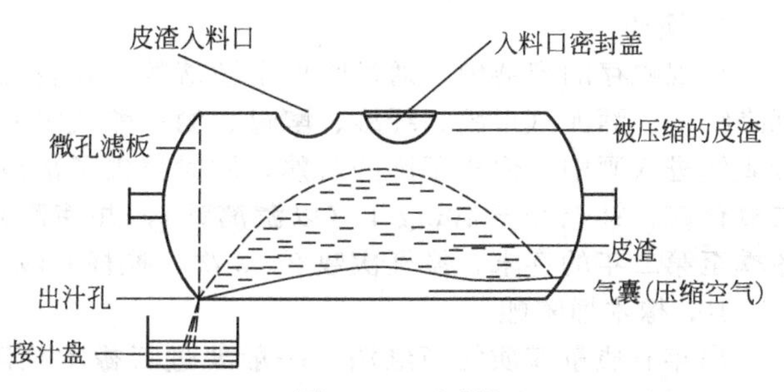

图 1-5-3　入料

7. 后发酵

前发酵结束后，进入后发酵时期。

（1）后发酵是残糖继续发酵，酒汁逐步澄清并陈酿，诱发苹果酸-乳酸发酵的过程。

① 残糖继续发酵　前发酵结束后，有可能残留 1～3g/L 的糖分，在酵母的作用下继续转化为二氧化碳与酒精。

② 澄清与陈酿　前发酵结束后，大量的酵母和果肉纤维悬浮在酒液中。在进行后发酵的过程中，酒中的这些悬浮物会逐渐沉降，形成酒泥，使酒得到澄清。同时新酒吸收适量的氧气，进行缓慢的氧化还原反应，促使了醇酸酯化，理顺乙醇和水的缔合排列，使酒的口味变得柔和，风味更趋完善。

③ 苹果酸-乳酸发酵　指在明串珠菌的作用下将苹果酸变成乳酸的过程。要酿制高档葡萄酒，一般需进行苹果酸-乳酸发酵。经过苹果酸-乳酸发酵后，使酒的酸度降低，从而提高了生物稳定性，并使口感变得柔软顺滑。

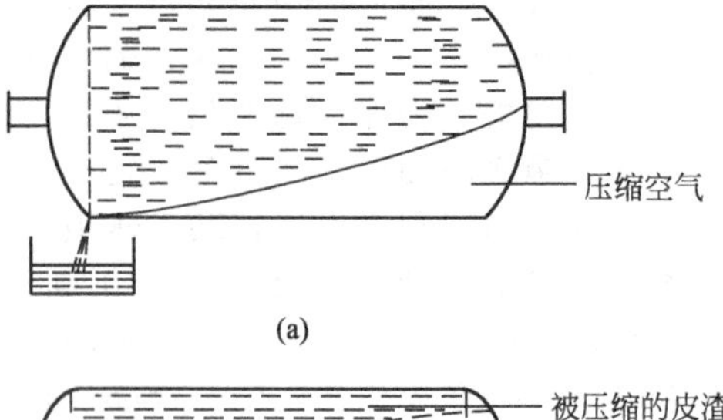

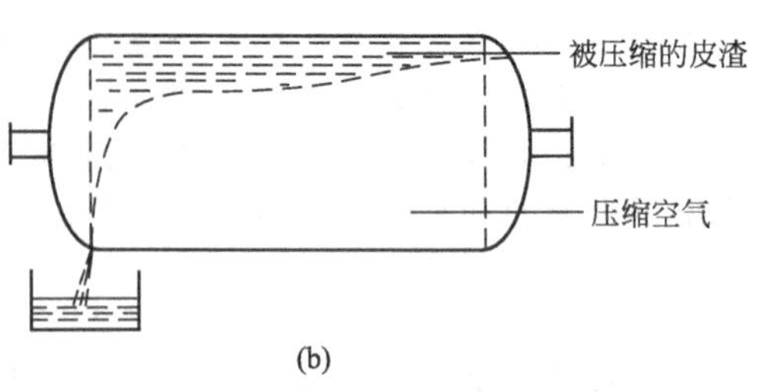

图 1-5-4　压榨

(2) 后发酵的启动　前发酵结束后，为保证苹果酸-乳酸发酵的顺利进行，禁止向酒液中添加二氧化硫。苹果酸-乳酸发酵的启动一般有自然启动和人工诱导启动。

① 自然启动　由于酒液中存在着一些天然的能够启动苹果酸-乳酸发酵的细菌群（明串珠菌），在 18～25℃ 能够利用苹果酸生成乳酸。但自然启动的发酵时间长，速度慢，容易造成杂菌的污染，而导致葡萄酒不良风味和挥发酸的增加。

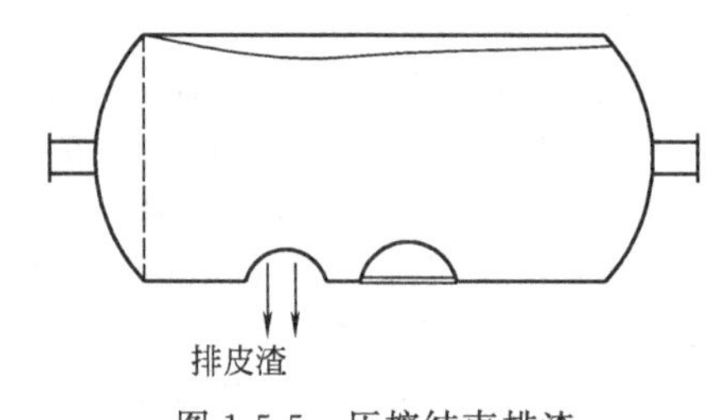

图 1-5-5　压榨结束排渣

② 人工诱导启动　为克服自然发酵的缺点，现在多数企业采用人工诱导启动发酵，即向酒液中直接添加启动苹果酸-乳酸发酵的成品细菌制剂。这种方式能够快速启动发酵，并缩短发酵时间，一般 1～2 周即可结束。

(3) 后发酵的管理

① 隔绝空气，实行严格的厌氧发酵。

② 酒温要控制在 15～20℃，此温度范围适合苹果酸-乳酸发酵的正常进行和酒液的澄清。

③ 卫生管理，由于新酒含有丰富的营养成分，易感染杂菌，应对与新酒接触的容器、阀门、管道等定期进行卫生控制。

8. 添桶

苹果酸-乳酸发酵结束后，应立即向酒中添加二氧化硫，添加量（以游离计）25～40mg/L，并使酒液满罐存放。

9. 换桶

从现贮存的容器中，通过吸取上清液的方式将葡萄酒泵入另一容器中，从而除去酒中的沉降物——酒泥（果胶、纤维、酵母、酒石酸盐等），以达到初步澄清的目的。换桶时，微量氧气进入酒中，促进了酒的后熟，同时损失了部分二氧化硫，为安全起见，应向酒中补充二氧化硫，补至 25～40mg/L（以游离计），并使酒液满罐存放。换桶时间一般在当年的秋冬季至第二年的春末，换桶次数 2～3 次，换桶间隔 1 个月左右。

10. 橡木桶陈酿

当年有质量潜质的新红酒，一般要进行橡木桶陈酿，陈酿的时间由酿酒师通过品评确定，一般为 2～8 个月。

（1）分类　橡木桶按照容量分为225L、300L、500L、1000L不等。按产地分为法国产橡木桶、美国产橡木桶、国产橡木桶。

（2）橡木桶陈酿的作用　来自橡木的单宁能稳定葡萄酒的颜色，增加葡萄酒的结构感，使酒体变得更丰满；橡木的树脂和糖类物质能增加酒的柔和性和醇厚感；橡木中木质素分解后产生的芳香醇和芳香醛能赋予葡萄酒愉快、优雅的陈酿香。

（3）橡木桶陈酿过程中的管理

① 要坚持每天添桶，保持木桶处于满桶状态，防止液面下降而造成杂菌滋生，影响酒质。

② 橡木桶的外表面，尤其是桶口周围要天天擦洗，保持整洁卫生。

③ 每天巡视有无渗漏现象，如发生渗漏，应及时换桶。

④ 在陈桶陈酿过程中要保持酒中游离二氧化硫在20～40mg/L。

11. 调配勾兑

不同质量特点葡萄原酒在国家葡萄酒标准和法规规定的范围内按比例混合，进而达到消除和弥补葡萄酒质量的某些缺点，使葡萄酒的质量得到最大程度的提升，赋予葡萄酒新的活力。

虽然葡萄酒需要调配勾兑，但它不是配制酒，不要误解为葡萄酒是通过一些配方添加某些呈色、呈香、呈味物质配制而成的。葡萄酒的调配勾兑只能是葡萄原酒之间的混合，好的葡萄酒是酿造出来的。如果酿造的原酒质量不好，再好的酿酒师也调配不出好的葡萄酒，所以不能过分夸大葡萄酒的调配勾兑技术。

调配勾兑的基本原则如下。

（1）色泽调整

① 与色泽较深的同类原酒合理混配，提高配成酒的色度。

② 添加中性染色葡萄原酒，如烟73、烟74等。这些原酒颜色深，能够有效地提高配成酒的色价，但不可用量过多而影响配成酒的香气和口感，并能增加酒的酸度，建议使用量要低于配成酒总量的20%。

③ 添加葡萄皮色素。有浓稠状液体和粉末状两种，液态的使用效果较高，但用量过多会增加酒的残糖和总酸。建议使用量低于4%花色素。国内主要是生产花色素类物质，它们主要是从黑米中提取的。其分子结构和理化特性与葡萄皮花色素相同，是国家认可的天然色素，但因其含有酒精，多少对酒质产生影响，建议少用或不用。

（2）香气调整　葡萄酒的香气由原始果香、发酵香气、陈酿香气（酒香）组成。对香气的调整绝对不能添加香精、香料而达到增香和调香的目的（特种葡萄酒除外），调整香气只能从以下几方面入手：

① 可以选择不同地区同一品种所酿的原酒进行调配，如胶东半岛跟新疆西部的，河北地区跟西北地区的等；

② 可以用一些成熟度高的原料酿制的酒跟品质一般的酒调配，以提高酒的香气；

③ 可从国外进口一些优质原酒跟国内的原酒调配，以提高香气和质量；

④ 通过橡木桶贮藏增加一些橡木香气，来改善酒的香气。

（3）口感调整　口感调整主要是指对酒的酸、糖、酒精含量、涩的调整。进而使酒的口感平衡、流畅、协调、相容、圆润。色泽和香气的调整，也往往在不同程度上改善了酒的味道。大多消费者不同于专业品酒人士，他们喝酒往往习惯大口大口地喝，所以酒的口感对他们尤为重要。酸味是否合适，糖、酒、酸是否平衡，红酒的涩感是否圆润、协调等成为评价酒质好坏的重要依据。酸味过低，会使酒缺乏活力；酸味过高，会给人酸涩的感觉。单宁等酚类化合物含量低，口味淡薄，酒体瘦弱；含量过高会给人以明显的涩感，甚至使酒具有苦味。酒精是葡萄酒的灵魂和支柱，酒精含量低，酒味寡淡；过高，又会有灼热难受的感觉。糖分是口感的润滑剂和缓冲剂，可以冲减其他成分过多造成的负面影响，在许可的范围内，往上调整含糖量，可以让消费者得到更加愉悦的口感。关于口感的调整要围绕着以上所述，用科学方法，在法规及标准允许的前提下合理调配。

12. 澄清

澄清过程一般也称为下胶过程。由于葡萄酒是一种胶体溶液，存在着一些不稳定沉降因素。高档葡萄酒经过 3 年以上的定期换桶，可以通过自然沉降获得澄清，而对于一般的佐餐葡萄酒，需要进行下胶处理。

（1）澄清　通过往酒中加入适量的澄清剂，而使酒中的不稳定物质形成絮状沉淀，并吸附了造成葡萄酒浑浊的细小微粒而沉降下来，使酒得以澄清的过程。

（2）澄清作用

① 葡萄酒通过下胶，酒的澄清度大大堤高，极大地提高了酒过滤效率，避免浪费过多的过滤材料。

② 改善酒质，下胶可以除去酒的生青味和粗糙感，使酒的香气、口感细腻。

③ 提高了酒的生物稳定性，下胶时，大部分微生物被絮状沉淀吸附下来，并与沉淀一起从酒中分离出去，提高了酒的生物稳定性。

红葡萄酒常用的澄清剂一般有明胶、植源胶、蛋清粉、牛血清、皂土等。

13. 冷稳定处理

在低温状态下，将葡萄酒中不稳定的酒石酸盐、胶体物质及部分微生物快速从酒中沉降，进而与酒分离的过程。冷稳定处理是葡萄酒生产极其重要的工艺，尤其适合陈酿期短而装瓶的原酒。

（1）冷稳定处理的作用

① 使过多的酒石酸盐类（又称酒石）沉淀析出，在低温下酒石酸盐溶解度降低，而使饱和的酒石酸盐沉淀析出，提高了酒石酸盐在酒中的稳定性。

② 加速了葡萄酒的陈酿，酒的温度越低，氧在酒中的溶解度越大，氧化-还原电位越高，加快了酒的氧化陈酿。

③ 促进了酒中胶质物质的凝聚和沉淀，低温处理促进了果胶、蛋白质、单宁色素的凝聚。它们凝聚时产生的絮状沉淀，吸附了造成葡萄酒浑浊的微粒，使冷处理起到了类似下胶的作用。

④ 促进葡萄酒中铁、磷化合物的沉淀，葡萄酒冷处理时发生的氧化作用使酒中的低价铁盐氧化为高价铁盐，加速了难溶于酒的单宁铁、磷酸铁的生成，使酒中的铁含量有所减少，从而降低了葡萄酒发生破坏病的强度。

⑤ 提高了酒的生物稳定性，胶体物的凝聚作用也吸附了酒中的各种细菌、霉菌孢子和各种微生物。因此，冷处理使葡萄酒更加健康。

（2）冷稳定处理过程中应注意的问题

① 冷却温度　一般将葡萄酒冷却至冰点上 0.5～1℃，避免葡萄酒结冰而破坏和影响酒的酒质和平衡。

② 葡萄酒冰点　指葡萄酒结冰时的温度。葡萄酒的冰点可以通过测定和计算获得，比较通用的计算葡萄酒的冰点的方法是：

$$T=-(0.04P+0.02E+K)$$

式中 T——葡萄酒的冰点，℃；

P——葡萄酒所含酒精的质量，g/L；

E——葡萄酒所含糖浸出物，g/L；

K——校正数，根据酒精含量而不同，酒精度 10%（体积分数），$K=0.6$，酒精度 12%（体积分数），$K=1.1$，酒精度 14%（体积分数），$K=1.6$。

【例】 一种葡萄酒酒精度 10%（体积分数），浸出物为 20g/L，求该酒的冰点。

酒精度 10%（体积分数）的葡萄酒，每升中含有酒精 100mL，它的相对密度为 0.794，如以 0.8 计，则 1L 葡萄酒中所含酒精为 80g，将该值及浸出物值、校正值代入公式：

$$T=-(0.04\times80+0.02\times20+0.6)=-(3.2+0.4+0.6)=-4.2℃$$

③ 添加晶种　在酒中温度降至要求时（冰点上0.5～1℃），为追求沉淀效果，应向酒中添加晶种。人为添加的晶种可作为晶核，吸附酒中悬浮的酒石晶粒，形成较大的晶粒和晶簇共生体，加快结晶及沉淀速度。添加晶种一般为酒石酸钙或酒石酸氢钾粉末、颗粒，要求纯度越高越好，细度为0.125～0.15目较好，添加量为1%～4%。

④ 冷稳定过程的搅拌　在冷冻过程中必须伴随着搅拌，搅拌不仅加速了能量的传递，更重要的是增加晶种和酒石微粒接触的机会，为生成更大的晶粒和共生晶簇创造机会，也有利于减少酒冷冻过程中出现的过饱和现象，缩短冷冻时间，提高冷冻效果。搅拌工作在冷冻结束后停止，以便让酒石沉降下来，利于过滤。沉降时间一般为24～36h。

14. 包装

处理好的葡萄原酒要根据市场的需要，将其灌装到玻璃瓶或其他专用容器中，这一过程称为包装。

（1）杀菌　为避免管道设备及空间对葡萄酒造成二次污染，在灌装前要对与酒接触的所有设备及管道进行清洗及消毒。一般方法为先用5%碱液去污清洗，再用5%弱酸中和清洗，后用无菌水冲洗。消毒一般常用一个压力的蒸汽杀菌40min，空间消毒主要是在灌装前12h用紫外线或臭氧进行杀菌。

（2）葡萄酒包装容器　主要采用750mL、500mL、375mL容量的玻璃瓶，也有部分厂家推出1～5L橡木桶，国外一些产量较大的中低档葡萄酒，采用0.5～2L纸袋或盒（内壁涂有防氧化膜）的包装。

二、优良干红葡萄酒的特点

干红葡萄酒是红葡萄酒中的重要成员。随着人们生活水平的逐步提高，干红葡萄酒也逐步成为最时尚的健康饮品之一，也有必要了解一下优良干红葡萄酒的特点，以帮助正确地认识和消费葡萄酒。

① 有自然宝石红色、紫红色、石榴红色等色泽。

② 该品种干红葡萄酒的典型性取决于葡萄的完好性和成熟情况，一般至少在葡萄汁的相对密度为1.090～1.096的条件下，才能形成。

③ 葡萄酒含酸量应在5.5～6.5g/L，最高不应超过7.0g/L。

④ 葡萄酒中单宁含量少，不应使葡萄酒产生收敛过涩的感觉（在发酵过程中，渣与酒接触时间长，酒中会溶入一部分单宁）。

⑤ 葡萄酒应尽可能发酵完全。残糖量在0.5%以下。

⑥ 有浓郁回味悠长的酒香，口味柔和，酒体丰满，有完美感。

⑦ 葡萄酒味浓而不烈，醇和协调，没有涩、燥或刺舌等邪味。

第二节　白葡萄酒的酿酒工艺

白葡萄酒选用酿造白葡萄酒的葡萄品种为原料，经果汁分离、澄清、控温发酵及后加工处理而成。白葡萄酒按其含糖量的多少分为干白葡萄酒、半干白葡萄酒、半甜葡萄酒和甜葡萄酒。具体分类见GB 15037—2006。当今白葡萄酒的酿造主要采用以防氧化和控温为主的发酵酿造方式。下面介绍白葡萄酒酿造工艺，主要侧重白葡萄酒与红葡萄酒酿造的不同之处。

一、白葡萄酒的酿造工艺

（一）工艺流程图

白葡萄酒的酿造工艺流程见图1-5-6。

（二）工艺介绍

1. 原料

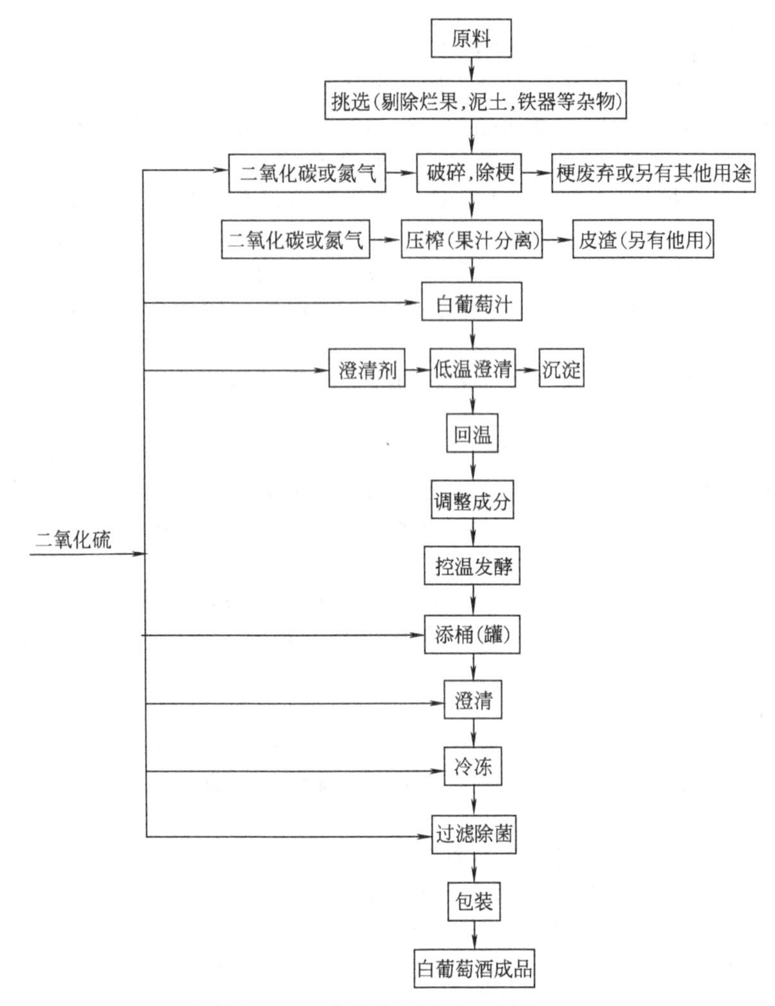

图 1-5-6 白葡萄酒酿造工艺流程

酿造白葡萄酒的葡萄也分两种：

第一类葡萄，皮、肉无色、浅绿、浅黄带绿、浅黄的白色酿酒葡萄。国内普遍种植的此类葡萄一般有意斯林（又名贵人香）（Riesling）、霞多丽（又名莎当妮）（Chardonnay）、白诗南（Chenin Blanc）、赛美蓉（Semillon）、白品乐（Pinot Blanc）、长相思（Sauvignon Blanc）等。

第二类葡萄，主要是皮略带颜色，一般呈红或淡紫色，果肉无色。此类葡萄要快速进行皮和汁分离，防止皮中的颜色进入葡萄汁中。国内普遍种植的此类葡萄有玫瑰香（Muscat）、佳丽酿（Carignane）等。

采收标准，除葡萄颜色外，其余要求等同于红葡萄（本章第一节中已提及）。

2. 果汁分离

白葡萄酒与红葡萄酒加工工艺不同，红葡萄酒需要葡萄的皮、肉一起混合发酵，这样可以将皮中的颜色、单宁类物质浸提到葡萄酒中，而白葡萄酒则注重纯汁发酵，即发酵前必须将果皮、肉与汁分离，果汁单独发酵，以体现白葡萄酒的新鲜、清爽、纯正、优雅的特点。

下面主要介绍几种常用果汁分离的方法。

（1）螺旋或连续压榨机分离果汁　分离果汁时，应尽量避免果籽、皮渣的摩擦。为了提高果汁质量，一般采用分级取汁或二次压榨，由于压榨力和出汁率不同，所得果汁质量也不同，所酿酒的品质也大有差异。以意斯林为例，见表 1-5-1。

表 1-5-1 意斯林酿酒葡萄压榨汁与酒质的变化

果　汁	压榨出汁率	总酸、总糖、浸出物变化	酿成酒质特性
自流汁(或一级压榨汁)	≤50%	基本无变化	果香浓、爽净、细腻、圆润
二级压榨汁	50%～70%	总酸、总糖稍有下降,浸出物稍有上升	爽适、较厚实、略涩
三级压榨汁	70%～80%	总酸、总糖下降幅度大,浸出物上升幅度大	较醇厚、苦涩、味过重、粗糙

从表 1-5-1 中可以看出，不同压力下分离出的果汁质量大有差异，自流汁或低压下压榨的一级汁，质量好，因此在酿制优质白葡萄酒时应注意控制出汁率和分等级取汁。

应用螺旋式连续压榨机有以下优点：①连续进料、出料，生产效率高；②结构简单，维修方便，造价低。

（2）气囊压榨机分离果汁　气囊压榨机属世界上应用最先进的果汁分离设备之一。其工作特点主要有（其结构和使用可参照第一节中对气囊压榨机的介绍）：

① 通过充入空气，用气囊对破碎后的葡萄进行施压。避免了空气与葡萄的接触，防止了葡萄的初步氧化。

② 气囊压榨机的设备特点，能够在不施压的情况快速获得优良的自流汁，为酿制高档葡萄酒，提供客观原料。

③ 在压榨分离时，气囊缓慢加压，压力分布均匀，而且由里向外垂直或辐射施加压力，可获得最佳质量的果汁，不会给果汁苦涩味。根据果浆情况可细控压力出汁率的选择性强。

④ 葡萄汁中残留的果肉等纤维物质较少，有利于澄清处理。

⑤ 该设备价格昂贵。

（3）果汁分离机分离果汁　将葡萄破碎除梗（或不除梗），果浆直接输入果汁分离机进行果汁分离。图 1-5-7 为常见的果汁分离机示意图。果汁分离机一般采用连续螺旋式，低速而又轻微施压于葡萄果浆的结构进行分离果汁。

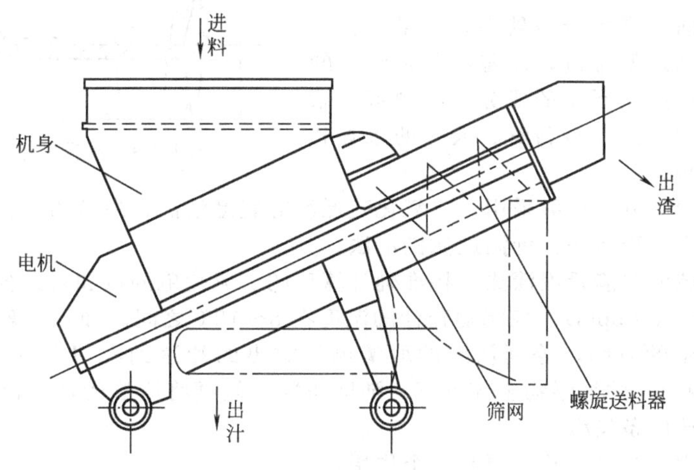

图 1-5-7　果汁分离机

特性：当物料装原料汁时，由变速器调节螺旋转速在规定范围内，将物料往前推送，为了防止物料在螺旋槽内倒退或黏结而回转不前，在筛网上方装有一个星轮装置，对不同品种的葡萄通过变节距和调节尾板对皮渣进行施压，可获得优质的葡萄汁。螺旋叶片外缘装有软毛刷，用以清扫筛网孔，保证网孔畅通。

采用果汁分离机提取果汁的方法有以下优点：

① 葡萄汁与皮渣分离速度快，生产效率高；

② 缩短葡萄汁与空气接触时间，减少葡萄汁的氧化；

③ 葡萄汁中残留的果肉等纤维物质较少，有利于澄清处理。

虽然果汁分离机具有以上优点，但并不是非常理想，因采用螺旋推动仍不可避免地造成果皮、果籽机械损伤，给果汁带来苦涩味。另外，果汁分离机的出汁率较低，大约60%，尚有部分果汁在皮渣中不能完全分离，为不造成过多损失，可考虑皮渣二次利用，即皮渣再经挤压式压榨机获得更多的压榨汁或将皮渣发酵生产白兰地等蒸馏酒。

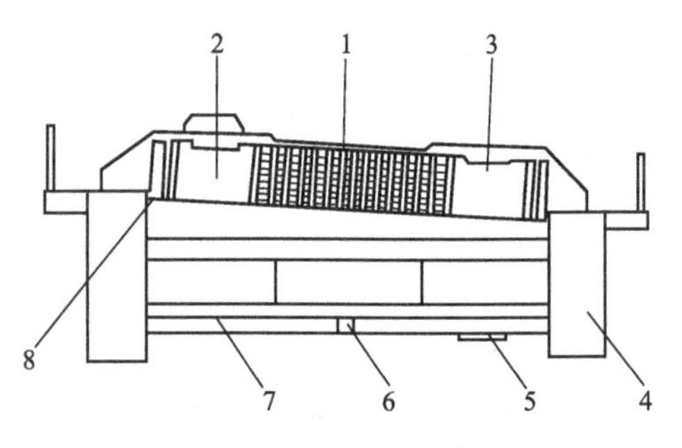

图 1-5-8 双压板压榨机

1—转动压筐；2—进料口；3—皮渣出口；4—机架；5—排渣口；6—出汁口；7—接汁口；8—传动装置

(4) 双压板（或单压板）压榨机分离果汁

将不经破碎的葡萄直接输送到双压板（或单压板）压榨机进行压榨取汁。常见的设备见图 1-5-8，压板工作程序见图 1-5-9，最适宜白葡萄果汁分离的为卧式单（双）榨机，其特点：

① 机械化强度高，有自控装置，压榨的次数及压力均可自控调节；

② 工作时压力均匀、缓慢，使压榨出的果汁含固形物少，苦涩味轻，质量好；

③ 转动压筐的材料采用玻璃纤维制造，既可防腐蚀，有益于清洗，且能避免污染葡萄汁；

④ 效率高，自动化强，适宜于大量生产使用，但一次性投资大。

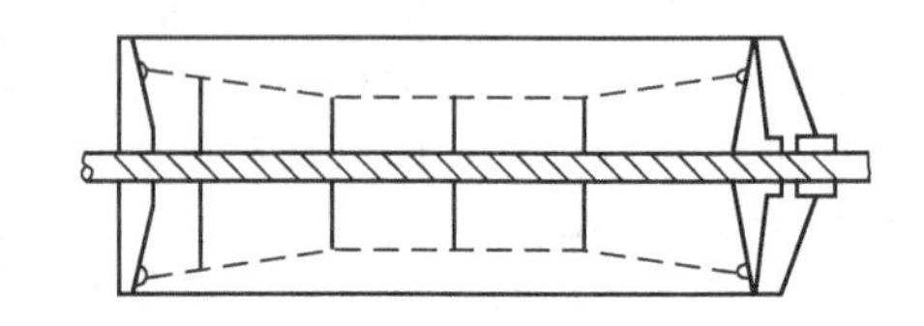

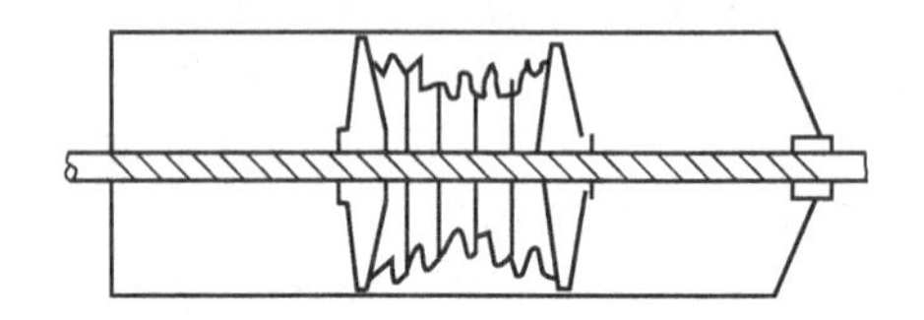

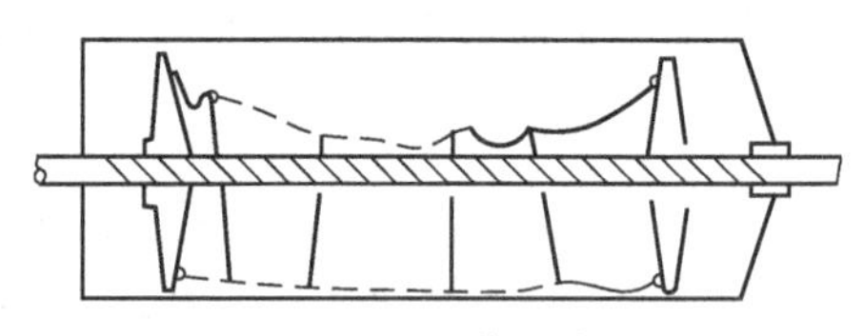

图 1-5-9 压板工作程序示意图

3. 果汁澄清

果汁澄清的目的：酿制优质的白葡萄酒，葡萄汁在启动发酵前要进行澄清处理，尽量将葡萄汁中的杂质减少到最低含量，以避免葡萄汁中的杂质因参与发酵而产生不良的成分，给酒带来杂味，使发酵后的葡萄酒保持新鲜、天然的果香和纯正、优雅的滋味。

白葡萄汁澄清的方法一般采用：二氧化硫低温静置澄清法；果胶酶生化处理法；皂土物理澄清法；机械离心澄清法；低温过滤澄清法。

(1) 二氧化硫低温静置澄清法　将准确计算后的二氧化硫的量加入到葡萄汁（二氧化硫的添加量应为60～120ppm）。控制葡萄汁的温度在8～12℃之间。加入二氧化硫后要搅拌均匀，然后静置一定的时间，等到从罐的取清侧阀放出的汁达到澄清后（时间一般为16～36h）可确定葡萄汁中的悬浮物全部下沉，随即快速从侧阀将澄清的汁与沉淀物分开，将澄清后的汁单独存放以备发酵。

在澄清过程中，二氧化硫主要起三个作用：

① 可加速胶体凝聚，对非微生物、杂质起到助沉作用；

② 抑制了葡萄皮上长有的野生酵母、细菌、霉菌等微生物，以及在采收加工过程中可能感染的其他杂菌的生长；

③ 防止了葡萄汁中酚类化合物、色素、儿茶酸等易发生氧化反应的物质的氧化，因为当葡萄汁中存在游离态的二氧化硫时，氧气首先与之发生氧化反应，从而使葡萄汁起到抗氧化的作用。

(2) 果胶酶澄清法　果胶酶是一种复合酶。它的作用主要是软化果肉组织中的果胶质，使之分解生成半乳糖醛酸和果胶酸，使葡萄汁的黏度下降，原来存在于葡萄汁中的固形物失去依托而沉淀下来，增强澄清效果，同时也有加快过滤速度、提高出汁率的作用。现在果胶酶已形成规范化商品生产及销售，主要以干型真空装粉制剂为主。

① 使用方法

a. 果胶酶的选择及使用量的试剂确定　现在市场上有专一的红葡萄和白葡萄果胶酶，也有混合型（红、白葡萄皆可）的果胶酶，可根据葡萄汁自身特点结合果胶酶的使用说明进行有针对性的选择。果胶酶的活力受温度、pH、防腐剂的影响，澄清剂使用时，果胶酶能在常温下进行酶解作用。一般情况下，24h左右可使果汁澄清。如果温度低，酶解时间需延长。根据以上特性，在使用前应做小试验，找出最佳的使用量。试验时可设计添加果胶酶的量为20～60mg/L（20mg/L，30mg/L，40mg/L，50mg/L，60mg/L）将其标记后分别加入到葡萄汁中，每隔2h观察葡萄澄清度的变化和沉淀物的体积，24h后停止观察。将所得试验结果进行统计分析，主要选择分解速度快、澄清度高、沉淀物体积少的果胶酶使用量的下限。

b. 果胶酶粉剂的使用　确定好使用量后，将酶粉剂放入恰当的容器中，用5～10倍水稀释均匀，放置1～2h，输送到葡萄汁或正在破碎的葡萄中，搅拌，静置24h后，取上清澄清葡萄汁即可。现在大多数企业一般是二氧化硫与果胶酶结合使用进行澄清。

② 果胶酶法优点

a. 保持原葡萄果汁的芳香和滋味，降低果汁中总酚和总氮的含量，有利于酒质量的提高。

b. 果汁分离前或澄清时加入果胶酶，出汁率能够提高3%，并且易于分离过滤。

（3）皂土澄清法　皂土澄清一般常用于白葡萄酒的澄清，不建议用于白葡萄汁的澄清，但当白葡萄汁由于种种原因而受到不同程度的氧化时，应用皂土进行澄清处理，最好结合二氧化硫一起使用。

皂土，亦称膨润土，是一种由天然黏土精制的胶体铝硅酸盐，主要成分为二氧化硅、三氧化二硅，其他还有氧化镁、氧化钙、氧化钾等成分。它为白色粉末，溶解于水中的胶体带负电荷，而葡萄汁中蛋白质等微粒带正电荷，正负电荷结合使蛋白质等微粒下沉。它具有很强的吸附力，用来澄清葡萄汁可获得最佳效果。各地生产的皂土其组成有所不同，因此，性能也有差异。

由于葡萄汁所含成分和皂土性能不同，皂土使用量也不同，因此，事前应做小试验，确定其用量。

小实验：分别配制含皂土100ppm、200ppm、300ppm、400ppm、500ppm、600ppm、700ppm、800ppm、900ppm等不同浓度葡萄汁，静置24h后，观察澄清效果，一般选澄清度高，沉淀量小的皂土浓度下限。

使用方法：以10～15倍水慢慢加入皂土中，浸润膨胀12h以上，然后补加部分温水，用力搅拌成浆液，浆液均匀后泵入葡萄汁，用酒泵循环1h左右，使其充分与葡萄汁混合均匀。根据澄清情况及时分离，若配合明胶使用，效果更佳。

用皂土澄清后的白葡萄汁干浸出物含量和总氮含量有所减少，有利于避免蛋白质浑浊。注意皂土处理不能重复使用，否则有可能使酒体变得淡薄，降低酒的质量。

（4）机械澄清法　利用离心机高速旋转产生巨大的离心力，使葡萄汁与杂质因密度不同而得到分离。离心力越强，澄清效果越好。它不仅可使杂质得到分离，也能除去大部分野生酵母，为人工酵母的使用提供有利条件。

使用前在果汁内先加入果胶酶，效果更好。

机械澄清法的优点是短时间内达到澄清，减少香气的损失；全部操作机械化、自动化，既可提高质量，又降低劳动强度。但价格昂贵，耗电量大。

4. 回温

澄清后的白葡萄汁在接种酵母启动发酵前要进行回温处理，以使酵母适应白葡萄汁的温度，从而使酵母能有效地生长、繁殖，快速启动发酵。

回温的操作方法：将澄清后的白葡萄汁充二氧化碳或氮气进行有效的隔氧后，密闭静置，切断一切冷源，利用周围环境中的热量，使白葡萄汁缓慢升温；每隔 2h，取样测温；待温度回升到 13～15℃，即可接种酵母，启动发酵。

5. 调整成分

糖分的调节：葡萄汁糖分添加不同于红葡萄酒，见下式：

$$M=(A\times17-S)\times M_1\times K/1000$$

式中 M——需添加糖的量，kg；

A——发酵成酒后的酒精度，(体积分数)(20℃)；

S——葡萄醪的糖度，g/L；

17——在白葡萄醪中 17g/L 的糖分转化为 1%（体积分数）(20℃）的酒精；

M_1——葡萄的质量，kg；

K——葡萄品种的出汁量，L/kg。

其余部分的成分调整参照红葡萄酒。

6. 发酵

白葡萄酒发酵是采用人工培育的优良酵母，活力强且抗二氧化硫（一般为市场商品包装的颗粒状酵母)，通过控制发酵醪的温度，使其在相对低温下（14～18℃）进行发酵。

（1）酵母选择原则

① 专业性强，适合葡萄品种的酵母。

② 要有抗低温、抗二氧化硫的能力，且能快速生长繁殖，形成压倒性优势的细胞群落，以抑制野生酵母和其他微生物的生长。

③ 发酵平衡，有后劲，发酵彻底，发酵结束后残糖含量低。

（2）酵母活化及使用　见红葡萄酒部分。

（3）控温发酵

① 白葡萄汁在发酵过程中的控温是非常重要的，低温发酵是保证白葡萄酒质量好坏的重要环节，如果发酵温度超出工艺设计的范围，就会造成以下危害：

a. 易于氧化，减少原葡萄品种的香气；

b. 加速了低沸点芳香物质的挥发，降低酒的香气；

c. 易感染醋酸菌、乳酸菌等杂菌或造成细菌性病害；

d. 发酵速度快，而酒质粗糙，失去细腻感。

② 控制发酵温度常用的几种方法

a. 发酵罐内安装冷却管、蛇形管或立式冷却板，通过往冷却管或蛇形管中通入冷媒体[1]而使发酵醪降温。

b. 在发酵罐外壁的合适位置，焊接夹层，向夹层内通入冷媒体而降温。

c. 喷淋降温法，直接将冷水向罐外壁从上往下喷淋，达到降温的目的。

实践证明，低温发酵有利于保持葡萄中果香的挥发性化合物和芳香物质，能够赋予白葡萄酒清爽、优雅、细腻的特性。白葡萄发酵温度一般在 14～18℃为宜，主发酵期为 15 天为宜。

（4）白葡萄主发酵的日常管理

① 参与发酵的容器必须干净、无异味，一般情况下要用二氧化硫气体熏 30min，以达到杀灭杂菌、消毒的效果，管路及阀门在使用前要使用 5%的碱、酸溶液依次清洗 5～15min，最后用无菌水冲洗干净，与酒接触的管道外表面及阀门要用 75%食用酒精擦洗。

② 要经常检查发酵容器的门、口，及时清洗消毒，对室内环境、地沟、地面及时清刷，室内定时除菌，还要排风，保持室内空气新鲜。

③ 在发酵过程中要保持密闭发酵。

[1] 冷媒体包括氟利昂 F-22、乙二醇溶液、盐水、酒精溶液，一般要求它们的结晶温度为－9℃以下。

④ 在发酵期间要控制温度为14～18℃，工作人员每2h测温度和发酵醪的糖度，并如实记录。当发酵醪的糖度达到60g/L时，酵母活力降低，这时不宜控温（由于酵母活力及生命力的下降，降低了对相对低温度的适应性和抵抗力，可能导致酵母的死亡，而使发酵终止），让其自然发酵至结束。

⑤ 对葡萄汁入罐成分分析（主要是总糖、总酸、温度）、原料品种、产地、入罐数量、入罐时间、调入的辅助材料等作发酵记录。发酵记录可根据实际情况设计，下面提供一种常用的记录表格，以供参考，见表1-5-2。

表1-5-2 发酵记录表

发酵记录表				
编号：		时间：		
罐号：	葡萄品种：	产地：	质量(kg)：	总酸(g/L)：
总糖(g/L)：	添加糖量(kg)：	酵母营养剂：	增/降酸量：	
果胶酶型号/添加量：	酵母型号/添加量：	二氧化硫添加量：		
发酵开始时间：	发酵结束时间：			

日期	温度/糖度												
	8:00	10:00	12:00	14:00	16:00	18:00	20:00	22:00	24:00	2:00	4:00	6:00	备注

（5）白葡萄发酵结束的判定

① 外观 发酵液面只有少量CO_2气泡，液面平静，发酵温度接近室温，酒体呈浅黄色、浅黄带绿或乳白色，浑浊有悬浮的酵母，有明显的果实香、酒香、CO_2气体和酵母味，品尝有刺舌感，酒质纯正。

② 理化指标 酒精含量9%～13%（体积分数）（或达到指定的酒精含量），残糖4g/L以下，相对密度1.01～1.02。

如满足①、②所指的要求，基本可以判定白葡萄酒主发酵结束。

7. 白葡萄酒发酵结束后的管理

（1）尽快使白葡萄酒汁处于满罐状态，以避免酒质的氧化和细菌的快速繁殖，而导致酒体粗糙和挥发酸含量的上扬。

（2）大多数的白葡萄酒不进行苹果酸-乳酸发酵，但随着国际酿酒工艺的不断发展进化，也出现一些白葡萄酒品种进行苹果酸-乳酸发酵，如莎当妮，其苹果酸-乳酸的控制可参考红葡萄酒进行学习掌握。

（3）对不参与苹果酸-乳酸发酵的白葡萄酒，在添满罐的同时要添加二氧化硫。进行苹果酸-乳酸发酵的白葡萄酒在其发酵结束后立即添加二氧化硫，添加量一般为40～60ppm（使酒中游离二氧化硫在20～30ppm为宜）。

8. 白葡萄酒的澄清（下胶）

发酵结束后满罐静置3～4周后，要对白葡萄酒进行澄清处理，其原理及操作方法与红葡萄酒相似，可参照红葡萄酒。但白葡萄酒与红葡萄酒使用的澄清剂有所区别。常用的白葡萄液澄清剂为皂土、酪蛋白、鱼胶。

9. 白葡萄酒的防氧

在白葡萄酒的整个酿制过程中，防氧措施是非常关键的。防氧的成败与否直接影响白葡萄酒的口感和香气。白葡萄酒中含有多种酚类化合物，如色素、单宁、芳香物质等，这些物质具有较强的嗜氧性，在与空气接触时，它们很容易被氧化，生成棕色聚合物，使白葡萄酒的颜色变深，酒的新鲜感减少，甚至造成了酒的氧化味，从而引起白葡萄酒外观和风味上的不良变化。

白葡萄酒氧化现象存在于生成过程的每一个工序，所以对每一个工序都要进行有效的防氧措施。目前国内白葡萄酒的生产中，采用的防氧措施见表 1-5-3。

表 1-5-3　白葡萄酒生产中的防氧措施

防氧措施	内容
选择最佳采收期	选择最佳葡萄成熟期进行采收，防止过熟霉变
原料低温处理	葡萄原料先进行低温处理（10℃以下），然后再压榨分离果汁（有条件的企业可采用），一般来讲在保证葡萄健康、未氧化的情况下，不采用此处理
快速分离	快速压榨分离果汁，减少果汁与空气接触时间
低温澄清处理	将果汁进行低温处理（8～10℃），加入二氧化硫，进行低温澄清
控温发酵	果汁转入发酵罐中，将品温控制在 14～18℃，进行低温发酵
皂土澄清	应用皂土澄清果汁（或原酒），减少氧化物质和氧化酶的活性，如果果汁新鲜、健康，不建议采用皂土处理
避免与铁、铜等金属物接触	凡与酒（汁）接触的铁、铜等金属工具、设备、容器均需有防腐蚀涂料，最好全部使用不锈钢材质
添加二氧化硫	在酿造白葡萄酒的全部过程中，适量添加二氧化硫
充加惰性气体	在果汁澄清、发酵前后、下胶、冷冻处理、贮存、罐装等过程中，应充加氮气或二氧化碳气，以隔绝葡萄酒（汁）与空气的接触
添加抗氧剂	白葡萄酒装瓶前，添加适量抗氧剂，如二氧化硫、维生素 C 等

10. 冷冻，包装

原理及操作与红葡萄酒基本相同，可参照红葡萄酒的冷处理进行学习掌握。

二、优良白葡萄的特点

白葡萄的酿造工艺不同于红葡萄，所以白葡萄酒的品质特点与红葡萄酒有较多差异。下面简单介绍优良白葡萄的一些必备特点：

① 酒色应近似无色，浅黄带绿，浅黄，秸秆黄，金黄色；

② 酒澄清透明，有光泽；

③ 具有醇正、清雅、优美、和谐的果香及酒香；

④ 有洁净、醇美、优雅、干爽的口感；

⑤ 酒体平衡、协调、顺感，对单品种葡萄酒应有品种的典型性特点。

第三节　桃红葡萄酒酿造技术

一、桃红葡萄酒的特点及原料

桃红葡萄酒是含有少量红色素，色泽和风味介于红葡萄酒和白葡萄酒之间的佐餐型葡萄酒。因选用原料和酿造工艺的不同，桃红葡萄酒的颜色多样，常见的有：黄玫瑰红、橙玫瑰红、玫瑰红、橙红、浅红、紫玫瑰红色等。桃红葡萄酒的单宁含量一般为 0.2～0.4g/L，酒精度以 10°～12°为宜，含糖量为 10～30g/L，酸度以 6～7g/L 为准，游离二氧化硫含量为 10～30mg/L，干浸出物 15～18g/L。优质桃红葡萄酒除了拥有令人愉悦的色泽外，还应澄清透明，具有类似新鲜水果的香气及醇美的酒香。干型、半干型桃红葡萄酒应具有纯净、优雅、爽悦的口味，果香新鲜悦人，酒香醇美协调；甜型、半甜型桃红葡萄酒应具有干甜醇厚、酸甜协调的口味，果香细腻，酒香和谐。一般情况下，桃红葡萄酒适宜在其年轻时饮用，不宜陈酿，因为在陈酿过程中明艳的色泽会变黄，新鲜的果香味会变淡、消失，其品质会受到很大影响。

用于生产桃红葡萄酒的原料主要有歌海娜、神索、西哈、玛尔拜克、佳丽酿、黑比诺、阿拉蒙、赤霞珠等品种。通常对原料的要求是果粒饱满，色泽红艳，成熟一致，无病害；果汁的含酸量 7～8g/L，含糖量 160～180g/L。上述酿造桃红葡萄酒的原料各有其优缺点：如歌海娜品种酒度高、圆润柔和，但颜色易氧化，香气一般；佳丽酿品种产量虽高但成熟度欠佳。因此，为了生产出具有良好新鲜感，果香清新、色泽适度的优质桃红葡萄酒，应结合当地的生态条件选种适宜的葡萄品种，并且根据原料的特点选择恰当的生产工艺来酿造。

二、桃红葡萄酒的生产工艺流程

1. 白葡萄酒工艺酿造桃红葡萄酒

如果原料的色素含量较高，可以采用酿造白葡萄酒的方法来酿造桃红葡萄酒，其工艺流程见图 1-5-10（a）。虽然此工艺借用白葡萄酒的酿造工艺，但是为了获得满意的颜色，不能像生产白葡萄酒那样限制浸提，而应让果汁与皮渣进行短时间（4～8h）的浸渍，以提取适量的色素，然后再进行果汁分离，并将皮渣的前段压榨汁（约占压榨汁的 60%）与分离自流汁一起发酵（温度控制在 20℃以下），发酵结束后添加 SO_2 以防止氧化，且保留部分苹果酸，其后处理则与白葡萄酒酿造相同。

2. 红葡萄酒工艺酿造桃红葡萄酒

该工艺适合具有红葡萄酒生产设备的企业，其工艺流程见图 1-5-10（b）。在原料破碎除梗后，先进行 12～24h 的浸渍，具体时间因葡萄品种而异：色素含量高的品种浸渍时间较短，反之浸渍时间可适当延长。当葡萄浆颜色达到既定要求后，立即进行果渣分离，分离出来的果汁应单独控温发酵（温度不超过 20℃）。主发酵结束后进入苹果酸-乳酸发酵，其他后处理则同白葡萄酒。

3. 二氧化碳浸渍法

这种工艺具有其特殊的地方，在酒精发酵之前应先将整粒葡萄放在充满 CO_2 气体（或无氧环境）的容器中进行厌氧代谢，利用葡萄细胞的酶系统将少部分糖转化为酒精，并形成特殊的香气。采用此种工艺需要注意以下几个问题：

① 原料入浸渍罐时要尽可能保持葡萄的完整，最好是整穗入罐，不过这就给原料的运输和入罐方式提出了更高的要求；

② 为了抑制细菌的活动，浸渍前还需对原料进行 SO_2 处理，所用浓度一般为 30～80mg/L；

③ 如果所选用的葡萄品种酸度过低，还应在浸渍的过程中适当加酸，这样不仅可以保持一定的总酸量，还能提高葡萄酒对细菌病害的抗性（可以添加 500～1500mg/L 的酒石酸）。

利用二氧化碳浸渍法酿造的葡萄酒具有独特的口味和香气，成熟较快。具体工艺流程见图 1-5-10（c）。

4. 混合工艺

简单地说，这种工艺就是用红皮白肉的葡萄分别酿造出白葡萄酒和红葡萄酒，然后再按一定比例将二者混合来制得桃红葡萄酒。采用此种工艺需要注意以下几个问题：

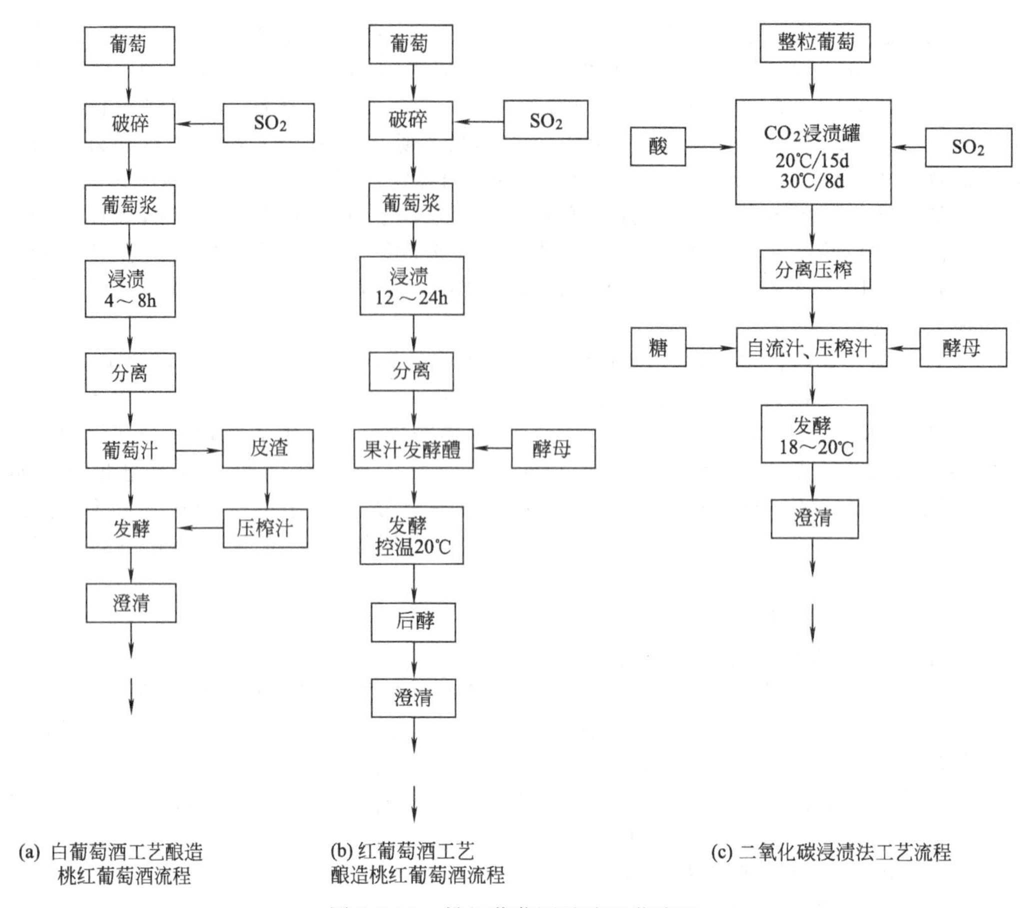

(a) 白葡萄酒工艺酿造桃红葡萄酒流程　(b) 红葡萄酒工艺酿造桃红葡萄酒流程　(c) 二氧化碳浸渍法工艺流程

图 1-5-10　桃红葡萄酒酿造工艺流程

① 在酿造白葡萄酒时要对原料进行轻微破碎和压榨；

② 对获得的葡萄汁用膨润土、酪蛋白等进行澄清，以降低氧化酶和多酚类物质的含量；

③ 在白葡萄酒出罐时加入约 10％的红葡萄酒，即二者的比例为 9∶1；

④ 红葡萄酒最好采用二氧化碳浸渍法酿造，以获得良好、稳定的色调。

5. 原则

在实际生产过程中，无论选用上述哪种工艺都应该遵循如下原则。

(1) 为了保证葡萄酒的色泽、香气和清爽感，不宜选择皮肉带色的原料，否则色泽难以掌控；不能选择易氧化的“玫瑰香”等品种，否则会导致陈酿贮存时产生中药味；所选原料还不能过熟。

(2) 在采收和运输过程中应保证葡萄原料完好无损，同时避免对原料进行不必要的机械处理。

(3) 不能使用热浸渍酿造法，浸渍温度不能超过 20℃，发酵温度应控制在 18～20℃，以避免高温使酒产生熟果味。

(4) 可始终保持适量的二氧化硫，来防止葡萄汁和葡萄酒在空气中的氧化，以保持酒的新鲜感。

(5) 避免长时间陈酿，通常陈酿时间为半年至一年，否则会引起酒质老化，颜色加深变褐，果香味降低。

(6) 灌装后瓶应卧放，以防止木塞干裂进气，引起酒的氧化变质。

三、桃红葡萄酒的主要发酵设备

常用的桃红葡萄酒的发酵设备主要有卧式旋转发酵罐和 Ganimede 自喷淋式发酵罐，见

图 1-5-11 和图 1-5-12。

图 1-5-11 卧式旋转发酵罐

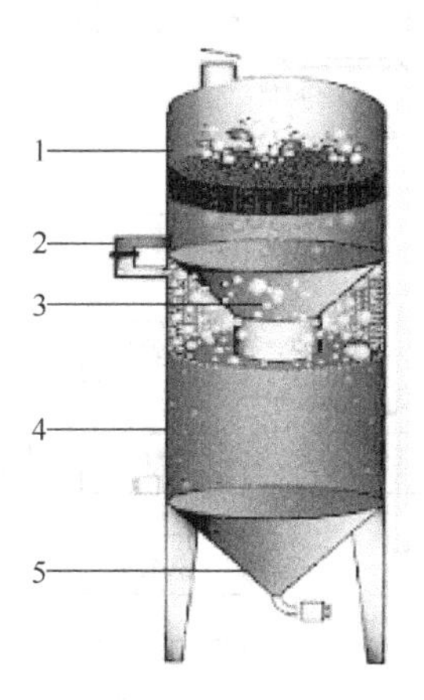

图 1-5-12 Ganimede 自喷淋式发酵罐及其示意图

1—上室；2—旁通；3—漏斗型隔板；4—下室；5—葡萄核收集室

卧式旋转发酵罐是酿制红葡萄酒的理想发酵设备，也是酿造桃红葡萄酒的良好设备。该设备用不锈钢制成，为卧式，可缓慢转动。罐内焊有单线螺旋叶，接近罐体前部之处则为加高的双线螺旋叶，以便于排渣。出酒的一边，罐全长装有除渣的筛板和出酒口。由于从立式改为卧式，使皮渣帽变薄，增大了与果汁的接触面积，有利于较快地浸提出单宁、花色素和香味物质，同时密闭的罐体具有方便控温、防止氧化的作用。

不过卧式罐也有一些缺点，如在发酵过程中会产生较多的酒泥和收敛性较强的单宁，加大了后处理的难度；封闭式的发酵会使酒产生不愉快的气味；其造价比较昂贵。

Ganimede 自喷淋式发酵罐为立式发酵罐，其相对于卧式罐具有更多优点。

(1) 罐体上设有旁通，可直接利用酒精发酵所产生的 CO_2（每 1L 葡萄汁可产生约 50L CO_2 气体）对皮盖进行连续、柔和、均匀的翻动和定时冲击搅拌，在不损伤皮肉和籽的前提下，能更加有效地提取葡萄中的多酚等有益物质，既提高了葡萄酒的质量，又节省了电力和设备。

(2) 可接入外部的 CO_2、N_2、O_2 和过滤空气，以对果浆、发酵醪和酒液进行不同的工艺处理。

(3) 可实现中途排出葡萄籽，避免酒液中掺入收敛性较强的单宁。

(4) 可配合蠕动泵的使用，方便、快捷地实现一体化封闭式排空，减少了酚类物质的过度浸出，避免酒液受到过度氧化。

(5) 造价较低，也可兼作贮酒罐。

第四节 其他葡萄酒酿造技术

一、山葡萄酒的生产工艺

1. 山葡萄酒的原料品种

山葡萄酒是一种以野生或人工栽培的山葡萄为原料，经发酵酿制而成的特殊的葡萄酒，具有营养丰富、口味独特的特点，而且具有美容、保健的作用。国家规定用于酿造山葡萄酒的原料有野生的山葡萄、毛葡萄、刺葡萄、秋葡萄，以及人工选育栽培的山葡萄，如双庆、左山一、左山二、双丰、双红、公酿一号、左红一、北醇等品种。原料的含糖量为：野生山葡萄不低于 100g/L（可滴定糖），栽培的山葡萄不低于 140g/L。

2. 山葡萄酒的生产工艺

生产山葡萄酒的工艺流程见图 1-5-13。

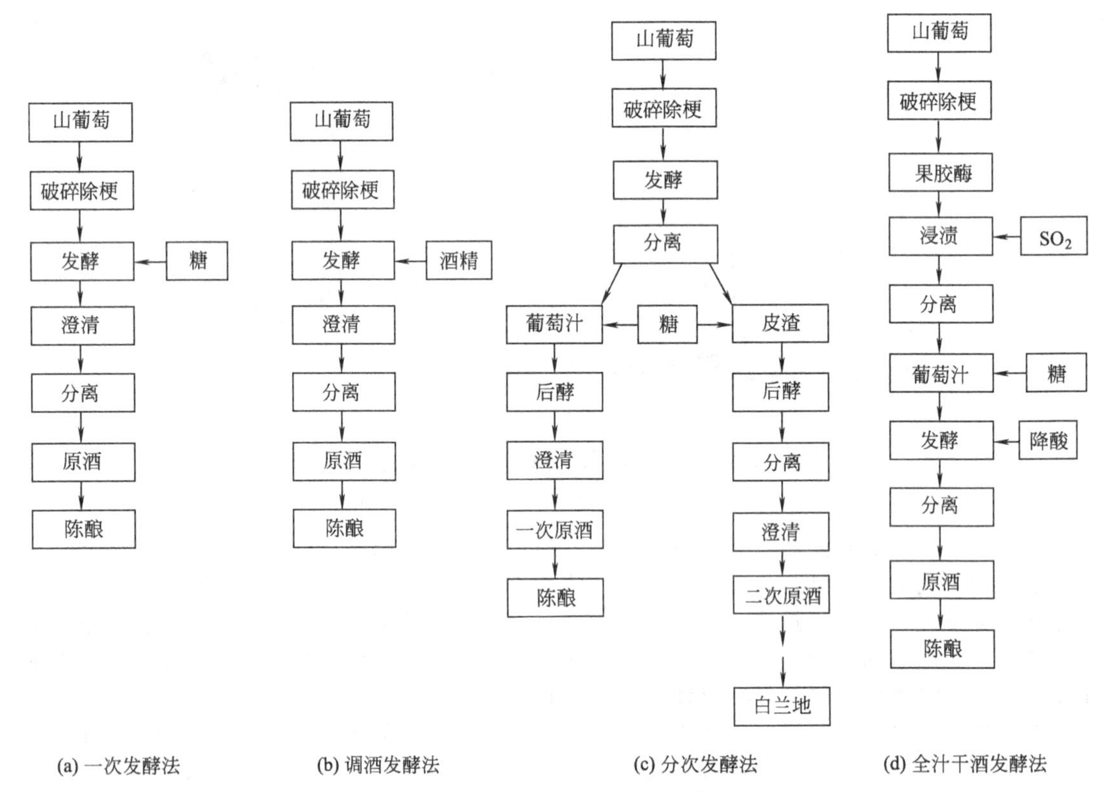

图 1-5-13 山葡萄酒酿造工艺流程

由于山葡萄与普通葡萄相比具有高酸、低糖、鞣酸多等特点，因此在酿造时应遵循以下原则。

① 由于山葡萄皮厚、果汁少、含糖量低，为了达到酿酒要求，可采用加糖或加脱臭食用酒精的方法进行改良。加糖时，可直接将砂糖撒入葡萄浆中；在添加食用酒精时，通常将葡萄浆酒精含量调整到 4%～5%。

② 对于全汁干酒发酵工艺，在破碎除梗后的葡萄浆中应加 0.1%～0.2%的果胶酶，控温 30～35℃，浸渍约 2～3h 后再分离发酵。

③ 发酵时可用碳酸钙调整酸度。

④ 发酵所添加酵母应为驯化后适应山葡萄特点的酵母。

⑤ 由于山葡萄酒的 pH 值较低，鞣酸含量较高，抗氧化能力较强，贮存时游离二氧化

硫应控制在 10～15mg/L。

⑥ 干红山葡萄酒陈酿时间为 2～3 年，陈酿温度应控制在 8～16℃。

二、冰葡萄酒的生产工艺

1. 冰葡萄酒的原料品种

冰葡萄酒又称为冰酒，是葡萄酒中的精品，具有色泽如金、口感滑润、甜美醇厚、甘冽爽口等特点。冰酒是以在葡萄树上经历了天然霜冻的葡萄为原料，通过特殊工艺酿制而成的甜白葡萄酒。由于生产冰酒的原料非常难得，葡萄的出汁率非常少（仅有 10%～20%，普通葡萄酒葡萄出汁率约为 75%），再加上经过冰冻后的葡萄其糖分和风味得到浓缩（葡萄汁含糖量为 320～360g/L，总酸为 8.0～12.0g/L），使酿成的冰酒口感、品质及营养价值独树一帜，正宗的冰葡萄酒也成为世界上最昂贵的酒种之一。

酿造冰酒的葡萄品种有雷司令、威达尔、霞多丽、贵人香、米勒、琼瑶浆、白品乐、灰品乐、美乐、长相思等，由于冰葡萄酒的生产受到自然气候条件的严格制约，所以在中国的各大葡萄酒产区中只有东北地区才具备生产的条件。

2. 冰葡萄酒的生产工艺流程

生产冰葡萄酒的工艺流程见图 1-5-14。根据冰葡萄酒的特点，在生产过程中应注意以下几点。

① 葡萄必须经自然冰冻，不能进行人工冷冻，采摘和压榨均须在－8℃以下进行。

② 由于水分以冰晶形式在压榨时被去除，所获得的为浓缩汁，故压榨过程需要施加较大压力。

③ 发酵之前应将浓缩汁升温至 10℃左右，按 20mg/L 添加果胶酶澄清，澄清后再按 1.5%～2.0%接入酵母进行控温发酵。

④ 由于冰酒的品质受温度的影响很大，所以控温发酵是一个非常关键的生产环节。如果发酵温度过低，酵母菌的活性受到抑制，会导致葡萄汁的糖、酸不能被适当转化，获得的原酒糖度、酸度过高，而酒精度过低；反之，若发酵温度过高，则会导致原酒的酒精度过高、糖度过低。一般应将温度控制在 10～12℃之间，时间为数周。

⑤ 发酵获得的原酒需经数月的桶藏陈酿，然后用皂土澄清，同时调节有利 SO_2 至 40～50mg/L。再经冷冻、过滤除菌、灌装，制得成品冰葡萄酒。

三、贵腐葡萄酒的生产工艺

1. 贵腐葡萄酒的原料品种

贵腐葡萄酒是利用感染灰腐菌的葡萄，经特殊工艺酿造而成的甜白葡萄酒，具有色泽金黄、香气浓郁、历久弥醇的特点。灰腐菌是一种自然存在的微生物，经常寄生在水果皮上。在灰腐菌生长的初期，葡萄皮上会出现灰黑的斑点，然后蔓延至整粒葡萄，乃至整串葡萄和整棵树上的葡萄，最终扩散到其他葡萄树上。这种微生物对人体无害。被灰腐菌感染的葡萄表面布满肉眼看不到的小孔，葡萄内 80%～90%的水分由小孔处蒸发散失，使葡萄的含糖量得到大幅提升，同时葡萄的其他成分也发生了较大变化：柠檬酸、葡萄糖酸含量升高，酒石酸含量下降，苹果酸含量升高；多元醇含量升高；钾、钙、镁等矿物质含量升高；产生多糖，最终形成了含糖量很高而且芳香浓郁的贵腐葡萄。用于酿造贵腐葡萄酒的品种主要有赛美蓉、长相思、雷司令等。

由于贵腐葡萄的形成对气候等栽培条件的要求十分严格，过于潮湿的天气会导致灰霉病爆发，而使葡萄彻底烂掉，过于干燥又影响灰腐菌的生长繁殖，导致贵腐葡萄的产量比较低，因而由贵腐葡萄酿成的贵腐葡萄酒的价格也十分昂贵。贵腐葡萄酒的主要产区分布在法国波尔多的索泰尔纳和巴萨克、西南部的蒙巴济亚克和索希涅克、匈牙利的多凯、德国的莱茵河流域以及奥地利等国家和地区。

2. 贵腐葡萄酒的生产工艺流程

生产贵腐葡萄酒的工艺流程见图 1-5-15。由于贵腐葡萄具有含糖量高、黏稠度大等特点，所以在生产过程中应特别注意以下几个问题。

① 为避免葡萄汁被氧化，要以最快的速度压榨取汁，压榨后立即用 SO_2 处理，用量为40～70mg/L。

② 由于稠度大，澄清时可采用自然常温澄清 24h 或降温至 0℃澄清 3～4d 的方法。

③ 在发酵开始时用 400～800mg/L 的膨润土进行处理。

④ 在发酵过程中加入 25～40mg/L 的铵态氮及 50mg/L 维生素 B_1 来加快发酵进程。

⑤ 整个发酵过程中温度应控制在 18～22℃。

⑥ 发酵过程中应注意监测酒精度与残糖，当残糖的潜在酒精度与酒精度的尾数相等时，即生成的酒精度与残糖达到平衡时（如 13%+3%），就可启动分离。

⑦ 为了防止氧化，分离过程应封闭进行，可同时用 SO_2 处理（用量为 200～250mg/L），分离结束时应将游离的 SO_2 量调整为 60mg/L。

⑧ 对分离所得的原酒进行热处理，以杀死微生物，避免葡萄酒的氧化和再发酵。

⑨ 通常陈酿时间为 2～3 年，即可灌装上市，贵腐葡萄酒也可以长时间贮存，其高贵品质会随时间的推移而得到进一步提升。

四、干化葡萄为原料的葡萄酒

法国的黄葡萄酒、西班牙的谐丽酒、新疆的楼兰古酒属于用干化的葡萄为原料酿造的葡萄酒，其生产工艺流程见图 1-5-16。

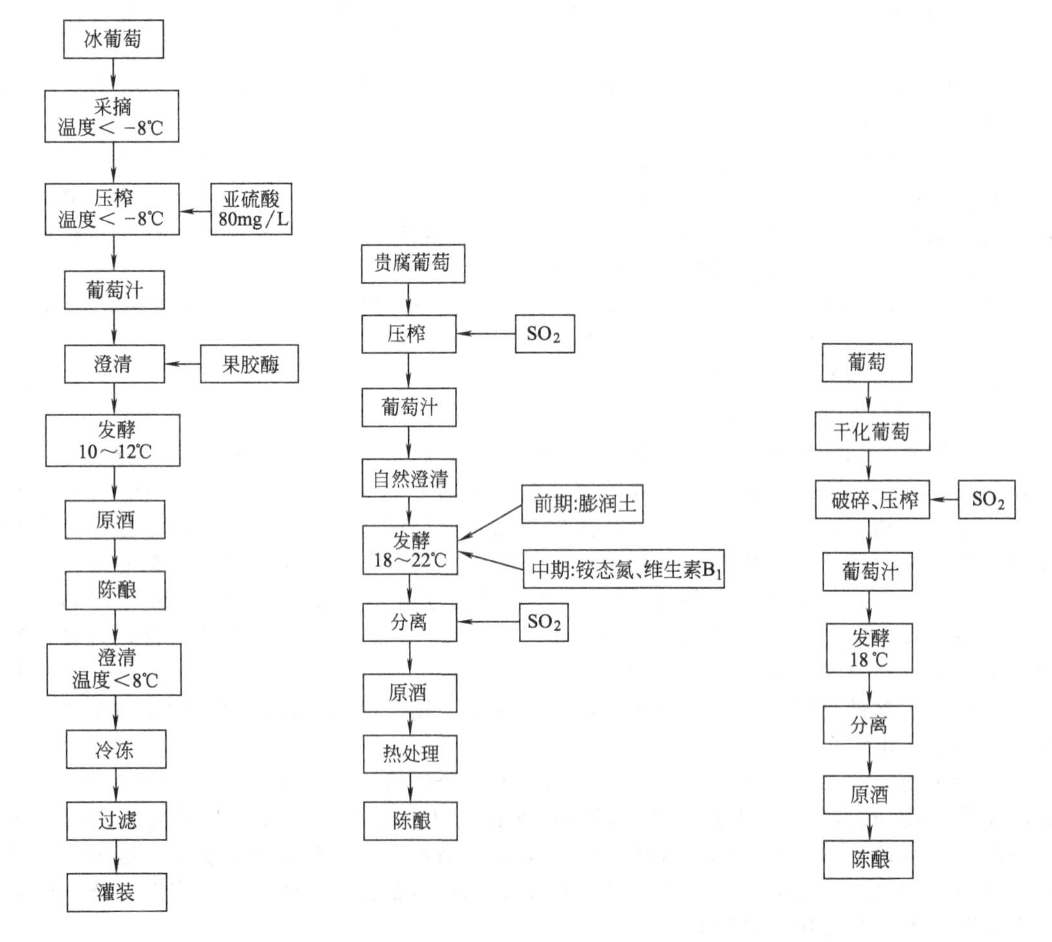

图 1-5-14 冰葡萄酒生产工艺流程

图 1-5-15 贵腐葡萄酒生产工艺流程

图 1-5-16 干化葡萄酿酒生产工艺流程

干化葡萄为原料的葡萄酒酿造过程的技术要点如下。

（1）获得干化葡萄有多种方式，可以将采摘后的葡萄挂在植株、人工支架上晾干，也可在筛板上加热干化。因采取的干化方式不同，干化所需的时间也有较大差异，一般2～4个月。经过干化后的葡萄，其浆汁中所含的大部分水分被蒸发掉，使得糖分等物质得到浓缩，含糖量可高达500g/L。不过葡萄的含糖量并非越高越好，因为在糖浓度过高的葡萄汁中，酵母菌的生长和代谢会受到一定程度的抑制，从而减慢了酒精发酵的进程，降低了酒精的含量，最终会导致原酒酒精度过低，达不到生产要求。所以，在葡萄的干化过程中需要对晾晒程度加以适当的控制，以干化后含糖量在360g/L左右为宜，否则原料的含糖量过高会影响成品酒的品质。

（2）对干化葡萄进行分选、破碎、压榨后，应用低浓度的SO_2（用量为25～30mg/L）对葡萄汁进行处理。

（3）由于发酵过程通常在冬天进行，环境温度较低，同时葡萄汁的含糖量又很高，这些因素会导致酵母菌活性降低、发酵时间拖长等不利现象出现。为了避免上述情况的发生，发酵过程中需要将温度升至18～20℃，同时控制装罐的量应在其容积的2/3以下，并且打开罐口进行适当通风，以促进酵母的繁殖。

（4）发酵后期CO_2的释放趋于停止，酒液开始澄清，此时可停止加温，进行换桶，以去除酒脚。换桶后的葡萄酒中尚残存少量的糖分，可在发酵桶中继续发酵数月之久。

（5）为了提高葡萄酒的酒精含量和抵抗杂菌的能力，可向原酒中添加适量的酒精含量为76%～78%的上等白兰地。

（6）葡萄酒需移入橡木桶中陈酿2～4年。

第五节　葡萄酒后处理与灌装技术

葡萄原料在发酵结束后所获得的酒液常被称为原酒、新酒或者生葡萄酒。由于原酒口味比较酸涩、粗糙，酒液浑浊，香气不协调，稳定性较差，不适宜直接销售及饮用，为了达到成品酒的要求，原酒通常还需要经过一系列的澄清、陈酿、调配、提高稳定性等后处理环节，方能灌装上市。

一、葡萄酒的陈酿

在原料发酵结束获得原酒后，通常需要立即向酒液中添加一定量的SO_2，以杀死乳酸菌、抑制酵母菌和防止氧化，同时便于酒液的沉淀、澄清，使酒液能安全地进入贮藏陈酿期。经过陈酿可以除去酒液中残存的CO_2气体、生涩味和某些异味，增加芳香物质，增强酒的深度、广度和复杂性，凸显葡萄酒的特殊风味。

（一）陈酿过程中葡萄酒的物理、化学变化

陈酿的过程实际上就是原酒发生一系列物理、化学变化的过程：酒中的果胶、蛋白质、色素被沉淀，酒石酸盐析出，酒液变得清澈明净、稳定性提高；有机酸、高级醇和酚类化合物氧化、聚合成为醛和酯，增加了酒的香气，令口感更加醇厚；花色苷与单宁、多糖发生聚合、缩合形成稳定的聚合体和缩合体，使酒的色泽更加稳定。

1. 氧化反应

在葡萄酒的贮藏、陈酿过程中，空气中的氧可以通过多种途径进到酒液之中，如可通过橡木桶桶壁上的微孔缓慢进入，或者在分离及换桶过程中以较快地速度进入。氧可以和酒中的乙醇、酒石酸、单宁、色素等多种成分发生反应，其反应还常受离子浓度、酒的酸度和温度的影响。

（1）乙醇被氧化为乙醛　反应式如下：

$$CH_3CH_2OH+\frac{1}{2}O_2 \longrightarrow CH_3CHO+H_2O$$

如果在葡萄酒生产过程中强烈通风，酒精发酵所产生的乙醇会被进一步氧化形成乙醛，过量的乙醛会导致葡萄酒产生过氧化味，不过经适量 SO_2 处理后的葡萄酒通常不会出现这一现象，因为乙醛可与游离的 SO_2 化合生成稳定的乙醛亚硫酸，从而降低了酒液中乙醛的浓度。处理后的葡萄酒也应避免通气，否则游离的 SO_2 会不断被氧化，乙醛亚硫酸会分解，再次将乙醛释放出来，导致葡萄酒变味。因此，在换桶过程中或者成品装瓶时应注意添加 SO_2，并尽可能地缩短葡萄酒与空气接触的时间，避免葡萄酒产生过氧化味。

（2）单宁和色素的氧化　在葡萄酒的陈酿过程中，单宁和色素在氧气的参与下会被缓慢氧化，从而引起葡萄酒的色泽和口味发生变化。红葡萄酒的颜色一般会由鲜红色变为橙红色，最后变为砖红色，果香味逐渐减弱，酒香趋于柔和，粗糙感和苦涩味会逐渐消失，这是由于原酒中游离的花色素苷和单宁使葡萄酒呈现为鲜红色，而在陈酿过程中，缓慢氧化形成的单宁-花色素苷复合物使酒的颜色逐渐变暗，呈现为砖红色。白葡萄酒色泽的变化主要是因为黄酮类物质被氧化之后形成棕色色素，导致色泽由较浅的黄色变为金黄色，甚至变为棕色或褐色，同时果香味也逐渐削弱，酒香慢慢突出。

所以新鲜型的白葡萄酒一般不宜长时间陈酿，否则会导致色泽加深，清爽感和果香味减弱，感官品质降低。同理，由玫瑰香、美乐、黑虎香等原料酿造的新鲜的、果香型浓郁的红葡萄酒也不宜陈酿。而一些由赤霞珠、蛇龙珠、梅鹿辄葡萄酿制而成的葡萄酒，则比较适于较长时间的陈酿，而且随着陈酿时间的延长，其香气会更加浓郁醇厚，口感会更加柔和。

（3）酒石酸被氧化为草酰乙醇酸　当葡萄酒中含有微量铁和铜等金属元素时，酒石酸会被氧化成为草酰乙醇酸，草酰乙醇酸进而又被氧化为草酰草酸，等摩尔的草酰草酸和酒石酸最终会全部转化为草酰乙醇酸，具体反应式如下：

$$\begin{array}{l}\mathrm{COOH}\\ \mid\\ \mathrm{CHOH}\\ \mid\\ \mathrm{CHOH}\\ \mid\\ \mathrm{COOH}\end{array} + \frac{1}{2}O_2 \longrightarrow \begin{array}{l}\mathrm{COOH}\\ \mid\\ \mathrm{CO}\\ \mid\\ \mathrm{CHOH}\\ \mid\\ \mathrm{COOH}\end{array} + H_2O$$

$$\begin{array}{l}\mathrm{COOH}\\ \mid\\ \mathrm{CO}\\ \mid\\ \mathrm{CHOH}\\ \mid\\ \mathrm{COOH}\end{array} + \frac{1}{2}O_2 \longrightarrow \begin{array}{l}\mathrm{COOH}\\ \mid\\ \mathrm{CO}\\ \mid\\ \mathrm{CO}\\ \mid\\ \mathrm{COOH}\end{array} + H_2O$$

$$\begin{array}{l}\mathrm{COOH}\\ \mid\\ \mathrm{CO}\\ \mid\\ \mathrm{CO}\\ \mid\\ \mathrm{COOH}\end{array} + \begin{array}{l}\mathrm{COOH}\\ \mid\\ \mathrm{CHOH}\\ \mid\\ \mathrm{CHOH}\\ \mid\\ \mathrm{COOH}\end{array} \longrightarrow 2\begin{array}{l}\mathrm{COOH}\\ \mid\\ \mathrm{CO}\\ \mid\\ \mathrm{CHOH}\\ \mid\\ \mathrm{COOH}\end{array}$$

草酰乙醇酸与葡萄酒醇香的形成有着非常密切的关系，而草酰乙醇酸又是一种非常容易被氧化的物质，一旦葡萄酒中进入了较多的氧气，草酰乙醇酸就被氧化成为草酸，酒的醇香也会随之被削弱，因此，在陈酿过程中应严格控制酒液的通气。

由以上诸反应可见，在陈酿过程中适量的通气对葡萄酒的成熟是非常必要的，但是过强的通气会严重影响葡萄酒的质量。

2. 酯化反应

在发酵过程中，葡萄酒中的有机酸与发酵所产生的酒精能较快地酯化形成乙酸乙酯和乳酸乙酯等挥发性中性酯，这些反应主要是由微生物活动引起的生物化学反应，这一过程所形成的酯是构成果香和酒香的重要物质。而在陈酿过程中，酯化反应也在进行，不过是缓慢地进行，这一阶段主要是酒石酸、苹果酸、柠檬酸和各种醇类发生化学反应形成中性酯和酸性酯，如酒石酸可以和乙醇生成酸性酒石酸乙酯或酒石酸乙酯，反应式如下：

$$\begin{array}{l}\mathrm{COOH}\\ |\\ \mathrm{CHOH}\\ |\\ \mathrm{CHOH}\\ |\\ \mathrm{COOH}\end{array} + \begin{array}{l}\mathrm{CH_3}\\ |\\ \mathrm{CH_2OH}\end{array} \longrightarrow \begin{array}{l}\mathrm{COOCH_2CH_3}\\ |\\ \mathrm{CHOH}\\ |\\ \mathrm{CHOH}\\ |\\ \mathrm{COOH}\end{array} + \mathrm{H_2O}$$

$$\begin{array}{l}\mathrm{COOH}\\ |\\ \mathrm{CHOH}\\ |\\ \mathrm{CHOH}\\ |\\ \mathrm{COOH}\end{array} +2 \begin{array}{l}\mathrm{CH_3}\\ |\\ \mathrm{CH_2OH}\end{array} \longrightarrow \begin{array}{l}\mathrm{COOCH_2CH_3}\\ |\\ \mathrm{CHOH}\\ |\\ \mathrm{CHOH}\\ |\\ \mathrm{COOCH_2CH_3}\end{array} + 2\mathrm{H_2O}$$

3. 聚合反应

聚合反应是葡萄酒陈酿过程中非常重要的反应，它能起到稳定葡萄酒颜色的作用。发生聚合反应的物质主要是单宁和花色素苷，单宁可与多种物质形成聚合物，如某些单宁可与蛋白质结合形成沉淀；可与花色素苷形成颜色稳定的聚合物，其色泽不随葡萄酒 pH 或氧化-还原电位的变化而改变，是稳定葡萄酒颜色的重要物质。

花色素苷除了与单宁聚合外，还可与酒石酸形成复合物，导致酒石酸的沉淀；与蛋白质、多糖聚合形成复合胶体，导致色素沉淀。

(二) 葡萄酒陈酿的方法

1. 陈酿容器

用于葡萄酒陈酿的容器主要有两大类：一类是以不锈钢罐、碳钢桶和水泥池为代表的现代容器；另一类是传统容器橡木桶。

不锈钢罐等容器的特点是结实耐用，使用方便，造价低，不渗漏，不与酒反应，不会对葡萄酒的风味和口味造成影响。这类容器通常容积较大，从几十吨到几百吨甚至上千吨不等。葡萄酒在此类大型容器中成熟速度较慢，一般用于普通葡萄酒的陈酿。

橡木桶是选用天然橡木焙烤加工而成的贮酒容器，其造价较高，使用期限较短，容积有限。常用的橡木树种主要有产于法国、奥地利等欧洲国家的卢浮橡、夏橡，以及产于美国的美洲白栎。欧洲橡木具有优雅细致的香气，易与葡萄酒的果香和酒香融为一体，美洲白栎的香气较浓烈，往往会带给葡萄酒特殊浓重的橡木味。

橡木桶常常用于高档葡萄酒的陈酿，其主要原因在于橡木桶的恰当使用会提升葡萄酒的品质。首先，橡木桶壁具有一定的透气功能，可让极少量的空气渗透到桶中，使葡萄酒发生适度的氧化，从而起到柔化单宁的作用，令酒更加圆熟，改善其色素稳定性；其次，橡木本身含有的芳香成分和单宁物质以及由不同焙烤工艺带来的特殊的奶油、香草或烤面包等味道也会融入到葡萄酒中，赋予葡萄酒馥郁、怡人、具有个性的香气和柔和、饱满、醇厚的口感。

可是若橡木桶使用不当，也可能会给葡萄酒带来不良影响。例如：过于陈旧的橡木桶可能会因透气性过大导致葡萄酒过度氧化而变质；发霉、劣质的橡木桶会令葡萄酒中产生霉味等异味，导致酒变得干涩难喝；适于年轻时饮用、口味清淡、酒香不浓的葡萄酒和多酚物质含量太低的葡萄酒都应避免橡木桶的陈酿，否则前者会失去清新的鲜果香，后者的原味则会被橡木香完全遮盖。

近年来，国内外的一些生产者结合上述两大类陈酿容器的优点，创造出了新的陈酿方式，在使用不锈钢罐等现代容器来贮存葡萄酒的同时，向酒中加入适量特殊工艺处理后的橡木片，这样既可降低陈酿成本，又能提升葡萄酒的品质。

2. 陈酿条件和时间

适宜的葡萄酒陈酿的地点，通常是冬暖夏凉、避光、阴暗、可恒温贮藏的地下酒窖。酒窖内的温度应恒定在 11℃左右，湿度为 70%～80%，还应装有通风设备，酒窖在使用之前应用硫黄（$30g/m^3$）消毒，以防止微生物对葡萄酒的污染。不同类型的葡萄酒其陈酿时间也各不相同，并非所有的葡萄酒均适于长期陈酿。以玫瑰香、美乐、黑虎香等葡萄酿造的新鲜、果香浓郁的红葡萄酒，当年酿造后经过澄清和稳定性处理即可上市销售，其平均的陈酿期只有半年。以赤霞珠、蛇龙珠、品丽珠、西拉等葡萄品种酿造的葡萄酒通常适合较长时间的陈酿，其原酒陈酿可达 2～10 年。

3. 陈酿时的倒酒和添酒

倒酒是在陈酿过程中将澄清的酒液与容器底部的酵母、酒石酸盐、色素等沉淀物分离的操作，其目的是防止沉淀物等杂质给酒带来异味，同时使酒液得到进一步澄清。一般情况下，对于白葡萄酒，第一次倒酒的时间是在发酵结束后 15～20d 进行；对于红葡萄酒，第一次倒酒应该在苹果酸-乳酸发酵结束后进行。第二次在当年的 11～12 月份进行，第三次在第二年的 3～5 月份，第四次在第二年的 10 月份进行。倒酒的次数应根据酒的澄清情况和种类来加以调整，每次倒酒时还应注意选择在温度较低、晴朗、无风的天气进行，并注意对所用设备的清洁和灭菌。

在葡萄酒陈酿过程中，由于酒液的温度降低、CO_2 逸出、酒的缓慢蒸发等原因，会导致葡萄酒体积减小，在容器顶部形成空隙，如果不及时将空隙添满，其中的空气容易使葡萄酒氧化、变质，因此还必须隔一定时间进行添酒，以减少葡萄酒与空气接触的机会。添酒的时间应根据定期检查的结果来定，对于不能满桶的还可采用通入惰性气体的方法来隔绝氧气。

二、葡萄酒的澄清

葡萄酒的澄清是指去除酒液中含有的容易变性沉淀的不稳定胶体物和杂质，使酒保持稳定澄清状态的操作。澄清的方法一般可以分为自然澄清和人工澄清两大类。

（一）自然澄清

自然澄清法是利用重力作用而自然静置沉降，使葡萄酒中已经存在的悬浮物自然下沉以澄清酒液的方法。这些悬浮物在容器底部形成酒脚（酒泥），可通过一次次倒酒将其除去。但是单纯依靠自然澄清的方法，无法将酒液中存在的影响葡萄酒稳定性的未沉淀成分去除掉，因此，为达到葡萄酒对澄清的要求，还须结合人工澄清的方法。

（二）人工澄清

人工澄清就是人为促进可使葡萄酒变浑的胶体物质沉淀并将之去除的方法，其主要包括下胶、过滤等处理过程。

1. 下胶

下胶就是向葡萄酒中加入亲水胶体，使其与酒液中的单宁、色素、蛋白质、金属复合物等发生絮凝沉淀，使葡萄酒变得澄清稳定。下胶物质可以是膨润土、明胶、鱼胶、蛋白、酪蛋白等，下胶物质的使用方法见表 1-5-4。

表 1-5-4 各种下胶物质使用方法

名称	膨润土	明胶	鱼胶	蛋白	酪蛋白
成分	膨润土是铝的自然硅酸盐 主要成分：$Al_2O_3 \cdot 4SiO_2 \cdot nH_2O$	明胶是动物组织中的胶原经部分水解获得的产品	鱼胶是用鱼鳔经常温干燥、粉碎、加酸处理获得的产品	蛋白是用鲜鸡蛋清经干燥获得的白色细末状产品	酪蛋白是牛奶的提取物，为淡黄色或白色的粉末
用法	可用于澄清葡萄汁、原酒以及装瓶前的处理 用量：400～1000mg/L 使用要点：①先用少量热水（50℃）使膨润土膨胀，再加入水中搅拌成奶状；②可在倒罐时应用；③处理后应静置一段时间，再分离、过滤	可用于葡萄酒的澄清和脱色 使用要点：①使用前，先做下胶试验确定用量；②下胶前一天将明胶在冷水中浸泡膨胀，根据需要，加单宁处理葡萄酒；③加10～15 倍水稀释后使用；④处理白葡萄酒时，应与膨润土混合使用	用量：20～50mg/L 使用要点：①制备含有 100g 酒石酸和 20g SO_2 的水 100L，将 1000g 鱼胶倒入该溶液中，进行搅拌；②5～10d 后，将鱼胶颗粒用钢刷搅烂，并过筛后使用	用量：60～100mg/L 使用要点：①先将蛋白调成浆状，再用加有少量碳酸钠的水进行稀释，然后使用，也可使用鲜蛋清，其效果与蛋白相同；②不能用于白葡萄酒	可用于葡萄酒的澄清和脱色 澄清用量：150～300mg/L 脱色用量：500～1000mg/L 使用要点：①将 1kg 酪蛋白在含有 50g 碳酸钠的 10L 水中水浴加热溶解；②稀释至 2%～3% 后立即使用

2. 过滤

过滤是利用多孔介质对葡萄酒的固相和液相进行分离的操作，是使已产生浑浊的葡萄酒快速澄清的最有效手段。在葡萄酒生产中广泛使用的过滤设备有：硅藻土过滤机、板框过滤机和膜式过滤机。

(1) 硅藻土过滤机 是利用滤网对硅藻土提供支撑形成滤层，达到过滤目的的设备，多用于刚发酵完的原酒的粗过滤。硅藻土是硅藻死后有机质分解残留下的化学性质稳定的硅质细胞壁，主要化学成分：SiO_2 占 90%左右，其余是 Al_2O_3、Fe_2O_3、CaO、MgO 等物质。设备内有孔径很细的不锈钢丝网，在过滤时选择合适粒径的硅藻土预涂在不锈钢滤网上，在过滤过程中还需定期补充硅藻土。

(2) 板框过滤机 是由多块滤板和滤框交替排列于机架而构成的。最常用的过滤介质为石棉板、纸板和聚乙烯纤维纸板，石棉板的主要成分是石棉、纸浆、硅藻土和黏合剂等，纸板的主要成分是脱色木质纸浆、棉绒纤维、煅烧硅藻土和合成纤维等。在葡萄酒的生产过程中，板框过滤机多用于装瓶前的成品过滤。

(3) 膜式过滤机 是以纤维、树脂和其他高分子聚合物构成的过滤膜作为过滤介质的过滤设备。过滤薄膜孔径的大小根据用途不同而有所差异：孔径为 1～20μm 的可去除固体颗粒和部分胶体；孔径为 0.2～0.45μm 的可过滤酵母菌和细菌。膜过滤主要是为了除去葡萄酒中的微生物，提高其生物稳定性，常用于装瓶前的除菌过滤。

三、葡萄酒的调配

调配就是将不同品质的葡萄原酒，根据目标成品要求和各自特点，按照适当的比例制成具有主体香气、独特风格葡萄酒的过程。葡萄酒的调配技术是一件技术性很强的工作，通过适当的调配可以消除和弥补葡萄酒质量的某些缺点，使葡萄酒的质量得到最大的提升，赋予葡萄酒新的活力。

(一) 调配的目的

1. 改善葡萄酒的感官特性

主要是对葡萄酒的色泽、香气、口味进行调整，并进行综合平衡处理以纠正酒的缺陷，使其品质得到改善。

2. 使葡萄酒标准化和均匀一致

由于各个葡萄品种各有优缺点，各个年份的葡萄酒质量和特征有所差异，为了保持产品质量的特点和稳定性，需要对不同品种和不同发酵罐的葡萄酒进行调配。

3. 降低经济成本

在符合相应规格标准的前提下，可用较廉价的葡萄酒与优质葡萄酒进行调配，来降低经济成本。

(二) 调配的方式

1. 不同原料品种的原酒进行调配

各个品种的葡萄都有各自的特点，用其酿成的葡萄酒也具有不同的特征，将它们相互调配，可以起到弥补缺陷、强化个性的作用。

2. 相同品种不同批次的原酒进行调配

即使是同一葡萄品种在不同地域生长，也可能存在质量差异，为了使质量稳定，也需在发酵以后进行原酒的调配。

3. 不同陈酿容器的葡萄酒进行调配

由于陈酿容器（尤其是橡木桶）的差异，在其中陈酿的葡萄酒会形成风格上的差异，因此，也需对其进行精心调配，取长补短。

4. 其他调配方式

对于新鲜型的半干和半甜葡萄酒，可以向干酒中添加新鲜的本品种果汁，以调整酒的糖度和果香。在需要化学增酸时，可添加柠檬酸、天然酒石酸；在降酸时，可添加酒石酸钾、碳酸钾或碳酸钙。

四、葡萄酒的稳定性处理

葡萄酒的稳定性处理，就是为使澄清后的葡萄酒长期保持澄清度、不再发生浑浊和沉淀而采取的操作。通常葡萄酒的浑浊可以分为三种类型：一是由酒液中残存的细菌、酵母菌引起的微生物浑浊；二是由金属、非金属离子过量和蛋白质、色素、酒石沉淀引起的化学浑浊；三是由多酚氧化酶引起的氧化浑浊。为了提高葡萄酒的稳定性，通常可以采取如下措施。

1. 葡萄酒的热处理

葡萄酒热处理就是将葡萄酒加热到一定温度后处理一定的时间，来提高稳定性的方法。热处理可以起到杀菌、加快成熟、去除铜离子、形成保护性胶体、防止结晶沉淀、破坏氧化酶等作用。

热处理的方法主要有以下几种：

① 将装瓶的红葡萄酒在水浴中加热至 70℃，保温 15min，或加热至 90℃（100℃），恒温 1～3s；

② 将温度为 45～48℃的葡萄酒趁热装瓶后自然冷却；

③ 通过板式热交换器，利用热水加热。

2. 葡萄酒的冷处理

低温处理可以加快葡萄酒中酒石的沉淀，促进正价铁的磷酸盐、单宁酸盐、蛋白质胶体和不稳定色素的沉淀，还可以降低酒的酸涩味，浓缩酒液，是稳定葡萄酒和改善葡萄酒质量的重要方式。

常用的冷处理方法有以下几种：

① 先用酶处理或下胶过滤除去葡萄酒中影响结晶的物质，再把葡萄酒迅速降温至接近其冰点的温度，保持 7～8d 后再过滤处理；

② 将葡萄酒的温度降至 0℃，然后加入高纯度酒石酸氢钾的细小晶体（4g/L），搅拌 1～4h 后过滤处理。

3. 其他提高稳定性的方法

① 用阿拉伯树胶 100～150mg/L 来防止白葡萄酒的铜破坏，用 200～250mg/L 来防止铁破坏或保持红葡萄酒色素的稳定。

② 用偏酒石酸来抑制酒石的沉淀，来延长葡萄酒的稳定期。

五、葡萄酒的灌装

葡萄酒的灌装就是将处理好的葡萄酒装入一定容器内并进行封口的操作。通常这一环节由自动化的灌装系统来完成，主要包括：检验、洗瓶、装瓶、压塞（盖）、套帽、贴标、卷纸、装箱等工序。

（一）灌装前的准备

在灌装以前必须对葡萄酒的质量和相关设备情况进行检验。

1. 葡萄酒的质量检验

葡萄酒的质量检验主要是进行感官品尝、稳定性试验以及化学分析，见表 1-5-5 和表1-5-6。

2. 对设备的检验

对过滤机、泵、管道、盛酒容器等都必须清洗并消毒。

（二）酒瓶

1. 酒瓶的颜色、形状与大小

酒瓶的颜色对保护葡萄酒不受光线的作用非常重要，灌装时应根据葡萄酒的种类来合理选择酒瓶的颜色。对于白葡萄酒可选用无色、绿色、棕绿色或棕色的酒瓶，其在无色瓶中成熟速度最快，但是对于需要保持清爽感和果香的白葡萄酒，不宜使用无色瓶。对于红葡萄酒多使用深绿色或棕绿色酒瓶。

2. 酒瓶的形状与大小

表 1-5-5 葡萄酒稳定性试验方法

浑浊类型		检验方法
化学性浑浊	铁破坏病	充氧或强烈通气;在 0℃下贮藏 7d
	铜破坏病	光照,7d;30℃温箱 3～4 周
	蛋白质破坏病	80℃,30min;加入单宁 0.5g/L
	色素沉淀	0℃,24h
	酒石沉淀	0℃或稍高于 0℃,3～4 周
微生物性浑浊		显微镜观察和菌落计数
氧化性浑浊		取少量葡萄酒过滤,空气中 12～15h 观察

表 1-5-6 不同类型葡萄酒分析的主要项目

葡萄酒类型	分析项目
新鲜葡萄酒	糖、总酸、挥发酸、游离 SO_2、pH、铁、CO_2、苹果酸-乳酸发酵、氧化试验
干红葡萄酒	酒精度、糖、总酸、挥发酸、游离 SO_2、总 SO_2、pH、正价铁、二价铁、CO_2、苹果酸-乳酸发酵、氧化试验
干白葡萄酒	酒精度、还原糖、总酸、挥发酸、游离 SO_2、总 SO_2、pH、正价铁、总铁、铜、CO_2、苹果酸-乳酸发酵、氧化试验、温箱试验、蛋白质试验、显微镜观察
桃红葡萄酒	酒精度、还原糖、总酸、挥发酸、游离 SO_2、总 SO_2、pH、铁、铜、苹果酸-乳酸发酵、氧化试验

酒瓶的容量一般有 125mL、187mL、250mL、375mL、500mL、750mL、1000mL、1500mL 等几种。酒瓶的形状也有很多，如长颈瓶、方形瓶、椰子瓶等。

(三) 洗瓶

无论是新酒瓶还是回收酒瓶，它们在使用以前都必须进行清洗和杀菌。

1. 洗瓶方法

常用的洗瓶程序是先用温水浸泡，然后用水和热去垢剂（1%NaOH，66℃）溶液进行冲淋，再用清水冲洗，最后控干水分待用。

2. 灭菌

为了防止葡萄酒被存在于酒瓶上的微生物污染，清洗后的酒瓶在灌装之前还要进行灭菌。常用的杀菌方式是臭氧杀菌，先用臭氧溶液冲洗空瓶，倒空后再用过滤的无菌水连续冲洗，再次倒空后用无菌空气吹干。

(四) 装瓶

经彻底清洗、灭菌并且检验合格的酒瓶就可以用于灌装了，灌装机种类很多，主要有等压灌装机和真空灌装机。在装瓶过程中应注意工作空间和灌装机的灭菌：操作空间可用甲醛水溶液熏蒸的方式来进行灭菌；贮酒容器、管路可用蒸汽灭菌；管头可用消毒酒精擦拭；灌装时所用空气应过滤除菌。此外，还应注意灌装液面的高度要适当，若液面过高会增大压塞的难度，增加漏酒的可能性；液面过低，内含较多的空气，会增加酒液氧化的机会。

(五) 压塞

1. 瓶塞的种类

葡萄酒的瓶塞主要有软木塞和塑料塞两大类，其中软木塞又可分为天然整体软木塞、用软木料颗粒压聚加工而成的聚合软木塞、两端贴天然软木片中间是聚合材料的贴片聚合软木塞等若干种。

软木塞一般是由栓皮栎的皮层经切割、打磨、除尘、消毒、脱色制成，成本较高，具有密度低、弹性大、不漏酒、不漏气等优点。塑料塞主要是聚乙烯塞，其最大优点是价格便宜，缺点是聚乙烯对气体的通透性容易导致葡萄酒的氧化。

2. 瓶塞的选择和检验

在选择瓶塞时，应充分考虑葡萄酒的种类及装瓶后的运输、存放方式和消费等因素来选择合适的类型。一般来说，软木塞主要应用于干型葡萄酒、香槟酒，塑料塞多用于罐式发酵的起泡葡萄酒和氧化陈酿的葡萄酒。

确定好瓶塞的类型以后，还要对其进行质量检验，对于软木塞需要检验以下几个项目。

(1) 外观　软木塞的孔隙率，皮孔的数量、大小和分布情况。应避免使用带有裂缝、虫蛀的木塞。

(2) 大小　常用的软木塞直径为24mm（酒的CO_2含量较高则应用25mm或26mm的瓶塞），长度有38mm、44mm、49mm和54mm等不同类型，需在瓶内长时间陈酿的葡萄酒，应选择较长的软木塞。如果大小不符合要求，会对装瓶后葡萄酒的质量产生不良影响。

(3) 湿度　软木塞的湿度对于其密闭性、贮藏性以及机械特性都有重大影响，湿度最好为5%～8%。

(4) 其他项目　软木塞的压缩性、弹性、寿命、表面处理、除尘和微生物残留情况也需达到使用要求。

灌装后的葡萄酒，可以放在酒窖中继续陈酿，或者完成后续的缩帽、贴标、卷纸、装箱等工序进入成品库等待销售。

思考题

1. 酿红葡萄酒中的第一类葡萄采收时参照的标准是什么？

2. 葡萄挑选的目的是什么？

3. 如何在破碎过程中避免二氧化硫对设备造成伤害？

4. 红葡萄酒发酵前，需对葡萄汁的糖分进行调整，如糖分不足：①添加的糖的种类一般有哪些？②AB公司欲酿制酒精度为12%（体积分数）的干白葡萄酒，该葡萄的出汁率为75%，混合醪的原始糖度为185g/L，计算每吨该葡萄发酵需添加多少克白砂糖？

5. 简要回答红葡萄酒前发酵过程中的控温方式。

6. 如何判断红葡萄酒前发酵的结束？

7. 橡木桶陈酿的作用主要有哪些？

8. 为什么要对葡萄酒进行冷稳定处理？

9. 一种葡萄酒酒精度12%（体积分数），浸出物为20g/L，计算该酒的冰点。

10. 从原料和工艺流程两方面入手阐述白、红葡萄酒酿造的不同点。

11. 白葡萄酒在酿造过程中为什么要进行控温发酵？如果温度超出控制范围或不进行控温，会给白葡萄酒带来哪些危害？

12. 葡萄酒的后处理技术有哪些？

第六章　葡萄酒酿造新技术与新工艺

学习目标

1. 了解葡萄酒酿造新技术。
2. 了解果香型红葡萄酒的特点，掌握果香型红葡萄酒的酿造工艺。
3. 掌握苹果酸-乳酸发酵技术的原理及工艺要点。

世界上果酒产量之大，莫过于葡萄酒。除了葡萄酒以外，苹果酒的生产也是很普遍的。在法国，把葡萄酒、啤酒、苹果酒并称三大饮料。果酒之所以受到人们的普遍喜爱，是因为其营养丰富，滋味柔美，香气悦人。

人们一般习惯于把果酒的香，分为果香、酒香和陈酿香。

成熟的葡萄、苹果或其他的水果，果实本身的香气成分是很复杂的。前苏联有人研究了玫瑰香葡萄香气成分，即将鲜葡萄压榨、浸提、浓缩后，将提出来的玫瑰香葡萄香精油用色谱仪进行色谱分析，共分析出玫瑰香葡萄的香气成分 87 种。研究者还指出，具有弱香型或中性香型的葡萄品种，其浆果中的芳香成分也不比玫瑰香少。

在果酒加工的过程中，水果本身的香气成分随着破碎、发酵，以不变化或很少变化的形式，从鲜果转入果酒中，就形成了果酒的果香。且不说葡萄、苹果、梨等不同水果酿成的果酒有不同的典型香，就是不同葡萄品种酿成的葡萄酒，不同的苹果品种酿成的苹果酒，其口味和风味也不尽相同。这是因为不同的葡萄品种或不同的苹果品种，果实本身的香气成分也是有差别的，因此酿之成酒，风味也自然不同。

在果酒发酵的过程中，所用的酵母菌种对果酒的香气成分也有重要的影响。酵母在将还原糖发酵成酒精的同时，还产生其他的高级醇类、醛类等，虽然含量甚微，却是构成美妙的果酒香的有机成分。不同的酵母菌种，代谢产物不同，产酒风味也就不同。因此，选择理想的酵母菌种，实在是酿造理想果酒的重要条件之一。在酿造过程中，由于酵母等有益微生物的活动产生的酿造香，谓之酒香，由于具有酿造香，使果酒与果汁相区别。

果酒在长期的贮藏过程中，由于缓慢的酯化作用和氧化还原反应，使酒香臻于完善。果酒在橡木桶里多年陈酿，会从木质中浸取一定数量的单宁、木质素、香兰素等，形成和浸取的综合香，称为陈酿香。

人们的口味不同，爱好不同，因而对果酒的果香、酒香和陈酿香的要求也就不同，或重果香，或重酒香，或重陈酿香。就像人们对美的追求不断发展变化一样，人们对果酒香的要求也在发展变化。一般说来，国内外传统的果酒酿造，偏重于酒香和陈酿香。近年来，欧洲、美洲的主要葡萄酒、果酒消费国家，消费者对果酒香的要求有新的变化，越来越多的人喜欢果酒具有新鲜的果香和酒香。为满足消费者的这种偏好，因而国内外果酒酿造的工艺有了新的发展和突破。

葡萄酒按香型可分为陈酿型葡萄酒和果香型葡萄酒。陈酿型葡萄酒又叫氧化型葡萄酒，是按传统工艺生产的原酒经过两年或两年以上贮藏的葡萄酒，具有陈酿的酒香和优雅的果香。果香型葡萄酒又叫还原型葡萄酒，是按新工艺生产的葡萄酒，原酒在加工的过程中要防止氧化，经几个月的加工处理，甚至更短时间即可出厂，具有新鲜浓郁的果香及酵母产生的酒香。

果香型干白葡萄酒的生产工艺已被世界所公认。这种干白葡萄酒的新工艺在 20 世纪 80 年代初期传到中国。中法合资天津王朝干白葡萄酒、沙城生产的“长城”牌干白葡萄酒及张裕公司生产的“张裕”牌雷司令干白葡萄酒，都是按这种工艺生产的，产品在国内外颇得好评。

果香型干红葡萄酒在国外很走俏。法国9月份收购葡萄生产的果香型干红葡萄酒，11月份就可销售，很受顾客欢迎。

现以二氧化碳浸渍法、旋转罐法等葡萄酒酿造新技术，果香型红葡萄酒、干白葡萄酒的酿造新工艺为例，对新的酿造工艺技术及其特点进行介绍。

第一节　葡萄酒的酿造新技术

一、二氧化碳浸渍法

二氧化碳浸渍法（carbonic maceration，简称CM）是把整粒葡萄放到充满二氧化碳的密闭罐中进行浸渍，然后压榨得果汁，再进行酒精发酵。二氧化碳浸渍法不仅用于红葡萄酒、桃红葡萄酒的酿造，而且可以用于一些原料酸度较高的白葡萄酒的酿造。

(一) 二氧化碳浸渍法的原理

二氧化碳浸渍法生产葡萄酒包括两个阶段。

一是在发酵之前进行的二氧化碳浸渍阶段，此阶段实质是葡萄果粒厌氧代谢的过程，即果粒受二氧化碳的作用进行细胞内发酵及其他物质的转化。浸渍时果粒内部发生了一系列生化变化，如酒精和香味物质的生成、琥珀酸生成、苹果酸的分解、蛋白质的分解、酚类化合物（色素、单宁等）的浸提等。

二是酒精发酵阶段，即葡萄浸渍后压榨得到的葡萄汁在酵母菌的作用下进行酒精发酵。

(二) 浸渍阶段的生化变化

在浸渍阶段，葡萄浆果在厌氧条件下发生了一系列变化，主要表现在酒精及挥发物质的形成，苹果酸的转化，蛋白质及果胶质的水解，多酚物质的水解等。

1. 细胞内发酵

在大量的二氧化碳存在下，即厌氧条件下，葡萄浆果进行细胞内发酵，将细胞中的糖转化为酒精，同时产生一系列副产物。

通过细胞内发酵形成的酒精量较少，一般小于2.5%（体积分数）。酒精生成量与葡萄的含糖量无关，但与葡萄品种和浸渍的温度有关。温度较低的情况下，酒精生成速度较慢，但总量较高。细胞内发酵与酵母菌的酒精发酵相似，除生成酒精外，还产生乙醛、甘油、乙酸、琥珀酸等副产物。表1-6-1是品丽珠经过8d CM阶段后葡萄浆果成分的变化。

表1-6-1　品丽珠在CM阶段后葡萄浆果成分的变化

项　目	CM前	CM后	项　目	CM前	CM后
还原糖/(g/L)	200	162	琥珀酸/(meq/L)	0	5.0
酒精/(g/L)	0	15.2	苹果酸/(meq/L)	50	29
乙醛/(mg/L)	12	47	总酸/(meq/L)	96	80
甘油/(g/L)	0.23	2.65	柠檬酸/(meq/L)	2.5	2.3
甲醇/(mg/L)	0	50	色度	0.2	0.3
总氮/(mg/L)	532	588	pH	3.25	3.4
醋酸/(meq/L)	0.6	1.3	高锰酸钾系数	9	12

注：引自Ribereau-Gayon等，1976。

2. 蛋白质及果胶质的水解

在CO_2浸渍过程中，葡萄浆果固体部分发生溶解，蛋白质发生水解。因此总氮量大约升高50～100mg/L，且多数是氨基酸，如酪氨酸、赖氨酸、甘氨酸、亮氨酸、异亮氨酸、缬氨酸、苯丙氨酸、精氨酸、组氨酸含量上升，但天冬氨酸、谷氨酸几乎全部消失。

同时，葡萄细胞壁果胶质在果胶酶的作用下发生水解，果实质地变软，并释放出甲醇。

3. 酸的变化

（1）苹果酸减少　在二氧化碳浸渍过程中，葡萄浆果中的苹果酸在苹果酸酶的作用下分解为草酰乙酸、丙酮酸、琥珀酸及酒精，导致苹果酸含量减少15%～60%。苹果酸的下降量与葡萄品种有关，品种不同，其下降量的差异较大。另外，温度对其也有很大的影响，在一定范围内，温度越高，苹果酸的下降幅度越大，速度越快。

（2）琥珀酸增加　琥珀酸是酒精发酵的副产物。其含量增加的原因：一是α-氨基戊二酸经一系列变化生成琥珀酸；二是乙醛加水缩合成琥珀酸。

（3）总酸度降低　浸渍过程中总酸度降低。如果浸渍降酸过度，在后面的工艺中应考虑加酸。

4. 多酚含量的变化

在CO_2浸渍过程中，浆果固体部分的多酚类物质溶解在果肉中，故多酚含量升高。多酚含量的变化一般用高锰酸钾系数表示。同时由于色素的溶出，果汁的色度也升高。

温度对多酚物质的含量变化影响最大，温度越高，多酚的溶解速度越快，最终溶解量越大。

5. 酒的香气和风味的改善

浸渍法典型的芳香物质是肉桂酸乙酯与苯甲醛，分别为草莓与覆盆子香气特征。葡萄在进行胞内发酵的同时还合成芳香物质，如乙酰肉桂酸、苯甲醛、苯乙烯及水杨酸，还比传统法生成更多的癸酸乙酯、丁子香酚、乙酰香草酸与甲酰香草酸、乙基愈创木酚与乙烯基愈创木酚、乙基乙烯基酚。浸渍法酿造的葡萄酒总酯、双乙酰、甘油、乙醛含量均增加，故酒体柔和，香气怡人。

（三）发酵中的微生物

葡萄酒发酵中的主要微生物是酵母菌和细菌。由于二氧化碳浸渍生产法的两个阶段条件差异很大，故微生物的生长发育差异也很大。

1. 乳酸菌

二氧化碳浸渍生产法有利于乳酸菌的生长发育和苹果酸-乳酸发酵。

在二氧化碳浸渍阶段，一般对原料不进行二氧化硫处理，酒精含量较低，基质中充满二氧化碳，有利于兼气性细菌的繁殖。且果实表面的果粉中脂肪酸对乳酸菌的活动有促进作用。

在酒精发酵阶段，由于第一阶段苹果酸的分解，使得pH可提高0.15～0.35，氮营养素得到改善，且具有可以利用的还原糖，这些都有利于乳酸菌的活动。

2. 酵母菌

在二氧化碳浸渍阶段，由于葡萄浆果表面果粉中的齐墩果酸和油酸是酵母菌的生长促进物质，且此时基质中酒精含量较低，故酵母菌迅速生长繁殖。到浸渍后的压榨阶段，酵母菌的数量约为$80\sim100\times10^6$/mL，且酵母属的菌种占55%～83%，与传统酿造法中的酵母菌种基本相同。

（四）二氧化碳浸渍法生产工艺

1. 工艺流程

二氧化碳浸渍法生产工艺流程见图1-6-1。

2. 操作要点

（1）葡萄原料的处理　葡萄在采收和运输过程中防止果实的破损和挤压，尽量降低浆果的破损率是保证成品质量的首要条件。整粒葡萄原料不进行除梗处理。

（2）浸渍阶段　浸渍多采用不锈钢罐，其结构如图1-6-2。浸渍罐下部设有一筛板（假底），用来及时排出果实破裂流出的果汁，防止浸渍过程中汁将梗中有害成分浸出。

浸渍罐内预先充满二氧化碳，整粒葡萄称重后置于罐中，在此过程中继续充二氧化碳，使其达到饱和状态。

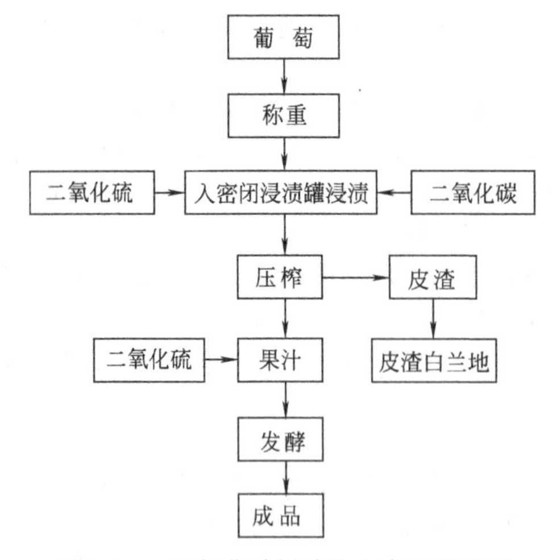

图 1-6-1 二氧化碳浸渍法生产工艺流程

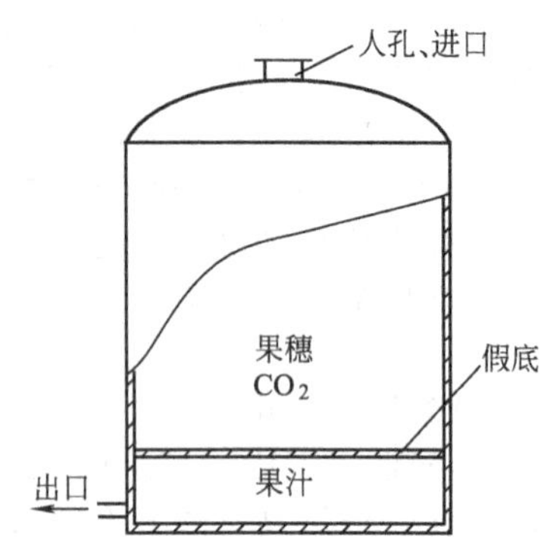

图 1-6-2 CO_2 浸渍罐示意图
（引自：瞿衡. 酿酒葡萄栽培及加工技术. 北京：中国农业版社，2001）

不同的葡萄酒品种浸渍温度和浸渍时间不同：酿制红葡萄酒时，浸渍温度为 25℃，3～7d；酿制白葡萄酒时，浸渍温度为 20～25℃，24～28h。每天测定浸渍温度、发酵液相对密度、总酸、苹果酸等指标，观察色泽、香气及口味的变化，以便及时控制，并决定出罐时间。

（3）酒精发酵阶段　浸渍后将整粒葡萄进行压榨，尽快分离自流汁和压榨汁，防止氧化。将自流汁和压榨汁混合，加入二氧化硫 50～100mg/L，进行酒精发酵和苹果酸-乳酸发酵。发酵管理同传统的酿造方法。

（4）皮渣处理　皮渣可以制作皮渣白兰地。

二、旋转罐法

旋转罐发酵法是采用可旋转的密闭发酵容器进行色素、香气等成分的浸提和葡萄浆的酒精发酵。主要用于红葡萄酒的发酵生产。

（一）旋转罐法生产葡萄酒的原理

旋转罐法生产方式是首先将破碎后的葡萄输入密闭、控温、隔氧的旋转罐中，保持一定的压力，浸提葡萄皮上的色素和芳香物质，同时进行酒精发酵。也可以只在旋转罐中进行浸提，当发酵醪中色素等物质的含量不再增加时，即可进行皮渣分离，将果汁输入到另外的发酵罐中进行纯汁发酵。

用旋转罐法生产的红葡萄酒质量明显提高，表现在以下方面：

1. 色度及香气增加

由于在可旋转的密闭容器进行了有效成分的浸提，故色度增加，且颜色鲜艳、稳定。果皮中的香气也得到了充分浸提，果香味增加。

2. 浸出物含量增高

在传统生产方法中，葡萄的皮渣浮在表面，故浸渍效果差。而旋转罐法的皮渣与葡萄汁充分混合，故酒中的含氮物、固定酸、高级醇等浸出物含量高，口感浓厚。

3. 挥发酸减少

挥发酸含量的高低是衡量酒质优劣的重要指标。旋转罐法在隔氧的情况下浸提色素及香气成分，故控制了杂菌的感染，生产的葡萄酒挥发酸含量低，风味细腻。

4. 单宁含量适当，黄酮酚类化合物含量降低

由于旋转罐法浸渍的时间短，故单宁浸提适当，减少了酒的苦涩味。且黄酮酚类化合物含量低，酒的稳定性增加，提高了酒的质量。

采用旋转罐法生产时，进料、出渣全部采用机械化操作，降低了劳动强度，且酒龄缩

短，生产成本降低。

(二) 旋转罐法生产工艺

目前使用的两种不同旋转罐——Vaslin 型和 Seitz 型，其发酵方法亦不同。

1. Vaslin 型旋转罐发酵法

(1) 工艺流程 利用 Vaslin 型旋转罐生产的工艺流程如图 1-6-3 所示。

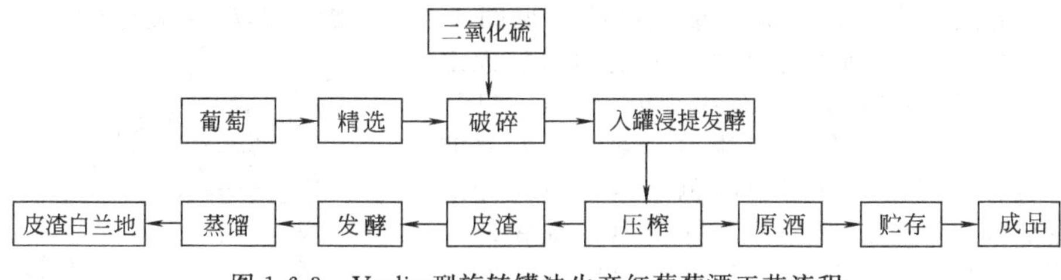

图 1-6-3 Vaslin 型旋转罐法生产红葡萄酒工艺流程

(2) 操作要点 葡萄破碎后输入罐中，在罐中进行色素和香气成分的浸提，同时进行酒精发酵。发酵温度 18～25℃。

发酵过程中，旋转罐每天旋转若干次，使葡萄皮渣与葡萄汁充分混合，以浸提色素等物质。一般控制每小时旋转 2 次左右，每次旋转 5min，正反转依次交替进行，转速为 2～3r/min，转动方向、时间、间隔可自行调节。当残糖降至 5g/L 时排罐压榨。得到的发酵液为原酒，贮存后即为成品。皮渣经发酵、蒸馏生产皮渣白兰地。

2. Seitz 型旋转罐发酵法

(1) 工艺流程 利用 Seitz 型旋转罐生产的工艺流程如图 1-6-4 所示。

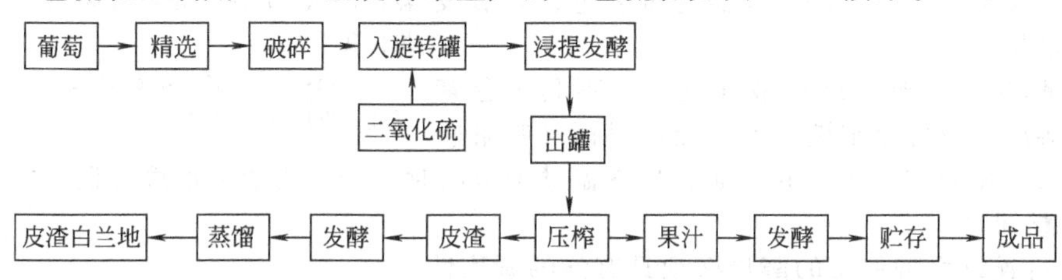

图 1-6-4 Seitz 型旋转罐法生产红葡萄酒工艺流程

(2) 操作要点 葡萄破碎之后输入密闭、控温、隔氧的 Seitz 型旋转罐中，在保持一定压力的条件下，浸提葡萄皮上的色素物质和芳香物质。最佳浸提温度 26～28℃。在浸提过程中，旋转罐正反交替转动，每小时旋转 2 次左右，每次旋转 5min，转速 5r/min。浸提时间以葡萄浆中花色素的含量不再增加作为依据。葡萄品种不同，浸提时间也不同，如佳丽酿需 24h，玫瑰香为 30min。

浸提完成后进行压榨，分离皮渣，将果汁输入另一发酵罐中进行纯汁发酵。皮渣进行发酵、蒸馏生产白兰地。

三、连续发酵法

连续发酵法是指连续供给原料并连续输出产品的一种发酵方法。连续发酵的罐内，葡萄浆总是处于旺盛发酵状态。

连续发酵是在 19 世纪后期开始尝试使用的，当时研究了面包酵母连续生产的方法。直到 20 世纪 50 年代，以动力学为基础的连续培养研究才开始活跃起来。连续发酵为研究微生物对周围环境的影响，以及在最优条件下研究细胞和产物的生产，开辟了一条独特的途径。目前，已用连续发酵来大规模生产酒精、丙酮、丁醇、乳酸、食用酵母、饲料酵母、单细胞蛋白、石油脱蜡及污水处理，并取得很好的效果。

连续发酵是一个开放系统，通过连续流加新鲜培养基并以同样的流量连续地排放出发酵液，可使微生物细胞群体保持稳定的生长环境和生长状态，并以发酵中的各个变量多能达到恒定值而区别于瞬变状态的分批发酵。连续培养的最大特点是微生物细胞的生长速度、代谢活性处于恒定状态，达到稳定高速培养微生物活产生大量代谢产物的目的。

连续发酵的优势是简化了菌种的扩大培养、发酵罐的多次灭菌、清洗、出料，缩短了发酵周期，提高了设备利用率，降低了人力、物力的消耗，提高了生产效率。连续发酵法虽具有上述优点，但其设备投资大，杂菌污染的概率也大。

1. 连续发酵罐

连续发酵法生产使用立式连续发酵罐（见图 1-6-5）。罐体容积一般比较大，为 80～400m³。设备下半部有葡萄浆进口，酒的出口管固定在果渣下面，可以调节高度，且出酒处设有过滤网，可以截留固体物质而仅使酒液流出。罐内有发酵液循环喷淋装置，有助于皮渣中的色素等物质充分溶出。罐底部倾斜，使得部分葡萄籽积累在罐底部的低处，可以定期排出，以避免籽在酒液中的长期浸泡，否则会因为单宁的过度溶解，而使得酒涩味加重，影响酒的质量。果渣通过螺旋输送机自动排出。罐外设有喷淋器，可以利用冷却水喷淋来控制发酵温度。

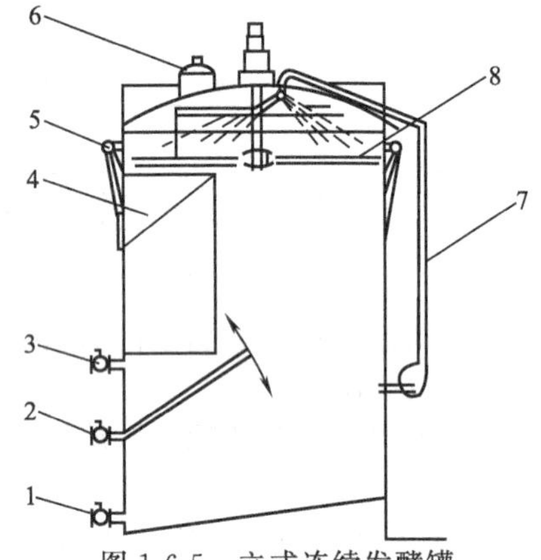

图 1-6-5 立式连续发酵罐

1—葡萄籽排出口；2—浮动式葡萄酒排出口；3—果浆进料口；4—皮渣排出口；5—淋水器；6—人孔；7—发酵液循环管；8—皮盖表面搅拌器

（引自：顾国贤. 酿造酒工艺学. 北京：中国轻工出版社，1996）

2. 操作要点

① 投料前罐体内部各处均刷洗干净，无死角。

② 葡萄浆用泵从下部进料口送入发酵罐，进行发酵。第一批葡萄浆发酵后，即可连续进料，连续排料，进行连续发酵。每日进料量需与排酒量、果渣及籽的排放量相适应。

③ 发酵期间皮渣上浮在液面上部，不利于色素等物质的溶出，故可以定期将发酵液通过循环喷淋管从上部进入，喷洒在皮渣盖的表面。当皮盖过于坚硬时，开动皮盖表面搅拌器，使其疏松。

3. 注意问题

① 进行连续发酵使用的酵母必须具有强的凝聚性。

② 连续发酵灭菌较困难，故需选育杀伤性酵母，防止野生酵母的污染。

③ 在进行连续发酵的时候既要浸提色素，又要排渣，故可采用“热浸提-连续发酵法”，即果浆在 70～75℃浸提 3～5min，压榨后再进行连续发酵。

四、热浸提发酵法

热浸提法是将整粒葡萄或破碎的葡萄在开始发酵前加热，使其在一定温度下保持一段时间，充分提取果皮和果肉中的色素和香味物质，然后压榨分离皮渣，纯汁进行酒精发酵。这种发酵方法不仅能更完全地提取果皮中的色素、酚类和其他物质，而且可以抑制酶促反应。热浸提法用于生产红葡萄酒，特别适合于用常规工艺难以浸出色素的红葡萄酒生产。

（一）热浸提法的生化变化

1. 色素的增加

热浸提法生产时，葡萄皮上的色素在高温下快速浸提，色素充分溶出，温度越高，色素增加越多。在浸提温度为 60℃时，色素的浸提率为 90%～95%。传统法的色素浸出率只有热浸提法的 60%。

2. 酵母菌的变化

葡萄酒酒精发酵所需的酵母繁殖最适温度为 22～30℃，当温度超过 40℃酵母钝化。而在热浸提条件下，酵母菌完全死亡，故有利于添加酵母进行纯种发酵。

3. 酶的变化

多酚氧化酶的活力随温度的升高而下降。当果浆温度超过 45℃，多酚氧化酶失去活力。

故热浸提法可以防止酒的棕色破坏病，防止酒的氧化。

果胶酶作用温度为20～50℃，高于50℃酶的活力下降，超过70～75℃，酶彻底失活。经热浸提后果浆中的果胶酶已经失去活性，这会使得果浆分离后很难澄清。可以采用控制温度不要超过50℃或热浸提后添加果胶酶的方法来改善澄清。

4. 干浸出物增加

经热浸提后果浆中的氮、磷、脂肪酸等成分增加，营养丰富，有利于酵母的繁殖与发酵，酒精发酵速度明显增快，成品酒中干浸出物含量也多。

5. 酸的变化

热浸提时，酒石酸溶出增多，占总酸的75%，而传统法只占40%，经皮汁分离后降温，酒石酸盐析出，故成品酒中酒石酸明显减少。苹果酸在酒精发酵过程中略有减少。由于加热杀菌，成品酒中挥发酸含量显著减少。

(二) 热浸提法生产工艺

1. 工艺流程

热浸提法生产红葡萄酒工艺流程如图1-6-6所示。

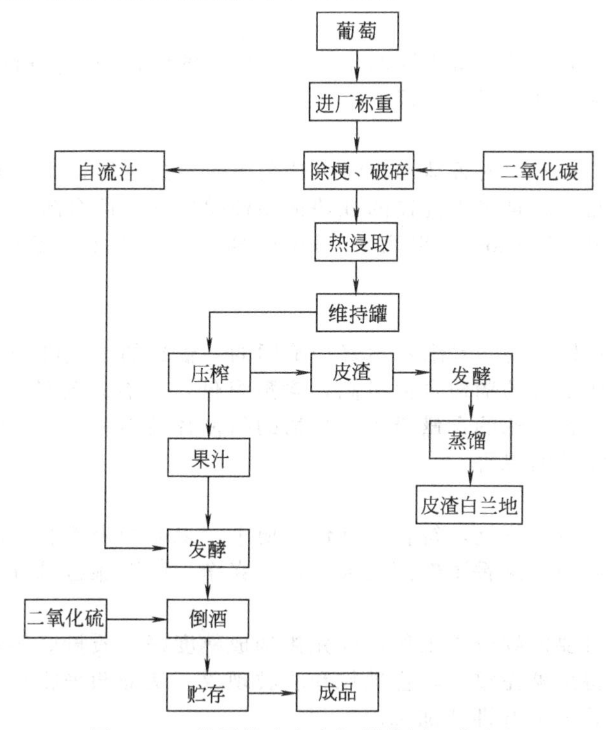

图1-6-6　热浸提法生产红葡萄酒工艺流程

2. 操作要点

热浸提法的方式有三种：一是全果浆加热，即葡萄破碎后全部果浆都经过热处理；二是部分果浆加热，即分离出约40%～60%果浆进行加热处理；三是整粒加热。

加热浸提条件为40～60℃，0.5～24h；或者60～80℃，5～30min。

(三) 热浸提的特点

1. 优点

① 加热破坏多酚氧化酶，杀死了大多数杂菌，能有效地防止酒的酶促褐变与氧化，利于进行纯种发酵。

② 酒挥发酸含量低，成品酒质量高。

③ 加热加快了色素的浸提，成品酒色泽较传统法深，呈艳丽的紫红色。

④ 苦涩物质浸出少，酒体丰满，醇厚味正，后味净爽。

⑤ 纯汁发酵，可节省罐容积15%～20%。

⑥ 酒体成熟快。

2. 缺点

① 设备一次性投资大，耗能多。

② 成品酒果香弱，有时有“焙烤”味。

③ 发酵前需加果胶酶，增加了成本。

④ 货架期短。

第二节 果香型红葡萄酒的酿造新工艺

我国的红葡萄酒生产，目前主要是按传统工艺生产的陈酿型甜红葡萄酒和陈酿型干红葡萄酒。近几年有的厂家也开始生产果香型红葡萄酒，产品有鲜明的个性特点，丰富了红葡萄酒的花色品种。这种果香型红葡萄酒的酿造新工艺已经逐渐开始推广。

一、葡萄原料

生产好的果香型红葡萄酒，最重要的条件是选择好的葡萄原料。所谓好的葡萄原料，是指葡萄的品种好、成熟度好、新鲜度好。

1. 葡萄品种

不同的葡萄品种具有不同的香味和口味。葡萄酒质量的好坏，主要取决于所采用的酿造葡萄品种。果香型红葡萄酒是采用优良的红葡萄品种酿造的。适合酿造果香型红葡萄酒的主要葡萄品种有：梅鹿辄（Merlot），黑比诺（Pinot Noir），法国蓝（Blue French）和玫瑰香（Muscat Hamburg）。

2. 成熟度

不成熟或成熟度不好的葡萄是酿不出好葡萄酒的。葡萄的成熟度好是酿造好葡萄酒的先决条件之一。因为成熟度好的葡萄含糖量高，含酸量低，具有理想的糖酸比。更重要的是，达到生理成熟的葡萄，香精油的含量最大，葡萄的品种香最丰满，用这种葡萄酿成的果香型葡萄酒才能具有丰满完整的果香。

3. 新鲜度

新鲜度好的葡萄，色泽鲜艳，符合品种色泽要求，果粒的表面有一薄层粉霜。使用新鲜度好的葡萄酿成的葡萄酒，果香清新而浓郁，口味爽净，所以酿造果香型红葡萄酒要求葡萄具有更好的新鲜度。

在葡萄采收的同时要做好分选工作，即先挑选成熟度好、质量好的葡萄穗采收。在葡萄运输的过程中，要保持果穗完整，防止破粒和脱粒现象。从葡萄采收到加工的时间要尽量缩短，最好在葡萄采收后3～8h即能加工。

葡萄生长的气候条件和土壤条件对葡萄的质量有直接影响。生产果香型红葡萄酒用的葡萄，要选择好的土壤条件。含钙质高的砂壤土和轻黏土，有利于葡萄果香的形成，可赋予葡萄酒优雅的果香。

二、整穗葡萄发酵生产果香型红葡萄酒的工艺

葡萄不经破碎，整穗葡萄入罐发酵，按此工艺可以在短时间里生产出果香很浓的红葡萄酒。

1. 工艺流程

整穗葡萄发酵的工艺流程如图1-6-7。

2. 操作要点

(1) 发酵罐可使用20t的不锈钢罐，罐身高3m，要求底部有外冷却带，或者罐内底部有冷却片或冷却盘管。有外冷却带的发酵罐，使用和清洗方便。使用有内冷却的发酵罐，冷却效率高，但清洗不方便。

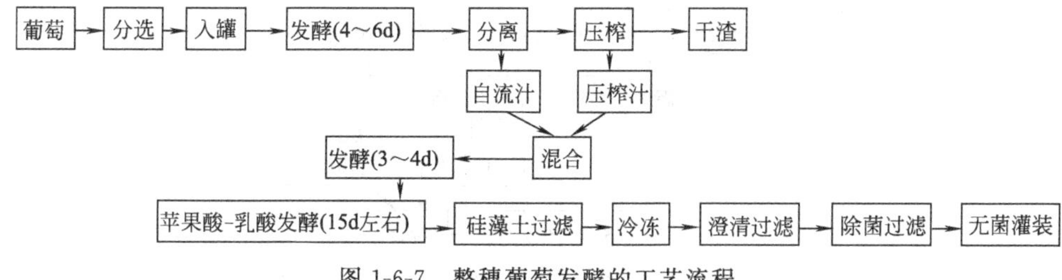

图 1-6-7 整穗葡萄发酵的工艺流程

（2）整穗葡萄不经破碎，由输送带将葡萄输入发酵罐里，葡萄入罐后，由于摔跌挤压，有一部分葡萄粒破碎流汁，使罐底部的葡萄浸泡在汁里。随着时间的推移，汁上浸，越来越高。加入 50mg/kg 的 SO_2。

（3）将罐底部浸泡葡萄的汁冷却，控制发酵温度在 20～26℃。

（4）加入活性干酵母。活性干酵母的使用量为 1kg/10000kg 葡萄。加酵母的方法是，取 5kg 葡萄汁、5kg 软化水混合起来，将 1kg 活性干酵母加入 10L 葡萄汁和软化水的混合液中搅拌 1～2h，加入盛 10000kg 葡萄的发酵罐。不同大小的罐按此比例推算。如果酵母来源困难，也可以把酵母经过一级或二级扩大培养后，加入发酵罐中。

（5）在发酵过程中对果汁进行循环，每天循环 2 次。

（6）发酵旺盛时加糖。从罐的底部放出汁，把糖化开，泵入罐中循环均匀。在这个发酵过程中，除了得到酒精外，更主要的目的是获得葡萄的香气。因为葡萄的果香、单宁、色素等物质是构成果香型红葡萄酒的要素，主要存在于葡萄皮中。这种发酵方法产生的 CO_2 充满罐中，CO_2 包围葡萄果粒，起到 CO_2 浸提作用，能有效地提取葡萄皮中的果香、单宁和色素，是传统的发酵方法所不具备的。

（7）经过 4～6d 的浸提发酵，把自流汁放出来，将发酵后的葡萄压榨。压榨可采用螺旋压榨机、双压板压榨机或气囊式压榨机。自流汁和压榨汁质量不一样，所占比重也是不一样的。把同等比例的汁和压榨汁混合起来进行 3～4d 的发酵，发酵温度控制在 18～20℃。残糖达到 3g/L 以下，主发酵结束。

（8）主发酵结束以后，还需要进行苹果酸-乳酸发酵。不加苹果酸-乳酸发酵菌种，控制温度 18～20℃，大约 15d 的时间即可完成苹果酸-乳酸发酵过程。苹果酸-乳酸发酵是否完成，可用纸色谱法进行检验。苹果酸-乳酸发酵结束后，补加 SO_2，使游离 SO_2 达到 20mg/kg。

（9）用硅藻土过滤机进行过滤。入冷冻罐冷冻除去酒石。

（10）澄清过滤，除菌过滤，无菌灌装。装瓶后保存酒的温度在 10～12℃，喝酒的最佳温度 12～14℃。在 1 年内饮用效果最佳。

按此工艺生产果香型红葡萄酒，从葡萄加工到成品装瓶，最短 1 个月的时间，即可生产出质量很好的果香型红葡萄酒。

三、葡萄破碎发酵生产果香型红葡萄酒工艺

葡萄经过破碎，入罐发酵，严格控制发酵条件和贮藏管理条件，也能生产出质量很好的果香型红葡萄酒。

1. 工艺流程

葡萄破碎发酵生产果香型红葡萄酒的工艺流程如图 1-6-8。

2. 操作要点

（1）必须挑选成熟度好、新鲜度好的葡萄原料，进厂的葡萄要立即加工。

（2）葡萄破碎除梗，破碎时加入偏重亚硫酸钾 12g/100kg 葡萄。用水化开，均匀滴加。

（3）葡萄入罐 12h，加入活性干酵母。酵母的用量为 1kg/10000kg 酵母。酵母的添加方法是：取 50%的软化水、50%的葡萄汁混合，干酵母与此种混合汁的比例为 1∶10，搅拌 1～2h，加入发酵罐里循环 1h，使酵母在罐内均匀分布并起到通气作用。

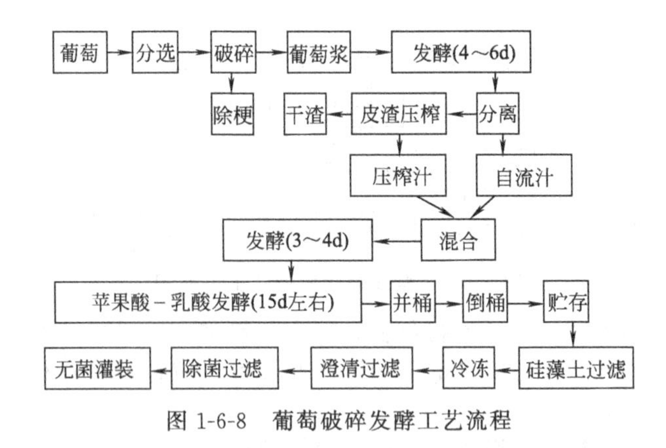

图 1-6-8 葡萄破碎发酵工艺流程

(4) 发酵温度控制在 26℃以下，每天循环 2 次，用循环汁充分喷淋浮在罐上部的皮渣。每次循环要使罐里的汁子全部倒一遍。如果罐里有 20t 发酵汁，泵的能力为 20t/h，即每次倒桶 1h。

(5) 当发酵最旺盛时（醪液浓度下降 1/2），第 1 次加入白砂糖，第 1 次加糖量应为全部需要加糖量的 2/3。

(6) 发酵 4～6d，当醪液的浓度接近零时，立即进行分离。如果醪液的颜色达到要求也可提前分离。

(7) 分离后的皮渣，立即进行压榨。压榨要轻些，压榨汁并入自流汁里，立即进行第 2 次加糖，并给酵母，补充养分磷酸二氢铵，添加量为 500g/10000L。控制温度 18～20℃，继续发酵 3～4d，当残糖达到 2g/L 以下时，主发酵结束。

(8) 控制温度 18～20℃，进行苹果酸-乳酸发酵，时间 15d 左右。苹果酸-乳酸发酵是否完成，用纸色谱法进行检验。

(9) 苹果酸-乳酸发酵结束后。分离酒脚，品尝并桶，补加 SO_2，使游离 SO_2 达到 20mg/kg。

(10) 当年 11 月份进行第 1 次倒桶。露天贮存，借冬天低温自然冷冻。来年的 3～4 月份进行硅藻土过滤。

经硅藻土过滤的酒即可入冷冻罐，冷冻除去酒石。然后经澄清过滤、除菌过滤，检验合格即可无菌灌装。

按此工艺生产果香型红葡萄酒，使用一般葡萄酒厂的通用设备即可生产。如果葡萄的品种好，成熟度好，新鲜度好，严格控制发酵条件，严格工艺操作，只需 3 个月的时间即可生产出质量很好的果香型红葡萄酒。

第三节 干白葡萄酒酿造新工艺

一、干白酿造新工艺

白葡萄酒是一种很娇贵的葡萄酒，它澄清透明，淡黄色或近似无色，香气悦人，滋味爽快。由于它颜色浅、香味娇，一切外来干扰都会对白葡萄酒的色香味产生显而易见的影响。因而在白葡萄酒的酿造过程中，操作必须严谨。

以往人们对白葡萄酒的要求，除具有清爽悦人的酒香和果香外，还应具有陈酿香气。为此，传统的白葡萄酒酿造，需将白葡萄原酒在橡木桶里长期贮藏陈酿，以进行必要的氧化还原反应，并浸取橡木中的木香，使白葡萄酒具有陈酿的香气。如烟台白葡萄酒是在国内外市场上很受欢迎的产品，它是按传统工艺酿造的白葡萄酒。原酒采用自然发酵，强调必须在橡木桶里贮藏，而且必须保证原酒具有 2 年的酒龄。采用这种传统的工艺，产品具有独特的风格，有广泛的市场和很高的声誉。随着生产的发展、科学技术的进步，白葡萄酒的酿造工艺也有新的发展。目前国外有些厂家已采用酿造白葡萄酒的新工艺，在国内很多地方也在进行生产推广。

1. 意大利狄埃莫公司工艺

据意大利狄埃莫公司介绍，加工白葡萄酒必须采用先进的工艺和设备。加工白葡萄酒的葡萄，采摘时成熟度要好。进厂的葡萄要快破碎，快分离，尽量减少果汁与皮渣接触的时间。葡萄破碎时即加入二氧化硫，用量 100mg/L，这对防止果汁的氧化、保证白葡萄酒近似无色或略带浅绿的色泽，具有重要的意义。葡萄汁在发酵前必须进行澄清处理。方法是在低温 8℃下，静置 20h 后，离心分离，或采用硅藻土过滤。不同产品的白葡萄酒，要求采用不同的酵母菌种。发酵温度要严格控制，一般保持在 15～18℃为好。发酵时间 15～20d，在一定的条件下，要求发酵时间长些好。

白葡萄原酒要求贮存于不锈钢罐、水泥涂料池或涂料的铁罐中，整个酿造过程中，白葡萄原酒不与橡木桶接触。

2. 澳大利亚威格纳伦斯葡萄酿酒公司新工艺

澳大利亚威格纳伦斯葡萄酿酒有限公司，是按新工艺生产干白葡萄酒的。从葡萄进厂发酵，到成品酒装瓶出厂，只需 8 周的时间，就可以保证酒的稳定性。

生产白葡萄酒的自流汁和一次压榨汁，从压榨机打入澄清罐，罐上装有冷水淋浴降温管道，外装制冷机组，循环冷水。向果汁内加入鱼胶、皂土和果胶酶，在 6～8℃温度下静置 2～3d，即可澄清。如果不加沉淀剂，可用过滤机或离心机达到同样目的。澄清的果汁入罐发酵，发酵罐上也装有同样的冷水淋浴降温装置，发酵温度为 10～12℃。发酵期间罐密闭，罐顶安装倒 U 形管，使二氧化碳逸出入水盒。发酵时间 3 周左右，残糖不超过 6g/L。

发酵结束后，换桶除去酒脚。继续降温至－5℃，保温 7d，换桶除去酒石。待温度回升后，即可装瓶。装瓶前需进行两步过滤：第一步用板式过滤器，可将大部分的杂质和微生物清除掉；第二步用隔菌过滤器，能把全部杂菌清除掉。所以装瓶后，不需其他手段杀菌处理。按此工艺，56d，即可生产出质量很好的干白葡萄酒。

为了获得原始的果香和增加葡萄酒的稳定性，从葡萄破碎、发酵到酒的装瓶，要采取措施，尽量少接触空气，以免酒氧化。具体措施是：葡萄进厂后，为了防止氧化，2h 内必须进行破碎。破碎时加偏重亚硫酸钾，破碎后的葡萄浆加二氧化硫和抗坏血酸。浆槽内通入二氧化碳，是为了把浆中氧换出。在发酵贮存过程中，容器均为密闭，半罐贮藏用 CO_2 添满空间。装瓶前先将瓶中注入二氧化碳，装瓶后，将瓶口空间部分抽成真空，立即堵上软木塞，使软木塞底面离酒液面仅有 12～15mm。这样在瓶内也极少有氧化的可能。

按此工艺酿造干白葡萄酒，对 SO_2 的使用是非常重视的，每天对每个罐都作分析检查，白葡萄酒中总 SO_2 含量为 150～175mg/kg，含游离 SO_2 为 20～30mg/kg。

3. 中法葡萄酿酒有限公司新工艺

天津市葡萄园与法国雷米马丁财团合资经营的中法葡萄酿酒有限公司，是采用新工艺生产半干白葡萄酒的。该公司采用低温发酵法，2～3 个月即能出酒。这种低温发酵法的最大特点是，葡萄汁在发酵成酒的过程中，自始至终很少接触空气，酒液极少氧化，从而可以保持葡萄的原果香味，并能加强酒质的稳定性。这种葡萄酒装瓶后 10 年，也不会浑浊沉淀。中法葡萄酿酒有限公司生产的葡萄酒，定名为王朝牌葡萄酒，酒精含量为 10%（体积分数）左右，糖度为 2%，酸度为 6g/L（以酒石酸计）。此酒色泽洁白，清澈透明，味微酸，有股清幽的葡萄果香。1981 年 6 月，在法国波尔多市举行了第一届国际葡萄酒博览会，雷米马丁财团特设了一处展台，突出地展出了王朝牌葡萄酒，引起了广大观众的兴趣。

4. 烟台张裕葡萄酿酒公司新工艺

烟台张裕葡萄酿酒公司，1981 年葡萄季节，采用新工艺，用贵人香葡萄和前苏联尔卡奇捷里葡萄，分别进行了1t规模的干白葡萄酒试验。大致工艺是，葡萄破碎时，均匀加入偏重亚硫酸钾，约相当于50mg/kg的SO_2。葡萄浆进行及时分离，在分离后的葡萄汁中，补加80～100mg/kg亚硫酸。常温下澄清24h，将清汁泵入发酵罐，控制品温10～13℃，再澄清3d，进行过滤。过滤后，加入人工培养的酵母2%，控制品温15～18℃，在较低的温度和较高的SO_2浓度下进行缓慢发酵。当糖度降到2.5%左右时，加入1/10000的皂土。发酵结束后，经一段时间的沉淀澄清，进行过滤，即得到清澈透亮的白原酒。白原酒在室温下贮藏1个月左右，在－2～－3℃温度下，进行人工冷冻7d，补加SO_2，使总SO_2在200mg/kg左右，游离SO_2在30mg/kg左右，过滤装瓶，即得到雷司令干白葡萄酒。这种产品清爽怡人，果香充沛，得到国内外专家的好评。

二、新工艺的特点

1. 提前分离，加抗氧剂

酿造白葡萄酒，果实破碎后要尽快分离，尽量减少果汁与果渣接触的时间。因为皮渣中含有较多的单宁和色素，如果实破碎后，不能及时分离，势必会有更多的单宁、色素转入果汁，这不仅会影响未来产品的口味，而且对产品的颜色也有影响。

酿造白葡萄酒，果实破碎时，即加入一定的抗氧剂二氧化硫，对防止氧化起重要作用。如果破碎时，不加入亚硫酸[1]，榨出的果汁很快就氧化，颜色变深，这样的果汁做成酒后，颜色也深，质量不好。

所以，白葡萄酒酿造，果实破碎时即加入一定数量的SO_2，破碎后皮渣和果汁迅速分离，这是新工艺的一个重要特征。

2. 果汁先澄清，后发酵

我国的白葡萄酒酿造，目前通行的工艺是，压榨果汁不经特殊的澄清处理，就直接入罐、入桶进行发酵。未经澄清处理的果汁中，必然含有一定数量的果渣或果肉等悬浮物，是果汁与果渣分离不彻底的表现。未经澄清处理的果汁中，还含有相当数量的果胶、蛋白质等物质，以溶解的胶体状态存在于果汁中。

果汁不经澄清处理就直接进行发酵，对产品的质量势必造成不利的影响，残存的果渣等杂质，在发酵中会增加原酒的单宁、色素及其他有机或无机成分，影响产品的外观颜色、风味和口味。

以溶解状态存在于果汁中的果胶、蛋白质等物质，如果不在果汁澄清的过程中尽量多地处理掉，对产品的质量也会带来一系列的不利影响。果胶给过滤造成困难，蛋白质会影响产品的稳定性，使产品早期失光、浑浊。

按新的工艺酿造白葡萄酒，强调先对压榨果汁进行澄清处理，而后将清澈透亮的果汁进行发酵。

对压榨出来的葡萄汁进行澄清处理的方法，一般采用把压榨果汁泵入有降温设备的澄清罐或发酵罐里，降低品温6～8℃，加入一定数量的SO_2，以此控制果汁在澄清期间不能起发酵。

为使果汁澄清，需要向果汁中加入一定数量的皂土和果胶分解酶。皂土可以吸附果汁中溶解的蛋白质，果胶分解酶能分解难过滤的果胶。

果胶分解酶作用的速度与温度有关。温度低，使澄清处理的果汁难以起发酵，但延长了果胶酶作用的时间。而澄清的时间太长（24～48h合适），尽管温度低，也可能会引起果汁的起发酵。为了解决这个矛盾，可添加适量的二氧化硫，抑制果汁中的野生酵母，使其在澄清处理期间难以起发酵。

果汁经过24～48h的澄清处理后，采用硅藻土过滤或其他的过滤方法，或者采用离心澄清的方法，把果汁处理得清澈透亮，再泵入发酵罐，接入人工培养的酵母菌，进行

[1] 加入亚硫酸，是添加二氧化硫的一种方式。

发酵。

3. 加入人工酵母

发酵前加入经过人工筛选培养的纯酵母菌，是按新工艺生产白葡萄酒的另一特点。

加人工培养的纯种酵母，方法有两种：

一种是把野生酵母杀死，完全以纯种酵母替代之。如意大利狄埃莫公司介绍，为使发酵不污染，除去渣滓后的果汁要杀菌。用巴氏杀菌，温度70℃，时间20s。在发酵前，加入经过筛选的纯酵母，不同产品采用不同的酵母菌种。这种方法能使纯种酵母充分发挥作用，但需要设备多，操作麻烦。

另一种方法是，果汁不经杀菌，即在保留野生酵母的情况下，加入人工培养的纯种酵母。人工培养的酵母菌是经过特殊筛选、特殊驯化的，耐低温、耐二氧化硫的菌种；而野生酵母对低温，特别是对SO_2的适应性差。因此，在发酵的过程中，虽然野生酵母和人工酵母共存，但起主导作用、占压倒优势的，还是人工培养的纯种酵母。这种方法操作简便，被广泛地应用于生产。

在我国，人工培养的纯种酵母，其菌种是保存在固体麦汁琼脂试管里的，使用时接液体试管，逐级扩大培养。

目前我国生产葡萄酒较好的酵母菌种，有烟台葡萄酿酒公司1973年从梅鹿辄葡萄分离的7318酵母，1974年从赤霞珠葡萄分离的7448酵母。7318酵母不仅被广泛地用作白兰地酵母菌种，而且用作葡萄酒酵母也很理想。轻工业部食品发酵研究所和青岛葡萄酒厂共同进行罐式发酵香槟酒的研究，搜集了法国、日本等国内外14种酵母菌，经过长期的试验，最后筛选出两种生产香槟酒最好的酵母菌，其中就有7448酵母。

7318酵母和7448酵母的特点是发酵能力强，产酒风味好；能适应低温发酵；抗SO_2的能力也较强；发酵结束后沉淀快，结底紧密，有利于果酒的澄清。

在国内外，用于果酒生产的酵母，已制成酵母干粉，真空包装，以商品出售。法国巴黎洛萨夫雷公司拥有专门生产酵母的工厂，主要生产面包酵母，也供应葡萄酒用酵母。该公司生产的酵母，是颗粒状干酵母，在低温真空下，塑料夹铝箔包装，室温下可存放6～12个月。葡萄酒用酵母菌种，是葡萄酒联合研究所筛选提供的种子，每克有酵母250亿个，每袋装500g，死亡率在15%以下。白葡萄酒用量是每100L果汁用5～10g；红葡萄酒用量是每100L果浆用10～15g。

干酵母粉在使用时，需要用果汁进行扩大培养。这样的酵母，活力旺盛，适应性强。

干酵母粉扩大培养的过程是，先把干酵母粉接种在3L或5L的大三角瓶中，如生产白葡萄酒，即用澄清处理过的并经杀菌的白葡萄汁作培养基。当酵母在三角瓶里发酵很旺盛的时候，按5%的接种量，把三角瓶菌种接入酵母桶里，经过2～3d的培养，在发酵最旺盛的时候，再从酵母桶扩大到生产上的发酵罐。用这个发酵罐作酵母罐，可连续地供给其他发酵罐用的菌种，它本身也在不断的扩大培养中保持旺盛的生命力。为防止酵母罐里的酵母因过度发酵而失去或降低活力，当酵母罐不能及时扩大培养时，可加入一定数量的SO_2，控制罐中酵母不发酵或缓慢发酵。

4. 发酵与贮藏

为了保持充足的果香，增加酒的新鲜感，新的果酒酿造工艺在发酵和贮藏过程中有以下一些特点。

(1) 低温发酵、低温贮藏　以往的果酒酿造，发酵温度一般不加以控制。即使酿造高档的白葡萄酒，发酵温度也以不超过30℃为宜。按新的工艺酿造白葡萄酒，控制发酵温度是很重要的。一般控制在15℃左右，有的温度控制得更低。为此，发酵罐上安装有冷水淋浴管道，用冷冻水降温。低温发酵，发酵时间长，果香味保持得好。缓慢的发酵过程，所用酵母菌种的产香作用也能得到充分发挥，因而对产品质量有很重要的影响。

发酵结束后，有的厂对贮藏温度没有特殊强调，有的则要求继续降低温度，进行低温贮藏。如澳大利亚威格纳伦斯葡萄酿酒有限公司，要求发酵结束后，继续降温至5℃。

（2）隔绝空气，防止氧化　为了保持原始的果香，并增加酒的稳定性，按新的工艺酿造白葡萄酒，从果实破碎、发酵，到成品酒装瓶，要尽量避免与空气接触，防止酒的氧化。其做法是：空罐在使用前，先充满二氧化碳，而后自罐的底部，泵入原酒；发酵和贮藏采用密闭容器；半罐贮藏，用二氧化碳充满空间等。有的工厂装瓶时，先在瓶里充满二氧化碳，而后再灌满酒，使酒面与软木塞的下面保持1～1.5cm的距离。这样小的空隙，使装瓶酒也很少有氧化的可能。

（3）废除柞木桶，缩短贮存期　以往的果酒酿造、发酵，特别是贮存过程，必须使用柞木桶。木桶贮存有利于酒的氧化成熟，而且还有一定数量的单宁、香兰素、木质素等从木头转入酒中，增加了酒的陈酿香。按新的工艺酿造果酒，要防止酒的氧化，也要防止陈酿香的干扰，因而发酵和贮酒设备大都采用不锈钢罐，也有使用铁罐涂料或水泥池涂料的。

从酿造时间上，以往的果酒酿造，特别是高档产品的酿造，需要较长的贮存时间，一般要两年或两年以上的贮存期。按新的工艺酿造果酒，贮存时间显著缩短。

第四节　苹果酸-乳酸发酵技术

苹果酸-乳酸发酵是葡萄酒生产过程中一个很重要的环节，国外已经有30多年的研究历史，且已成为近年来主要的研究方向。苹果酸-乳酸发酵（malo-lactic fermentation，MLF）是在葡萄酒发酵结束后，在乳酸菌的作用下，将葡萄酒中主要有机酸——苹果酸分解成乳酸和二氧化碳的过程。

苹果酸-乳酸发酵对不同类型葡萄酒的作用不同。寒冷地区的葡萄酒酸度高，进行苹果酸乳酸发酵可降低酸度，改善风味；而温暖地区的葡萄酒酸度低，苹果酸-乳酸发酵会使酒变得过于淡薄，应避免此种情形的发生。一般来说，世界上所有葡萄酒产区的红葡萄酒都会进行苹果酸-乳酸发酵，而大多数白葡萄酒、桃红葡萄酒不进行苹果酸-乳酸发酵，以免影响酒的清新感。经苹果酸-乳酸发酵后的红葡萄酒，酸度降低，果香、醇香加浓，获得柔软、醇厚等特点，质量提高，同时酒的生物稳定性增加。

一、苹果酸-乳酸发酵的微生物

引起苹果酸-乳酸发酵的微生物是乳酸菌，主要包括乳杆菌属（*Lactobacillus*）、明串珠菌属（*Leuconostoc*）及足球菌属（*Pediococcus*）。这些微生物主要来自酿酒设备，如发酵罐、木桶、泵、阀门、管道等，葡萄皮和叶中也少量存在。

进入葡萄酒或葡萄醪中的乳酸菌有两种不同类型。

1. 有用乳酸菌

这类乳酸菌主要分解苹果酸，其次可分解糖，有的也分解柠檬酸，但不能分解酒石酸和甘油。它们广泛存在于葡萄酒中，是正常引起苹果酸-乳酸发酵的细菌。如葡萄明串珠菌（*Leuconostoc oenos*）。

2. 有害乳酸菌

这类乳酸菌主要在酸度较低条件下活动，它们能分解戊糖、酒石酸、甘油，且分解糖的能力比分解葡萄酒中其他成分的能力更强，从而引起挥发酸显著升高。这类乳酸菌能引起葡萄酒各种病害和变质，常常是由于环境不洁而引起的。此类菌有乳杆菌（*Lactobacillus*）与足球菌（*Pediococcus*）。

二、苹果酸-乳酸发酵的机理

苹果酸-乳酸发酵是在乳酸细菌的作用下，将L-苹果酸转变成L-乳酸和二氧化碳的过程。这一反应主要是在苹果酸酶和乳酸脱氢酶的催化作用下进行的，苹果酸首先在苹果酸酶作用下，转化为丙酮酸并释放出二氧化碳，丙酮酸再在乳酸脱氢酶的作用下被转化为乳酸。

其总反应式如下：

$$\text{L-苹果酸} \xrightarrow{\text{NAD} \circlearrowleft \text{NADH}} \text{L-乳酸} + CO_2$$

苹果酸-乳酸发酵对于葡萄酒品质主要有以下影响。

1. 降酸作用

在这一反应中，1g 苹果酸只能生成 0.67g 乳酸，释放出 0.33g 二氧化碳。因为苹果酸含有两个酸根，而乳酸只有一个，故苹果酸-乳酸发酵能使苹果酸的滴定总酸度下降，酸涩感降低，使某些红葡萄酒口味更加柔和，适口性好。但过度降酸会使酒的风味变得过于平淡。苹果酸-乳酸发酵的降酸程度取决于葡萄酒中苹果酸的含量及其与酒石酸的比例。酒石酸含量高，降酸程度低。一般能降低酸度 0.1%～0.3%，约占滴定酸度的 1/3，pH 随之上升 0.1～0.3。

2. 风味改变

苹果酸-乳酸发酵对葡萄酒风味有影响。这是由于酸味尖锐的苹果酸被柔和的乳酸所代替，新酒失去酸涩粗糙风味，变得柔和圆润。另外，由于苹果酸-乳酸发酵能生成一系列副产物，如双乙酰、乙偶姻、2,3-丁二醇、乙醛、乙酸、琥珀酸二乙酯、乙酸乙酯、乳酸乙酯等，使葡萄酒中醛类、酯类、氨基酸、其他有机酸和维生素等微量成分的浓度及呈香物质的含量发生改变，香气增加，风味改善。但当这些物质的含量超过阈值，就可能使葡萄酒产生泡菜味、奶油味、奶酪味、干果味等异味。

3. 增加细菌学稳定性

苹果酸-乳酸发酵还可以提高葡萄酒的细菌稳定性。这是因为进行苹果酸-乳酸发酵可使葡萄酒中的苹果酸分解，苹果酸含量降低后，瓶装葡萄酒不会再发生苹果酸-乳酸发酵。且苹果酸-乳酸发酵完成后，经过抑菌、除菌处理，使葡萄酒细菌学稳定性增加，从而可以避免在贮存过程中和装瓶后可能发生的再发酵。

4. 乳酸细菌可能引起的病害

在不含糖的干酒中，苹果酸是最易被乳酸细菌降解的物质。在控制不当的情况下，乳酸细菌可变为病原菌，从而引起葡萄酒病害。例如：pH 较高（3.5～3.8），温度较高（大于16℃），二氧化硫浓度过低，苹果酸-乳酸发酵完成后不立即采取终止措施等。

影响苹果酸-乳酸发酵的因素有很多。

（1）pH　若 pH＜2.9，较难发生苹果酸-乳酸发酵，最适自然苹果酸-乳酸发酵的 pH 范围在 3.6～3.9。

（2）温度　在 14～20℃范围内，苹果酸-乳酸发酵随温度升高而加快。实验证明，将葡萄酒突然加热到 20℃对苹果酸-乳酸发酵的启动比逐渐加温效果更理想。低于 15℃乳酸菌的生长和苹果酸-乳酸发酵的进行产生抑制作用；温度超过 25℃，发酵速度逐渐减慢；超过 30℃发酵停止；如果加热到 70℃保持 15min，则可杀死苹果酸-乳酸发酵菌。

（3）酒精　对苹果酸-乳酸发酵有强的抑制作用。酒精含量低时苹果酸-乳酸发酵较快。苹果酸-乳酸发酵菌一般能够抵抗 10%酒精含量，超过 10%则发酵速度减慢，当酒精含量达到 12%以上，苹果酸-乳酸发酵受到抑制。

酒精对乳酸菌的抑制作用可能是由于其改变了细胞膜的半流体性质。酒精含量高时中性酯减少，糖脂增加，引起膜功能失调，细胞活力弱，苹果酸-乳酸发酵减慢。

（4）二氧化硫　对乳酸菌有强烈的抑制作用。一般来说，总二氧化硫在 100mg/L 以上，或结合二氧化硫 50mg/L 以上，就可抑制葡萄醪中乳酸菌繁殖，从而阻止苹果酸-乳酸发酵。此外，酒精、单宁等物质与二氧化硫有协同作用，在含这些成分多的葡萄酒进行苹果酸-乳酸发酵时，二氧化硫用量尤其要少。

（5）酿造工艺　如带皮浸渍发酵，可促进乳酸菌生长和苹果酸-乳酸发酵生产，这可能是酚作为发酵过程中糖氧化的电子受体的缘故。所以红葡萄酒比白葡萄容易进行苹果酸-乳酸发酵。倒酒、澄清、离心及其他类似的操作会除去营养成分，不利于苹果酸-乳酸发酵。

（6）乳酸菌的数量　当葡萄醪发酵时，乳酸菌与酵母菌同时发酵。但在发酵初期酵母菌发育占优势，乳酸菌受到抑制，主发酵结束后，经过潜伏期的乳酸菌重新繁殖，当数量超过 1×10^6/mL 时，才开始苹果酸-乳酸发酵。

（7）氧气和二氧化碳　苹果酸-乳酸发酵菌是兼性厌氧菌，故氧气对苹果酸-乳酸发酵有抑制作用。二氧化碳对乳酸菌的生长有促进作用。

（8）残糖　苹果酸-乳酸发酵菌的能源物质虽然主要是苹果酸，但少量糖分也是必要的。在没有残糖的情况下，葡萄酒不易发生苹果酸-乳酸发酵。一般认为每升葡萄酒有 5g/L 以上的残糖容易进行苹果酸-乳酸发酵。

（9）其他营养成分　氨基酸能促进苹果酸-乳酸发酵菌的生长，特别是丙氨酸和精氨酸。因此酵母沉渣不要过早除去，且经常搅拌以促进氮化合物的溶出，可以促进苹果酸-乳酸发酵。单宁对细胞有抑制作用。锰、钾、维生素 B_2 可以促进苹果酸-乳酸发酵。

三、苹果酸-乳酸发酵的抑制与诱发

在葡萄酒发酵过程中是否进行苹果酸-乳酸发酵，要视当地葡萄的情况、酿酒条件、对酒质的要求而定。一般气候较热的地方葡萄或葡萄酒的酸度不高，进行苹果酸-乳酸发酵会使酒的 pH 升高，酒味淡薄。大多数白葡萄酒和桃红葡萄酒进行苹果酸-乳酸发酵会影响风味的清新感，故要采取措施抑制苹果酸-乳酸发酵。但在气候寒冷的地区，如瑞士、德国、法国等国的一些地区，葡萄酸度偏高，特别是对法国波尔多地区的优质红葡萄酒和高酸度白葡萄酒，需要进行苹果酸-乳酸发酵，故应采取措施诱发苹果酸-乳酸发酵。

（一）苹果酸-乳酸发酵的抑制

在生产过程中，可以采取以下措施来抑制苹果酸-乳酸发酵：

① 高度注意工艺和卫生环境，减少乳酸菌的来源；

② 新酿制的葡萄酒在酒精发酵结束后应尽早倒池、除渣、分离酵母；

③ 及时采取沉淀、过滤、离心、下胶等澄清工艺手段，减少或除去乳酸菌及某些促进苹果酸-乳酸发酵的物质；

④ 添加足够的二氧化硫（使总二氧化硫含量为 100mg/L 或游离二氧化硫含量为 30mg/L）；

⑤ 控制新酒 pH 在不适于苹果酸-乳酸发酵的范围，即 pH 在 3.3 以下；

⑥ 在低温下（低于 16～18℃）贮酒。

（二）苹果酸-乳酸发酵的诱发

1. 自然诱发苹果酸-乳酸发酵

可以采用以下措施自然诱发及促进苹果酸-乳酸发酵：

① 酒精发酵后的新葡萄酒中不再添加二氧化硫，使总二氧化硫含量不超过 70mg/L；

② 控制新酒 pH≥3.3，使其 pH 在适于苹果酸-乳酸发酵的范围内；

③ 减少澄清、精滤等程序，保留适当的乳酸菌；

④ 适当延长带皮浸渍、发酵的时间；

⑤ 控制酒精含量不超过 12%；

⑥ 酒精发酵后不马上除酒脚，延长与酵母的接触时间，增加酒中酵母自溶的营养物质，同时保持二氧化碳含量，促进苹果酸-乳酸发酵；

⑦ 提高贮酒温度在 20℃左右。

2. 人工诱发苹果酸-乳酸发酵

对于因缺乏具有活性的乳酸菌而不能进行苹果酸-乳酸发酵的情况，可以采用人工诱发的方式。将 20%～50%的正在进行或刚完成苹果酸-乳酸发酵的葡萄酒与待诱发的新酒混合；或将离心回收的苹果酸-乳酸发酵末期的葡萄酒中的乳酸菌细胞，接入待诱发的新酒中，都能获得良好的效果。

利用葡萄醪液或葡萄酒中自然存在的乳酸菌进行苹果酸-乳酸发酵，由于发酵条件的不同，乳酸菌数量及存在状况差别很大，造成发酵不稳定，诱发及质量难控制等问题。故利用筛选的乳酸优良菌种经人工培养后添加到葡萄醪中，人工诱发苹果酸-乳酸发酵，有利于提高苹果酸-乳酸发酵的成功率，便于控制苹果酸-乳酸发酵的速度、时间和质量。

人工诱发成功的关键：一是选育出优良的苹果酸-乳酸发酵菌株，优良的苹果酸-乳酸发酵菌株应能在葡萄酒中良好生长，有较强的苹果酸降解能力，并有利于葡萄酒感官质量的提高；二是培养出大量活性强的纯培养菌体；三是菌株添加的时间，目前添加方法没有统一，可在酒精发酵后添加，或与酒精酵母同时添加，应根据葡萄酒的种类、葡萄汁的组成、酵母菌种、作业条件等灵活掌握。

思 考 题

1. 二氧化碳浸渍法生产葡萄酒的原理及操作要点是什么？
2. 简述旋转罐法生产葡萄酒的原理。
3. 苹果酸-乳酸发酵的机理是什么？对葡萄酒的品质有何影响？
4. 果香型红葡萄酒对原料的要求和传统红葡萄酒有何不同？
5. 干白葡萄酒酿造新工艺有何特点？

第七章　葡萄酒的再加工技术

学习目标

1. 掌握白兰地生产技术及其工艺流程、操作要点。
2. 掌握加香葡萄酒的生产技术及其工艺流程、操作要点。
3. 掌握起泡葡萄酒的生产技术及其工艺流程、操作要点。

采用与红葡萄酒、白葡萄酒、桃红葡萄原酒相似的方法生产原酒，再采用不同的后加工工艺，可生产加香葡萄酒、起泡葡萄酒、加气起泡葡萄酒和白兰地。这就是通常所说的葡萄酒再加工。

第一节　白　兰　地

白兰地是英文“Brandy”的音译，意思是“葡萄酒的灵魂”。其英文“Brandy”是由荷兰文“Brande”转变而成。白兰地是以水果为原料，经发酵、蒸馏、贮存而酿制的含有一定香气和口味特征的烈性蒸馏酒。其酒精含量一般在40%（体积分数）左右，色泽金黄透明，具有幽雅细腻的果香和浓郁的橡木香，口味甘洌、醇美协调，余香萦绕不散。

白兰地最早起源于法国。18世纪初，法国的查伦泰河（Charente）码头因交通方便，成为酒类出口的商埠。由于当时整箱的葡萄酒占的空间很大，于是法国人采用蒸馏的方法来提高葡萄酒的纯度，减小酒液体积而便于运输，这就是早期的白兰地。1701年法国卷入了西班牙战争，白兰地销路大减，酒被积存在橡木桶内。战争结束以后，人们发觉贮藏在橡木桶内的白兰地酒，酒质更加醇厚、芳香，且酒液呈晶莹的琥珀色，从此世界名酒白兰地便诞生了。

通常所说的白兰地是指以葡萄为原料生产的葡萄白兰地，其数量最大。以其他水果酿成的白兰地，则在白兰地的前面冠以原料水果名称，如樱桃白兰地、苹果白兰地、李子白兰地等。世界上法国的可涅克（Cognac）地区与阿尔马涅克（Armagnac）地区生产的白兰地最为著名。我国生产白兰地的历史悠久，在“元时始有”，并且酿造技术不断提高。

一、白兰地的生产

1. 工艺流程

白兰地生产工艺流程见图1-7-1。

2. 酿酒葡萄品种

酿造白兰地宜选择糖度较低、酸度较高、没有特殊的香味、高产抗病菌的葡萄品种，如红玫瑰、白羽、龙眼、佳丽酿、白雅、白玉霓、白福儿、鸽笼白等。

3. 白兰地原料酒的酿造

用来蒸馏白兰地的葡萄酒叫白兰地原料酒。其生产工艺与传统法生产白葡萄酒的工艺相似，但在加工过程中禁止使用SO_2，因使用SO_2时蒸馏出来的原白兰地带有硫化氢、硫醇类物质的臭味，并腐蚀蒸馏设备。

白兰地原料酒采用自流汁发酵，它应含有较高的滴定酸，以保证发酵能顺利进行，也能保证在贮酒过程中酒不易变质。发酵温度控制在30～32℃，时间4～5d。当发酵完全停止时，残糖已达到3g/L以下，在罐内进行静止澄清，然后将上部清酒与酒脚分开，取出清酒

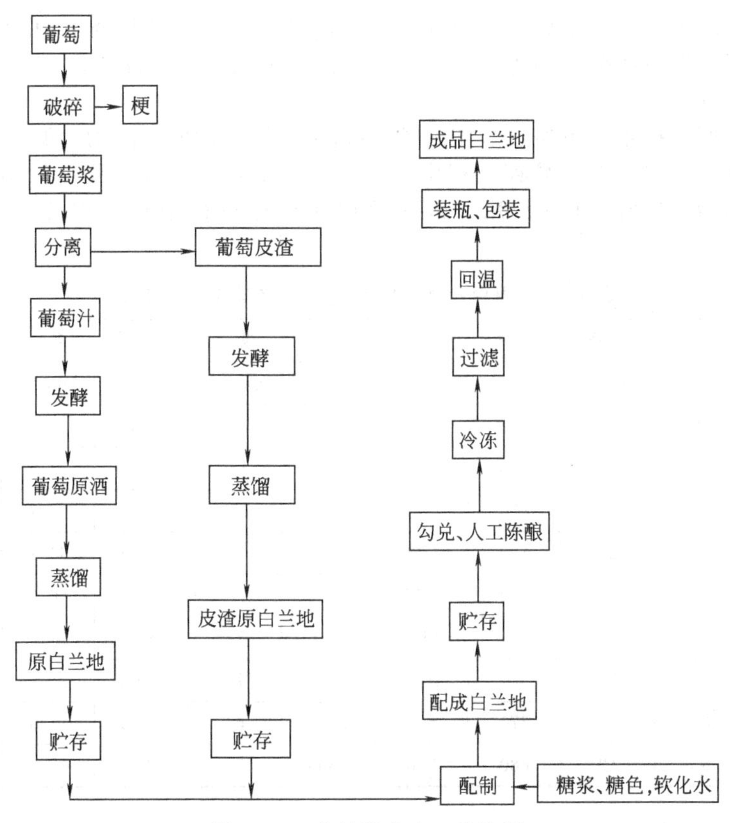

图 1-7-1　白兰地生产工艺流程

即可进行蒸馏，酒脚要单独蒸馏。

4. 蒸馏

白兰地酒中的芳香物质，主要是通过蒸馏而获得的。白兰地虽然是一种蒸馏酒，但它与酒精不同，不像蒸馏酒精那样要求很高的纯度，而是要求蒸馏得到原白兰地酒精含量在60%～70%（体积分数）范围内，保持适当量的挥发性混合物，以奠定白兰地芳香的物质基础。

目前在白兰地生产中，普遍采用的蒸馏设备是夏朗德壶式蒸馏锅（图 1-7-2），需要进行

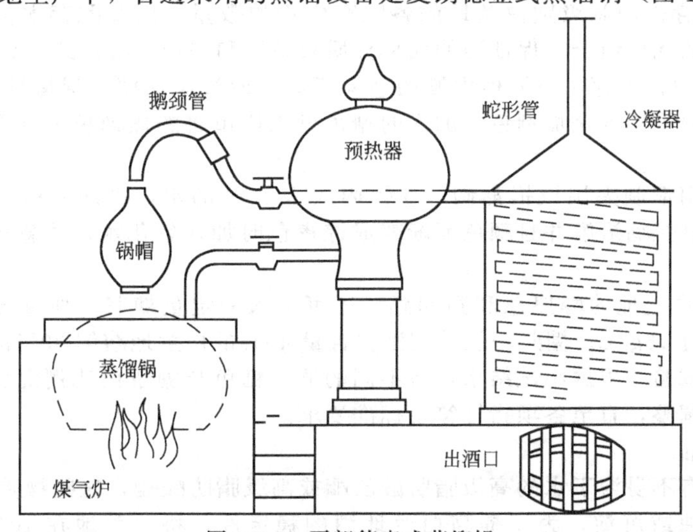

图 1-7-2　夏朗德壶式蒸馏锅

（引自：张宝善. 果品加工技术. 北京：中国轻工业出版社，2000）

两次蒸馏，第一次蒸馏白兰地原料酒得到粗馏原白兰地，然后将粗馏原白兰地进行重蒸馏，掐去酒头和酒尾，取中馏分，即为原白兰地，它无色透明，酒性较烈。

5. 原白兰地的贮存

原白兰地需要在橡木桶里经过多年的贮存陈酿，才能使质量达到成熟完美的程度，成为名贵的陈酿佳酒。原白兰地在贮存过程中的变化，主要包括化学变化、物理变化、物理-化学变化以及对橡木成分的萃取作用。原白兰地在贮存过程中化学成分的变化见表 1-7-1 所示。

表 1-7-1 原白兰地在贮存过程中化学成分的变化

酒龄/年	酒精度(体积分数)/%	醛/(mg/L)	缩醛/(mg/L)	挥发酸/(mg/L)	滴定酸/(mg/L)	高级醇/(mg/L)	灰分/(mg/L)	总单宁/(mg/L)	多酚/(mg/L)	糖醛/(mg/L)	浸取物/(g/L)
46	56.2	140	74	840	2510	2500	188	360.9	65.7	4.4	18.6
34	59.2	133	74	830	2340	—	174	374.9	63.6	2.9	14.6
31	59.5	130	72	820	2110	2600	112	403	62.1	2.8	11.3
12	65.2	110	83	790	1830	2200	74	294.6	60.7	3.8	6.3
11	63.5	127	99	790	1480	2000	—	203.5	46.2	2.9	3.7
9	64.0	108	56	580	1680	1800	72	189.5	54.6	2.7	3.3
7	63.4	143	76	530	1050	1700	70	149.5	54.6	2.72	3.1
3	65.5	87	62	370	570	1400	54	96.2	54.6	2.16	2.5
1	66.2	55	12	680	800	1300	34	120.3	45.9	1.12	2.4

6. 白兰地的调配

调配是完善白兰地风味的最后一道重要工序，由具有专业知识和经验以及味觉敏感的勾兑师来完成，在分析、品评的基础上发现不足，通过调配，完善酒的色、香、味，体现白兰地酒风格的典型性。调配的步骤如下。

（1）小试

① 勾兑师首先了解不同年份、不同罐区的白兰地半成品，进行品评筛选，从理化指标到口感均进行检验和平衡。

② 可根据现存需勾兑级别白兰地的各贮存年份的数量，以及贮存木桶的数量和种类，进行口感品评上的优化组合，保证酒的大部分质量指标和平均酒龄达到产品质量要求。

③ 色泽的调整。贮存于不同桶内酒的色泽不同，通过添加糖色保持批与批之间产品色泽的一致性。普遍采用的是加糖色，加入的糖色可采用市售的焦糖色素（食用），也可企业自制。

糖色制备采用铜制夹层汽锅熬制，在锅内放入 10%的水，再加入白砂糖，然后升温，边加热加搅拌，直至糖溶解并且颜色渐渐变成棕褐色时加入软化水，改急火，使糖色溶解，立即出锅。

④ 为了增加白兰地的醇厚感和圆润感，还可加入一定量糖浆，加量视各自产品而定，但一般糖度不超过 15g/L。糖浆一般是用酒精含量 40%的白兰地溶解 30%的甘蔗糖而获得。

（2）大批量试验　根据小试结果，将不同的酒、糖色与糖浆按比例混合，品评并检测，发现不足，加以调整，直至各项指标符合标准要求。

7. 冷冻、过滤

白兰地中含有不易溶于水的高级脂肪酸乙酯或高级脂肪酸盐，这些物质在低温下易于析出，使酒产生浑浊或沉淀。为了提高白兰地酒的稳定性，将白兰地在 10℃ 的条件下处理 24h，然后用纸板过滤机过滤。

8. 包装

冷冻过滤后的酒经检验合格后方可包装。白兰地酒多采用不透光的瓶包装，然后再用纸箱包装。

二、白兰地缺陷及防治

1. 铁污染

白兰地酒中铁含量一般在 1mg/L 以下，当铁含量超过 1.3～1.5mg/L 以上时，会出现不同程度的色泽发灰、发暗，严重的甚至呈褐绿色，这不仅影响了酒的外观，且降低了酒体的稳定性。这是由于在酿制过程中接触了铁质的缘故。对已经出现异常的酒应该单独集中处理，一般用离子交换法、植酸法、麸皮法处理，但效果不是十分理想，因而在酿制过程中一定要注意预防铁污染。

2. 铜污染

铜在白兰地酿造中是酯香生成的催化剂，但含量过多会造成污染。当铜含量超过 6mg/L，白兰地会出现棕绿色。铜过量的原白兰地需重新蒸馏。

3. 橡木味过重

新木桶内存放的白兰地由于倒桶不及时往往带有浓重的橡木味，口感苦涩，香气腻人。此时应将白兰地立即倒入旧木桶中，在使用时可按比例添入，作为调香酒用。

4. 杂醇油味或其他不正常味道

有病害的葡萄酒、发酵不正常的原酒蒸馏得到的白兰地会具有腐烂、带硫黄气味等不正常味道。而白兰地原酒蒸馏时如“掐头去尾”不当（尤其是皮渣原白兰地），易产生杂醇油味（主要是异戊醇等高级醇含量偏高）。由于蒸馏不当产生的味道应将原白兰地重新蒸馏。而其他原因造成的异味可以用木炭或石蜡处理，效果较好。

三、白兰地的成分和质量标准

水和酒精是白兰地的主要成分，通常在白兰地中含有 55%～60%的水分、40%～45%的酒精、1%左右的糖。除此以外，白兰地中还含有 100 多种其他成分，这些成分总含量不足 1%，虽然它们含量低，但对白兰地质量有重要影响。

白兰地应该具有金黄透明的颜色，并具有愉快的芳香、柔软而协调的口味。

我国白兰地国家标准 GB 11856—89 规定了白兰地酒的技术要求，见表 1-7-2 和表 1-7-3 所示。

表 1-7-2 白兰地感官要求

项目	优级(V.S.O.P.)	一级(V.O.)	二级
外观	澄清透明、晶亮、无悬浮物、无沉淀		
色泽	金黄色至赤金黄色	金黄色	浅金黄色至赤金黄色
气味	具有和谐的葡萄品种香、陈酿的橡木香、醇和的酒香，幽雅浓郁	具葡萄品种香、橡木香及酒香，香气协调、浓郁，无刺激感	具原料品种香、酒香、橡木香，无明显的刺激感和异味
口味	醇和，甘冽，沁润，细腻，丰满，绵延	醇和，甘冽，完整，无杂味	纯正，无杂味

表 1-7-3 白兰地的理化要求

项目	优级(V.S.O.P.)	一级(V.O.)	二级
酒精(20℃)/%(体积分数)	38.0～44.0		
总酸(以乙酸计)/(g/L)	≤0.6		≤0.8
总酯(以乙酸乙酯计)/(g/L)	0.4～2.5		
总醛/(g/L)	≤0.15		≤0.25
铁/(mg/L)	≤1		
铜/(mg/L)	≤0.5		
甲醇/(g/L)	≤0.8		

注：1. V.O. 是 Very Old 的缩写，表示“很老”；V.S.O.P. 是 Very Superior Old Pale 的缩写，表示“最老”；X.O.（或 E.O.）是 Extra Old 的缩写，表示“超老”。

2. V.O. 和 V.S.O.P. 白兰地，贮陈期（即酒龄）规定不低于 5 年。

第二节 加香葡萄酒

加香葡萄酒是指以葡萄酒为酒基，浸泡芳香植物或加入芳香植物的浸出液（或蒸馏液）而制成的、酒精度为11%～24%（体积分数）的葡萄酒。

加香葡萄酒也称开胃酒。国外著名的加香葡萄酒集中产自欧洲的意大利及法国。常见的品牌有意大利产马天尼（Martini）、红味美思酒（Vermouth Rosso）、白味美思酒（Vermouth Blanco）、特干味美思酒（Vermouth Extrapry）、仙山露（Cinzano），以及法国比赫（Byrrh）、杜波纳（Dubonnet）等。我国的代表性酒种有味美思（属苦味型）、桂花陈酒（属花香型）等。

一、加香葡萄酒的类型

按葡萄酒中所添加的主要呈香物质的不同划分，包括：

(1) 苦味型　所用药材以橘皮、龙胆草、金鸡纳皮等苦味药材为主，故产品的苦味感很强。根据药材配比不同，产品又可分为浓香和清香两种。著名产品有法国的苏滋（Suza）、比赫（Byrrh）；意大利的康包丽（Campari）、西娜尔（Cynar）等。

(2) 花香型　所用香料为植物的花、叶、茎浸泡液或植物性香料，产品具有典型的植物香。如茴香葡萄酒、桂花葡萄酒、槐花葡萄酒等。

(3) 果香型　在葡萄酒中加入少量果香型香料或10%～30%的梨汁、杏汁、草莓汁等果汁而制得。产品有新鲜的果香味。

(4) 芳香型　在葡萄酒中添加的是芳香植物的果实、籽的浸泡液及植物树脂。产品具有浓郁的芳香。如世界著名的莱特西娜（Retsine）。

二、加香葡萄酒的生产工艺

1. 生产工艺流程

加香葡萄酒的一般生产工艺流程如图1-7-3所示。

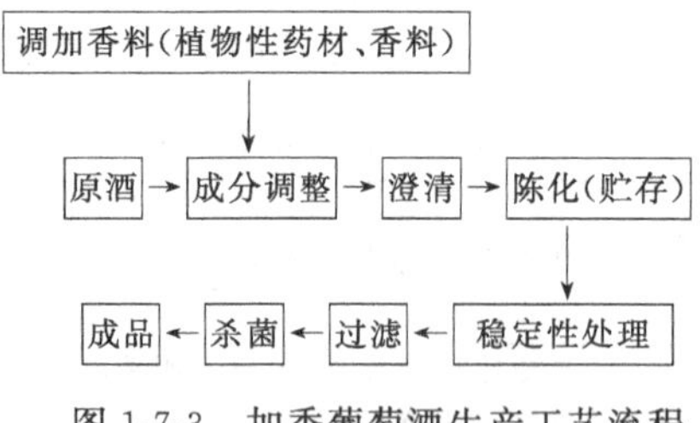

图1-7-3　加香葡萄酒生产工艺流程

2. 酿酒用葡萄品种

一般采用果香较平淡的葡萄品种（如白羽、龙眼、佳丽酿等）来酿制加香葡萄原酒，这是为了突出产品中呈香物质的特点。一些具有特异香型的品种（如玫瑰香等）仅用于生产部分调配用原酒。

3. 原酒加工工艺

加香葡萄原酒的生产工艺与一般葡萄酒原酒的生产工艺基本相同。可分别采用红、桃红、白葡萄原酒的不同生产工艺，达到对原酒色泽的不同要求。味美思原酒生产一般选用白葡萄品种，采用白葡萄原酒加工工艺。

4. 调加香料

加香物质（药材和香料）的配比，以及在葡萄酒中如何调配加香物质，是决定其产品风格的主要因素。味美思的药材配比以苦艾等苦味药材为主，辅助药材常用的有几十种，不同产区不同类别的产品都有其独特的风格。味美思加香方法，常采用的是将药材预制成浸提液，再与原酒调和加香，另外还有采用直接浸泡法、加香发酵法等。

5. 药材处理

各种药材的特性、选用部位、采收时节不尽相同，通常须经处理后方能使用。

（1）前期处理 将药材进行感官鉴定及理化分析，确定其真假及等级。再去除其无用或有害部分，然后用常温水或热水将其泡软后切割备用。

（2）提取有效成分 药材要经过各种方法的处理，提取有效成分，预制成浸提液。有效成分的提取方法如下。

① 浸泡法 将药材粗末用水、食用酒精或其他液体进行浸泡。为了使有效成分充分溶出，可以提高水温到55℃，但对于有效成分不耐热或含易挥发有效成分、黏液质及树胶等成分的药材，应该采用冷水进行浸泡。

② 蒸馏法 将药材的浸泡液进行蒸馏，以提取挥发性的有效成分。

③ 渗流法 将药材装于渗流柱中，用食用酒精等溶剂反复从上部渗流而下，循环提取有效成分。

④ 萃取法 用有机溶剂来萃取药材的有效成分，然后除去萃取剂。

（3）调加香料 提取液应预先进行澄清处理，再加入原酒中进行调香。调加香料的关键在于如何使原酒的香气与外加的主香料及辅香料在一定的配比下，形成预先设计的典型香。

6. 成分调整

成分调整包括糖、酒、酸度、色度调整。另外要根据具体情况考虑是否补加二氧化硫。

（1）糖、酒、酸度调整 用砂糖或糖浆调整糖度，柠檬酸调整酸度，食用酒精或白兰地调整酒精度。

（2）色度调整 加香葡萄酒的色泽来自原酒及药材浸提液，通常无需调色。若需调色，可用天然植物或糖色为材料，不要使用人工合成色素。

（3）调整二氧化硫含量 酒度较高且贮存期较长的酒，二氧化硫含量可低些。

7. 后处理

调整成分后的酒液经澄清、贮存、过滤、杀菌等后处理工序得到成品。具体操作同原酒生产工艺。

三、味美思的生产工艺

味美思是一种世界性饮料，具有葡萄酒的酯香和多种药材浸渍久贮后形成的特有香气与陈酒香味。香气浓郁，药味协调醇厚，酒稍苦且柔和爽适。这类酒因加有多种名贵药材，适量常饮具有开胃健脾、祛风补血、助消化、强筋骨、滋阴肾、软化血管等功效。

除了直接饮用外，味美思还是调配鸡尾酒的优良酒种。这是因为味美思含糖量高，所含固形物较多，相对密度大，酒体醇浓。

我国在1892年由烟台张裕葡萄酿酒公司首次成功生产味美思，距今已有百余年的历史。现在我国的味美思采用上等的龙眼葡萄酒，配以我国独有的中药材，色味独特，已自成一个体系。中国型味美思是用国产药材代替意大利式味美思酒的芳香植物而制得。药材主要为大黄、龙胆根、桂皮、小茴香、肉豆蔻等。酒精度为18%（体积分数），糖度为15%。其工艺精细，产品独具风格。

1. 原料

（1）味美思原酒 味美思原酒应为白色，酸度合适，酒质纯正、老熟、稳定。生产原酒应该选择弱香型的葡萄为原料，通常选用白羽、龙眼、佳丽酿等。玫瑰香葡萄为主要调配品种。生产工艺同干白葡萄酒。不同的成品根据其特点，采用不同的方法进行贮藏。

（2）酒精 酒精含量为11%～12%的原酒，须加原白兰地或食用脱臭酒精调整酒精度为16%～18%。

（3）糖 一般用精制白砂糖、糖浆、甜白葡萄酒来调节酒的甜度。白味美思可用砂糖、糖浆或甜白葡萄酒调整糖度；红味美思通常用糖浆调整糖度。

（4）焦糖色 用蔗糖制成，目的是用它的琥珀色来着色。红味美思的色度可用糖色调整。

（5）二氧化硫　生产白味美思，尤其是清香型产品所用的原酒，贮存期较短，为防止氧化，游离二氧化硫含量控制为 40mg/L。生产红味美思及以酒香或药香为主要特征的产品，采用氧化型的白葡萄原酒。原酒贮存期较长，可不必补加二氧化硫或少补加。

（6）药材　主要有苦艾、石蚕、橙皮、百里香、龙胆、勿忘草、鸢尾根、香草、白芷、丁香、矢车菊、肉桂、紫苑、豆蔻、菖蒲等。

药材的配方多种多样，下为意大利式味美思药材配方之一（400L 酒液中加量）：苦艾 450g，毋忘草 450g，龙胆根 40g，肉桂 300g，白芷 200g，豆蔻 50g，紫苑 450g，橙皮 50g，菖蒲根 450g，矢车菊 450g。

药材可采用直接浸泡法、浸提液法或加香发酵法进行处理。前两种方法使用较多。

2. 葡萄原酒的澄清处理

用作酒基的白葡萄酒或干白葡萄酒，由于放置时间长，会有浑浊或轻度的失光，故需要进行澄清处理，以得到晶亮透明的酒液。一般添加 20～50g/t 的 PVPP（聚乙烯基聚吡咯烷酮）或 0.2～0.4g/t 的活性炭吸附几天后过滤备用。

3. 调配

调配是将各种配料在混合桶中按比例混合的过程。先将白砂糖溶解在葡萄酒中（或把糖浆加入到葡萄酒中），再加入高纯度的优质酒精或脱臭酒精，然后分批分期加入芳香抽出物，最后加焦糖色调色。以极慢的搅拌速度进行搅拌，以获得均匀一致的混合液。整个混合过程需在密闭系统中进行，以保留各种配料应有的芳香和口味强度。

4. 贮存

调配好的味美思需贮存半年以上。白味美思可用不锈钢罐或者木桶贮存，但不宜在木桶中贮存时间过长，以免色泽和苦味加重。而红味美思应先在新木桶中进行短期贮存后，再转入老木桶中继续贮存。高档红味美思应在木桶中贮存至少 1 年以上。

5. 冷处理

酒液要经过冷冻处理，使酒中的大量胶质成分及部分酒石酸盐沉淀，以改善成品酒的风味及稳定性。冷处理温度为高于味美思冰点 0.5℃以上，时间为 7～10d 左右。

6. 澄清处理

味美思中含有药材带来的胶质成分，故黏度较高，不利于澄清处理。但有些胶质成分对具有胶体溶液特性的酒液起保护作用，若澄清、过滤操作得当，成品酒可存放 10 年以上而不产生沉淀，且口感更柔顺。可选用如下方法进行澄清处理。

① 下胶　添加 0.03%左右的鱼胶，准确的用量应经小试而定。搅匀后静置 2 周。此法效果很好。

② 加皂土　用量为 0.04%左右，实际用量经小试确定。搅匀后静置 2 周。

③ 鱼胶与皂土以 1∶1 的比例并用。

7. 过滤、杀菌

将上述经澄清处理后的酒液进行过滤。为了使酒体更加稳定，还可以将酒液进行巴氏杀菌（如法国式的味美思酒）。即将酒液加热到 75℃，并维持 12min，以杀死酵母等微生物和破坏酶的活性。最后再过滤一次，即可装瓶。

四、桂花陈酒的生产工艺

桂花陈酒是我国著名的花香型加香葡萄酒。所用香料为我国南方含苞待放的桂花，酒液具有浓郁的桂花香。其生产工艺如下。

1. 原酒制备

以龙眼、佳丽酿等葡萄为原料，按一般白葡萄酒生产工艺，制成酒精度为 11%～13%（体积分数）、残糖在 0.5%以下的新酒，再经澄清处理，调整酒精度，隔氧贮存 2 年以上即可。

2. 香料酒制备

用 2 倍于桂花体积的 60%（体积分数）食用脱臭酒精浸泡桂花。常温下浸渍 20～30d

后，采用简单蒸馏法蒸取香料酒，贮存1个月即可。

3. 调配

糖、酒、酸度、香味及色泽的调整见本节二、加香葡萄酒部分。

4. 澄清、过滤、贮存、再过滤

调配好的酒液，经澄清处理、过滤，在橡木桶中贮存3个月后，过滤1次，即可装瓶。

第三节　起泡葡萄酒

起泡葡萄酒（sparkling wine）是一种富含二氧化碳的优质白葡萄酒，酒体中的二氧化碳可以由加糖发酵生产或人工压入。目前世界上已有30多个国家生产起泡葡萄酒。其中法国是起泡葡萄酒的主要生产国，其生产的香槟酒（Champagne）最为著名。目前我国生产起泡葡萄酒的主要厂家有张裕葡萄酒公司、长城葡萄酒有限公司等。

一、起泡葡萄酒的生产

起泡葡萄酒按生产方法分类，可分为瓶式发酵起泡葡萄酒和罐式发酵起泡葡萄酒两大类。

（一）瓶式发酵起泡葡萄酒

1. 工艺流程

瓶式发酵起泡葡萄酒生产工艺流程见图1-7-4所示，瓶内发酵技术条件见表1-7-4所示。

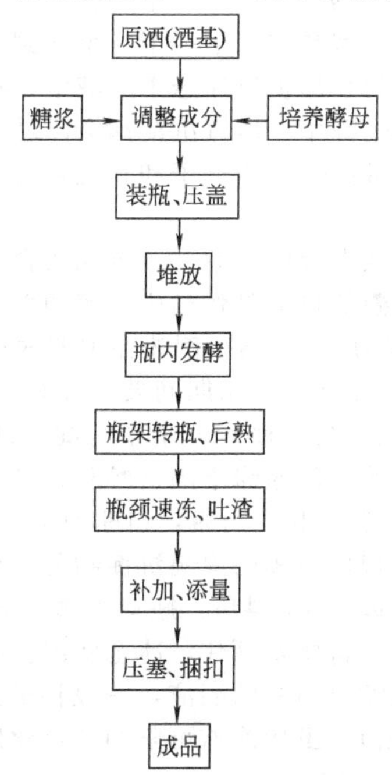

图1-7-4　瓶式发酵起泡葡萄酒生产工艺流程

表1-7-4　瓶式发酵起泡葡萄酒的瓶内发酵技术条件

项　目	技术条件	项　目	技术条件
地点	酒窖或发酵室	接二次酵母	5%(液体培养酵母)
温度	10～15℃	降糖量	均匀，逐渐下降
时间	45～60d甚至更长	CO_2产生	均匀，逐渐上升，不能超标
加糖量	按照配方，防止过量		

2. 传统瓶式发酵法操作要点

起泡葡萄酒中的高档产品——香槟是采用传统瓶式发酵法酿制的，其操作要点如下。

(1) 加糖浆　要保证起泡葡萄酒二氧化碳的压力符合质量标准，需要加入糖。每升添加4g糖可产生0.1MPa的气压。因此，在原酒残糖含量不高的情况下每升添加24g糖，可使起泡酒达到0.6MPa的气压。加入糖量不足，酒中二氧化碳的含量达不到要求；加糖量过高，瓶内产生的二氧化碳压力太大，酒瓶容易爆破，因此必须准确计算和计量。糖是以糖浆的形式加入的。一般将蔗糖溶解于葡萄酒中，经过滤除杂质后，加入澄清的酒液中，其含糖量为500～625g/L。

(2) 酵母的添加　二次发酵所需的酵母采用低温香槟酵母，它必须具备良好的凝聚性、耐压性、抗酒精能力。在酒中的二氧化碳压力达0.2MPa以上，酒精含量10%时能继续进行二次发酵。同时在低温（10℃）能进行发酵，且酵母能产生良好的风味。酵母培养液的添加量为5%。

(3) 辅助物的添加　为了更好地进行二次发酵，在原酒混合的时候还需添加两类物质：一类是有利于酒精发酵的营养物质，主要是铵态氮，磷酸氢铵用量一般为15mg/L，也可用50mg/L硫酸铵替代，有的还添加维生素B_1；另一类是有利于澄清和去渣的物质，主要是皂土（0.1～0.5g/L）。

(4) 瓶内二次发酵　将调整成分的原料酒装入瓶内，接入酵母培养液，加塞后在酒窖中水平堆放，进行瓶内发酵。发酵温度10～15℃。堆放时间9个月～20年。在这一期间主要发生三大变化：首先是酒精发酵，把糖变成酒精和二氧化碳，二氧化碳溶于酒中；其次酵母自溶，产生酵母香气，增加其浓稠感；第三是产生酒香。

主发酵后，要进行一次倒堆，就是将瓶子一个一个地倒一下。在倒堆的时候，用手将瓶子用力晃动一下，使沉淀于瓶底的酵母重新浮悬于酒液中，将仅有的一点残糖继续消耗。对于有些澄清困难的酒，在晃动的过程中，所有沉淀都会浮悬于酒液中，使酒石酸盐下沉时结合成大颗粒，便于沉降。原来分散的蛋白质分子和其他杂物通过摇晃，起到下胶的作用，有利于酒的澄清。

(5) 瓶架转瓶和后熟　当堆放发酵结束后，二氧化碳含量达到所规定的标准，此时就要放在一个特别的酒架上后熟。后熟的目的是将酒中的酵母泥和其他杂物集中沉淀于瓶口处，以便除去。酒架呈A字形，角度为35°。酒瓶倒放在木架的孔中，木架的倾斜度是可以调节的，最终使酒瓶垂直，倒立在木架上。在此期间要人工转瓶，每天转动一次，1周转动一圈，持续4～5周。在此过程中酒内沉渣逐渐地集中沉淀在瓶颈，酒自然澄清，并伴随着酯化反应和复杂的生化反应，最终使酒的滋味丰满、醇和、细腻。

(6) 瓶颈速冻与吐渣　从酒架上取下酒瓶，以垂直状态进入低温操作室，瓶颈倒立于－30℃的冰液中，浸渍高度可以根据瓶颈内聚集沉淀物的多少而调节，使瓶口的酒液和沉积物迅速形成一个长冰塞。将瓶子握成45°斜角，瓶口上部插入一开口特殊的铜瓶套中，迅速开塞，利用瓶内二氧化碳的压力，将瓶塞顶住，冰塞状沉淀物随之排出。

(7) 补液　以同类原酒补充喷出损失的酒液，一般补量为30mL左右（3%的量）。整个过程要在低温室中操作（5℃左右）。虽然冷冻可限制二氧化碳涌出，但去塞时仍会减少部分压力，一般二氧化碳压力损失为0.01MPa。

(8) 调整成分　一般来讲，按照生产类型和产品标准，加入糖浆、白兰地、防腐剂来调整产品的成分。生产半干、半甜、甜型起泡酒可用同类原酒配制的糖浆补充，使酒的糖酸比协调，并在调糖浆的同时加二氧化硫，使总二氧化硫含量达到80～100ppm。若要提高起泡酒的酒精含量，可以补加白兰地。

(9) 封盖　成分调整后迅速压盖和软木塞，捆上铁丝扣。

(二) 罐式发酵起泡葡萄酒

1. 工艺流程

罐式发酵起泡葡萄酒生产工艺流程见图1-7-5所示，二次发酵技术条件见表1-7-5所示。

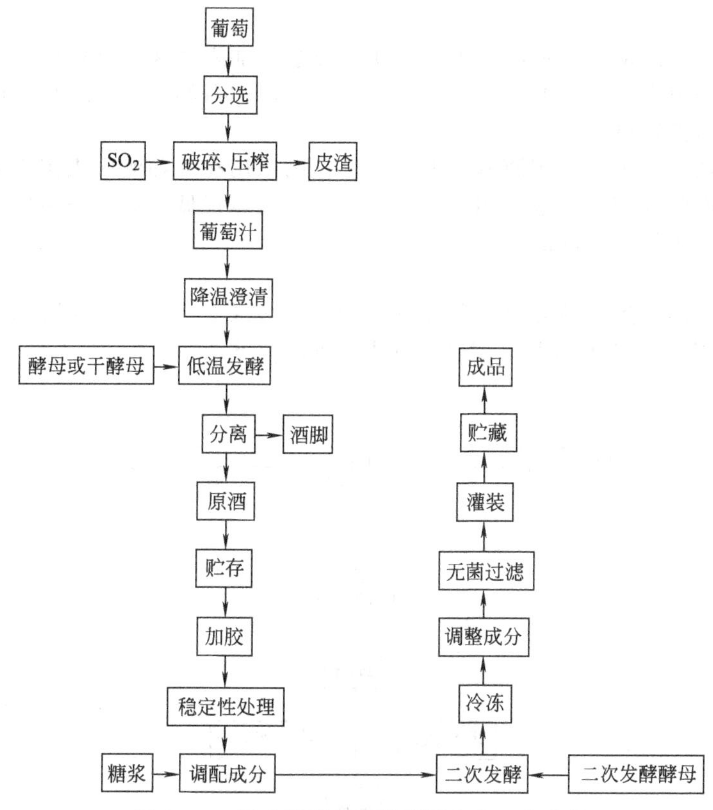

图 1-7-5　罐式发酵起泡葡萄酒生产工艺流程

表 1-7-5　罐式二次发酵技术条件

项　目	技　术　条　件
温度	15～18℃。发酵开始压力上升时，可降低发酵温度，每天增加压力 0.03MPa
时间	15～20d。品温低，发酵周期长；品温高，则发酵周期短
接种量	经镜检，接入纯种且经过扩大培养的优质酵母 5%
加糖浆量	所添加的糖浆一般为 2.4%～2.6%，以备产生 0.5～0.6MPa 的压力
发酵速度	一般控制品温，发酵速度每天降糖为 0.15%～0.2%

瓶式发酵法工艺复杂，投资大，技术要求高，劳动强度大，适用于生产质量及价格较高的名牌产品。罐式发酵即大型容器密闭发酵，它所用的酒基与酿造瓶式起泡酒的酒基相同，但在设备、工艺上都比瓶式起泡酒先进。其生产周期短，生产效率高，酿造工序简单，原酒损失少，且可以通过控制发酵温度来掌握发酵速率，酒的质量比较均匀一致。故许多国家采用此法生产起泡葡萄酒。

2. 操作要点

根据生产工艺流程，罐式发酵起泡葡萄酒的操作要点如下。

（1）原酒的生产、酵母制备、糖浆准备、添加剂等　同瓶式发酵法。

（2）二次发酵　起泡葡萄酒的二次发酵在发酵罐内进行。发酵罐为带有冷却夹套的不锈钢罐，并配装压力计、测温计、安全阀、加料阀、出酒阀等设施，有的还配备低速搅拌器。

原酒及配料从发酵罐底部进入，装液量为 95%，留下 5%空隙作为发酵过程中体积膨胀所占的体积。凝聚酵母培养液的接种量为 5%。由于在较高温度下，二氧化碳在酒中吸收性差，故采用低温凝聚酵母进行低温发酵。控制发酵温度在 15～18℃，每天降糖为 0.15%～0.2%。密闭发酵 15～20d，压力达到 0.6MPa。

（3）冷冻过滤　通过夹层冷却，使已被二氧化碳饱和的葡萄酒冷冻到－4℃，保持 7～14d，趁冷过滤到另一罐中，使酒液澄清透明。罐事先用二氧化碳或氮气备压，防止空气混入而使酒老化。

（4）调整成分　澄清的葡萄酒根据产品质量要求，加入糖浆调整糖度，补充二氧化硫。

（5）无菌过滤及灌装　用滤菌纸板过滤，达到无菌的目的，然后进行等压装瓶。

二、加气起泡葡萄酒的生产

生产起泡葡萄酒也可以不用原酒发酵的方法，而采用在葡萄酒中人工充入二氧化碳的方法。用此方法生产的葡萄酒，泡沫粗、持久性差，但成本很低，如果采用质量好的原酒，经细致加工也能生产出好的起泡酒。

1. 工艺流程

加气起泡葡萄酒的生产特点是将葡萄酒冷却至 0～2℃，采用汽水混合器或汽水填料塔，使葡萄酒被 CO_2 饱和，然后灌装，其工艺流程如图 1-7-6 所示。

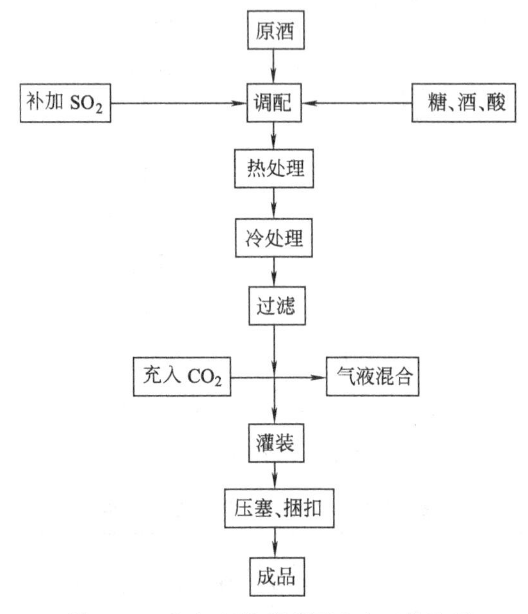

图 1-7-6　加气起泡葡萄酒生产工艺流程

2. 操作要点

根据加气起泡葡萄酒的生产流程，其操作要点如下。

（1）原酒的调配　在原酒中加入白兰地或精制酒精调整酒精度，加入蔗糖调节甜度，加入覆盆子等特制的香料调香。同时加二氧化硫，使总二氧化硫含量达到 80～100ppm。

（2）冷冻过滤　冷冻的目的是使原酒中的果胶、蛋白质等不稳定物质在低温下充分凝结下沉。冷冻温度－4℃，保持 8～15d。趁冷过滤。

（3）气液混合　由于温度较高时二氧化碳在酒中的溶解度降低，故使酒液在 0～2℃低温下，采用汽水混合器或汽水填料塔，使葡萄酒被二氧化碳饱和，达到要求的压力。

（4）装瓶、压塞、捆扣　将二氧化碳饱和后的酒液装入瓶中，压塞、捆扣与瓶式发酵相同。

三、起泡葡萄酒的质量标准

国家技术监督局批准颁布的国家标准 GB/T 15037—94 规定了起泡葡萄酒的感官指标和理化指标，分别见表 1-7-6、表 1-7-7。

表 1-7-6　起泡葡萄酒的感官要求

项　目		要　求
外观	色泽	近似无色、微黄带绿、浅黄、禾秆黄、金黄色
	澄清程度	澄清透明、有光泽、无明显悬浮物(使用软木塞封口的酒允许有 3 个以下≤1mm 的软木渣)
	起泡程度	起泡葡萄酒注入杯中时，应有细微的串珠状气泡升起，并有一定的持续性

续表

项　　目			要　　求
香气滋味	香　气		具有纯正、优雅、怡悦、和谐的果香与酒香
	滋味	起泡葡萄酒	具有优美醇正、和谐悦人的口味和发酵起泡酒的特有香味,有杀口力
		加气起泡葡萄酒	具有清新、愉快、纯正的口味,有杀口力
典型性			典型突出,明确

表 1-7-7　起泡葡萄酒理化要求

项　　目			要　　求
酒精度(20℃,体积分数)/%			8.5～13.0
总糖(以葡萄糖计)/(g/L)	起泡、加气起泡葡萄酒	天然型	≤12.0
		绝干型	12.1～20.0
		干型	20.1～35.0
		半干型	35.1～50.0
		甜型	≥50.1
滴定酸(以酒石酸计)/(g/L)	甜葡萄酒		5.0～8.0
	其他类型葡萄酒		5.0～7.5
挥发酸(以乙酸计)/(g/L)			≤1.1
游离二氧化硫/(mg/L)			≤50
总二氧化碳/(mg/L)			≤250
干浸出物/(g/L)	白葡萄酒		≥15.0
	红、桃红葡萄酒		≥17.0
铁/(mg/L)	白葡萄酒		≤10.0
	红、桃红葡萄酒		≤8.0
二氧化碳(20℃)/MPa	起泡、加气起泡	<250mL/瓶	≥0.30
		≥250mL/瓶	0.35

注：1. 酒精度在表的范围内，允许差为±1.0%（体积分数），20℃。

2. 卫生要求：铅、细菌指标按 GB 2758 执行。

思　考　题

1. 白兰地生产的工艺要点是什么?
2. 原白兰地在陈酿过程中发生了什么变化?
3. 加香葡萄酒生产工艺要点是什么?
4. 起泡葡萄酒有三种不同的生产方法，各有何特点?

第八章　葡萄酒的稳定性与检验分析技术

学习目标

1. 掌握影响葡萄酒非生物和生物稳定性的主要因素及其影响机理。
2. 掌握对葡萄酒进行感官和理化成分分析的主要方法和手段。

第一节　葡萄酒的非生物稳定性

葡萄酒的非生物稳定性主要是由于化学反应或酶反应而造成的。葡萄酒是不稳定的胶体溶液，在其陈酿和贮存期间会发生物理、化学方面的变化，导致出现浑浊甚至沉淀现象，影响到成品葡萄酒的品质澄清透明，破坏葡萄酒的稳定性。

影响葡萄酒非生物稳定性的物理化学因素主要有：酒石酸盐的稳定性、蛋白质的稳定性、颜色的稳定性、葡萄酒破坏病以及葡萄酒的氧化等。

一、酒石酸盐的稳定性

葡萄酒装瓶后，遇到冷天或贮存在冷库内，将瓶倒置后经常出现一些发亮的晶体，这种晶体多半是酒石，即酒石酸氢钾，其次还有酒石酸钙、草酸钙等。

产生晶体的原因是由于在酿酒原料葡萄中含有大量的酒石酸（占全部有机酸的50%以上），因其具有两个不对称的碳原子，故有四种立体异构物：右旋酒石酸、左旋酒石酸、内消旋酒石酸和外消旋酒石酸。游离酒石酸易溶于水，所以对葡萄酒的稳定性几乎没有影响。但葡萄中也富含钾、钙等离子，它们与酒石酸反应生成酒石酸氢钾和酒石酸钙，由于其溶解度比较小，所以通常以沉淀的形式析出，沉于桶底或瓶底，结晶如石，故称酒石。酒石酸盐的析出是影响葡萄酒稳定性的一个首要因素。

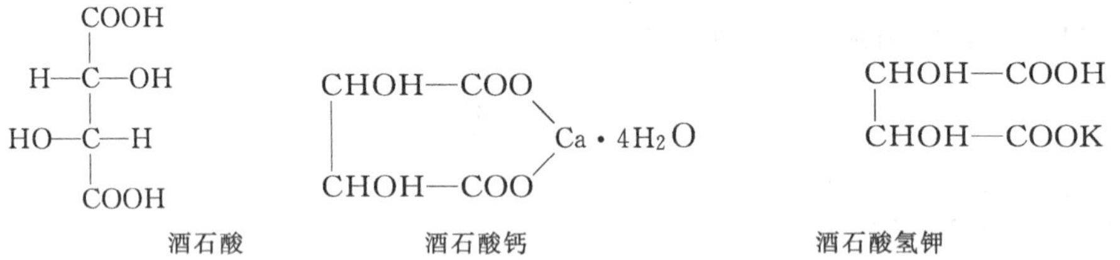

```
       COOH
        |
    H—C—OH            CHOH—COO                        CHOH—COOH
        |                |        \                      |
   HO—C—H                |         Ca·4H2O               CHOH—COOK
        |                |        /
       COOH           CHOH—COO
```

酒石酸　　　　酒石酸钙　　　　酒石酸氢钾

（一）酒石酸氢钾的稳定性

1. 影响酒石酸氢钾溶解度的因素

（1）酒精度、温度对酒石酸氢钾溶解度的影响　酒石酸氢钾是酒石酸钾与葡萄酒中游离的酒石酸反应生成的，其溶解度与酒精浓度、溶液温度密切相关，见表1-8-1所示。

由表1-8-1可见，酒石酸氢钾的溶解度随着温度的升高而增大，随着酒中酒精含量的增加而降低。在酒精发酵后，由于温度的降低和酒精含量的增加，使得酒石酸氢钾的溶解度减小，从而以沉淀析出。

（2）pH对酒石酸氢钾的影响　酒石酸氢钾的溶解度还与pH有关（见表1-8-2），在pH接近3.6时，酒石酸氢钾很快会大量沉淀。因此，凡pH＜3.6的葡萄酒，如果有能够降低葡萄酒酸度的因素存在，便可能会引起酒石酸氢钾的沉淀。另外，在苹果酸-乳酸发酵过程

表 1-8-1　酒石酸氢钾在不同温度下不同浓度酒精溶液中的溶解度/(g/100mL)

温度/℃	水	酒精浓度(体积分数)					
		10%	11%	12%	13%	14%	15%
−4	10.6	5.6	5.2	4.8	4.6	4.3	3.6
0	11.9	6.7	6.2	5.4	5.4	5.2	4.6
5	14.1	8.4	8.0	7.5	7.0	6.6	5.9
10	18.4	11.6	10.2	9.6	9.0	8.6	7.8
15	22.2	13.0	12.5	11.9	11.3	10.8	9.7
20	26.2	6.4	15.6	14.7	14.0	13.4	12.0
25	30.1	18.6	18.4	17.0	16.2	15.3	13.8

表 1-8-2　在葡萄酒中不同 pH 所得游离酒石酸、酒石酸氢钾、酒石酸钾的百分比

（以毫摩尔质量为基础）

pH	游离酒石酸/%	酒石酸氢钾/%	酒石酸钾/%
2.8	64.7	31.0	4.3
3.0	52.5	40.8	6.7
3.2	39.9	49.8	10.3
3.4	28.0	56.6	15.4
3.5	22.4	59.0	18.6
3.6	16.6	60.7	22.7
3.8	9.3	58.9	31.8
4.0	2.8	54.0	43.2

中，由于苹果酸消失，使与苹果酸结合的“钾”释放出来，加上 pH 的升高，又使其溶解度重新减小，酒石酸氢钾可能再次沉淀析出。

（3）其他因素对酒石酸氢钾溶解度的影响　有机酸的种类和含量也会影响酒石酸氢钾的沉淀，向酒石酸氢钾的溶液中添加酒石酸会降低酒石酸氢钾的溶解度，但如果向酒石酸氢钾的溶液中添加苹果酸或乳酸则可增加酒石酸氢钾的溶解度，强酸（如盐酸、硫酸、亚硫酸）可大大提高酒石酸氢钾的溶解度，弱酸（如柠檬酸、琥珀酸、乙酸等）对酒石酸氢钾溶解度的促进作用较小。另外，向含有酒石酸氢钾的葡萄酒中添加酒石酸氢钾晶体，可以加快冷处理时酒石酸氢钾的沉淀并增加沉淀量。有时，在红葡萄酒中，多酚和酒石酸盐反应或钾与胶状色素反应，使酒石酸氢钾晶体重新溶解。

2. 酒石酸氢钾稳定性的预测

在 0～4℃条件下将葡萄酒放置 8d（白葡萄酒）或 15d（红葡萄酒），观察是否有酒石析出，若有，则说明不稳定。若在葡萄酒中添加 1%酒精［每升葡萄酒中加 1mL 90%（体积分数）的酒精］和少量酒石酸氢钾结晶，则试验的时间缩短为 3d 和 5d。除此之外，也可以冷冻结冰过滤，待融化后观察，如不产生晶体则意味着该酒液稳定。

（二）酒石酸钙的稳定性

葡萄酒经长期贮存后，一部分右旋酒石酸钙会变为外消旋酒石酸钙。外消旋酒石酸钙的溶解度为 30mg/L，远远小于右旋酒石酸钙的溶解度（230 mg/L）和左旋酒石酸钙的溶解度（250 mg/L）。大量外消旋酒石酸钙的形成，造成葡萄酒的沉淀。

1. 影响酒石酸钙溶解度的因素

（1）酒精对酒石酸钙溶解度的影响　酒石酸钙的溶解度通常会随酒精含量的增加而降低。实验证明，当酒精含量由 0 升到 12%时，酒石酸钙的溶解度约减低一半，但受温度影响较小，从−4℃升至 20℃，其溶解度增加 1 倍多（见表 1-8-3）。

表 1-8-3 酒石酸钙在酒精中的溶解度（溶解的钙含量）(mg/mL)

温度/℃	酒精含量(体积分数)			
	10%	12%	14%	16%
−4	12	10	8	7
0	14	12	10	8
5	16	14	12	10
10	19	16	13	11
15	22	19	16	14
20	26	22	19	16

（2）pH 对酒石酸钙溶解度的影响　由表 1-8-4 可知，酒石酸钙的溶解度随着 pH 的降低而显著增加；温度对其溶解度的影响不像酒石酸氢钾那么明显。

表 1-8-4 在 100 酒精溶液中酒石酸钙溶解度与 pH 的关系

酒石酸含量/(g/L)	pH	溶解的钙含量/(mg/L)
0	—	32
2	2.95	104
4	2.70	134
8	2.48	186
16	2.31	232

2. 酒石酸钙的判别

酒石酸钙在水溶液中加热时溶解困难，但如果将溶液稍稍酸化，结晶便立刻溶解。如果在溶液中已经含有酒石酸钙，向该溶液中加入几滴草酸铵，便可以使溶液变浑浊。

$$\begin{matrix} CHOH-COO \\ | \quad\quad\quad\quad\quad \searrow \\ | \quad\quad\quad\quad\quad\quad Ca \\ CHOH-COO \nearrow \end{matrix} + \begin{matrix} COONH_4 \\ | \\ COONH_4 \end{matrix} \longrightarrow \begin{matrix} COO \\ | \quad \searrow \\ | \quad\quad Ca \\ COO \nearrow \end{matrix} + \begin{matrix} CHOH-COONH_4 \\ | \\ CHOH-COONH_4 \end{matrix}$$

酒石酸钙　　草酸铵　　草酸钙　　酒石酸铵

（三）酒石酸盐沉淀的预防

1. 冷处理

通过对葡萄酒进行冷处理可以强化酒的氧化作用，加速酒的老熟，提高酒的稳定性。在冷处理过程中，随着温度降低，酒石的溶解度也会降低，当酒温在 0℃以上时，酒石析出较慢；当温度降低到 0℃以下时，酒石析出较快，因此冷处理可以使酒石充分析出。葡萄酒冷处理完毕，应该在同温度条件下过滤。

（1）冷处理温度　从理论上讲，冷处理温度应控制在葡萄酒冰点以上 0.5～1℃为佳，不宜降到冰点以下，否则会冻结，造成冻害。但葡萄酒的冰点与酒精度、浸出物有关，可用计算的方法或根据经验数据查表找出相对应的冰点。一般对于酒精度在 13%以下的葡萄酒，其冰点大约为酒精度的一半；若葡萄酒的酒精度为 12%，其冰点为－6℃，则冷冻温度为－5℃。

① 采用公式计算葡萄酒的冰点：见本篇第五章公式。

【例】 若一种葡萄酒的酒精度为 12%，浸出物含量为 19g/L，求其冰点。

对于酒精度 12%的葡萄酒，每升含纯酒精 120mL，相对密度为 0.794（≈0.8），则 $P=96g/L$。因此，$T=-(0.04\times96+0.02\times19+1.1)=-5.32℃$

另外，也可以根据葡萄酒的酒精度采用近似计算法来计算葡萄酒的冰点：

$$冰点=\frac{葡萄酒酒精度}{2}$$

② 根据经验数据查表，找出相对应冰点，见表 1-8-5。

（2）冷处理时间　其确定与冷冻降温速度有关。降温速度越快，所需的冷冻时间就

表 1-8-5　酒类的冰点

酒精度(体积分数)/%	冰点/℃	酒精度(体积分数)/%	冰点/℃
9	−3.7	14	−6.2
10	−4.2	15	−6.9
11	−4.7	20	−8.4
12	−5.2	22	−9.0
13	−5.7	29	−14

越短，生成的晶体细小，不易分离，必须保持在冷冻条件下过滤。相反地，降温速度慢，酒石酸盐的结晶速度也慢，能生成较大且紧密的晶体，很容易过滤除去。

一般在−4～−6℃条件下冷处理5～6d即可，为了方便过滤分离，可以延长到10～15d。

(3) 冷处理要求

① 迅速强烈降温，使酒很快达到所需的冷处理温度。

冷处理时若降温缓慢，会出现酒石过饱和现象和酒石结晶阻滞作用，即“滞后现象”。因此，葡萄酒在进行冷处理时应快速降温。

② 冷处理温度应接近于酒的冰点温度，一般应高于0.5～1℃，不允许结冰。

③ 酒在冷冻罐内各部位温度一致。

④ 处理完毕后，应在同温度下过滤分离。

⑤ 通常添加晶体，当酒冷却到所要求的温度时，加入经过一次结晶并用酒精洗涤处理的粉末状酒石酸氢钾，可以加速结晶，晶种用量一般为0.05g/L。

⑥ 冷处理过程中，有时需采用二氧化碳保护，可防止氧化，尤其是白葡萄酒。

2. 热处理

热处理使原存在于葡萄酒中的晶体溶解，如再遇低温，葡萄酒会因缺乏这些小晶体作晶种，而维持过饱和状态，不产生酒石酸盐沉淀。

热处理一般在密闭容器内进行，以免酒精及芳香物质损失。热处理温度不宜过高且保持稳定，一般在67℃处理15min或70℃处理10min即可，也有人认为采用50～52℃处理25d为佳。而甜葡萄酒以55℃进行处理更好。

3. 离子交换法

在葡萄酒酿造过程中，一些阳离子特别是金属离子（如Fe^{2+}、Cu^{2+}、Ca^{2+}、K^{+}、Mg^{2+}、Pb^{2+}等）会超出稳定限量，导致葡萄酒浑浊和沉淀，如酒石酸氢钾等析出。葡萄酒经过离子交换树脂处理后，可以除去过多的金属离子，进而提高酒的稳定性。但此法只适合普通葡萄酒。

常用的阳离子交换树脂（如天津强酸一号），可以除去Ca^{2+}、K^{+}、Fe^{2+}等离子；常用阴离子交换树脂（如OH^{-}型717、711等），一般被应用于去除酒中过高的酸，同时也能除去大部分的细菌。

4. 加入偏酒石酸（5～15g/100mL）的方法

将酒石酸晶体研制成细小粉末，在常压下加热到170℃，在减压下加热到150℃，然后经过冷却处理后即为偏酒石酸。由于吸附作用，酒石酸盐晶体表面吸附满了偏酒石酸颗粒，从而可以防止那些微小的酒石酸盐晶体之间相互结合形成大的晶体，使它们处于分散溶解状态而不致产生沉淀。

影响偏酒石酸对酒石酸盐沉淀的抑制作用的关键因素是酯化率。所谓酯化率，是指在酒石酸分子间反应产生酯过程中所损失的酸功能团的比率（%）。这种酯化率变化很大，加热时间较短的，酯化率由22%增到27%；加热时间较长的，酯化率可以达到40%。真空加热所致的偏酒石酸酯化率最高。

二、蛋白质稳定性

葡萄酒中的蛋白质来源于生产原料葡萄，它是引起葡萄酒尤其是白葡萄酒浑浊和沉淀的主要原因之一。葡萄酒中的单宁与蛋白质相结合便产生蛋白质浑浊，影响酒的稳定。因此，必须在装瓶前对蛋白质进行必要的处理，以保证酒的长期稳定性。

早期衡量蛋白质稳定的方法主要是关注总蛋白含量和它们的热变性特征，但是观察发现，实际上蛋白质浑浊是偶尔出现的，这一不稳定因素应归结于特殊组分的溶解度，而不应是热变性问题。

研究表明，蛋白质在等电点（符号 p*I*，蛋白质携带静电荷为零时的 pH）处，其溶解度最低。这一点对于研究蛋白质稳定性具有重大的指导意义。另外，葡萄酒中蛋白质含量与葡萄品种和酿造工艺有关（如酶制剂的添加、皂土的使用、pH 等因素）。

在葡萄酒中，较大的蛋白质分子质量多为 40000～200000Da，其等电点 4.8～5.7，它们是引起葡萄酒蛋白质不稳定的主要因素。预防葡萄酒中蛋白质不稳定性的方法有以下几种。

1. 热处理

葡萄酒经热处理，使部分蛋白质凝固析出，冷却沉淀除去。方法为：将白葡萄酒加热至 75～80℃，维持 10min 左右，然后通过过滤去除。

2. 加入蛋白酶法

有些蛋白酶可以分解酒中的蛋白质，以此避免蛋白质的浑浊和沉淀。

3. 下胶澄清处理

下胶是指葡萄酒中添加一定量的有机或无机不溶性成分，与酒中的某些物质发生作用，产生胶体网状沉淀物，将悬浮在酒液中的大部分悬浮物（包括有害微生物）一起凝结沉淀。各种下胶物质及其使用方法具体见表 1-5-4。

4. 影响下胶效果的因素

（1）单宁的添加　当酒中的单宁含量太低时，将影响下胶效果。一般来说，沉淀 1g 明胶需要单宁 0.80g，白葡萄酒中因单宁含量较少，通常需要添加单宁。

（2）盐的作用　只有在无机钙、镁、钾和铁盐存在条件下，下胶效果才好。

（3）下胶温度　温度过高或过低，下胶效果均不好。温度低，促进絮状体形成，加速澄清；温度在 25℃以上，下胶后会呈溶解状态留在酒中，当温度降低时，沉淀将重新析出。一般冬末春初，室温 10～20℃条件下下胶效果好。

（4）下胶过量　所谓下胶过量，是指添加到酒中的澄清剂过量，部分残留在酒中。下胶过量的葡萄酒不稳定，当温度变化时会发生浑浊沉淀。红葡萄酒中含有过量的单宁，一般澄清剂的聚沉是完全的，但在白葡萄酒中却极有可能出现下胶过量情况。

① 检查下胶过量的方法　向葡萄酒中加入 0.5g/L 的单宁，24h 后观察有无雾浊，并根据雾浊的程度判断过量的多少。

② 下胶过量的处理措施　一是添加适量的单宁；二是通过添加适量的皂土除去。

三、颜色的稳定性

1. 葡萄酒中的呈色物质

葡萄酒的色泽主要来源于葡萄酒及木桶中的呈色物质，不同的呈色物质赋予葡萄酒不同的颜色。葡萄酒的呈色物质为多酚类化合物和单宁，它们在一定条件下相互转变，赋予葡萄酒以色泽和口感。

葡萄酒中的多酚类物质包括花色素苷、黄酮类化合物、非黄酮类化合物及水解单宁类。它们的存在形式如表 1-8-6 所示。

表 1-8-6　葡萄酒中的多酚类化合物

类　别	存在形式
花色素苷	葡萄糖苷、二葡萄糖苷等
黄酮类化合物	花色素苷、黄酮酸、黄烷酮、儿茶酸等
非黄酮类化合物	苯甲醛(酸)、肉桂醛(酸)等
水解单宁类	单宁酚等

葡萄酒中多酚类物质中含量受皮渣浸提时间、发酵温度、酒精含量、酒醪中氧含量以及所用原料葡萄品种等多方面因素的影响。

（1）花色素苷　是红葡萄酒的主要色素，以单糖配体或双糖配体的形式存在，其主要存在于葡萄皮中。

（2）单宁　是一类特殊的酚类物质，具有收敛性，能与蛋白质、多糖类物质聚合。单宁可分为缩合单宁和水解单宁。缩合单宁来自于葡萄，而水解单宁来自于木桶。

黄烷（$C_{15}H_{14}O$）分子的聚合作用是单宁结构的本质。其缩合程度直接影响到单宁的性质。葡萄酒中的单宁是各种聚黄烷的混合体，其缩合状态的变化引起葡萄酒色泽及口感的相应变化。白葡萄酒的色泽主要与单宁有关。

单宁的缩合程度决定其相对分子质量，在新酒中单宁平均相对分子质量为 500～700，在陈酒中则为 2000～3000。

葡萄酒中总酚、花色素苷和单宁含量见表 1-8-7。

表 1-8-7　葡萄酒中总酚、花色素苷和单宁含量

品种名称	总酚/(mg/L)	花色素/(mg/L)	单宁/(g/L)
玫瑰香	547.2	420～507	0.668～1.1
佳丽酿	380	304～677	0.288～0.385
黑品乐	989.84	261.83	0.6
品丽珠	939.4	234.8	0.8
蛇龙珠	1107.5	238.18	0.88

2. 葡萄酒的色泽变化影响因素

（1）pH 的影响　花色素苷在不同的 pH 作用下，其显色作用不同。在酸性条件下花色素苷为红色，并且通过实验证明：pH 从 3.9 降低到 2.9 时，花色素苷溶液的色调加深 6 倍。

（2）亚硫酸的作用　一方面亚硫酸能与花色素苷起缩合反应，形成无色化合物；另一方面，亚硫酸有利于果皮中色素的溶解，可以增加酒的色度。

（3）氧化还原作用　花色素苷也能被还原褪色，此反应是可逆的，花色素苷还可以被氧化而使颜色变深。在白葡萄酒中常常由于儿茶酸在空气氧或多酚氧化酶的氧化作用下，形成一种醌式结构的黄棕色多聚体，随着缩合作用的进行而加深，使酒色变为褐色，这个反应受 Fe^{2+} 催化。为了避免白葡萄酒变褐，可采用 PVPP 过滤、减少多酚含量等方法进行处理。

（4）金属离子作用　花色素苷如在侧边的芳香环邻位带 2 个—OH，能与金属（铁、铝）复合形成蓝色化合物。这一反应在酸性条件下进行得不快，但若酒中有二价铁氧化成三价铁时，能促成这些化合物的形成。

四、葡萄酒的破坏病

破坏病一词由法文“Casse”翻译而来的。患有破坏病的酒不但外观和色泽发生变化：如浑浊、沉淀、褪色等，而且有时还将影响到葡萄酒的风味。

由于土壤、农药、肥料等因素，使得葡萄中含有一定量的金属元素。葡萄酒生产设备及容器所含的金属也会溶解到酒中，导致葡萄酒金属破坏病的发生，其中以铁和铜为典型。

（一）铁破坏病

1. 机理

葡萄酒中铁的含量一般应小于 10mg/L，若铁含量比较大，在有氧的情况下，二价铁离子逐渐被氧化为三价铁离子。其与酒中单宁结合生成黑色的不溶性化合物，使葡萄酒产生黑色（蓝色）浑浊与沉淀，因此这种病被称为“黑色破坏病”。三价铁离子还会与酒中的磷酸根化合生成磷酸铁白色沉淀，称之为“白色破坏病”。

$$Fe^{2+} \xrightarrow{[O]} Fe^{3+} \begin{cases} \xrightarrow{\text{单宁}} \text{黑色破坏病} \\ \xrightarrow{\text{磷酸盐}} \text{白色破坏病} \end{cases}$$

在红葡萄酒中含有充足的单宁，故黑色破坏病常出现在红葡萄酒中，而白色破坏病通常出现在白葡萄酒中。

2. 预防措施

① 防止或尽量减少铁离子侵入葡萄酒，铁制容器的内部必须上涂料，葡萄粉碎前认真

分选，防止铁质杂质混入其中。

② 防止葡萄酒过分接触空气而发生氧化，保持酒中一定的二氧化硫含量。

③ 经下胶澄清处理以消除单宁，可以实现黑色破坏病的预防。

④ 控制葡萄酒中磷酸盐的含量，实现白色破坏病的预防。

3. 去除方法

（1）氧化加胶　如果单宁充足（不足需加入单宁），适量给葡萄酒通气氧化，促进铁破坏病的发生。然后下胶使铁离子生成不溶性配合物或磷酸铁的沉淀，过滤分离。完毕，加入适量的二氧化硫（一般 100mg/L），利用其抗氧化作用，防止酒的氧化，阻止氧化浑浊。如果经过检测酒中仍残留有铁，则每升酒中加入 0.5g 柠檬酸（需做品尝试验）。

（2）亚铁氰化钾法　亚铁氰化钾又称黄血盐，能与铁、铜、锌、铅、锰等多种金属生成完全不溶性化合物。它与三价铁反应生成蓝色沉淀，与亚铁形成白色不溶盐，与其他金属结合生成颜色各异的盐，然后通过过滤除去金属。

$$3[Fe(CN)_6]^{4-} + 4Fe^{3+} \longrightarrow \underset{(蓝色)}{Fe_4[Fe(CN)_6]_3} \downarrow$$

亚铁氰化钾法是除铁最彻底的方法，但此方法具有一定的风险。一方面，亚铁氰化钾长时间与葡萄酒接触，对酒的风味造成不利的影响；另一方面，亚铁氰化钾过量会产生氢氰酸中毒，所以操作过程必须严格掌握亚铁氰化钾的用量。一般来说，沉淀 1mg 铁离子需要 6～8mg 亚铁氰化钾，沉淀 1mg 亚铁离子需要 3～7mg 的亚铁氰化钾。在实际中，亚铁氰化钾因沉淀蛋白质等会损失一部分，所以必须经过试验再确定亚铁氰化钾的用量。

（3）柠檬酸配合法　此法不需通气氧化，因为柠檬酸与二价铁和三价铁均能很快形成可溶性配合物。其原理是通过铁隐藏，实现铁破坏病的防治，但并不能除去铁。由于柠檬酸不易消失，所以对酒的稳定性是十分有效的。但是要注意加入柠檬酸的量（一般为 0.10 ～ 0.28g/L），过量的柠檬酸会使酒味变得酸涩。

（4）维生素 C 还原法　维生素 C（又称抗坏血酸）是一种还原剂，它能夺取酒中的氧而被氧化，从而保护了铁。当酒中的维生素 C 达 60～90mg/L 时，就可以有效地防止铁破坏病的发生，对酒的稳定性起很大的作用。

（5）植酸钙除铁法　植酸钙（又称菲汀）能够与大多数金属盐类反应产生不溶性盐，尤其是与酒中的三价铁离子生成植酸铁沉淀更为难溶，然后通过过滤或下胶分离。因为植酸钙与二价铁不能沉淀，所以此方法需对酒预先进行通氧处理。植酸钙的用量视酒中三价铁含量而定，尽管植酸钙对人无害，但过量将会直接导致酒中钙离子的增加。

$$\underset{植酸钙}{C_6H_{12}O_{27}P_6Ca_6} + 4Fe^{3+} \longrightarrow \underset{植酸铁}{C_6H_{12}O_{27}P_6Fe_4} + 3H_2O + 6Ca^{2+}$$

（6）麸皮除铁法　小麦麸皮中含有丰富的植酸盐，此法原理与添加植酸钙相同。

以上处理中，凡涉及在处理前先将酒氧化的，在处理后均要求加入二氧化硫，进行抗氧化处理。

（二）铜破坏病

1. 机理

$$Cu^{2+} + RH(\text{葡萄酒中的还原物质}) \longrightarrow Cu^{+} + R + H^{+}$$

$$6Cu^{+} + 6H^{+} + SO_2 \longrightarrow 6Cu^{2+} + H_2S + 2H_2O$$

$$Cu^{2+} + H_2S \longrightarrow CuS + 2H^{+}$$

$$CuS + \text{电解质} + \text{蛋白质} \longrightarrow \text{凝聚沉淀}$$

反应生成的硫化铜以胶体的形式存在，在电解质或蛋白质的作用下，发生凝聚出现沉淀。

2. 预防措施

应尽可能防止铜侵入酒中，生产过程中尽量少使用铜质器具，在葡萄采摘前 20d 停止使用含铜的农药（如波尔多液）。

3. 去除方法

可以加入硫化钠以除去酒中的铜。

硫化钠（$Na_2S \cdot 9H_2O$）首先与 SO_2 生成 H_2S，然后生成 CuS 胶体。

$$Cu^{2+} + H_2S \longrightarrow CuS + 2H^+$$

要注意防止加入过多的硫化钠。

五、葡萄酒的氧化

葡萄酒的氧化分为由空气中的氧引起的非酶氧化和由多酚氧化酶引起的酶促褐变。由于氧化作用会导致葡萄酒失去芳香气味，发生色变，所以应加以预防，尽量避免氧化的发生。因此，在葡萄酒酿造操作过程中，特别强调容器中不留空间，以及酒中溶氧的置换，尽量避免与空气长时间接触。

（一）空气中的氧引起的非酶氧化

花色素苷如在侧边的芳香环邻位带 2 个—OH，则能与金属（如铝、铁）复合生成蓝色化合物。若酒中二价铁被氧化成三价铁时，能促进蓝色化合物的形成，对葡萄酒中花色素苷有一定的破坏。究其原因，缘于氧化作用，三价铁离子起催化作用，另外温度影响也很显著，温度升高，反应加快。

黄烷分子（$C_{15}H_{14}O$）的缩合也可能是氧化过程，儿茶酸由空气中的氧氧化，形成一种醌式结构的黄棕色多聚体。随着缩合的进行，颜色逐渐加深，这是白葡萄酒变为褐色的主因，反应受三价铁离子的催化。

在葡萄酒陈酿过程中，单宁本身氧化缩合，致使色泽由黄色变为橙褐色。

（二）由多酚氧化酶引起酶促褐变（又称棕色破坏病）

1. 机理

多酚氧化酶是一种含铜离子的酶，酶的最适 pH 为 6.0，加热至 80℃以上，酶的活性全部丧失。在葡萄酿造过程中来源于霉烂葡萄的氧化酶促使葡萄酒中的多酚类物质氧化，特别是使色素被氧化，导致酒中出现暗棕色浑浊沉淀，这一过程即发生了酶促褐变。

2. 预防措施

（1）做好葡萄的分选工作，防止腐烂的葡萄带入霉菌。

（2）添加适量的二氧化硫，利用其抗氧化作用，阻碍和破坏多酚氧化酶（包括健康葡萄中的酪氨酸酶和霉烂葡萄中的虫漆酶），防止酒的氧化。

（3）加热处理　氧化酶对温度较为敏感，温度越高，氧化酶活性就越低。加热温度与酶活性对照关系如表 1-8-8 所示。

表 1-8-8　加热温度与酶活性关系

加热温度/℃	氧化酶活性/%	加热温度/℃	氧化酶活性/%
60	46	75	15
65	30	80	9
70	20	85	0

（4）添加维生素 C　维生素 C 不能抑制氧化酶的作用，但利用维生素 C 的还原性，降低葡萄汁中溶解氧的浓度，这种竞争抑制了葡萄酒中的其他氧化作用。另外，维生素 C 还能使棕色的醌类化合物还原，从这一角度来看，维生素 C 能有效地防止棕色破坏病。

（5）加入柠檬酸等螯合剂　铜是构成氧化酶有效成分之一，因此减少酒中铜的含量也可在一定程度上起到防治作用。柠檬酸等螯合剂与多酚氧化酶中铜离子配位化合，从而使氧化酶的活性丧失。

第二节　葡萄酒的生物稳定性

葡萄酒是一种营养价值非常高的饮料，微生物在葡萄汁及低酒精度的葡萄酒中极易生长繁殖，其中一些有害菌会使酒发生病害，从而使得葡萄酒的生物稳定性下降。葡萄酒的生物稳定性处理是指针对由有害生物引起的葡萄酒的气味、味道、色泽乃至品质的变化而采取的一系列防治措施。与葡萄酒的非生物稳定性相比，微生物引起的葡萄酒品质的劣度，涉及食品安全问题，所以更应该引起注意并加以防范。

葡萄酒中的微生物主要来源于生产原料和葡萄酒的容器和设备，尤其是收购葡萄时所用的设备及输送葡萄汁和葡萄醪所用的设备。

葡萄酒中常见的有害微生物有：酵母、醋酸菌、乳酸菌和其他好气细菌。下面将逐一介绍各主要有害微生物病害及相应的防治措施。

一、葡萄酒膜醭酵母污染

1. 病态

葡萄酒膜醭酵母（*Mycoderma vini*）俗称酒花菌。其大小为（3～10）μm×（2～4）μm，不产孢子，也不能用于酒精发酵。当葡萄酒感染上酒花菌时，在酒的表面上产生一层灰白色（或暗黄色）的光滑薄膜，随后加厚并且变得不光滑，膜上产生许多皱纹，将酒面全部盖满。当膜破裂后，分成许多白色小片或颗粒下沉，使酒变得浑浊。时间稍长，酒的口味便开始变坏。当容器中酒未装满，就会有大量空气存在，使得该菌大量繁殖。

除葡萄酒膜醭酵母外，其他的产膜酵母还有毕赤酵母、汉逊酵母和假丝酵母的一些种。假丝酵母只影响酒的外观，而毕赤酵母还会使乙酸乙酯达到有害的浓度。

2. 防治措施

① 满桶贮存，不开口贮存，避免酒液表面与空气过多接触。

② 不满的酒桶，采用充二氧化碳或二氧化硫的方法排出并隔绝空气。

③ 提高贮存原酒的酒精度（酒精度在12%以上）或在酒的表面放一层高浓度酒精。

④ 对于已被酒花菌污染的葡萄酒，通过无菌过滤等方法除去酒花菌。

二、醋酸菌病害

1. 病态

醋酸菌是酿造和陈酿中的大敌，常见的是醋酸杆菌，一般为（1～2）μm×0.4μm。葡萄酒感染醋酸菌后酒面上形成一层淡色薄膜，开始透明，随后变暗，有时还会出现褶皱。当膜沉入桶中时，便形成一种黏性的稠密物体，俗称醋蛾或醋母。被侵害的葡萄酒可以明显地闻到乙酸气味，这是酒精氧化生成乙酸的结果。

2. 防治措施

① 葡萄原料质量较差、发酵温度高时，可加入大剂量的二氧化硫。

② 贮存期间，经常添桶，在无法添满时可在酒液上方充二氧化碳或在酒液表面添加一层高浓度酒精。

③ 注意地窖卫生，定时杀菌。

3. 去除方法

对于已感染上醋酸菌的葡萄酒，没有有效的处理方法，只能采用加热灭菌方法处理，在72～80℃温度范围内保持 20min 即可。对于严重污染的酒，可采取渗透法去乙酸。凡存过病酒的容器，需用碱液浸泡，洗净，并用硫黄杀菌后方可使用。

三、乳酸菌污染

葡萄酒乳酸菌被定义为发酵苹果酸为乳酸的细菌，在葡萄酒后熟过程中，乳酸菌被认定为有益菌，苹果酸-乳酸菌发酵最重要的结果是提高了葡萄酒的生物稳定性。但是至少在以下两种情况下苹果酸-乳酸发酵被认为是不需要的：①在不需要苹果酸-乳酸发酵的酒中出现了；②进行这种发酵时产生了足够重的异味或者使葡萄酒的口味改变甚至使产品变质，此时苹果酸-乳酸菌则成了污染菌。

1. 不应该发生的苹果酸-乳酸发酵

当葡萄酒装瓶后，若再出现苹果酸-乳酸菌，则它是一种污染菌。如果葡萄酒未经苹果酸-乳酸菌发酵，那么这种酒必须处理以防止乳酸细菌的污染。

防治措施如下。

① 无菌过滤，无菌灌装，建议滤膜孔径为 0.45μm。

② 采用化学方法抑制苹果酸-乳酸发酵，但不能用山梨酸钾，因为乳酸菌对山梨酸钾有抗性。实验表明，在酒精、低 pH 和二氧化硫共同作用下，豆蔻酰磷脂酰胆碱（DMPC）可有效地抑制苹果酸乳酸菌。

2. 由不需要的乳酸菌引起的苹果酸-乳酸发酵

在红葡萄中双乙酰含量高于 5mg/L，则认为是腐败，在白葡萄酒中该值要稍低些。当双乙酰含量超过要求时会给酒带来不愉快的气味，但与苹果酸-乳酸菌给葡萄酒带来的异味相比仍有些逊色。

防治措施：

① 如果出现了感染，则可采用与处理酒香酵母（一种葡萄酒中的有害菌）同样的方法；

② 接种大量的商品苹果酸-乳酸菌，以抑制设备中存在的乳酸菌的生长繁殖。

四、葡萄酒黏丝病

1. 病态

有时葡萄酒会出现黏度明显增加，外观看起来像鸡蛋清，这种病称为黏丝病。最近的研究成果表明，黏丝病来源于足球菌。葡萄酒中的足球菌产生的多糖物质，通过下胶和过滤的方法很难除去。

2. 防治措施

改善卫生条件，适当地添加二氧化硫。

五、苦味菌病害

1. 病态

苦味菌（*Bacillus amaracrylus*）多为杆状，有短的，有多枝多节、互相重叠的。这种菌侵入葡萄酒后会使酒变苦。苦味主要来源于从甘油生成的丙烯醛或者没食子酸乙酯的形成。丙烯醛（$CH_2=CH-CHO$）本身不苦，但它与花色素中的酚基团反应生成苦味物质。这种病主要发生在总酚含量高的红葡萄酒中，白葡萄酒中发生较少。

2. 防治措施

① 采用二氧化硫杀菌及防止酒温很快升高。

② 若染上苦味菌，要马上进行加热灭菌，然后下胶处理除去苦味菌。

第三节　葡萄酒质量的感官检验

葡萄酒的感官检验是指通过人们的感觉器官对葡萄酒的色泽、香气、滋味及典型性等感官特征进行检查与分析评价。一种好的葡萄酒，必须能给人以美的感受，只有通过感官检验，才能对色、香、味等综合指标客观地把握，才能对酒的众多成分的协同作用结果作出综合分析和评价。

一、葡萄酒感官检验的意义

1. 分级品尝

这种品尝的目的是排定同一类型葡萄酒不同样品的名次，各种评优都采用这种品尝方法。

2. 质量检验品尝

这种品尝是为了确定葡萄酒是否达到已定的感官质量标准，从而排除那些不符合标准的产品。欧共体成员国和国际葡萄酒局成员国的各类法定地区葡萄酒（A. O. C 葡萄酒）的感官质量检验，就是采用这一品尝方法的。

3. 市场品尝

这是葡萄酒生产者为了确定各地消费者的口味，或了解消费者对所提供产品的反应而组织的品尝。

4. 好恶品尝

这种品尝的目的是为了确定在数种酒种中品尝者最喜欢的样品。

5. 分析品尝

通过对感官特征的全面分析，了解葡萄酒的原料状况，生态条件的反映，工艺措施及其优缺点，葡萄酒的现状，各种成分的和谐度，以及今后可能的发展变化方向等。

二、葡萄酒感官检验的条件

1. 对葡萄酒感官分析人员的要求

① 思想作风正派，责任心强，大公无私，实事求是，认真负责。

② 能够非常熟悉葡萄酒的生产工艺、葡萄酒的类型特点。

③ 身体健康，有一定的酒精适应能力。

④ 对葡萄酒类产品具有较强的品评能力。

2. 对感官分析环境的要求

品尝室应便于清扫，并且远离噪声，最好是隔音的。应有适宜的光线，使人感觉舒适，室内光线应为均匀的散射光，光源可用自然日光或日光灯。墙壁的颜色最好是能形成轻松气氛的浅色。室内无任何气味，并便于通风和排气。室内应保持使人舒适的温度和湿度，如可能，温度控制在20～22℃，相对湿度保持在60％～70％。

品酒使用专用的品酒杯，具体根据品酒的品种要求而定。

3. 感官检验的注意事项

（1）感官检验酒样的顺序　葡萄酒感官检验的排列顺序是否合适，直接关系到品尝结果。一般来讲，品评时应先白后红，先干后甜，先淡后浓，先新后老，先低度后高度。为了保证品酒结论的客观、正确，在品评时，首先要按顺序将样品编号，并在酒杯下部注明同样编号。每轮品酒的数量不能超过5个酒样，在一天内品尝的数量不能超过30个。在每轮酒品完后，要隔5～10min后再进行第二轮品评，以便使品酒员感觉器官得到适当休息。

（2）酒温　对酒的品评结果影响很大，在品尝不同的葡萄酒时对酒温的要求也不同。品尝红葡萄酒时酒温要稍高些，过低会使单宁感加强。红葡萄酒在不同温度下对感官的反应为：15℃时单宁有强烈感，18℃时适中，22℃时有较烈的酒精感。一般要求见表1-8-9所示。

表1-8-9　几种葡萄酒品尝的温度范围

酒类别	温度/℃	酒类别	温度/℃
香槟酒	9～10	优质白葡萄酒	13～15
干白葡萄酒(一般)	10～11	干红葡萄酒	16～18
桃红葡萄酒	12～14	浓甜葡萄酒	18℃左右

（3）品尝时间　品尝时间最好安排是在饭前，在具有饥饿感时，一般上午10：00～12：00。因为这时各种感觉都比较灵敏，而且其他食物、饮料的影响也最小。

（4）酒杯的拿法　品尝葡萄酒时，应用中指和无名指夹住酒杯的脚，将杯身握在手心里，不可用手握住杯身，这样会将手纹印在杯上，影响视线和透明度。

（5）其他　品酒员在评酒前不能吸烟、喝酒，不能食用过咸、过辣等刺激性食物（如生葱、生蒜、韭菜、辣椒等），也不应吃油性多的肉类、有腥臭味的食品（如鱼、虾、臭豆腐等）以及较甜的食物，以免影响自己品酒。

在品酒时，要保持安静，品酒员要集中注意力，不可与别人交谈，更不能议论品酒内容，交换品酒意见。

三、感官检验项目

对葡萄酒进行感官检验时，主要基于视觉、嗅觉和味觉对葡萄酒的外观、香味及滋味进行评价。葡萄酒的感官要求应该符合国标 GB/T 15037—1994 的规定，具体如表 1-8-10 所示。

表 1-8-10　葡萄酒的感官要求

项目			要求
外观	色泽	白葡萄酒	近似无色、微黄带绿、浅黄、金黄色
		红葡萄酒	紫红色、宝石红、棕红色
		桃红葡萄酒	桃红色、淡玫瑰红、浅红色
		加香葡萄酒	深红、棕红、浅红、金黄色
	澄清程度		澄清透明，有光泽，无明显悬浮物(使用软木塞封口的，允许有 3 个以下小于 1mm 的软木渣)
	起泡程度		起泡葡萄酒注入杯中，应有细微的串珠状气泡，并有一定连续性
香气与滋味	加香葡萄酒		具有醇厚、舒爽的口味和协调的芳香植物香味，酒体丰满
	非加香葡萄酒		具有优雅、纯正、怡悦、和谐的果香与酒香
	干、半干葡萄酒		具有纯净、优雅、怡爽的口味和新鲜悦人的果香味，酒体完整
	甜、半甜葡萄酒		具有甘醇的口味和陈酿的酒香味，酸甜协调，酒体丰满
	起泡葡萄酒		具有优美、纯正、和谐、悦人的口味，具有发酵起泡特有的香味，有杀口力
	加气起泡葡萄酒		具有清爽、愉快、纯正的口味，有杀口力
典型性			典型突出、明确

1. 视觉

在适宜的光线（非直射阳光）下，以手持杯底或用手握住玻璃杯柱，举杯齐眉，用眼睛观察杯中酒的色泽、透明度和澄清度，有无沉淀物和悬浮物，起泡和加气葡萄酒还要观察其起泡程度，并作好记录。

(1) 色泽　根据葡萄酒的品种不同，色泽不尽相同（表 1-8-11）。若酒发生氧化作用，会使酒色变褐。

(2) 澄清程度　在前面内容中，详细论述了影响葡萄酒稳定性的生物因素和非生物因素，要求葡萄酒装瓶前进行无菌过滤等必要的处理，以保证酒在相当长时间内高度澄清透明，有光泽。

表 1-8-11　葡萄酒的视觉现象及常用术语

项目		术语
澄清度		清亮透明、晶莹透明、有光泽、光亮等
浑浊度		略失光、失光、欠透明，微浑浊、浑浊、极浑浊、雾状浑浊、乳状浑浊等
沉淀		有沉淀、有纤维状沉淀、有颗粒状沉淀、有酒石结晶、有片状沉淀、有块状沉淀等
颜色	白葡萄酒	无色(如水)、淡黄绿色、浅黄色、禾秆黄色、金黄色、黄色、棕黄色、蓝黄色、淡琥珀色、琥珀色
	桃红葡萄酒	浅桃红色、玫瑰红色、砖红色、黄玫瑰红色、橙玫瑰红色、橙红色、洋葱皮红色、紫玫瑰红色
	红葡萄酒	洋葱皮红色、棕带红色、红带棕色、宝石红色、鲜红色、深红色、暗红色、紫红色、瓦红色、砖红色、黄红色、黑红色、血红色、石榴皮红色、淡宝石红色

2. 嗅觉

先在静止状态下多次用鼻嗅香，然后将酒杯捧握在手掌中，使酒微微加热，同时轻轻摇动酒杯，使杯中酒样分布于杯壁上。慢慢地将酒杯置于鼻孔下方，仔细嗅闻其挥发香气，分辨果香、酒香或其他异香。葡萄酒嗅觉常用术语见表 1-8-12。

葡萄酒的香味主要是由酒精、高级醇和少量的酯类、醛类等多种化合物组成。葡萄酒的不良气味有以下几种：①含 SO_2 和硫醇的酵母臭；②使用发霉原料葡萄和生过霉的容器，造成酒液带有霉味；③红葡萄酒高湿发酵所产生的糟粕臭；④由乳酸菌发酵致使葡萄酒带有乳酸；⑤由醋酸菌发酵造成的不良气味。

表 1-8-12 葡萄酒嗅觉常用术语

术语	说明
芬芳馥郁的	一种葡萄酒是否符合这个条件，决定于葡萄固有香料和芳香物之间的配组，与土壤和发酵工艺都有关系，要使酒味的全貌充分反映出来，这是葡萄酒应该具有的优美风格的基本条件
清新的	清新的酒充分保持了葡萄本身的果实香味，它丰满、可爱，有时微带酵母香的味道。由于蛋白质的缘故，而使饮用者情绪活泼。特别是它一般保留二氧化碳较多，说明没有老化。清新的酒可能还免不了有其他的缺点
温馨的	浆浓厚，花香浓，含情之酒。所谓满口的酒，使人感觉它富饶、美不胜收
刺痒的	一切新酒都含有二氧化碳，刺痒的酒则会含更多些，属于发酵不彻底。但总的说来已经接近于珍珠酒的程度。它的风味特别令人愉快，但不能持久，时常几天或几个星期就已失去了这个优点。刺痒也表示一定程度的不稳定，因此难于长期保存，容易败坏
香料味的	指带有各种香料味的葡萄酒。从前习惯用勾兑香料酒，现在葡萄酒中有用带很重香料味的葡萄制成的葡萄酒

3. 味觉

饮入少量样品于口中，尽量均匀分布于味觉区，仔细品尝，有了明确印象后咽下，再体会口感后味。

(1) 酸味　葡萄酒的酸度不宜太大，适宜的酸味能赢得人们的好感；没有酸味的葡萄酒口味平淡，而且酒容易被有害微生物污染。

(2) 甜味　葡萄酒的甜味来自葡萄糖和果糖、高级醇、丙三醇、糖的阈值为 0.75%～1.5%，低于阈值时，其甜味被酸覆盖而感觉不到。

(3) 苦、涩味　葡萄酒中的苦、涩味主要来源于单宁等酚醛化合物，含量越高，苦、涩味越重。白葡萄酒中的单宁含量非常低，所以一般感觉不到苦、涩味；红葡萄酒中的单宁含量较高，苦、涩味明显。

葡萄酒味觉常用术语及说明见表 1-8-13。

四、感官检验步骤

葡萄酒的专业感官检验是由经过专门训练的评酒员进行的。评酒员在感官检验前应选择好合要求的评酒室，适用不同要求的合适评酒杯。感官检验的一般步骤如下。

(1) 明确检验的任务。

(2) 取样　开启样品，同时注意绝不允许有任何物质落入酒中，并将震动减少到最低程度。然后将被检测样品徐徐注入杯中，注入的容量一般不超过杯容的 1/4～1/3，起泡和加气起泡葡萄酒的高度为 1/2。

(3) 检验外观　在适宜的光线下，观其颜色，作好记录。

(4) 检验香气　先不摇动酒杯，嗅酒的香气，再环形摇动杯子后嗅其香气。红葡萄酒的香味挥发得很慢，摇动后香味就很容易被挥发出来，因此对于红葡萄酒而言，摇与不摇对反映出的香气有一定差异。嗅后同样先写评语，再打分。

(5) 检验滋味　每口吸入 6～10mL 酒样，使酒液布满舌头，仔细分析品味，辨别特点和协调情况。在品尝时，有些感觉会很快消失，所以要及时捕捉并记录其风味特点，作出评语，打分。

(6) 确定风格　根据外观、香气、滋味的特点，综合其特点与回忆到的典型性作比较，最后确定出酒的风格（典型性），再写出评语，给出分数。

(7) 定结论　将各项分值汇总，得出被检样品的总得分，并写出最终评语。

五、葡萄酒的品评标准

我国葡萄酒的品评标准如表 1-8-14 所示。

表 1-8-13　葡萄酒味觉常用术语及说明

术　　语	说　　明
滑润的	所谓滑润是对一种柔和、协调的葡萄酒而言。由于葡萄酒经过窖藏、澄清和过滤的处理，故而显出“滑润”。滑润的酒容易被认为是用一般的葡萄品种酿制的
涩味的	含单宁太多就涩。特别在红葡萄酒中这种酒为数较多。饮这种酒涩的感觉较之甜、酸来得更快。但发涩的酒不一定就是有缺点的酒。经过窖藏，涩味会降低，特别是反映苦涩的色素物质含量会降低，尤其是对红葡萄酒
果实味的	在味道上带有各种水果的味道，诸如桃、杏、梨以及苹果的味等
纯正的	纯正的好酒应有一个重要的条件。所谓纯正不仅是酒中主香物质和主味物质要有美妙的组合，更重要的是酒中使人感到愉快的酸应当为形成酒的整幅图景的主导因素。酸的后味较长。甜在纯正的葡萄酒中占主导作用，然而若和酸配合不好的话，就会收到相得益彰的效果。纯正的酒从来不带酒精后味，而它的酸总是对舌头起着愉快和清凉的作用。纯正的酒应归人清凉酒类
纯净的	气味和味道均无瑕疵的酒才是纯净的，它既可以是天然葡萄酒，又可以是改善酒。无论天然酒还是改善酒，都可以按照“国家标准”、“国际标准”达到纯净的水平。那就是说，只要酒中不含任何丑恶的东西或者是过分的东西，且酒可口的话，那么就可以称它达到纯净的标准了
天鹅绒状的	丰满柔和的名酒不仅色泽美丽，而且多汁。甚至使你觉不出什么酒精味。这样，人们形容它为天鹅绒状酒。这种酒一入口轻拂舌头，给人以如同用手抚摸在天鹅绒上面一样。窖藏的葡萄酒是最容易产生这种情调的
干净的	被称为干净的酒是指人们对它指不出缺点。也就是说它是已达到正常标准的酒。倘若有一种酒人们觉出其含有土气味，或者觉出它有木桶味或软木塞的味，这种酒基本就可称为干净的酒。“干净”是人们对于上市葡萄酒的起码要求。酵母成分会把酒搞得不干净，不过这不针对于新酒。因为新酒要经过几道澄清，所以新原酒含有酵母味是自然的。但是如果酒放置一年以后仍有酵母味，那就算不上是干净的酒了，说明酒后阶段的处理不正确或不及时彻底
含脂肪的	这样的酒表现为满口而多汁，它给人留下的不是显著年轻的味道，而是走向成熟的味道。其丰满、优美，饶有余味
酒尾	当酒经过上腭进入咽道时，它的味道图景逐渐减弱，行家称其为酒尾。它可以是愉快的，也可以是不愉快的，也就是谓之尾巴优美或者丑陋。另外还有小尾巴的说法，那是指后味太弱，这样的酒仍然可认为可爱；但是如果酒味在咽喉处一扫而过，这就认为此酒没有尾巴，也就是后味过于贫乏。更进一步地说，酒味所应有的饱满和美丽如果忽然一去无踪，那么就根本不在美酒之列了
飞溅的	一种葡萄酒如果二氧化碳含量高，那么，在斟杯时，不仅使人“尝”到它，而且还可以看到它。行家将这种酒称为飞溅的酒
强烈的	特点在于酒精味浓，在酒味整体图中酒精味最突出。假若酒精味强烈到“威胁”的程度，那已造成“烧酒味”，使人们认为是酒精饮料了，这种葡萄酒要不得
甜味的	指有些葡萄酒品种遗留着未转化的糖，饮时明显感觉出甜味来。这主要和原料及生产工艺有关
满口的	倘若酒中所含的甘油和它的全部浆液融合得特别好，那么就可以称满口的。满口的酒总为多汁的酒，它的酒精度比较高，而酒精味又不突出，那就是人们比喻为可以放在嘴里“嚼”的葡萄酒

表 1-8-14　我国葡萄酒品评标准

项目	评　　语	葡萄酒	香槟酒及汽酒
色泽	澄清透明，有光泽，具有本品应有的光泽，悦目协调	20 分	15 分
	澄清透明，具有本品应有的色泽	18～19 分	13～14 分
	澄清，无夹杂物，与本品色泽不符	15～17 分	10～12 分
	微浑，失光或人工着色	15 分以下	10 分以下
香气	果香酒香浓馥，幽郁协调，怡悦	20～30 分	18～20 分
	果香酒香良好，尚怡悦	25～27 分	15～17 分
	果香与酒香较小，但无异味	22～24 分	11～14 分
	香气不足或不怡悦，或有异香	18～19 分	9～10 分
	香气不足使人厌恶	18 分以下	9 分以下
口味	酒体丰满，有新鲜感醇厚协调舒服爽口	38～40 分	38～40 分
	酸甜适口，柔细轻快，回味绵延	34～37 分	34～37 分
	酒质柔顺，柔和爽口，酸甜适当	30～33 分	30～33 分
	酒体协调，纯正无杂	25～29 分	25～29 分
	略酸，较甜腻，绝干带甜，欠浓郁	25 分以下	25 分以下
	酸涩，苦，平淡，有异味		
风格	典型，完美，风格独特，优雅无缺	10 分	10 分
	典型，明确，风格良好	9 分	9 分
	有典型性，不够优雅	7～8 分	7～8 分
	失去本品典型性	7 分以下	7 分以下
气与泡沫	(1)响声与气压(5 分)	无	
	香槟酒：响声清脆		4～5 分
	响声良好		3～3.5 分
	失声		0.5～2.5 分
	无声		0 分
	汽酒：气足泡涌		4～5 分
	起泡良好		3～3.5 分
	气不足，泡沫少		0.5～2.5 分
	没有起泡		0 分
	(2)泡沫形状(4 分)		
	洁白细腻		3.5～4 分
	尚洁白细腻		2.5～3 分
	不够洁白细腻，发暗		1.5～2 分
	泡沫较粗，发黄		1 分
	(3)泡沫性(6 分)		
	香槟酒：泡沫在 2～3min 以上不消失		4.5～6 分
	泡沫不到 2min 消失		1～4 分
	汽酒：泡沫再 1～2min 以上不消失		4.5～6 分
	泡沫不到 1min 消失		1～4 分

注：在品评香槟酒及汽酒时，要有专人测定泡沫持久性，并观察泡沫性状。泡沫保持时间是从注入杯中起到泡沫消灭刚刚露出液面止的这一段时间。

第四节　葡萄酒主要成分的理化分析

据分析，葡萄酒的化学成分有600多种，也就是这数百种化学成分的协调作用，赋予了葡萄酒色、香、味于一体的品质。葡萄酒的主要成分包括香气成分和呈味物质两大部分。

一、葡萄酒的主要成分

(一) 葡萄酒的香气成分

葡萄酒的香气成分可分为三类：来源于葡萄浆果的香气即果香，来源于发酵产生的香气即酒香，来源于贮存过程产生的香气即陈酿香。呈香物质大约有300多种，主要是醇类、酯类、有机酸类、羰基化合物类、酚类和萜类等。

1. 醇类

(1) 酒精　是酒精发酵过程的产物，在葡萄酒中占6%～16%（体积分数）。酒精具有特有的清香气，低浓度的酒精具有微甜的感觉。

(2) 高级醇　是酒精发酵过程的副产物，也可以来自于氨基酸脱氨作用。其含量一般为0.15～0.50g/L，是酒香气的主要成分之一，同时又是挥发性香气的良好溶剂。

(3) 甘油　即丙三醇，是酒精发酵的副产物，对酒的风味有很大的影响，赋予葡萄酒以柔和、肥硕的感觉。

2. 酯类

葡萄酒中的酯类物质，主要是酵母发酵的副产物，也能在贮藏过程中通过醇酸缩合而生成，酯类是葡萄酒的重要香气成分，如葡萄酒乙酸乙酯的含量低于50mg/kg时，呈愉快的水果香。葡萄酒中酯的种类很多，主要有乙酸乙酯、乳酸乙酯、酒石酸乙酯等。

另外，乙酸乙酯是主要香气成分。

3. 有机酸类

(1) 乙酸　是葡萄酒中主要存在的挥发性、具有强烈刺激性气味的物质，对酒风味有显著的影响。

(2) 琥珀酸　是酒精发酵的副产物，对细菌抵抗力极强，极易生成酯。琥珀酸乙酯是重要的香气成分之一。

4. 羰基化合物

羰基化合物主要指醛类和酮类，是芳香物质的主要成分。

5. 酚类和萜类

在红葡萄酒中，色素物质、单宁物质主要是多酚类化合物，它们对酒的香味影响不大。萜类物质大多数具有愉快的芳香，是葡萄酒芳香的主要成分。

(二) 葡萄酒的呈味物质

1. 甜味物质

(1) 糖类　葡萄酒中的甜味物质首先是糖类，其中包括葡萄糖、果糖、木糖、阿拉伯糖、麦芽糖、半乳糖等，糖类能赋予葡萄酒柔和、肥硕和醇厚感。

(2) 酒精　纯净的酒精具有明显的甜味，它还是葡萄酒中酒香的载体。

(3) 甘油　其具有和葡萄糖等价的甜味强度，是葡萄酒中的重要甜味物质，赋予葡萄酒柔和、肥硕感。

2. 酸类物质

葡萄酒中的酸味物质是由若干种有机酸组成的，如来源于葡萄浆果的苹果酸、柠檬酸、酒石酸等，来源于发酵过程中的乳酸、乙酸、琥珀酸，对葡萄酒的品味有决定性的影响。葡萄酒中的总酸应控制在5～8g/L，低于5g/L时，葡萄酒平淡失去风格；高于8g/L时，产生过酸的感觉。

3. 咸味物质

葡萄酒中咸味物质的化学本质是无机盐和少量的有机盐，它赋予葡萄酒新鲜感。

(1) 钾　一般成品酒中浓度为1g/L，钾离子在酒中起重要的降酸作用。

(2) 钠　一般含量为0.1 g/L，来源于土壤、添加的防腐剂和离子交换树脂。

(3) 钙　含量一般为0.05～0.07 g/L，葡萄酒中的钙离子来源于果实、土壤和助滤剂、澄清剂。

葡萄酒中含有的阳离子还有镁、铜、铁、锌等，阴离子主要有磷酸根、硫酸根、酒石酸根、苹果酸根等。

4. 苦味与涩味物质

葡萄酒中的酚类化合物赋予其特殊的苦涩味，这种苦涩味耐人寻味，使得红葡萄酒更加丰满、厚实。

(三) 其他成分

1. 含氮化合物

(1) 蛋白质　在葡萄酒中，蛋白质占总氮的3%，在酿造酒过程中，要防止蛋白质浑浊沉淀，保证蛋白质的稳定性。

(2) 氨基酸　葡萄酒中含有24种氨基酸，其中主要是脯氨酸、丝氨酸、谷氨酸、亮氨酸。氨基酸占总氮的90%。氨基酸是葡萄酒营养的最重要部分。

2. 果胶物质

葡萄酒中的果胶物质一般包括果胶质和树胶质，它们都是多糖。果胶是由多个半乳糖醛酸交联而成；树胶是由半乳聚糖-阿拉伯聚糖、木聚糖、果聚糖组成，在葡萄酒澄清过程中形成保护层。

3. 维生素

葡萄酒中含有多种维生素，其中主要的是B族维生素和维生素C。

二、葡萄酒的理化要求

葡萄酒的理化指标如表1-8-15所示

表1-8-15　葡萄酒的理化指标

项目			要求
酒精度(20℃,体积分数)/%	甜、加香葡萄酒		11.0～24.0
	其他类型		7.0～13.0
总糖(以葡萄糖计)/(g/L)	平静葡萄酒	干型	⩽4.0
		半干型	4.1～12.0
		半甜型	12.1～50.0
		甜型	⩾50.1
		干加香	⩽50.0
		甜加香	⩾50.1
	起泡、加气起泡葡萄酒	天然型	⩽12.0
		绝干型	12.1～20.0
		干型	20.1～35.0
		半干型	35.1～50.0
		甜型	⩾50.1
滴定酸/(g/L)	甜、加香葡萄酒		5.0～8.0
	其他类型		5.0～7.5
干浸出物/(g/L)	白葡萄酒		⩾15.0
	红、桃红、加香葡萄酒		⩾17.0
铁/(mg/L)	白加香葡萄酒		⩽10.0
	红、桃红葡萄酒		⩽8.0
二氧化碳	加气起泡起泡葡萄酒	＜250mL/瓶	⩾3.0
		⩾250mL/瓶	⩾3.5
挥发酸(以乙酸计)/(g/L)			⩽1.1
游离二氧化硫/(mg/L)			⩽50
总二氧化硫/(mg/L)			⩽250

三、葡萄酒主要成分分析方法

葡萄酒主要成分分析方法如表 1-8-16。

表 1-8-16　葡萄酒检测项目及方法

检 测 项 目	检 测 方 法
酒精度	气相色谱法、密度瓶法、酒精计法
总糖和还原糖	高效液相色谱法、直接滴定法、间接碘量法
滴定酸	电位滴定法、指示剂法
游离二氧化硫	氧化法、直接碘量法
总二氧化硫	氧化法、直接碘量法
铁	原子吸收分光光度法、邻菲啰啉比色法、磺基水杨酸比色法
铜	原子吸收分光光度法、二乙基二硫代氨基甲酸钠比色法
二氧化碳	压力测定器法

注：具体试验方法见 GB/T 15038—94。

思　考　题

1. 常见葡萄酒的非生物病害有哪些？
2. 影响酒石酸氢钾溶解度的因素有哪些？如何预测酒石酸氢钾的稳定性？
3. 影响酒石酸钙溶解度的因素有哪些？如何预防酒石酸盐沉淀？
4. 葡萄酒的色泽变化主要受哪些因素影响，它们是如何影响的？
5. 葡萄酒的破坏病有哪些？如何进行防治？
6. 常见葡萄酒的生物病害有哪些？如何进行防治？
7. 简述葡萄酒感官检验的步骤。
8. 葡萄酒感官检验项目有哪些？如何进行表述？
9. 简述葡萄酒感官检验的意义及条件。

第二篇　啤酒酿造技术

第一章　啤酒工业的发展史

第二章　啤酒的简介

第三章　酿造啤酒的原料选择与处理技术

第四章　麦芽与麦汁制备技术

第五章　啤酒酵母的扩培与选育技术

第六章　啤酒的发酵技术

第七章　啤酒酿造新技术

第八章　啤酒的后处理技术

第九章　啤酒质量监控技术

第一章　啤酒工业的发展史

学习目标

1. 了解世界啤酒工业的发展历史。
2. 了解中国啤酒工业的历史及发展趋势。

啤酒是世界第一大饮料酒，在全世界范围得到快速发展。中国近代啤酒工业是泊来品，只有100多年的发展历史，但近十几年来发展速度很快，自2002年超过美国成为世界最大的啤酒生产国以来，已连续5年产量居世界首位，且今后还将稳固发展。

第一节　世界啤酒工业的发展史

一、啤酒的定义

啤酒是以大麦芽为主要原料，以谷物及极少量的酒花为辅料，含有二氧化碳，具有泡沫、酒花香和爽口苦味，营养丰富，风味独特的低度酿造酒。

啤酒的名称是由外文发音翻译过来的。如英文称Beer，法文为Biere，德文是Bier，词首均有啤音，故我国成这种饮料酒为啤酒。啤酒与人类文明一样有着悠久的历史，他先于其他酒类而最早出现在人类的生活中，因此，不少学者把啤酒成为“酒类之父”。

二、世界啤酒工业的发展过程

啤酒的历史可以追溯到人类文明的摇篮：东方世界的两河（底格里斯河与幼发拉底河）流域、尼罗河下游和九曲黄河之滨。啤酒的起源与谷物的起源密切相关。人类使用谷物制造酒类饮料已有8000多年的历史。已知最古老的酒类文献，是公元前6000年左右古巴比伦人用黏土板雕刻的献祭用啤酒制作法，最原始的啤酒也可能出自居住于两河流域的苏美尔人之手，距今至少已有9000多年的历史。

在Tepe Gawra（现今伊拉克的北部）出土公元前4000年的雕刻版画，上边画着2个用大的容器（非常像现在的啤酒杯）在喝着“啤酒”的人。美国和加拿大考古学家对在伊朗出土的公元前3500～3100年的杯状文物碎片研究发现，在碎片的槽中有现在被人们称为酒石的物质。埃及出土的公元前2250年的文物上刻着一个酿造工人酿造“啤酒”的全部过程。考古学家发现，公元前1800年巴比伦有详细资料记载“啤酒”整个生产过程。在Kulmbach附近出土了公元前800年的啤酒酿造技术文献，这是德国最早的关于啤酒酿造技术的文献。

到新巴比伦时代（公元前600年左右），可能已组织合作社形式大规模生产啤酒了。到中世纪，欧洲领主已拥有大规模的酿造厂，利用燕麦、大麦、小麦，大量制成自用啤酒。在啤酒中使用啤酒花的最早记录是斯洛伐克人。据文献记载，公元448年，当时的斯洛伐克人用来款待拜占庭国王使节的啤酒，就是加啤酒花酿造出来的啤酒，带有一种清香的苦味。13世纪，正式采用蛇麻花——酒花的德国啤酒诞生了，是由德国巴伐利亚州修道士开始的。自此以后，才开始制造典型的啤酒，而且逐渐传遍全世界。

公元1040年建立了世界第一家啤酒厂Weihenstephan。公元1150年医生、自然学家Hildegard提出啤酒可以使人健康，并认为酒花有利于人们的睡眠。公元1516年德国规定啤酒的原料只有水、麦芽、酵母和酒花，也就是纯酿法。公元1810年举办了首届德国慕尼黑啤酒节。公元 1821 年，首台用于啤酒酿造的蒸汽机在慕尼黑 Spaten 啤酒厂运行。1837 年在丹麦的哥本哈根城，诞生了世界上第一个工业化生产瓶装啤酒的工厂。1857 年 L. 巴斯德确立生物发酵学说。1845 年 C. J. 巴林阐明发酵度理论。公元 1876 年发明了巴氏杀菌隧道。19 世纪，酿造学家相继阐明有关的酿造技术，1881 年 E. 汉森发明了酵母纯粹培养法，使啤酒酿造科学得到飞跃的进步。18 世纪后期，因欧洲产业革命的影响和科学技术的迅速发展，啤酒工业从手工生产方式发展为大规模机械化生产。19 世纪中叶，发电机和冷冻机的发明，进一步更新了啤酒酿造生产的工业基础。

全世界啤酒年产量高居各种酒类之首，1986 年全世界生产啤酒 1.016 亿千升，2003 年全球产量达到了 1.47 亿千升，2005 年世界啤酒总消费量为 1.56 亿千升。2002 年中国啤酒产量达 2386.8 亿千升，年产量首次跃居世界首位：至今我国啤酒年产量已连续 5 年居世界第一，2007 年达 3931.37 亿千升。但国外啤酒企业的集约度[1]很高，在美国的 7 大啤酒公司产量占全美总产量的 95.5%，其中世界第一大啤酒企业 AB（百威）公司的年产量达 1150 万千升，占美国国内市场 48%；美国排名第二的米勒公司年产量近 700 万千升，市场占有率为 22%。在日本，四大啤酒公司（朝日啤酒公司、麒麟啤酒公司、三得利公司、札幌啤酒公司）的产量占日本全国总产量的 99%。世界第二大啤酒企业比利时的时代啤酒，产量为 817 万千升。荷兰的喜力啤酒以年产量 720 万千升位列第三。

第二节　中国啤酒工业的发展现状与历史

我国古代的原始啤酒至少也有 4000～5000 年的历史，在距今 3500 多年的商代遗址里，也发现了中国啤酒“醴”（即蘖法酿醴）的证据。与远古时期的美索不达尼亚（Mesopotamia）和古埃及人一样，我国远古时期的醴也是用谷芽酿造的，即所谓的蘖法酿醴。《黄帝内经》中记载有醪醴，商代的甲骨文中也记载有不同种类的谷芽酿造的醴。《周礼·天官·酒正》中有“醴齐”，醴和啤酒在远古时代应属同一类型的含酒精量非常低的饮料。由于时代的变迁，用谷芽酿造的醴消失了，但口味类似于醴，用酒曲酿造的甜酒却保留下来了，在古代，人们也称之为醴。根据古代的资料，我国很早就掌握了蘖的制造方法，也掌握了由蘖制造饴糖的方法。2004 年，一名美国考古学家从中国河南省漯河市舞阳县贾湖遗址出土的陶器碎片中，发现了 9000 年前的古酒沉淀物，并成功破解了其酿制配方。美国特拉华州“角鲨头”酿酒厂根据这一配方仿制出一种口味独特的新款啤酒，将其命名为“贾湖城”。“贾湖城”选用大米、蜜糖、葡萄和山楂等作为原料，以现代酿造工艺酿制而成。

直到 19 世纪，以工业化方法生产的现代啤酒酿造技术才从西方传到中国，并逐渐繁衍起来，一批啤酒厂应运而生。近代在中国建立最早的啤酒厂是俄国人 1900 年在哈尔滨建立的乌卢布列夫斯基啤酒厂（哈尔滨啤酒厂前身），此后五年时间里，俄国、德国、捷克分别在哈尔滨建立另外三家啤酒厂。1903 年英国和德国商人在青岛开办英德酿酒有限公司，生产能力为 2000 千升，这就是现在青岛啤酒厂的前身。1904 年在哈尔滨出现了第一家中国人开办的啤酒厂——东北三省啤酒厂，1914 年哈尔滨又建起了五洲啤酒汽水厂，同年北京建立了双合盛啤酒厂（五星啤酒厂前身）。1920 年，山东烟台几个资本家集资建成了醴泉啤酒厂（烟台啤酒厂前身）。1935 年广州建立了五羊啤酒厂（广州啤酒厂的前身）。

新中国成立前，不论外国人开办的啤酒厂还是中国人自己经营的啤酒厂，总数不过十几家，产量不大，品种很少，当时全国啤酒总产量仅有 7000 千升。

新中国成立后，随着经济的逐步发展和人民生活水平的提高，啤酒工业取得了一定的进展。1958 年我国分别在天津、杭州、武汉、重庆、西安、兰州、昆明等大城市投资新建了

[1] 集约度即为单位面积土地上劳动力、资金、技术、物质等投人的密集程度。通常采用集约度作为反映土地集约利用程度的概念。

一批规模在2000千升左右的啤酒厂，成为我国啤酒业发展的一批骨干企业。到1979年，全国啤酒厂总数达到90多家，啤酒产量达37.3万千升，比建国前增长了50多倍。1979年以后的10年间，我国的啤酒工业每年以30%以上的高速度持续增长。20世纪80年代，我国的啤酒厂如雨后春笋般不断涌现，遍及神州大地。到1988年我国大陆地区啤酒厂家发展到813个，总产量达656.4万千升，仅次于美国、德国，名列第3，到1993年超过德国跃居第2。2002年我国以2386万千升的年产量超过美国成为世界第一啤酒生产大国，但啤酒生产厂家数降到400多家。2003年啤酒产量达2540.48万千升，啤酒工业总产值达到561.6亿元，比2002年增长了8%，实现利润26亿元，为国家纳税98.7亿元。2004年啤酒年产量上升到2910.05万千升。2005年产量为3061万千升，2006年我国啤酒产量实现3515.15万千升，比2005年初报数增加453.59万千升，增长14.82%。其中19个省市的啤酒产量增长15%以上，广东、山东、浙江、河南、黑龙江、辽宁6个省市产量超过200万千升。目前我国人均年消费量为27.6L，首次超过世界人均年消费量（为27L），但发达国家人均年消费量可达到100L以上，最高达160L左右。

2006年我国共出口啤酒产品17.7万千升，出口额8473万美元，达历史最高水平，主要出口到东南亚国家；进口啤酒2.1万千升，进口额2723万美元，进口国以墨西哥和德国为主。2006年我国共进口大麦214.81万吨，约占大麦总需求量的55%。由于国内酒花供应紧张，2006年进口颗粒酒花量比2005年增加了85.73%，达到了创纪录的1013t。进口酒花浸膏比2005年增加了28.02%。

2006年我国啤酒工业整体情况表现为：产量持续大幅攀升，连续5年居世界首位；产品结构进一步优化，销售收入增幅略高于产量增幅；市场整合得到加强，品牌、服务成为市场竞争的关键点；行业经济指标有升有降，总体效益稳步上扬；资金投入力度持续走高，新建项目不断上马；健康、环保、节能成为新风尚，行业综合管理水平逐步提高。中国啤酒业正处于高速成长期和成熟期的临界点。

目前，全国啤酒生产企业有400多家。全国啤酒市场的竞争日益激烈，啤酒生产新技术、新设备的应用和推广速度加快，产品也逐步向多样化发展，国外生产中的各种成熟技术都已在国内落户。纯生啤酒生产技术、膜过滤技术、微生物检测和控制技术、糖浆辅料的使用、PET包装的应用、错流过滤技术以及ISO管理模式在啤酒生产中普遍得到推广应用。企业向国际化、集团化、规模化、自动化、优质低耗和品种多样化等方向发展。

第三节　中国啤酒工业的发展趋势

20世纪90年代初，随着膜过滤技术和无菌灌装技术的发展和完善，国外一些啤酒灌装设备制造厂家顺应市场需求，相继推出了新一代配备低温膜过滤系统的瓶装纯生啤酒无菌灌装生产线。日本、美国以及欧洲一些国家的啤酒生产企业以此新技术逐步取代传统的灌装和巴氏杀菌工艺，大批量生产纯生啤酒。这是啤酒包装技术质的飞跃，是啤酒生产工业上的一次重大变革。

通过“兼并”、“整合”以来，我国啤酒工业的规模化、集团化有了很大发展，并取得显著成效。全国已经形成了很多大中型啤酒集团。如华润雪花啤酒、青岛啤酒、燕京啤酒三大集团，以及英博第四大集团。2007年有关部门统计公布的排序显示：华润雪花啤酒集团的产销量居全国第一位，其后依次是青岛啤酒、燕京啤酒、英博啤酒、重庆啤酒、金星啤酒、哈尔滨［AB］啤酒、珠江啤酒。但是前四名企业的产量加起来也只占全国啤酒产量的46%左右；前五名企业的产量加起来也只占全国啤酒产量的51%左右；前八名企业的产量加起来仅占全国啤酒产量的64%左右，这与国际标准相差太远。中国啤酒工业要有3～5家啤酒集团，拥有全国产量的70%～80%以上，才可以用集团化、规模化基本完成的国际标准来衡量，因此我国啤酒业的规模化、集团化程度还不够，还要继续向纵深发展。2007年啤酒行业扩张仍在进行，仅华润雪花啤酒集团一家的在建项目产量就在 200 万千升以上。

预计未来几年，啤酒行业将出现以下几大发展趋势。

（1）集团化、规模化　企业数量会继续下降，华润雪花啤酒、燕京啤酒、青岛啤酒的下属企业会继续增加，生产能力和年产量会持续增长。珠江啤酒、金星啤酒、哈尔滨啤酒等第二集团也会迅速扩张，规模会快速增大。

（2）一业为主、多元化发展　多数啤酒企业在做强的同时依靠自身优势进入其他行业向多元化发展。如青岛啤酒进入茶饮料业、葡萄酒业，燕京啤酒进入生物制药业，蓝剑下属 20 多家其他产业等。

（3）科技化　科技是第一生产力，在采用纯生啤酒生产技术的同时，啤酒企业将在啤酒保鲜、缩短生产周期、降低成本、环保等方面进行科技创新。

（4）品种多样化　传统的普通浅色啤酒依然是主流，但个性化产品也会不断出现。如保健啤酒、果汁（味）啤酒、无（低）醇啤酒等特色啤酒的消费量将越来越大。

（5）企业所有制结构多元化　国有企业基本退出，股份制企业、多种所有制混合式企业、民营企业将得到大的发展，新一轮的中外合资企业也会更多，合资的形式会有所改变。

（6）市场结构的变化　在城市市场，新一轮消费高潮掀起，中高档啤酒市场、特色啤酒市场、女士啤酒市场得到发展。在农村市场，随着农村经济的快速发展，啤酒消费将出现稳步增长趋势。企业—消费者的直销模式也会得到快速发展，尤其是电子商务的发展使网上营销在啤酒行业得到大发展。

（7）竞争焦点的变化　随着我国经济的进一步开放，更多的世界级啤酒厂商以种种方式进入中国这一巨大市场，而通过资本运营进入将是一种非常合适的途径。我国的啤酒企业一方面要面对国内的资本竞争，同时还要参与国际的资本竞争，是未来中国啤酒产业竞争的焦点之一。

（8）品牌竞争　国内啤酒质量日益同质化，质量是企业竞争力的基础，日趋个性化的品牌成为企业竞争力的核心部分。突出自己的品牌独特个性和丰富内涵，塑造优秀品牌，扩大品牌的差异性，是提高企业整体竞争力的前提。

（9）市场份额竞争　我国的啤酒企业，普遍没有占据太大的市场份额，行业中的华润、青岛、燕京三巨头仅占据了全国市场份额的 30%左右。今后市场份额也会在全国范围内重新分配，市场份额的竞争也是啤酒市场未来竞争的焦点。

（10）信息化　知识经济时代啤酒企业对企业信息化建设更加重视。既要加快内部信息化建设，如青岛啤酒、珠江啤酒、燕京啤酒、哈尔滨啤酒投资数千万元上 ERP 系统、内部局域网等；同时要加快外部信息沟通和利用，促进与外界的交流。

思考题

1. 查阅资料进一步了解世界啤酒工业发展历史及其中国啤酒工业发展历史，写一篇关于啤酒工业发展历史的小论文，并进行讨论。

2. 当地啤酒市场的状况是什么？主导品牌有哪些？

3. 国内啤酒行业竞争的特点是什么？

4. 为什么要生产纯生啤酒？对国内啤酒行业的发展有什么意义？

第二章　啤酒的简介

学习目标

1. 了解和掌握啤酒的分类及其各自的特点。
2. 了解世界著名啤酒的特色。

第一节　啤酒的分类

啤酒生产技术分为麦芽制造和啤酒酿造两大阶段。由于生产啤酒所用的酵母类型、生产方式、产品原麦汁浓度、色泽等的不同，而形成很多品种，大体可分为以下几种类型。

一、按啤酒酵母的性质不同分类

酵母属并列两个种，即上面啤酒酵母和下面啤酒酵母。典型的上面啤酒酵母在发酵时随 CO_2 漂浮在液面上，发酵终了形成酵母泡盖，经长时间放置，酵母也很少下沉。而典型的下面啤酒酵母发酵时悬浮在发酵液内，发酵终了时，很快凝结成块并沉积在容器底部，形成紧密的沉淀物——酵母泥。

两种酵母形成不同的发酵方式，即上面发酵和下面发酵，酿制出以下两种不同类型的啤酒。

(1) 上面发酵啤酒　是以上面啤酒酵母进行发酵的啤酒。利用上面发酵的啤酒主要有英国、加拿大、比利时、澳大利亚等少数国家。其具代表性的啤酒主要有英国著名的淡色爱尔啤酒（Ale）、司陶持（Stout）黑啤酒、波特（Porter）黑啤酒、浓色爱尔啤酒等。

(2) 下面发酵啤酒　是以下面啤酒酵母进行发酵的啤酒。世界上大多数国家采用下面发酵法酿造啤酒。其典型代表有著名的捷克比尔森（Pilsen）啤酒，德国的慕尼黑啤酒、维也纳啤酒、多特蒙德啤酒和博克啤酒，丹麦嘉士伯啤酒等。我国啤酒多属于此类型，如青岛淡色啤酒及波打黑啤酒、燕京啤酒等。

二、按啤酒色泽分类

(1) 淡色啤酒（色度 3～14EBC）　是各类啤酒中产量最大的一种，约占 98%。根据地域偏好不同，淡色啤酒又可分为淡黄色啤酒（色度 7EBC 以下）、金黄色啤酒（色度 7～10EBC）和棕色啤酒（色度 10～14EBC）三种。

(2) 浓色啤酒（色度 15～40EBC）　呈红棕色或红褐色，酒体透明度较低，产量较淡色啤酒少。根据色泽的深浅，又可划分成三种：棕色（色度 15～25EBC）、红棕色（色度 25～35EBC）和红褐色（色度 35～40EBC）。特点是麦芽香突出，口味醇厚，酒花苦味较轻。

(3) 黑色啤酒（色度大于 40EBC）　色泽呈深棕色或黑褐色，酒体透明度很低或不透明。一般原麦汁浓度高，酒精质量分数 5.5%左右，口味醇厚，泡沫多而细腻，苦味根据产品类型而有轻重之别。此类啤酒产量较少。

三、按是否经过灭菌分类

(1) 鲜啤酒　是指不经过巴氏灭菌或瞬时高温灭菌，成品中允许含有一定数量活的酵母菌，达到一定生物稳定性的啤酒。鲜啤酒是地销产品（指在当地销售的产品），口感新鲜，但保质期短，多为桶装啤酒，也有瓶装者。鲜啤酒具有爽口美味的优点。

(2) 熟啤酒　把鲜啤酒经过巴氏杀菌或瞬时高温灭菌法处理即成为“熟啤酒”或“杀菌

啤酒”。经过杀菌处理后的啤酒，稳定性好，而且便于运输。熟啤酒均以瓶装或罐装形式出售。

（3）纯生啤酒　不经巴氏灭菌或瞬时高温灭菌，而是采用无菌膜过滤技术滤除酵母菌、杂菌，达到一定生物稳定性的啤酒。生啤酒避免了热损伤，保持了原有的新鲜口味，最后一道工序进行严格的无菌灌装，避免了二次污染。啤酒稳定性好，非生物稳定性4个月以上。

纯生啤酒常用生产方法主要有：膜分离法、热处理法、终止发酵法。

四、按原麦汁浓度不同分类

（1）低浓度啤酒　原麦汁浓度（质量分数，下同）为2.5%～8%，酒精含量（体积分数，下同）为0.8%～2.2%。

（2）中浓度啤酒　原麦汁浓度为9%～12%，酒精含量为2.5%～3.5%。其中原麦汁浓度10%～14%，酒精含量3.2%～4.2%的啤酒称为贮藏啤酒（或淡色贮藏啤酒），它是一种清爽、金色的啤酒。它现在是国际上畅销的大众化啤酒，占全球啤酒消费总量的98%。

（3）高浓度啤酒　原麦汁浓度14%～20%，最高22%，酒精含量4.2%～5.5%，少数酒精含量达到7.5%。黑色啤酒即属此类型，这种啤酒生产周期长，含固形物较多，稳定性强，适宜贮存或远销。其甜味较重，黏度较大，苦味小，口味浓醇爽口，色泽较深。

五、新的啤酒品种

（1）干啤酒（dry beer）　是指酒的发酵度极高，酒中残糖极低，口味清淡爽口，后味干净，无杂味的一类啤酒。1987年首先由日本推出，之后风靡世界。一般来说，干啤酒的真正发酵度应达72%以上，有的高达80%以上，以区别普通的淡爽型啤酒，而酒精含量则与普通啤酒差别不大。

（2）无醇（低醇）啤酒　现在国际上命名的“无醇啤酒”（alcohol-free beer），概念非常模糊。一般认为，酒精含量为0.5%（体积分数）以下者，可以称为无醇啤酒；酒精含量在0.6%～2.5%（体积分数）者，可以称为低醇啤酒。目前此类啤酒还达不到正常啤酒所具有的风味特点，存在风味和质量问题。

（3）稀释啤酒　是“高浓度麦汁酿造后稀释啤酒”的简称，即制备高浓度麦汁（15°P[1]以上），进行高浓度麦汁发酵，然后再稀释成传统的8～12°P的啤酒。

（4）冰啤酒　除符合淡色啤酒的技术要求外，在过滤前需经冰晶化工艺处理，口味纯净，保质期浊度不大于0.8EBC。

第二节　世界著名啤酒介绍

多数著名啤酒由该酒种的发源地而得名。由于长期生产，产量大，销路广，风格独特，社会公认和专家鉴定为名优酒，进而形成国际著名啤酒。如德国的慕尼黑啤酒、捷克的比尔森啤酒、我国的青岛啤酒等。凡是采用或按照比尔森啤酒工艺酿造的淡色啤酒，都称为比尔森啤酒。

1. 比尔森啤酒（Pilsen beer）

比尔森啤酒的发源地在捷克的比尔森啤酒厂，开始酿造于1842年。使用极软的酿造水，优质的二棱大麦芽和酒花，采用煮出糖化法制成11%～12%的麦汁，经低温长时间的下面发酵，酿造成世界著名的淡色啤酒。

产品特点：色泽浅，泡沫洁白细腻挂杯，酒花香味浓而清爽，酒花苦味重而不长，口味醇和爽口，二氧化碳气杀口力强。

2. 慕尼黑啤酒（Munich beer）

---

[1] °P为麦汁浓度单位（或质量分数），指100g麦汁中浸出物的质量（g）。

慕尼黑啤酒是德国巴州慕尼黑罗汶啤酒厂的产品。利用含总氮高的大麦制成浓色麦芽和焦香麦芽，加少量酒花，添加硬度中等的酿造水，采用三次煮出糖化法，原麦汁浓度为12%左右，出口酒为16%～18%，经低温长时间的下面发酵，贮酒7～10周或更长时间而制得。

产品特点：外观呈红棕色或棕褐色，色度为40EBC以上，酒体清亮透明，有光泽，泡沫细腻持久，口味纯正，有浓郁的焦麦芽香味，苦味轻，后味略甜，含有易被人体吸收的氨基酸和B族维生素，其含量比淡色啤酒高2～3倍，被誉为“黑牛奶”。

3. 多特蒙德啤酒（Dortmund beer）

多特蒙德啤酒是起源于德国多特蒙德地区的淡色啤酒。所用大麦发芽时间较长，溶解度较高，酿造用水的水质极硬，含盐量高达1100mg/L，采用两次煮出糖化法，酒花用量较低，原麦汁浓度为13%左右，经低温长时间的下面发酵，其发酵度中等偏上，贮存期间加木片酿制而成。

产品特点：酒体色泽呈淡黄色，色度为10EBC，酒精含量高，具有酒花清香味，口味爽口。

4. 巴登爱尔啤酒（Burton Ale）

巴登爱尔啤酒是英国著名的上面发酵啤酒。它分为浓色和淡色两种。

（1）浓色巴登爱尔啤酒（又称香味型爱尔啤酒） 采用全麦芽浸出糖化法，麦汁煮沸时加糖，酿造用水的水质极硬，暂时硬度很高，水的含盐量达到1790mg/L。内销啤酒原麦汁浓度为11%～12%，出口啤酒为16%～17%。

产品特点：酒体色泽深，呈琥珀色，麦芽香味浓，酒精度较低，苦味重而略甜，口味醇厚。

（2）淡色巴登爱尔（Pale Burton Ale）啤酒 酿造工艺与浓色巴登爱尔啤酒相似，不同之处是它在前发酵阶段采用了专用于英国传统特产淡色巴登爱尔啤酒的“巴顿联合法”（Burton Union System）。

产品特点：酒体色泽浅，富有酒花香味，酒精度高，口味淡爽。

5. 司陶特（Stout）黑啤酒 司陶特黑啤酒也是英国著名的上面发酵啤酒，又称烈性啤酒。根据所使用麦芽、酒花、糖色以及发酵度的差异，将司陶特黑啤酒分为甜型和干型两种。采用浸出糖化工艺，以糖化力中等的浅色麦芽为主料，并配合使用7%～10%其他种类的麦芽或大麦，如焦香麦芽、焙焦麦芽、结晶麦芽、焙焦大麦以及少量的黑麦芽酿造而成。麦汁煮沸时加糖和糖色，酒花添加量达到600～700g/100L，且发酵度较高，普通司陶特黑啤酒原麦汁浓度为12%左右，内销啤酒原麦汁浓度为10%，出口啤酒的原麦汁浓度为18%～20%。

产品特点：甜味司陶特啤酒的色泽深褐，色度为130EBC，酒花苦味重，有明显焦香麦芽味，口味甜醇，酒精度高，泡沫细腻挂杯。干型司陶特啤酒的口味干爽醇和，酒精度更高。

6. 兰比克（Lambic）啤酒

兰比克啤酒原产于比利时的布鲁塞尔，是世界啤酒品系中唯一利用野生酵母进行自然发酵而成的产品。它是以70%的大麦芽和30%生小麦为原料，原麦汁浓度为11.5%～13.5%，添加一定量陈酒花，并且在发酵过程中引进野生酵母参与发酵。贮存于木桶中。

产品特点：呈粉红色，具有独特的酒香味和酸味。类似葡萄酒，酒精含量为5%（体积分数）左右。

7. 青岛（Tsingtao）啤酒

青岛啤酒是我国青岛啤酒厂出品。酿造用水的水质软，采用二次煮沸糖化法制备麦汁，原麦汁浓度为12%，经低温长时间的下面发酵，发酵度适中。

产品特点：酒体色泽淡金黄色，泡沫细腻持久挂杯，有清爽的酒花香味，苦味适中，口味柔和醇厚。

思 考 题

1. 什么是上面发酵啤酒、下面发酵啤酒？各举几种代表型啤酒。
2. 啤酒根据色泽分为哪几类？其各具怎样的特点？
3. 夏天市场上的大桶装的鲜啤酒，深受消费者的青睐，试分析畅销原因。
4. 根据你对啤酒市场的认识，分析现在为什么会出现很多啤酒新品种，其发展前景如何？
5. 根据所学知识，谈谈你认为作为一种名优啤酒应该具备哪些特点？

第三章　酿造啤酒的原料选择与处理技术

学习目标

1. 了解大麦的化学组成及其特性。
2. 了解和掌握啤酒酿造用水的要求和无机离子对啤酒酿造的影响。
3. 掌握啤酒花的化学组成及其功能特性、酒花贮藏方法。
4. 熟悉酒花制品的分类及技术要求。
5. 熟悉啤酒糖化的其他原料的技术要求。

第一节　大　　麦

自古以来大麦就是酿造啤酒的主要原料。其主要原因是：①大麦易于发芽，并产生大量的水解酶类；②大麦种植面积广泛；③大麦的化学成分适合酿造啤酒；④大麦是非人类食用主粮。

大麦按大麦籽粒在麦穗上断面分配形态，可分为二棱大麦和多棱大麦，其中多棱大麦包括四棱大麦和六棱大麦，见图 2-3-1。

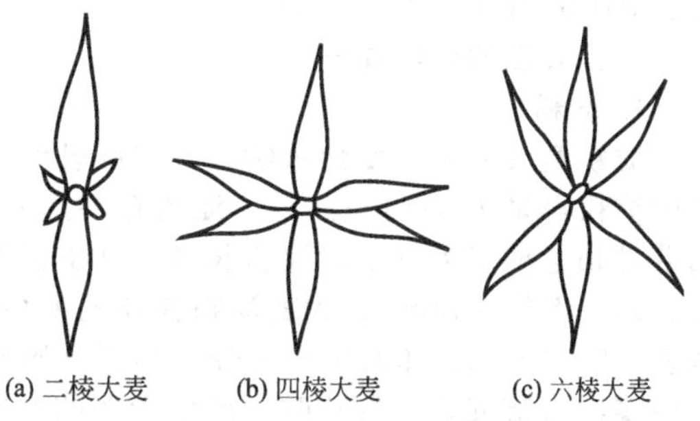

图 2-3-1　大麦穗断面图

二棱大麦是六棱大麦的变种，麦穗扁形，沿穗轴只有 2 行籽粒，粒均匀饱满且整齐。二棱大麦的淀粉含量较高，蛋白质的含量相对较低，浸出物收得率高于六棱大麦，所以，一般都用二棱大麦。

四棱大麦实际上也是六棱大麦，只是它的籽粒不像一般六棱大麦那样对称，有 2 对籽粒互为交错，麦穗断面呈四角形，看起来像是在穗轴上形成 4 行籽粒，故而得名。四棱大麦蛋白质含量较高，麦皮较厚，发芽力较强。

六棱大麦的麦穗断面呈六角形，即麦穗上有 6 行麦粒围绕着 1 根穗轴而生，其中只有中间对称的 2 行发育正常，其左右 4 行发育迟缓，粒形不正。因此，六棱大麦籽粒欠整齐，且籽粒较小。六棱大麦蛋白质含量稍高，适合于制高糖化力麦芽，它的淀粉含量相对较低，浸出物含量稍低。

大麦按种植时间分为春大麦和冬大麦两类。我国春大麦多在春季惊蛰后清明节前播种，生长期短，约 90d 左右成熟。春大麦成熟度欠整齐，一般休眠期较长。冬大麦是秋后播种，生长期为 200d 左右，成熟度整齐，休眠期较短，发芽力整齐。

大麦按籽粒色泽分为白皮大麦、黄皮大麦和紫皮大麦。白皮大麦成熟后籽粒谷皮呈浅黄色微白，具有光泽，籽粒大而饱满，发芽整齐。黄皮大麦籽粒麦皮呈黄色，有光泽，籽粒较小，但均匀一致，蛋白质含量较高，发芽力较强。紫皮大麦籽粒谷皮呈淡紫色，有光泽，籽粒小而均匀，谷皮较厚，蛋白质含量高，发芽力强而整齐，其色泽不影响啤酒的色度。

大麦按成熟时麦穗的曲直形态分为直穗大麦和曲穗大麦。

一、大麦的形态

大麦粒可粗略分为胚、胚乳及谷皮三大部分。

1. 胚

胚由原始胚芽、根胚、盾状体和上皮层组成，约占麦粒质量的2%～5%。它位于麦粒背部下端，是大麦器官的原始体，根茎叶即由此生长发育而成。胚部含有相当多量的蔗糖、棉籽糖和脂肪，它们是麦粒发芽的原始营养。发芽开始时，胚分泌出赤霉酸（GA），并输送至糊粉层，激发糊粉层产生多种水解酶。酶逐渐增长扩散至胚乳，对胚乳中的半纤维素、糖、蛋白质等进行分解。产生的小分子物质通过上皮层和盾状体，由脉管输送体系送至胚根和胚芽作为发育营养。胚是麦粒中有生命部位，一旦胚被破坏，大麦即失去发芽能力。

2. 胚乳

胚乳是由许多胚乳细胞组成，这些胚乳细胞含有淀粉颗粒。胚乳约占麦粒质量的80%～85%。在发芽过程中，胚乳成分不断地分解成小分子糖和氨基酸等，可提供营养，供呼吸消耗并放出热量。胚乳部分适当分解的产物是酿造啤酒最主要的成分。

3. 谷皮

谷皮由腹部的内皮和背部外皮组成，两者都是一层细胞。外皮的延长部分为麦芒。谷皮约占谷粒总质量的7%～13%，谷皮内面是果皮，果皮外表面有一层蜡质，它对赤霉酸和氧是不透性的，这与大麦的休眠性质有关。

谷皮成分绝大部分为非水溶性物质，制麦过程基本无变化，其主要作用是保护胚，维持发芽初期谷粒的湿度。谷皮是麦汁过滤时良好的天然滤层，但谷皮中的硅化物、单宁等苦味物质对啤酒有某些不利影响。

二、大麦的化学成分

1. 淀粉

淀粉是大麦的主要贮藏物，存于胚乳细胞壁内。啤酒大麦的浸出物含量为72%～80%，其中淀粉含量为58%～65%。淀粉存在形式可分为：直链淀粉（葡萄糖残基以α-1,4-葡萄糖苷键相连形成大分子的淀粉长链）和支链淀粉（除α-1,4-葡萄糖苷键外，在支点的连接键为α-1,6-葡萄糖苷键）；大麦淀粉在胚乳中存在的形式有大颗粒（20～40μm，椭圆形）和小颗粒（2～10μm，弹丸形）之分。小颗粒的数量随大麦蛋白含量的增加而增加。小颗粒淀粉含较多的支链淀粉，糖化时会产生较多的不发酵性糖，而影响麦汁最终发酵度。一般含直链淀粉高者为好，大颗粒淀粉容易糊化。淀粉粒中大约有97%～98%的化学纯淀粉，0.5%～1.5%的含氮化合物，0.2%～0.7%的无机盐，0.6%的高级脂肪酸。大麦淀粉粒中一般含直链淀粉17%～24%，支链淀粉76%～83%。

麦芽中的淀粉酶作用于直链淀粉，几乎全部转化为麦芽糖和葡萄糖，但作用于支链淀粉，除生成麦芽糖和葡萄糖外，还生成相当数量的糊精和异麦芽糖。

2. 蛋白质

大麦中蛋白质含量的高低及其类型，直接影响制麦、麦芽质量、酿造工艺及啤酒质量。传统淡色啤酒使用的大麦，其蛋白质含量以10%～11.5%为宜，既可为啤酒酵母繁殖提供充足的氮源，且啤酒泡沫较好，又有利于啤酒的非生物稳定性。大麦蛋白质含量小于8%，制成麦芽中的α-氨基氮量低，影响酵母繁殖和代谢，还不利于双乙酰的还原，同时啤酒泡沫也会变差，口味清淡。当大麦蛋白质含量大于14%～15%时，对麦芽加工不利，发芽发热量大，升温快，制成的麦芽硬质粒多，淀粉含量及糖化收得率较低，啤酒色泽深，口味冗长，容易发生浑浊沉淀，但泡沫很好。

按大麦蛋白质在不同溶剂中的溶解度和沉淀性，可区分为下列四组：

（1）清蛋白　溶于水和稀的中性盐溶液及酸碱溶液中，它是唯一能溶于水的高分子蛋白质，其占大麦蛋白质的3%～4%。加热时，麦汁中含有的清蛋白从52℃开始从溶液中凝固析出，煮沸时加快凝结析出。

（2）球蛋白　不溶于纯水，溶于稀酸和稀碱。它是种子的贮藏蛋白，占大麦蛋白总量的

31%，在90℃以上能凝结析出，若要完全凝固还需要足够的酸度，其等电点p*I*为5.0～6.0。*β*-球蛋白等电点p*I*为4.9，煮沸不可能全部沉淀除去，当pH和温度下降时会引起啤酒浑浊，主要是*β*-球蛋白引起的蛋白-多酚浑浊，它是对啤酒稳定性有害的主要成分之一。

（3）醇溶蛋白　又称大麦胶蛋白，占大麦蛋白的38%，经加热不凝固。按谷氨酸含量的不同将醇溶蛋白区分为α、β、γ、δ、ε五个组分，其中δ和ε两种组分在大麦发芽时分解较慢，糖化时分解不完全，是造成啤酒冷浑浊和氧化浑浊的主要成分。

（4）谷蛋白　不溶于酒精、中性盐溶液和纯水，溶于稀碱。约占大麦总蛋白量的29%。谷蛋白也由α、β、γ、δ四个组分组成，谷蛋白和醇溶蛋白是构成麦糟蛋白质的主要成分。

3. 半纤维素

半纤维素是胚乳细胞壁的组成部分，它含有较多的葡聚糖和少量戊聚糖。半纤维素不溶于水，而溶于稀碱溶液，其组成和相对分子质量取决于品种、种植地区和气候。

半纤维素溶于热水中的部分称为麦胶物质，在40～80℃范围内，温度越高，溶解度越大，呈胶体溶解，会造成麦汁黏度增大，麦汁过滤困难，其含量约为大麦干物质的2%。麦胶物质包括：①以葡萄糖单位构成的*β*-葡聚糖；②以阿拉伯糖和木糖构成的戊聚糖；③微量半乳糖、甘露糖和糖醛酸。

胚乳中的半纤维素主要含*β*-葡聚糖及少量戊聚糖。谷皮中的半纤维素主要含戊聚糖、少量*β*-葡聚糖及糖醛。*β*-葡聚糖被酶水解的程度决定麦汁黏度和浑浊程度。

4. 多酚类物质

多酚物质主要存在于皮壳中，约占大麦干重的0.1%～0.3%。对啤酒质量危害最大的是具有黄烷基（flavan nucleus）的多酚类物质，如花色素原（anthocyanogen）[或称原花色素（proanthocyanidin）]及儿茶酸等。这些物质经聚合和氧化，具有单宁的性质，易和蛋白质通过共价-交联作用而沉淀析出。这有利于在麦汁制备、麦汁煮沸或发酵过程中将某些凝固性蛋白质沉淀而除去，并能提高啤酒稳定性。

麦汁中多酚物质的80%来自麦芽。多酚单体在氧、金属离子、H^+存在下可聚合氧化成二聚体或三聚体，乃至大分子物质。聚合多酚更易与蛋白质结合产生沉淀，此种反应宜发生于成品啤酒之前，而不发生于成品啤酒之中。

5. 其他

大麦中其他成分见表2-3-1。

表2-3-1　二棱大麦和麦芽化学成分含量/%

成　分	大麦	麦芽	成　分	大麦	麦芽
淀粉	63～65	58～60	类脂	2～3	2～3
蔗糖	1～2	3～5	粗蛋白(N×6.25)	8～11	8～11
还原糖	0.1～0.2	3～4	氨基酸和肽	0.5	1～2
其他糖	1	2	核酸	0.2～0.3	0.2～0.3
可溶性大麦胶	1～1.5	2～4	无机盐	2	2.2
半纤维素	8～10	6～8	其他	5～6	6～7

注：此表引自顾国贤．酿造酒工艺学．第二版．北京：中国轻工业出版社．

三、啤酒酿造对大麦的质量要求

1. 感官

（1）色泽　良好大麦有光泽，淡黄；不成熟大麦呈微绿色；受潮大麦发暗，胚部呈深褐色；受霉菌侵蚀的大麦则呈灰色或微蓝色。

（2）气味　良好大麦具新鲜稻草香味；受潮发霉的则有霉臭味。

（3）谷皮　优良大麦皮薄，有细密纹道；厚皮大麦则纹道粗糙。

（4）麦粒形态　麦粒以短胖者比瘦长者为佳，前者浸出物含量高，蛋白质含量低，发芽快。

（5）夹杂物　杂谷粒和砂土等应在2%以下。

2. 物理检验

(1) 千粒质量　千粒质量（以绝干计）为 30～40g。二棱大麦较六棱大麦重。千粒质量高，浸出物含量相应亦高。

(2) 麦粒均匀度　按国际通用标准，麦粒腹径可分为 2.8mm、2.5 mm、2.2mm 三级。2.5mm 以上麦粒占 85%者属一级大麦，2.5～2.2mm 者为二级，2.2mm 以下者为次大麦，用作饲料。

(3) 胚乳性质　胚乳断面可分为粉状、玻璃质和半玻璃质三种状态。优良大麦粉状粒应达 80%以上。

(4) 发芽力　3d 发芽率 90%以上，5d 发芽率 95%以上。

3. 化学检验

(1) 水分　原料大麦水分在 13%以下，否则不易贮存，易发生霉变，呼吸损失大。

(2) 蛋白质　含量一般为 9%～13%（以绝干计）。蛋白质含量高，制麦不易管理，易生成玻璃质，溶解差，浸出物相应偏低，成品啤酒易浑浊。

(3) 水敏感性　指大麦吸收较多的水分后，抑制发芽的现象。一般为不大于 10%或在 10%～25%之间。

4. 酿造大麦的质量标准

酿造大麦的质量标准按照 GB/T 7416—2000 执行。

(1) 感官要求　应符合表 2-3-2 的规定。

表 2-3-2　酿造大麦的感官要求

项目	二棱、多棱		
	优级	一级	二级
感官	淡黄色具有光泽，有原大麦固有的香气，无病斑粒①，无霉味和其他异味	淡黄色或黄色，稍有光泽，无病斑粒①，无霉味和其他异味	黄色，无病斑粒①，无霉味和其他异味

① 指检疫对象所规定的病斑粒。

(2) 理化要求　应符合表 2-3-3 的规定。

表 2-3-3　酿造大麦的理化要求

项目		二棱			多棱		
		优级	一级	二级	优级	一级	二级
夹杂物/%	≤	1.0	1.5	2.0	1.0	1.5	2.0
破损率/%	≤	0.5	1.0	1.5	0.5	1.0	1.5
水分/%	≤	12		13	12		13
千粒重(以绝干计)/g	≥	37	34	32	36	32	28
3d 发芽率/%	≥	95	92	85	95	92	85
5d 发芽率/%	≥	97	95	90	97	95	90
蛋白质(以绝干计)/%	≥	10.0～12.0	9.5～12.0	9.0～13.0	10.0～12.0	9.5～12.0	9.0～13.0
选粒试验(2.5mm 以上)/%	≥	80	75	70	75	70	65
水敏感性/%		≤10		10～25	≤10		10～25

(3) 卫生要求　按 GB 2715 执行，应符合表 2-3-4 的规定。

表 2-3-4　酿造大麦的卫生要求

项　　目	指标/(mg/kg)	项　　目	指标/(mg/kg)
磷化物(以 $H_2PO_4^-$ 计)(以原粮计)	≤0.05	六六六(以成品粮计)	≤0.3
氰化物(以 HCN 计)(以原粮计)	≤5	滴滴涕(以成品粮计)	≤0.2
氯化苦(以原粮计)	≤2	黄曲霉毒素 B_1(以成品粮计)	按 GB 2761—81 规定
二硫化碳(以原粮计)	≤10	七氯(以原粮计)	≤0.02
砷(以 As 计)(以原粮计)	≤0.7	艾氏剂(以原粮计)	≤0.02
汞(以 Hg 计)(以成品粮计)	≤0.02	狄氏剂(以原粮计)	≤0.02

四、大麦的贮藏

1. 大麦的贮藏及后熟

入库贮藏大麦的水分应低于13%。大麦水分高则呼吸损失大，且易霉变。新收获大麦含水量高，有休眠期，发芽率低，需经一段时间的后熟才能使用，一般为6～8周，才能达到应有的发芽率。在现代化生产的工厂中，为保证生产的连续性，贮藏大麦是必不可少的，但在贮藏前后发芽率有所变化，详见表2-3-5。

表2-3-5　贮藏前后发芽率的变化

发芽率	新收大麦	贮藏60～70d
3d发芽率/%	34	92
5d发芽率/%	42	96

从表2-3-5可以看出大麦贮藏的必要性。一般认为新收大麦种皮的透水性和透气性差，经过后熟，由于受外界温度、水分、氧气等因素的影响，改变了种皮性能，因而提高了大麦的发芽率。

为了促进大麦后熟，提早发芽，可采用下面3种方法对大麦进行处理：

① 贮藏温度为1～5℃，能促进大麦生理变化，缩短后熟期，提早发芽；

② 用高锰酸钾、甲醛、草酸或赤霉酸等浸麦可打破种子的休眠期；

③ 用80～170℃热空气处理大麦30～40s，能改善种皮透气性，促进发芽。

2. 大麦贮藏方式

大麦的贮藏方法主要有散装堆藏、袋装堆藏和立仓贮藏三种。散装堆放占地面积大，损耗大，不易管理，不宜采用。袋装堆藏的堆放高度为10～12层，存放量可达2000～2400kg/m^2。立仓贮藏占地面积小，便于机械化操作和温度管理，便于防虫防霉。大型立仓高达40m以上，贮藏量达千吨。立仓材料可使用木料、钢筋混凝土以及钢板等。贮藏期间注意及时记录麦温，按时通风、倒仓，严格防潮、防虫、防鼠等。

立仓贮藏必须做到以下4点：

① 水分在12%以下；

② 必须预先除尘除杂，最好精选分级；

③ 入仓前尽可能降温；

④ 配备通风、喷药、测温等装置。

第二节　啤酒酿造用水

啤酒生产用水主要包括加工用水、锅炉用水、洗涤及冷却用水。加工用水包括投料用水、洗糟用水、啤酒稀释用水等，直接参与啤酒酿造，是啤酒的重要原料之一，关系到啤酒的风味、质量以及消费者的健康，在习惯上称为酿造用水。

一、水源

大自然存在的天然水源分为如下五种：①雨、雪；②地表水、江、河、湖泊、浅井、水库水；③地下水-深井水、泉水；④冰水；⑤海水。

按生产上选择的水源可分为以下五种：①浅层地下水；②深层地下水；③城市自来水；④湖泊水、水库水；⑤河水。

由于水所渗透、流经的土壤不同，故各地水所含的悬浮物质（颗粒直径0.2～10mm）、胶体物质（颗粒直径1～0.2mm）和溶解物质（颗粒直径0.05～1nm）等的种类和数量也不同（如图2-3-2所示），得到的是含有各种杂质的天然水。

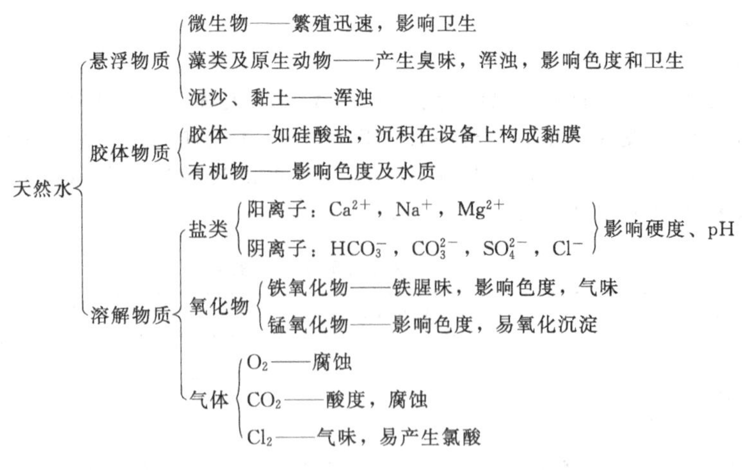

图 2-3-2 天然水中杂质及其影响

我国工业界目前主要采用地表水及地下水为生产水源。

1. 地表水的特性

主要地表水源有江、河、湖泊、水库等。地表水直接来自雨、雪等降水，其具有如下特点。

① 水质较软，水中溶解杂质、生物量和温度受季节变化波动较大。

② 地表水含有较多的悬浮性杂质和某些胶体物及生物（微生物、微小动物和植物）。

③ 随着近代工业、农业的发展，人类居住密度增加，地表水易受到非自然因素的污染。

2. 地下水

地下水可分为上层滞水、潜水和承压水。

地下水的水质特点如下。

① 流动较慢，水质参数变化慢，一旦污染很难恢复。

② 埋藏深度不同，温度变化规律也不同。水温一般在7～24℃之间，不受气温和季节影响，地下水愈深温度愈高。如长江中下游地区，地下水深为80～120m，水温为18～20℃；地下水深为150～200m，水温为20～22℃；地下水深为200～250m，水温为22～23℃。

③ 地下水很少含有微生物，没有致病菌，没有水生植物和微小动物，但取出后水质状况容易发生改变。

④ 地下水受地质岩层影响，一般含盐量高（200～2000mg/L），硬度大。

二、酿造用水的要求

酿造用水大都直接参与工艺反应，又是啤酒的主要成分。在麦汁制备和发酵过程中，许多物理变化、酶反应、生化反应都直接与水质有关。因此，酿造用水的水质是决定啤酒质量的重要因素之一。其必须符合饮用水和表 2-3-6 中的要求。酿造用水的处理方法见表 2-3-7。

表 2-3-6 酿造用水的要求

水质项目	单位	理想要求	最高限度	测试频率	原　因
浑浊度		透明无沉淀	透明无沉淀	每日	影响麦汁浊度，啤酒容易浑浊，沉淀
色		无色	无色	每日	有色的水是污染的水，腐植酸、铁、锰多
味		20℃无味 50℃无味	20℃异味 50℃无味	每日	污染啤酒，口味恶劣
残余碱度(RA)	°d	≤3	≤5(淡色啤酒)	每周	影响糖化醪 pH，使啤酒风味改变，总硬度 5～20°d，对深色啤酒 RA>5°d，黑色啤酒 RA>10°d

续表

水质项目	单位	理想要求	最高限度	测试频率	原　因
pH		6.8～7.2	6.5～7.8	每日	不利于控制糖化醪的最适 pH，造成糖化困难，啤酒口味不佳
溶解总固体	mg/L	150～200	<500	每月	含盐过高，使啤酒口味苦涩，粗糙
硝酸根态氮	mg/L（以 N 计）	<0.2	0.5	每月	有妨碍发酵的危险，饮水中硝酸盐的含量规定<50mg/L
亚硝酸根态氮	mg/L（以 N 计）	0	0.05	每月	妨碍酵母发酵，改变性状，致癌
氨态氮	mg/L	0	0.5	每月	表示水源受污染程度
氯化物	mg/L	20～60	<100	每月	适量，在糖化时促进酶作用，提高酵母活性，使啤酒口味柔和圆满；超过会引起酵母早衰，啤酒带咸味
硫酸盐	mg/L	<200	240	每月	过量会使啤酒涩味重
铁	mg/L	<0.05	<0.1	每月	水呈红或褐色，有铁腥味，麦汁色泽暗
锰	mg/L	<0.03	<0.1	每月	过量会使啤酒缺乏光泽，口味粗糙
饮用水有害物质				每年	符合 GB 5749 生活饮用水要求，每年送卫生部门检查，不得有大肠杆菌和八叠球菌存在
硅酸盐	mg/L	<20	<50	每年	麦汁不清，发酵时形成胶团，影响发酵和过滤，引起啤酒浑浊，口味粗糙
高锰酸钾消耗量	mg/L	<3	<3	每月	超过 10mg/L 时，有机物严重污染

注：此表引自王文甫．啤酒生产工艺．北京：中国轻工业出版社．

表 2-3-7　酿造用水处理方法的选择

水质主要缺点	处理方法	选择意见
1. 单纯暂时硬度高（如暂时硬度为 5°～8°）	1. 煮沸法 2. 加石膏改良法 3. 加酸或加石灰法	适用于小型厂 水中 $CaSO_4$ 低（永久硬度低） 中、小型工厂
2. 单纯暂时硬度太高（如暂时硬度 28°）	1. 加石灰法 2. 离子交换法及电渗析法	中、小型工厂 电渗析法比离子交换法经济
3. 总含盐高（>1000mg/L）或某些有害离子超过标准较多，总硬度太高	1. 离子交换法 2. 电渗析法 3. 反渗析法	处理后还需要加石膏调整 适用于大、中型工厂 适用于大型工厂
4. 单纯有机物多，耗氧量大	活性炭过滤	水质透明，无悬浮物，如水质不清需配合机械过滤或加石灰处理
5. 含细菌总数超过标准	1. 活性炭过滤、臭氧、紫外线灭菌 2. 加氧	适用于酿造用水、啤酒稀释用水等，应经过脱氧方能供酿造使用

注：此表引自王文甫．啤酒生产工艺．北京：中国轻工业出版社．

三、水中无机离子对啤酒酿造的影响

水中各种离子对啤酒酿造的影响见表 2-3-8。

表 2-3-8 水中各种离子对啤酒酿造的影响

水中离子	对啤酒酿造的影响
钙离子	其最大作用是调节糖化醪和麦汁的 pH，保护 α-淀粉酶的活力，沉淀蛋白质和草酸根，避免成品啤酒产生浑浊和喷涌现象；含量过高会带来粗糙的苦味
锌离子	是酵母生长的必需离子，含量在 0.1～0.5mg/L 时，能促进酵母生长代谢，增强泡持性
钠离子	钠的碳酸盐形式能使糖化醪和麦汁的 pH 大幅度升高，与氯离子并存能使啤酒带有咸味；含量过高常使啤酒变得粗糙、不柔和
镁离子	也能使糖化醪和麦汁的 pH 升高；过多有苦涩味，会损害啤酒的风味和泡沫稳定性
铁离子	铁含量过高，会抑制糖化的进行，加深麦汁色度，影响酵母的生长和发酵，加速啤酒氧化，产生粗糙的苦味和铁腥味，导致啤酒浑浊和喷涌
锰离子	微量利于酵母生长；过量会使啤酒缺乏光泽，口味粗糙，引起啤酒浑浊并影响风味稳定性
硫酸根离子	有增酸作用，提高酒花香味，促进蛋白质絮凝，利于麦汁澄清；过量易使啤酒中挥发性硫化物增多，致使啤酒口味淡薄、苦味
硝酸根离子	可作为水源是否污染的指示性离子，能对酵母造成严重伤害，可抑制酵母生长，阻碍发酵
氯离子	含量适当，能促进 α-淀粉酶的作用，提高酵母活性，啤酒口味柔和、圆润、丰满；含量过高，易引起酵母早衰，使啤酒带有咸味，且容易腐蚀设备及管路
硅酸盐	含量过高，麦汁不清，影响酵母发酵和啤酒过滤，容易引起啤酒浑浊，使啤酒口味粗糙

第三节 啤酒花与酒花制品

啤酒花球果，称为“啤酒花”或“酒花”酒花（hops），又称蛇麻花、忽布花，是酿造啤酒时的重要添加物。用于啤酒酿造者为成熟的雌花。

1079 年，德国人首先在酿制啤酒时添加了酒花，从而使啤酒具有清爽的苦味和芬芳的香味。从此后，酒花被誉为“啤酒的灵魂”。酒花的学名是蛇麻（*Humulus lupulus* L.），又名忽布，为桑科葎草属多年生宿根，缠绕茎（蔓）植物。可连续生长二三十年，有的植株生长期可长达 50 年。地上茎高 3～5m，每年更换一次。茎枝、叶柄密生细毛，并有倒刺，叶柄长，单叶对生，呈心状卵圆形，不裂，或常有 3 个、5 个裂片，叶片边缘呈锯齿形。酒花系单被花，多雌雄异株，花期是每年的 7～8 月，雄花细小，雌花呈淡绿色，着生于总果轴上，其苞片复瓦状排列成近圆形的穗状花序，长 3～6cm，有 30～50 个花片（苞片）。9～10 月是啤酒花的果期，果穗呈球果状，长 3～4cm，有黄色腺体，气味芳香。啤酒花在成熟时摘下、晒干，可入药，性平，味苦，有健胃、利尿等作用。酒花球果小花的萼片基部，正反面披有很多黄色颗粒，俗称“花粉”，实际上是花腺体，呈金黄色、黏稠性胶状物，它是啤酒花的有效物质。人们以花腺体分布面积和密度、粉粒大小作为感官评定酒花质量的重要指标。

酒花的形态见图 2-3-3。

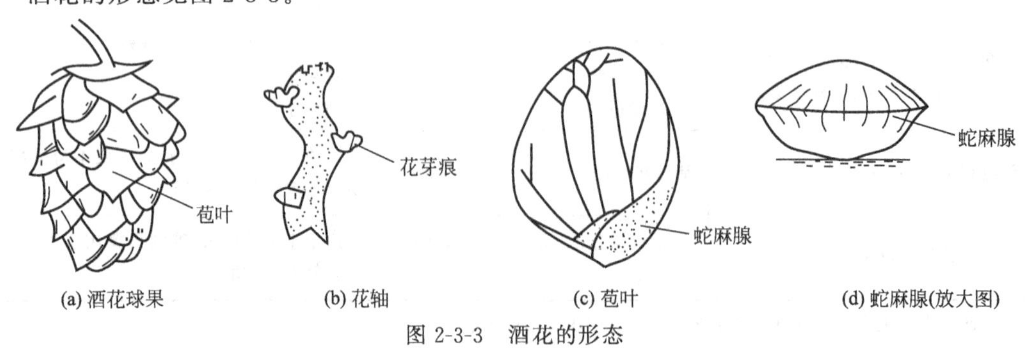

(a) 酒花球果　(b) 花轴　(c) 苞叶　(d) 蛇麻腺(放大图)

图 2-3-3 酒花的形态

德国是世界上最大的酒花种植国，酒花种植面积占世界种植总面积的 1/4、产量占世界总产量的 1/3，被誉为“酒花之国”。美国的酒花生产虽然起步较晚，却已成为世界第二大生产国。我国人工栽培酒花的历史已有半个世纪，初始于东北，目前在新疆、甘肃、内蒙、黑龙江、辽宁等地都建立了较大的酒花原料基地。中国的酒花产量现已位居世界第3位、亚洲第1位；我国的新疆地区具有光照条件以及水、土壤等方面的优势，是天然的酒花生产基地，栽培面积已达10万亩，年产量约1.4万吨，至今全国酒花产量的75%出自新疆，国内市场覆盖率达80%。

在啤酒酿造中，酒花具有不可替代的作用，体现在如下几个方面。

① 使啤酒具有清爽的芳香气、苦味和防腐力。酒花的芳香与麦芽的清香赋予啤酒含蓄的风味。由于酒花具有天然的防腐力，故啤酒无需添加防腐剂，也能增加生物稳定性。

② 能提高啤酒泡沫起泡性和泡持性。啤酒泡沫是酒花中的异葎草酮和来自麦芽的起泡蛋白的复合体。优良的酒花和麦芽，能酿造出洁白、细腻、丰富且挂杯持久的啤酒泡沫。

③ 有利于麦汁的澄清。在麦汁煮沸过程中，由于酒花的添加，可加速麦汁中高分子蛋白的絮凝，从而起到澄清麦汁的作用，酿造出清纯的啤酒。

一、酒花栽培条件

酒花适宜在近寒带的温带地区栽培，主要产地分布于欧洲北纬40°～60°、北美北纬36°～55°、亚洲东部和北部北纬35°～50°、大洋洲南纬25°～45°的地区。世界著名酒花产地德国、捷克、斯洛伐克等均在北纬45°～50°。我国酒花主要产地新疆、甘肃、内蒙、黑龙江等地，均在北纬40°～50°。酒花栽培不同阶段对气温的要求：生长期14～19℃，开花期17～23℃，成熟期15～25℃。酒花宜在中性土壤、低地下水位、雨水少（但要有灌溉）、日照长（1700～2600h）的地区栽培。虽然其他地区也能栽培酒花，但因不符合上述条件，产量低，无法获得优质、高产的酒花。

二、酒花的主要化学成分

酒花的化学组成中，对啤酒酿造有特殊意义的三大成分为酒花精油、苦味物质和多酚物质。啤酒的酒花香气是由酒花精油和苦味物质的挥发组分降解后共同形成的。

1. 酒花精油

酒花精油是酒花腺体的重要成分之一，它经蒸馏后成黄绿色油状物。酒花精油提供啤酒以香气和香味，是啤酒重要的香气来源，且容易挥发，是啤酒开瓶闻香的主要成分。它的主要成分是单萜烯和倍半萜烯（碳氢化合物）等萜烯类化合物，以及少量醇、酯、酮等化合物。酒花精油有200种以上组分，它们的特点是易挥发，在水中溶解度极小，仅为1/20000，能溶于乙醚等有机溶剂，易氧化，氧化后形成极难闻的脂肪臭味。酒花精油在新鲜酒花中仅占0.4%～2.0%。

2. 苦味物质

苦味物质是提供啤酒愉快苦味的物质，在酒花中主要指α-酸、β-酸及其一系列氧化、聚合产物。过去把它们通称为“软树脂”。

（1）α-酸　又称葎草酮（humulone），呈菱形片状结晶，熔点65～66.5℃。α-酸在新鲜酒花中的含量为5%～11%。它是软性树脂，易溶于酒精、乙醚、石油醚、甲醇等有机溶剂，不溶于水，易被乙酸铅沉淀，无香味，味甚苦，是啤酒中苦味和防腐力的主要来源。

α-酸在加热、稀碱或光照下易发生异构化形成异α-酸。异α-酸是啤酒苦味的主要物质，它比α-酸溶解度大，虽然没有α-酸苦，但苦味更柔和。麦汁煮沸1.0～1.5h，约有40%～60%的α-酸转化成异α-酸，同时有20%～30%转化成苦味不正常的衍生物，但它对啤酒泡沫具有促进作用。如在有氧下煮沸，α-酸易氧化聚合形成γ'-树脂和γ-树脂，γ'-树脂是啤酒后苦味的来源之一。

（2）β-酸　又称蛇麻酮（lupulon）。呈斜方柱状结晶，熔点为90.5～92℃，在0℃与热水中溶解度比α-酸小。β-酸在新鲜酒花中的质量分数为5%～11%，软性树脂，能溶于乙醚、石油醚中，不能被乙酸铅沉淀。有较强的酒花香味。但苦味不及α-酸（约为α-酸的1/9），防腐力约为α-酸的1/3。它更易氧化形成β-软树脂。β-软树脂能赋予啤酒宝贵的柔和苦味。α-酸、β-酸都是多种类似结构物的混合物。

3. 多酚物质

多酚物质是羟基直接连接在芳环上的酚类及聚合物的总称。酒花中多酚物质约占总量的4%～8%，它们在啤酒酿造中的作用为：①在麦汁煮沸时和蛋白质形成热凝固物；②在麦汁冷却时形成冷凝固物；③在后酵和贮酒直至灌瓶以后，缓慢与蛋白质结合，形成汽雾浊及永久浑浊物；④在麦汁和啤酒中形成色泽物质和涩味。

酒花和大麦中多酚物质可分为如下几类。

(1) 酚酸类化合物　这类化合物大多是对羟基苯甲酸和对羟基苯丙烯酸（肉桂酸）的衍生物，主要有对羟基苯甲酸、香草酸、咖啡酸和香豆素及少量的丁香酸、阿魏酸、原儿茶酸、芥子酸、没食子酸、龙胆酸等。麦芽中也有少量酚酸类化合物存在，它们有以游离态存在，也有以酯或糖苷形式存在，如咖啡酸在酒花中是以酯形式存在的绿原酸和新绿原酸。酚酸类化合物不聚合，具有还原性，有利于啤酒风味稳定性。

(2) 黄酮醇类化合物　酒花中黄酮醇类化合物主要是槲皮酮（栎精）、堪非醇（山柰醇）及少量的杨梅酮，而且大多以糖苷形式存在。如槲皮酮的鼠李糖苷（槲皮苷、栎素）、槲皮酮的β-葡萄糖苷（异槲皮苷、异栎素）、槲皮酮的芸香糖苷（芸香苷）、堪非醇的β-葡萄糖苷（黄芪苷）等。

黄酮醇类化合物带有酚羟基，具有酚类化合物的通性。有还原性，在空气中易氧化，聚合形成褐色沉淀物，在啤酒中赋予抗氧化能力。

(3) 儿茶酸类化合物　儿茶酸类化合物是一类黄烷醇的衍生物，其母核也含有2-苯基苯并吡喃环的结构，称黄烷-3-醇，它的羟基取代衍生物即为儿茶酸类化合物。在大麦和酒花中含量最多的是儿茶酸及少量的表儿茶酸、没食子儿茶酸、表没食子儿茶酸。

(4) 花色素原　花色素是一大类水溶性的植物色素，其母核也具有2-苯基苯并吡喃环结构，主要有花青素和花翠素。花色素在自然界中常以糖苷形式存在，称做“花色素苷”，大麦果皮中含有花青素阿拉伯糖苷（称花青素苷）。

花色素原有白花色素和前花色素，白花色素是黄烷-3,4-二醇的单体衍生物，如白花青素、白花翠素。它在有氧和酸性条件下，能转化成相应的花色素，所以，它是一类花色素原。前花色素是由2个以上的黄烷-3-醇缩合而成的，这是大麦和酒花中的主要花色素原。聚合的前花色素、聚多酚，溶解度更小，是啤酒的非生物浑浊物质，也是啤酒的主要色泽物质。

(5) 水解性单宁化合物　它不发生缩合反应，在单宁水解酶或酸、碱的催化下水解成单体成分，如酚酸类化合物和葡萄糖分子，具有强烈鞣化力。水解性单宁可分为五倍子单宁和鞣化单宁。五倍子单宁水解成没食子酸，有利于啤酒风味及稳定性。鞣化单宁水解成为鞣化酸，具有涩味。

水解性单宁可溶于水，能与可溶性蛋白质形成单宁-蛋白质的复合物而沉淀，而且具有遇热溶解、遇冷沉淀的特殊性质。

在啤酒生产中，在麦汁煮沸或贮酒中外加适量的五倍子单宁，可除去多量的蛋白质，提高啤酒的稳定性。

4. 酒花的一般化学成分

包括水分、总树脂、挥发油、糖类、果胶、氨基酸、粗蛋白质、脂肪和蜡质、无机盐、纤维素和木质素等。

三、酒花的品种

世界市场上供应的酒花可以分成四类。

1. A类：优质香型酒花

优质香型酒花有捷克的萨兹（Saaz）、德国的泰特楠捷（Tettnanger）、斯巴尔茨精品（Spalter Select）等。

优质香型酒花的α-酸含量为4.5%～5.5%，α-酸/β-酸的比值为1.1，酒花精油的含量为2.0%～2.5%。

2. B类：香型酒花（兼型）

香型酒花有德国的哈雷图尔（Hallertauer）、赫斯布鲁克（Hersbrucker）、东肯特格尔丁（EastKent Goldings）和英国的福格尔（Fuggles）。

普通香型酒花的α-酸含量为5.0%～7.0%，α-酸/β-酸之比值为1.2～2.3，酒花精油含量为0.85%～1.6%。

3. C类：没有明显特征的酒花

4. D类：苦型酒花

苦型酒花有Northern Brewer、Brewers Gold、Cluster。

优质苦型酒花的α-酸含量为6.5%～10%。α-酸/β-酸之比值为2.2～2.6。

我国种植的酒花主要是青岛大花、青岛小花、长白1号、一面坡3号等苦型酒花，以及引进国外的优良品种，如优质香型酒花Spalter Select、香型酒花Hallertauer、苦型酒花Northern Brewer和Brewers Gold等。

世界酒花产量中苦味型（D型）占50%以上，A型占10%，B型占15%，C型占25%，目前主要发展对象为A型和D型两种类型的酒花。

四、酒花的贮藏

酒花是啤酒酿造中不可或缺的成分之一，其质量的好坏直接影响啤酒质量的好坏，除了酒花自身质量的差异，其贮藏的条件和方法也至关重要。

新采收的酒花含水量高达75%～80%，需在特制的干燥炉篦子上用热空气干燥至水分为6%～8%，使花梗脱落，再经人工回潮至含水10%左右，然后经压制、打包（包装密度350～500kg/m³）。我国一般有两种包装，即50kg/包和100kg/包。

贮藏温度对酒花质量的影响很大（如表2-3-9所示），主要表现为：①贮藏温度高会引起酒花油的挥发、氧化，使酒花香气变差；②软树脂逐步氧化聚合成无酿造价值的硬树脂，多酚氧化聚合，使黄绿色的酒花变成红褐色。一般来说，酒花中硬树脂含量超过5.0%，这种酒花就已经丧失酿造价值。

表2-3-9　贮藏温度与酒花树脂的变化

项　目	软树脂含量/%	硬树脂含量/%	总树脂含量/%
新鲜压榨酒花	11.75	3.16	14.91
0℃,7个月后	10.10	3.57	14.67
13～18℃,7个月后	9.21	5.15	14.36
22～24℃,7个月后	8.82	5.94	14.76

注：此表引自顾国贤．酿造酒工艺学．第二版．北京：中国轻工业出版社．

包装方式对酒花质量的影响极大，抽真空包装和未抽真空包装结果对比如表2-3-10。

表2-3-10　包装方式对酒花质量的影响

包装方式	原始α-酸/%	贮存30个月α-酸/%	α-酸损失率/%
抽真空0℃贮存	5	4.5	10
未抽真空0℃贮存	5	4	20
抽真空18℃贮存	5	3.5	30
未抽真空18℃贮存	5	2.5	50

注：此表引自王文甫．啤酒生产工艺．北京：中国轻工业出版社．

由表2-3-9可知，酒花贮存温度越高，其有效成分α-酸含量损失越大，同时，抽真空比未抽真空保存的效果要好，所以，低温、绝氧有利于酒花贮存。

酒花的贮存时间一般为1～2年，时间越长，温度越高，其有效成分软树脂氧化越多，生成的无酿造价值的硬树脂也越多，色泽氧化变褐，发出酸臭气味。不同贮存时间和温度下，酒花质量的变化，也即总树脂中软树脂含量的变化，如表2-3-11所示。

表 2-3-11 贮存时间、温度对酒花质量的影响

温　度	新鲜	一年	二年	三年
常温贮存	70.0%	57.6%	49.8%	24.0%
低温贮存	70.0%	64.5%	56.0%	33.0%

注：此表引自王文甫. 啤酒生产工艺. 北京：中国轻工业出版社.

从表 2-3-11 可以看出，贮存时间越长，软树脂损失越多，温度越高其有效成分的损失越严重。

酒花的贮存保管方法如下。

① 保管酒花应遵循先进先出的原则。

② 颗粒花采用抽真空或充氮气、二氧化碳等保护气体包装，这时温度对真空包装质量的影响相对较小，可在常温下保存，但仍适宜在低温下保存。

③ 整花包装严密，压榨要紧，应放在温度≤4℃、相对湿度≤60%、避光的冷库中保存，以免酒花脱色，且仓库内不能放置其他异味物品。

④ 使用整花时，要随用随粉碎。注意粉碎条件，尽量减少因粉碎而引起酒花有效成分的损失。选择适宜的粉碎筛底孔径。

⑤ 定期检验酒花质量。整花每 3 个月检验一次，颗粒花每 6 个月检验一次。对于质量不达标的酒花不得使用。

五、酒花制品

(一) 酒花制品的分类及定义

酒花采摘以后，为了贮藏、使用的方便，采取一定工艺进行加工，主要产品有以下几类。

1. 压缩啤酒花

将采摘的新鲜酒花球果经烘烤、回潮，垫以包装材料，打包成型制得的产品。

2. 颗粒啤酒花（按加工方法分为 45 型和 90 型）

90 型颗粒啤酒花是压缩啤酒花或颗粒啤酒花经二氧化碳萃取酒花中有效成分后制得的浸膏产品。45 型颗粒啤酒花是压缩啤酒花经粉碎、深冷、筛分、混合、压粒、包装后制得的直径为 2～8mm，长约 15mm 的短棒状颗粒产品。颗粒酒花是世界上使用最广泛的酒花形式。

3. 酒花浸膏

压缩啤酒花或颗粒啤酒花经有机溶剂或二氧化碳萃取酒花的有效物质，制成浓缩 5～10 倍有效物质的浸膏，在煮沸或发酵贮酒中使用。浸膏的类型和加工方法很多，主要有以下两大类。

(1) 二段萃取酒花浸膏　工艺流程如图 2-3-4。

(2) 二氧化碳萃取酒花浸膏　近代，酒花浸膏大多采用超临界 CO_2 和液态 CO_2 萃取，因此又称超临界二氧化碳萃取酒花浸膏和液态二氧化碳萃取酒花浸膏，一般有以下几种制品。

① 标准型二氧化碳酒花浸膏（$HopCO_2N$）　利用二氧化碳萃取技术，浓缩酒花中全部有效成分，其使用方法和风味更接近酒花。它的 α-酸含量一般为 40%～60%。

② 异构 α-酸酒花浸膏　它的特点是在啤酒中具有良好的溶解性，并只含有 α-酸的异构物、乳化剂和水，不含有多酚物质和酒花精油。它适宜添加在过滤啤酒中，实际生产中使用不多，有时用于调整啤酒的苦味值。

工艺流程如图 2-3-5。

③ 四氢异构 α-酸酒花浸膏（Tetra Hop）　它是采用液态二氧化碳萃取酒花中的 α-酸，将萃取的 α-酸异构化并用氢还原其中两个不稳定的双键而制得。

异构 α-酸中侧链上两个 —C═C— 双键被四个氢原子还原，生成四氢异构 α-酸，使异构

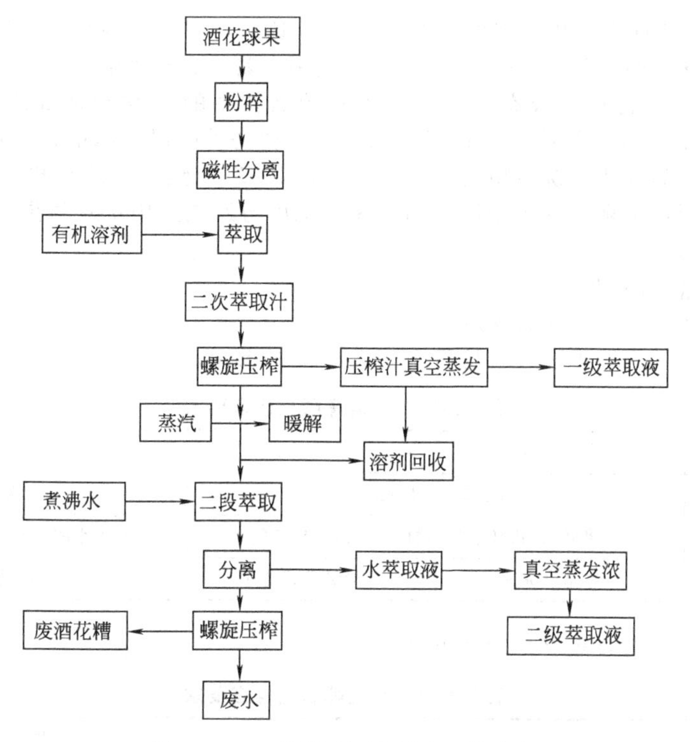

图 2-3-4　二段萃取酒花浸膏工艺流程

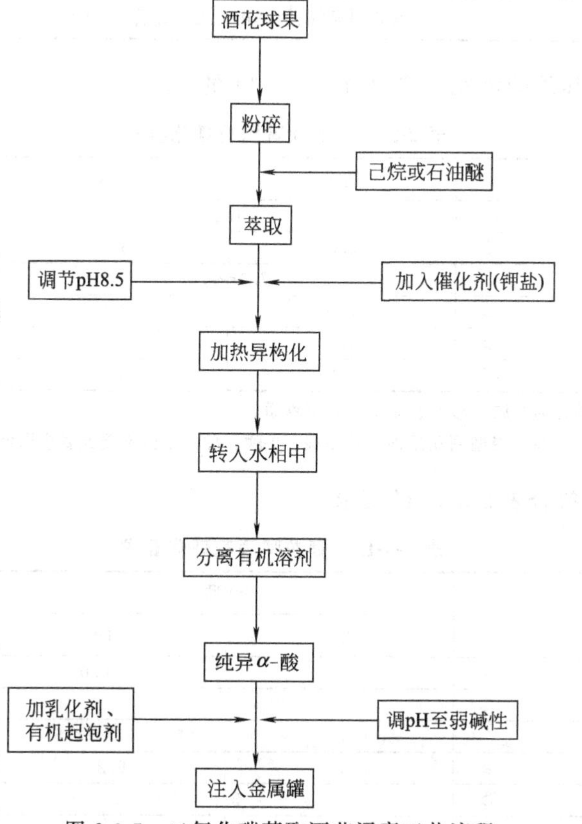

图 2-3-5　二氧化碳萃取酒花浸膏工艺流程

α-酸更稳定，不会被日光催化断裂形成“日光臭”。这样，啤酒可装在无色玻璃瓶中。

其一般制品含α-酸约为10%，呈半流动状或稀浸膏。它在啤酒成熟后过滤前加入。

④ β-酸酒花油　它是用液态二氧化碳萃取的酒花中的β-酸和精油成分，浸膏中含有70%的β-酸及其衍生物，以及20%的酒花精油（主要是香叶烯、葎草烯、石竹烯）。为了防止挥发，香叶烯制品需要煮沸结束前5～10min加入，以调整酒花的香味。它可取代部分酒花或标准酒花浸膏，用来改善苦型酒花的风味。也可与四氢异构α-酸酒花浸膏配合使用，制造“抗日光啤酒”。

（二）酒花制品的技术要求

按照GB/T 20369—2006的规定。

（1）感官要求　压缩啤酒花，应符合表2-3-12的要求。

表2-3-12　压缩啤酒花感官要求

项　目	优　级	一　级	二　级
色泽	浅黄绿色，有光泽		浅黄色
香气	具有明显的、新鲜正常的酒花香气，无异杂气味		有正常的酒花香气，无异杂气味
花体状态	花体基本完整	有少量破碎花片	破碎花片较多

颗粒啤酒花，应符合表2-3-13的要求。

表2-3-13　颗粒啤酒花感官要求

项目	90型	45型
色泽	黄绿色或绿色	
香气	具有明显的、新鲜正常的酒花香气，无异杂气味	

（2）理化要求　压缩啤酒花，应符合表2-3-14的要求。

表2-3-14　压缩啤酒花理化要求

项　目		优级	一级	二级
夹杂物①/%	≤	1.0		1.5
褐色花片/%	≤	2.0	5.0	8.0
水分/%		7.0～9.0		
α-酸(干态计)②/%	≥	7.0	6.5	6.0
β-酸(干态计)②/%	≥	4.0	3.0	
贮藏指数(HSI)②	≤	0.35	0.40	0.45

① 不允许有植株以外的任何金属、沙石、泥土等有害物质。

② 已正式定名的芳香型、高α-酸型酒花品种，其α-酸、β-酸、贮藏指数不受此要求限制。

颗粒啤酒花，应符合表2-3-15的要求。

表2-3-15　颗粒啤酒花理化要求

项目		90型		45型
		优级	一级	
散碎颗粒(匀整度)/%	≤	4.0		
崩解时间/s	≤	15		
水分/%		6.5～8.5		
α-酸(干态计)①/%	≥	6.7	6.2	11.0
β-酸(干态计)①/%	≥	3.0		5.0
贮藏指数(HSI)①	≤	0.40	0.45	0.45

① 已正式定名的芳香型、高α-酸型酒花品种，其α-酸、β-酸、贮藏指数不受此要求限制。

二氧化碳酒花浸膏，应符合表 2-3-16 的要求。

表 2-3-16　二氧化碳酒花浸膏理化要求

项　　目		超临界二氧化碳萃取	液态二氧化碳萃取
α-酸(干态计)/%	≥	35	30
水分/%	≤	5.0	

第四节　啤酒糖化的其他原料

在啤酒麦汁制造的原料中，除了主要原料大麦麦芽以外，还有特种麦芽、小麦麦芽及辅助原料。辅助原料的选择可根据各地区的资源和价格，选用富含淀粉的谷类作物（如大麦、小麦、玉米、大米、高粱等）、糖类或糖浆等，但必须不含导致啤酒酿造过程困难的物质。而辅助原料的使用和配比也要根据不同国家的习惯和所酿造啤酒的种类、级别等因素来确定。如德国、挪威、希腊三个国家不允许在酿造啤酒时使用辅助原料；酿造著名的、高质量的啤酒，必须保证其原料的原辅料品种和配比，以避免影响啤酒特性；一般啤酒的酿造过程中，辅助原料的量控制在 10%～50%之间；添加的辅助原料在制麦汁时应产生正常的发酵产物，所制啤酒能适应广大消费者的需求。

一、使用辅助原料的作用

1. 降低啤酒生产成本

麦芽的价格远高于未发芽的大麦、小麦、玉米、大米等谷物的价格。在麦汁制造中采用适当比例的辅料，能提高麦汁的收得率，降低每吨啤酒的粮食单耗，比起因添加辅料而额外增加的成本（如辅料加工设备、热能消耗、添加酶制剂等费用）来说，其总成本是降低的。

2. 降低麦汁总氮，提高啤酒稳定性

大多数辅料（小麦、大米、玉米、糖和糖制品）含可溶性氮和多酚类化合物很少。因此，可降低麦汁中蛋白质和多酚的含量，从而降低啤酒色度，改善啤酒的风味和提高啤酒的非生物稳定性。

3. 调整麦汁组分，提高啤酒某些特性

使用部分辅助原料（小麦、大米等），可增加啤酒中糖蛋白的含量，可提高啤酒泡持性。使用蔗糖和糖浆作辅料，可调节麦汁中可发酵性糖的比例，提高啤酒的发酵度，使酿制啤酒的色泽浅淡、口味爽快。

二、辅助原料

国际上使用辅助原料的情况极不一样。我国的啤酒生产使用的谷物辅料中，除个别厂用玉米外，多数厂用大米，使用量多数为原料的 20%～30%，有的厂使用量高达 40%～50%。在欧美有很多厂家用玉米作辅料，使用前经过去胚。有些国家早已采用小麦为某些特制啤酒的原料或辅助原料，如德国的小麦啤酒是以小麦芽作为主原料生产的，比利时的兰比克啤酒（Lambic beer）则是以小麦作为麦芽辅助原料。国际上采用大麦为辅助原料，一般用量不超过 20%。麦汁中添加糖类，大多在产糖比较丰富的地区应用，添加的种类有蔗糖、葡萄糖、转化糖和糖浆，使用量一般为原料的 10%左右。在我国，也有厂家使用部分蔗糖为辅助原料。常用辅助原料的酿造特性如下：

（1）大米　粳米含直链淀粉多，有 96.1%的淀粉能被酶水解成可发酵性糖。糯米中支链淀粉含量较多，糊化时黏度大，可发酵性糖生成量较少。大米淀粉含量高于麦芽。蛋白质和脂肪含量较低。用大米代替部分麦芽，具有可提高麦汁收得率、降低成本、改善啤酒的色泽和风味以及提高啤酒的非生物稳定性等特点。大米的用量为 8%～45%，一般为 20%～30%。在大米的用量比例较高的情况下，糖化麦汁中的可溶性氮和矿物质含量较少，发酵不够强烈。如果采用较高温度进行发酵，就会产生较多的发酵副产物（如高级醇、酯类），对啤酒的香味和麦芽香不利。

（2）小麦　利用小麦作辅料，麦汁总氮和氨基氮均比大米高，发酵快，但过滤和煮沸麦汁略浑浊，需作进一步处理，如加单宁酸沉淀等。它还含有较多的α-淀粉酶和β-淀粉酶，有利于快速糖化。而且糖蛋白含量高，酿造啤酒的泡持性好。

（3）玉米　其脂肪含量高，作为啤酒的辅料之一，会影响啤酒的风味和泡沫。因此，作啤酒辅料的玉米，必须进行脱脂处理。国外根据玉米含脂肪量的多少，将玉米分为三个等级，即含脂肪0.5%以下的玉米为优级，0.5%～1.0%的为良，1.0%～1.5%的为合格。脂肪含量大于5%的玉米加工品不得用于酿造啤酒。

（4）糖浆　淀粉糖浆按淀粉转化程度可分为中转化糖浆（又称“标准”糖浆）、高转化糖浆、高麦芽糖浆及低聚糖浆等。目前，在我国工业上生产淀粉糖浆以中转化糖浆的产量最大。淀粉糖浆适宜用作啤酒辅料，而且在麦汁煮沸锅加入的是高转化糖浆和葡萄糖值应在62%以上的高麦芽糖浆。高转化糖浆的成品浓度一般在80%～83%（质量分数），相对葡萄糖值一般为60%～70%。若采用酸、酶法转化，其麦芽糖比例高，更适合用作啤酒辅料。

思考题

1. 某啤酒生产厂的水源是来自靠近岩石较多的山间水库，试分析该水源水质可能具有什么样的特点？

2. 某工厂由于处于啤酒生产旺季，大麦需求量大，于是将刚收获的大麦马上投入到生产中，这样的做法合理吗？如果不合理，应怎样加快新收大麦投入到生产中？

3. 为什么在啤酒酿造中添加辅助原料？

4. 若你是一名保管员，在酒花保管过程中应该注意哪些问题？

5. 现在有很多啤酒生产厂家以小麦作为酿造啤酒的辅助原料，甚至以小麦芽为主要原料生产啤酒，试问以小麦为辅料时，对小麦的品种有何要求，小麦和其他辅助原料相比具有哪些优缺点？

第四章　麦芽与麦汁制备技术

学习目标

1. 了解制麦的目的和生产工艺流程。
2. 掌握麦芽质量标准。
3. 掌握麦汁制造的目的与工艺流程。
4. 了解麦汁冷却的目的、冷却过程的变化、方法与设备。

在一定条件下，把酿造大麦加工成啤酒酿造用麦芽的过程称为麦芽的制造，简称制麦。制麦过程主要包括大麦预处理（除杂、精选、分级）、浸麦、发芽、干燥、后处理（除根、冷却、磨光、包装、贮藏）。制麦的目的是将精选大麦经浸麦吸水、吸氧后，在适当条件下发芽产生多种水解酶类，并在这些酶的作用下使胚乳成分得到一定的分解，经过干燥除去多余水分和鲜麦芽的生腥味，同时产生特有的麦芽色香味，经过除根等处理满足啤酒酿造的需要。麦芽的制造过程对麦芽的种类、质量、成本都有很大影响，掌握必要的生产技术，是确定制麦生产工艺、保证麦芽质量的基础和依据。过去麦芽制造只是啤酒企业的一个车间，目前已发展成一个独立的麦芽制造行业。

麦芽生产工艺流程如图 2-4-1。

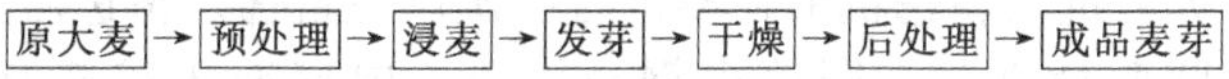

原大麦 → 预处理 → 浸麦 → 发芽 → 干燥 → 后处理 → 成品麦芽

图 2-4-1　麦芽生产工艺流程

麦汁制造又称糖化，它是啤酒生产工艺的重要组成部分。麦汁制造的目的就是要将原料（包括麦芽和辅助原料）中可溶性物质尽可能多地萃取出来，并且创造有利于各种酶的作用条件，使很多不溶性物质在酶的作用下变成可溶性物质而溶解出来，制成符合要求的麦汁（质量要求），并得到较高的收得率（成本要求）。麦汁制造过程包括原料的粉碎、糖化、麦汁过滤、麦汁煮沸与酒花添加、麦汁冷却（分离热、冷凝固物、降温、充氧）等。

麦汁生产工艺流程如图 2-4-2。

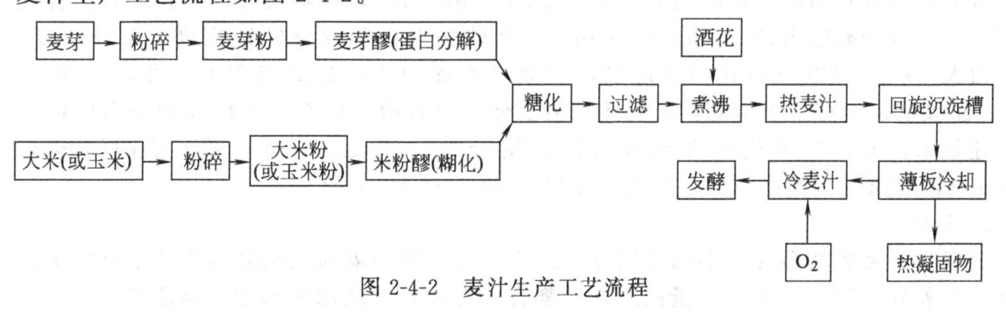

图 2-4-2　麦汁生产工艺流程

第一节　麦芽的制备技术

一、大麦的预处理

收购的大麦称为原大麦，原大麦入厂后经过预处理，得到颗粒大小均匀一致的精选大麦。大麦的预处理主要包括大麦的清（粗）选、精选、分级和贮存。

1. 大麦的粗选

原大麦在收获时可能混有一定量的杂质，如石块、土粒、铁质杂质、杂谷、麦芒等，必须经过粗选除去这些杂质，再进行贮存。如果原大麦杂质较少，比较干净，也可以不进行粗选直接入仓贮存。在制麦芽前再进行精选分级，把大小不同的麦粒分开，分别投料。大麦粗选工艺流程如图 2-4-3。

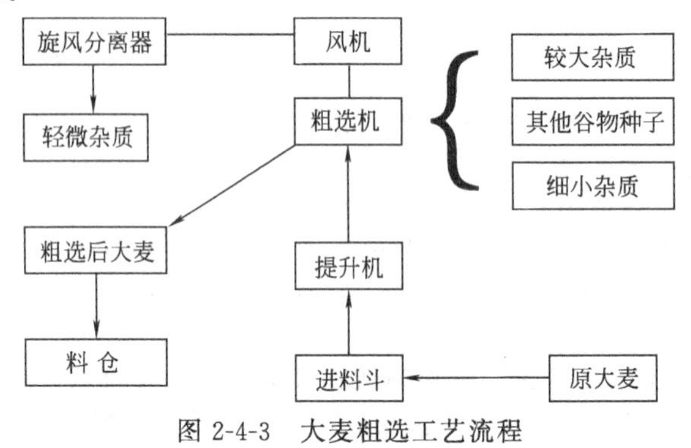

图 2-4-3 大麦粗选工艺流程

2. 大麦的精选

一般情况下，粗选和度过休眠期的大麦，在制麦投料前才进行精选和分级。粗选后的大麦，仍然夹杂有杂质，如破损大麦粒、圆形杂谷等。这些杂质的存在会造成大麦在贮存、浸麦、发芽时出现霉变，圆形杂谷混入麦芽也会影响麦芽、麦汁和啤酒的质量。分离这些杂质是利用其与酿造大麦长度不同的特点进行，分离的过程称为大麦精选。用于精选的设备称为精选机，也称杂谷分离机。在粗选或精选时，还要利用永久磁铁器或电磁除铁器除去铁质，用除芒机除去麦芒，大麦进入精选机前还要进行一次风力粗选。精选后立即进行分级。

常用精选设备为圆筒精选机。圆筒由钢板卷成，内壁冲压或铣有孔洞，孔洞直径约6.5mm。孔洞的一个内壁是倾斜的，以便使需分离的杂质容易从斜面落入孔洞中；另一内壁面为垂直的，以保证进入孔洞的杂质上升至一定高度时，落入杂质收集槽。圆筒精选机的分离原理是利用转动的孔洞，麦粒、半粒麦、杂谷和完全嵌入孔洞，长颗粒、大麦粒仅颗粒的一部分嵌入孔洞，升至较小角度受重力作用重新落下，回入大麦流中，而完全嵌入孔洞的半粒麦和杂谷被带至一定高度后受重力作用落入收集槽道内，由螺旋输送机送出机外被分离。

普通精选机圆筒旋转速度为 0.3～0.4m/s，离心力小，将颗粒提升的高度低，有效分离面积小，设备分离能力约 200kg/(h・m^2)。高效精选机圆筒旋转速度高（1.1m/s 左右），离心力大，嵌入的颗粒提升的高度高，有效分离面积大，分离能力大，可达 400kg/(h・m^2)。超级精选机有一个搅麦器。利用搅麦器使麦流分散，以充分利用孔洞分离面积。要达到上述效果，搅麦器的旋转方向应与圆筒旋转方向相反。同时，可以使圆筒转速减至0.55m/s，圆筒的体积也减少，分离能力可达 800kg/(h・m^2)。

3. 分级

分级是将麦粒按腹径大小的不同分为三个等级。因为麦粒大小之分实质上反应了麦粒的成熟度之差异，其化学组成、蛋白质含量都有一定差异，从而影响到麦芽质量。

（1）分级的目的　原大麦经过粗选、精选后，大麦的颗粒大小还不均匀，必须把不同颗粒大小的大麦分离开，分别投料。分级的目的如下：

① 保证浸麦的均匀性，麦粒大小不同，吸水速度也不同；

② 保证发芽过程的一致性，颗粒均匀的大麦可以保证发芽的整齐性，以得到质量均匀的麦芽；

③ 保证麦芽粉碎物粗细粉均匀，有利于糖化操作和提高麦汁质量；

④ 分级除去瘪麦，可以提高麦芽浸出率。

（2）大麦分级标准　借助两层不同筛孔直径的振动筛将精选后的大麦分成三级，其标准见表 2-4-1。

表 2-4-1　大麦分级标准

分级标准	筛孔规格/mm	颗粒腹径/mm	用途
Ⅰ号大麦	25×2.5	>2.5	制麦
Ⅱ号大麦	25×2.2	2.2～2.5	制麦
Ⅲ号大麦		<2.2	饲料

Ⅰ号大麦和Ⅱ号大麦分开进行制麦，Ⅲ号大麦则作为饲料大麦处理。对于有些国产大麦颗粒较小，用 2.0mm 的筛分离得到 2.0～2.2mm 的大麦，也可用于制麦。

4. 精选率和整齐度

$$精选率=\frac{精选大麦量(2.2\text{mm 以上})}{原大麦量}\times 100\%$$

精选率反映可用于制麦的精选大麦占所进原大麦的比例。

$$整齐度=\frac{\text{Ⅰ}号大麦量(2.5\text{mm 以上})}{精选大麦量(2.2\text{mm 以上})}\times 100\%$$

整齐度反映Ⅰ号大麦量占整个精选大麦量的比例。

5. 选麦要求

精选后的净麦夹杂物不得超过 0.15%；麦粒的整齐度，即腹径 2.5mm 以上麦粒达 93% 以上；精选率一般为 85%～95%。

6. 大麦的贮存

（1）大麦的休眠性　一般新收大麦的种皮透水性和透气性差，具有休眠性（自我保护作用），大麦的发芽率很低，经过后熟（度过休眠期），在外界温度、水分、氧气等的影响下，改变了种皮性能，才能正常发芽。休眠期的长短与大麦品种及其生长、收获时的气候条件有关，在大麦成熟期间，气温越低，休眠期越长。大麦生长期间的授粉期若常下雨，其休眠期也长。此外，不同的品种休眠期也不相同。

一般后熟期为 6～8 周，在此期间，大麦将度过发芽休眠阶段，并降低水敏感性，提高吸水能力，达到应有的发芽率。

若需要打破休眠作用提前投料，可以采用以下措施。

① 1%H_2O_2 溶液处理　可以明显改善果皮、种皮对氧的吸收，促进种子萌发。

② 0.05%H_2S 或其他硫代物（如 1%的 NH_2CSNH_2 溶液）　可以抑制果皮上的多酚氧化酶，以供给胚更多的氧。花青素也能抑制细胞色素氧化酶的作用，促进萌发。

③ 赤霉酸　可以影响胚芽中谷胱甘肽和半胱氨酸的形成，促进萌发；与 H_2S 溶液效果相同。

④ 加热　将大麦加热至 40～50℃，使果皮上“发芽抑制物”转化。

⑤ 除去谷皮、种皮、果皮，或在胚部附近磨破（擦破皮法）。

一般常用赤霉素法或与擦破皮法结合使用，也有用 $KMnO_4$ 法或 H_2O_2 法。

大麦的休眠性不仅与胚有关，还与果皮上的发芽抑制物、果皮的氧气通透性等有关。

（2）大麦的水敏感性　大麦吸收水分至某一程度发芽受到抑制的现象称水敏感性。水敏感性是发芽的技术性阻碍，其表明大麦胚部在强烈吸水后发芽的敏感度。一般新收大麦水敏感性强，贮藏一定时间的大麦，如果有水敏感性，随着浸麦度增加也会出现发芽率下降的现象。对于充分成熟而无水敏感性的大麦，则无此现象。

大麦的水敏感性与大麦品种有关（影响率 15%），还与年度、生长地区因素有关。一般在大麦收获前，气温低，多雨季节越强（潮湿），水敏感性越明显。大麦上的微生物生长消耗氧也会增加水敏感性。

对水敏感性大麦，通过充分接触氧可以降低其水敏感性，此外去除谷皮可以克服水敏感性。

水敏感性可以通过以下措施克服：

① 大麦在 0.1%的 H_2O_2 水溶液中浸泡；

② 控制浸麦水温在 16℃以下；

③ 除去大麦谷皮、果皮、种皮；

④ 第一次水浸时浸麦度控制在 28%～32%，以保证均匀吸水，时间 4～6h；

⑤ 延长第一次空气休止时间至 16～20h，以充分吸氧，期间注意通风和喷淋降温；

⑥ 当第二次水浸时浸麦度控制在 37%～38%，以抑制过度发芽，第二次水浸时间宜缩短，以免升温过高；

⑦ 将大麦干燥加热至 40～50℃，保温 1～2 周。

二、浸麦

新收获的大麦需要经过 6～8 周贮藏才能使用。大麦经清选分级后，即可入浸麦槽（分柱体锥底浸麦槽和平底浸麦槽两种，后者见图 2-4-4）浸麦。在浸麦过程中大麦吸收充足的水分，含水量（浸麦度）达 43%～48%时，即可发芽。在浸麦过程中还可以充分洗去大麦表面的尘埃、泥土和微生物。在浸麦水中适当添加石灰乳、Na_2CO_3、NaOH、KOH 和甲醛等任何一种化学药物，可以加速酚类等有害物质的浸出，促进发芽，有利于提高麦芽质量。

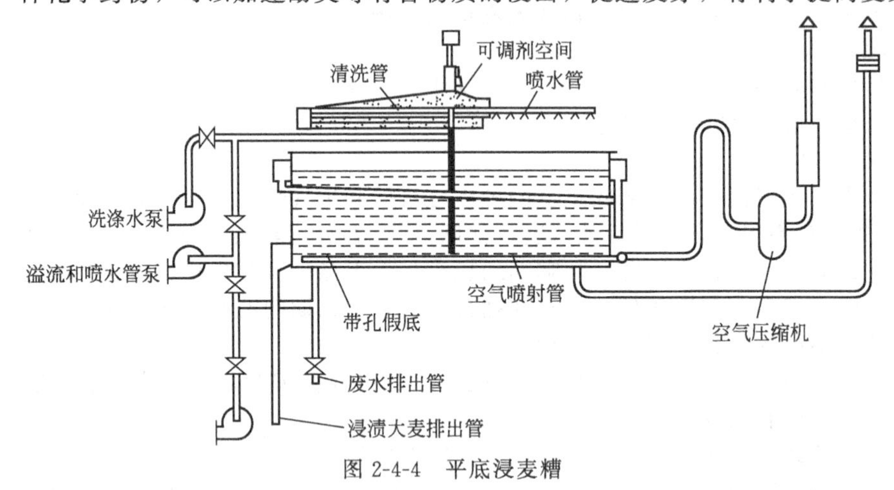

图 2-4-4 平底浸麦槽

（一）浸麦的要求

1. 影响大麦吸水速度的因素

大麦吸水速度的快慢除与大麦粒的部位有关外，还受到以下几种情况的影响：

（1）大麦颗粒大小　大麦颗粒大小不同，吸水速度也不同。大而饱满的麦粒吸水速度较慢，小而瘪的麦粒吸水速度快，经过较长时间的浸麦后，小颗粒麦粒的浸麦度大于大颗粒麦粒的浸麦度。对于颗粒腹径在 2.5mm 以上的麦粒最终含水量相差不大。

（2）浸麦水温　浸麦水温越高，大麦吸水速度越快，达到相同的水分所需要的时间越短。一般情况下，浸麦水温在 10～20℃，最好在 12～15℃，最高不能超过 25℃。一般不能通过大幅度提高浸麦水温的办法来缩短浸麦时间，这样会造成水分分布不均匀，影响麦芽质量。

（3）大麦品质　在相同的浸麦温度和时间下，粉质粒吸水速度比玻璃质粒快，这是由于玻璃质粒蛋白质含量高，吸水速度慢。谷皮厚的大麦吸水速度慢。水敏感性值大小影响吸水速度，随着根芽生长，水敏感性消失，吸水速度加快。对水敏感性大麦，在水分为 37%～40%时开始发芽效果好，发芽后再补充水分至正常值。

不同年度生长的大麦对吸水速度也有影响，气候干旱年度生长的大麦，其吸水速度较慢。内陆地区的大麦，其吸水、发芽的速度要比沿海地区的大麦快。

（4）麦粒生理特性　根芽生长快、发芽快的大麦，其吸水速度快，吸水量大，容易造成麦粒中的水分分布不均匀；根芽生长慢、发芽慢的大麦，其吸水速度很慢，吸水量也少，但水分能很快进入胚乳，使胚乳中的水分迅速提高。

2. 浸麦度与控制

（1）浸麦度的定义　浸麦后湿大麦含水的百分率称为浸麦度。

$$浸麦度(\%)=\frac{浸麦后质量-(原大麦质量-原大麦含水量)}{浸麦后质量}\times 100\%$$

浸麦度的高低对大麦发芽、麦芽质量有重要影响，其直接影响到酶的形成和积累、根芽和叶芽的生长、胚乳的分解、物质的转化等。

浸麦度过低，则发芽迟缓，根芽容易萎缩，酶系形成不完全，酶活力低，蛋白质溶解不足，胚乳溶解差，麦芽质量差。

浸麦度如偏高，则发芽速度过快，温度上升快，发芽过程不易控制，能耗大，大麦呼吸过于旺盛，消耗物质多，制麦损失大，容易造成胚乳溶解过度，麦芽浸出率低，啤酒泡沫性能差，色度高等。

（2）对浸麦度的要求　浅色麦芽41%～44%，深色麦芽45%～48%。但不同的制麦设备、不同的大麦品质、不同的生产季节、不同的麦芽类型对浸麦度的要求不同。对于补水系统好的发芽设备、易溶解的大麦、色度要求低的麦芽、高温季节生产，则要求浸麦度应低些。

（3）浸麦度的测定　采用一个多孔圆锥筒进行测定。每次浸麦投料时，把选麦过程取得的麦样混合均匀，称取5份100g的麦样，放入容器内或用纱布包好用绳系牢，挂于浸麦槽中（此容器的下端插入浸麦层中）或均匀放置于浸麦槽各部位500mm深处，与生产大麦同时进行浸麦。测定时，用干毛巾吸去麦粒表面的水分再称重计算。

3. 通风

大麦在浸麦过程中，随着浸麦度的增加，胚的呼吸作用加强，对氧的需求增加。因此，在浸麦过程中必须满足胚对氧的需求。一般情况下，浸麦水中的溶解氧在浸麦1h内即可被消耗完，水温越高，耗氧速度越快。为保证溶解氧的供给，浸麦时应定期通风供氧。

如果供氧不足，则会出现厌氧呼吸，产生醛、酸等物质，对胚的生长有抑制作用，严重时会使胚窒息死亡，失去发芽能力。

供氧方式主要有以下几种。

（1）湿浸时通风　通入压缩空气。除起到供氧作用外，还可加强洗麦，加强翻麦，使麦粒均匀吸水和吸氧。

（2）倒槽（泵）　通过泵把湿麦粒从一个浸麦槽泵入另一个浸麦槽。这样既可以增加麦粒与空气的接触，也能翻拌麦层，保证麦粒均匀吸水。

（3）空气休止时通风（或吸风）　排去浸麦水后的阶段称为空气休止。空气休止过程中，要间歇地通入空气或抽CO_2，以提供氧气、排除CO_2。

（4）喷淋　空气休止期间，通过喷头，使喷出的水珠呈雾状，小水珠与氧充分接触再进入经空水[1]后的麦层，可把水雾中溶解的氧带给麦粒，同时又补充了水分，也可以排除麦层中的CO_2和热量。

4. 浸麦时化学药品的使用

在浸麦过程中，同时进行洗麦。通过通风、颗粒之间摩擦，麦粒上的污物溶入浸麦水中，在换水时被分离。同时，谷皮中的单宁、色素、苦味物质等有害杂质也被除去一部分。为提高洗涤效果，改善麦芽质量，洗麦时常添加一些化学药品。

（1）添加石灰乳　石灰乳呈碱性，具有杀菌作用，有利于麦皮中多酚类物质、苦味物

[1] 空水指将浸麦水排掉。

质、谷皮蛋白的溶出，可提高大麦的发芽力，改善啤酒色泽、风味和非生物稳定性。

利用石灰加水制成饱和石灰乳，过筛后使用。添加量 1.3kg/m^3 浸麦水。石灰乳应新鲜配制，否则会形成碳酸钙颗粒，一旦沉淀到麦皮上会造成干麦芽粉尘多，糖化时对 pH 不利，浸麦水碳酸盐硬度高时也会形成碳酸钙沉淀。

（2）添加 NaOH 或 Na_2CO_3　其作用与石灰乳相同，但不会形成沉淀。

使用量（不可过量使用，否则会影响麦芽中重要系列酶的形成）如下：NaOH，0.35kg/m^3 浸麦水；Na_2CO_3，0.9kg/m^3 浸麦水；$Na_2CO_3 \cdot H_2O$，1.6kg/m^3 浸麦水。

（3）添加甲醛　甲醛能杀死麦粒表面的微生物，有防腐作用，还能降低花色素苷含量，降低啤酒色度，提高啤酒非生物稳定性。可抑制根芽生长，降低制麦损失。

添加量：1～1.5kg/t 大麦。添加时间：洗麦后在第一次浸麦水或第二次浸麦水中加入。

（4）添加 H_2O_2　H_2O_2 可以提高洗麦效果，有灭菌作用，能消除大麦的休眠性和水敏感性，促进大麦萌发，同时也起到供氧的作用。

添加量：浓度 30%的 H_2O_2 用量为 3L/m^3 浸麦水。在洗麦后的第一次浸麦水中添加。

（5）赤霉素（GA_3）的添加　赤霉素是植物生长调节激素，能刺激发芽，促进酶的形成，促进蛋白质的溶解，缩短发芽周期。

添加量：0.05～0.15g/t 大麦。添加时间：在浸麦结束前或最后一次浸麦水中加入。使用方法：先用少量酒精溶解后再加入使用。注意赤霉素的添加一定要均匀，否则会造成发芽不均匀。添加量不宜过多，要现配现用。

赤霉素的使用能缩短发芽周期，但制麦呼吸损失不会减少。

（二）浸麦的方法

浸麦方法有湿浸法、间歇浸麦法和喷雾浸麦法。湿浸法已经几乎被淘汰，间歇浸麦法又叫断水浸麦法，它是指先将大麦上水浸泡一段时间，然后把水放掉，进行空气休止，并通风排 CO_2，一段时间后再放入新鲜水浸泡，如此反复，直至达到所要求的浸麦度。常用的为浸 2 断 6（浸水 2h，断水 6h）、浸 4 断 4 或浸 4 断 6 等。在可能的条件下应尽可能延长断水时间。断水进行空气休止并通风供氧，能促进水敏感性大麦的发芽，提高发芽率，并缩短发芽时间。在浸水时也需要定时通入空气供氧，一般每小时 1～2 次，每次 15～20min，通气间隔时间过长是不利的。整个浸麦时间约需 40～72h，要求露点率（露出白色根芽麦粒占总麦粒的百分率）达 85%～95%。

喷雾浸麦法的特点是耗水量较少（只为一般浸麦方法的 1/4），供氧充足，发芽速度快。国内操作方法的实例为：①投麦后，洗麦和浸麦 6h 左右，通风搅拌，捞浮麦，每小时通风 20min；②断水喷淋 18h 左右，每隔 1～2h 通风 10～20min；③浸麦 2h，进水后通风搅拌 20min；④断水喷淋 10h 左右，每隔 1～2h 通风 10～20min；⑤浸麦 2h，进水后通风搅拌 20min；⑥断水喷淋 8h，每隔 1h 通风 20min；⑦停止喷淋，空水 2h 后出槽。

浸麦水温一般不超过 20℃，但为了缩短浸麦时间，也有的采用温水浸麦法，即用 30℃ 以内的温水浸麦。另外还有的采用重浸渍浸麦法（resteeping process）和多次浸麦法（multi-steeping process）浸麦。

（三）浸麦后的质量检查

浸渍后大麦表面应洁净，不发黏，无霉味，无异味（如酸味、醇味、腐臭味），应有新鲜的黄瓜气味。

用食指和拇指逐粒按动，应松软不硬；用手指捻碎，不能有硬粒、硬块；用手握紧湿大麦应有弹性感。

浸麦结束后，湿大麦露头率应达 85%以上。

三、发芽

未发芽的大麦，仅含有少量的酶，而且多数是以无活性的酶原形式存在。胚只能形成少量酶，但胚本身含有少量的赤霉素，并且在发芽阶段能分泌出赤霉素，赤霉素从胚轴（幼根和幼芽）进入盾状体上皮层到糊粉层，刺激糊粉层，从而产生各种各样的水解酶类。发芽是一生理生化变化过程，通过发芽，可使大麦中的酶系得到活化，使酶的种类和活力都明显增加。随着酶系统的形成，麦粒的部分淀粉、蛋白质和半纤维素等大分子物质得到分解，使麦粒达到一定的溶解度，以满足糖化时的需要。

1. 发芽技术条件

在大麦发芽过程中要根据具体情况采用不同的发芽技术条件。从发芽温度看，低温发芽的温度控制为12～16℃，它适合于浅色麦芽的制造；高温发芽温度控制为18～22℃，适于制造深色麦芽。发芽水分一般应控制在43%～48%，制造深色麦芽，浸麦度宜提高到45%～48%；而制造浅色麦芽的浸麦度一般控制在43%～46%。发芽时一般要保持空气相对湿度在95%以上。另外，在发芽初期，充足的氧气有利于各种酶的形成，此时 CO_2 不宜过高；而发芽后期，应增大麦层中 CO_2 的比例，通风式发芽麦层中的 CO_2 浓度很低，后期通风应补充以回风。发芽时间一般控制在6d左右，深色麦芽为8d左右。

2. 发芽方法

发芽方法可分为地板式发芽和通风式发芽两大类。地板式发芽是传统方法，比较落后，已逐渐被通风式发芽所取代。通风式发芽是厚层发芽，通过不断向麦层送入一定温度的新鲜饱和的湿空气，使麦层降温，并保持麦粒应有的水分，同时将麦层中的 CO_2 和热量排出。当前，通风式发芽最普遍采用的是萨拉丁（Saladin）箱式发芽、麦堆移动式发芽和发芽干燥两用箱发芽，这三种发芽方法均有平面式和塔式之分。随着发芽技术的日益改进，包括半连续和连续化方法在内的许多新型生产方法，也逐渐在生产中应用，一些通风式发芽的附属设施也较以前有了很大的改革。下面以萨拉丁箱式发芽法为例，介绍发芽的具体操作方法（见图 2-4-5）。

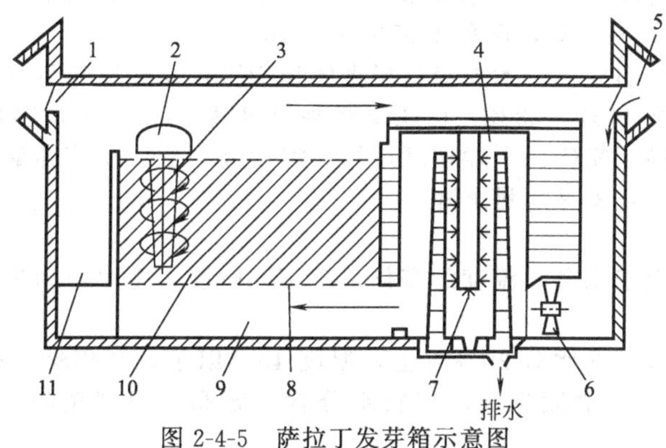

图 2-4-5　萨拉丁发芽箱示意图

1—排风；2—翻麦机；3—螺旋翼；4—喷雾室；5—进风；6—风机；7—喷嘴；8—筛板；9—风道；10—麦层；11—走道

将浸渍完毕的大麦带水送入发芽箱，铺平后开动翻麦机以排出麦层中的水。麦层的高度以0.5～1.0m为宜。发芽温度控制在13～17℃，一般前期应低一些，中期较高，后期又降低。翻麦有利于通气，调节麦层温湿度，使发芽均匀。一般在发芽的第1、2天可每隔8～12h时翻一次，第3～5天为发芽旺盛期应每隔6～8h翻一次，第6～7天12h翻一次。通风对调节发芽的温度和湿度起主要的作用，一般发芽室的湿度应在95%以上，由于水分蒸发，应不断通入湿空气进行补充。又由于大麦呼吸产热而使麦层温度升高，所以应不断通入冷空气降温，必要时进行强通风。通风方式有间歇式和连续式两种，可根据工艺要求选用。直射强光会影响麦芽质量，一般认为蓝色光线有利于酶的形成。发芽周期为6～7d。

发芽好了的麦芽称为绿麦芽，要求新鲜、松软、无霉烂；溶解（指麦粒中胚乳结构的化学和物理性质的变化）良好，手指搓捻呈粉状，发芽率95%以上；叶芽长度为麦粒长度的2/3～3/4。

四、绿麦芽干燥及后续处理

未干燥的麦芽称新鲜麦芽或鲜麦芽，习惯称为绿麦芽。

（一）干燥目的

① 除去麦芽中的水分，便于保存。同时使麦根变脆，易于除去，避免麦根成分对啤酒质量的影响。

② 停止新鲜麦芽的生长，麦芽成分稳定。

③ 除去新鲜麦芽的生腥味，同时形成不同麦芽特有的色、香、味。

（二）干燥过程的变化

1. 物理变化

（1）水分变化　鲜麦芽含水分 45%左右，通过干燥使麦芽水分下降，其中浅色麦芽水分降至 3.5%～4.0%，深色麦芽水分降至 1.5%～2.0%。鲜麦芽水分的去除分两个阶段：凋萎阶段、焙焦阶段。同时，由于水分的去除麦芽质量也下降，一般 100kg 精选大麦可得到 160kg 鲜麦芽（含水分 47%左右），干燥后得到干麦芽 80kg 左右。

① 凋萎阶段　麦芽水分由 45%左右降至 10%左右，此阶段主要去除的是游离水分（或称自由水分）。游离水分与麦粒结合不紧密，主要为麦粒吸附水分，容易去除。水分的去除速度与风量关系很大，对浅色麦芽，为减少酶的破坏和胚乳过度溶解，可以采取大通风量、低温的办法快速将这一部分水分除掉。一般由水分 45%左右降至 18%～20%比较容易，由 18%～20%降至 10%相对速度较慢，但比结合水分的去除快些。

② 焙焦阶段　水分由 10%降至规定的干麦芽水分。这一部分的水分为结合水分，结合水分属于细胞生理水分，包括细胞壁内的水分、毛细管内的水分和结晶水，其与麦粒的结合力强，难以去除，水分去除速度主要与温度有关，一般采用高温、低通风量和回风的形式进行干燥。同时在这一阶段，麦芽的色香味物质也大量形成。焙焦的温度高低与生产的麦芽类型有关，浅色麦芽为 82～85℃，深色麦芽为 95～105℃。

（2）容量（体积）的变化　大麦经过浸麦体积膨胀，发芽后容量继续增加，干燥后容量回缩但仍然比大麦增加 16%～23%，优质麦芽甚至可达 24%以上。容量增加越多说明胚乳溶解越好，越疏松，易于粉碎。干燥速度过快、温度高会造成麦芽容量下降过多，容易出现玻璃质粒，使麦粒变硬，麦芽质量下降。

2. 化学变化

在干燥过程中，由于水分、温度的变化呈现不同阶段，主要分为生理变化阶段、酶作用阶段和化学反应阶段。

（1）生理变化阶段　在水分 20%以上，温度 40℃以下，胚仍然有生命力，发芽继续进行，胚乳继续溶解，叶芽继续生长。麦粒水分含量越高，温度越高（30℃前），这种变化越强。

（2）酶作用阶段　温度达到 40～70℃，胚停止生长，但麦芽中的酶仍继续发挥作用，在各种水解酶的作用下，胚乳中的物质继续被分解，直到水分下降很低或温度升高使酶失活才停止。

对于浅色麦芽不希望胚乳过度溶解，要求在低温下快速脱水，干燥后酶的损失量小，在凋萎阶段物质转化也少。而深色麦芽要在焙焦阶段形成较多的色香味物质，要求凋萎阶段脱水速度慢，温度较高，以加强酶的作用，使更多物质被转化。

（3）化学反应阶段　当温度达到 70℃以上，水分 10%以下，酶的作用停止，这个阶段主要是通过化学反应形成类黑素，产生麦芽特有的色、香、味。

3. 酶的变化

酶在干燥初期，淀粉酶、蛋白酶等由于发芽未停止酶活性仍在增加，干燥后期多数酶由于高温而变性失活。α-淀粉酶在凋萎阶段酶活力显著增加，干燥后酶活力下降但仍比鲜麦芽增加 12%～17%；焙焦温度对 β-淀粉酶活力影响很大（表 2-4-2）。

蛋白酶类在干燥中的变化与淀粉酶类不同，在凋萎阶段所有蛋白酶类酶活力都明显上升，除二肽酶干燥后下降较多外，内肽酶、氨肽酶、羧肽酶等干燥后酶活力要高于未干燥的鲜麦芽。

表 2-4-2　焙焦温度对 β-淀粉酶活力影响

焙焦温度/℃	相对鲜麦芽的残存活力/%	焙焦温度/℃	相对鲜麦芽的残存活力/%
70	69.1	80	55.8
90	38.0	100	28.2

半纤维素酶在干燥温度超过 60℃时酶活力迅速下降，干燥后残存量为 20%左右。

磷酸酯酶从干燥开始至结束，酶活力一直下降，对温度表现很敏感。低温起始凋萎（35℃或 50℃）对此酶有利，缓慢升温至焙焦温度 90℃或 100℃，并进行焙焦后，酶活力仅为原鲜麦芽的 30%或 25%左右。

过氧化氢酶、过氧化物酶和多酚氧化酶在干燥过程中对温度也比较敏感，干燥后酶活力下降较多。过氧化氢酶 80℃4h 焙焦后，酶活力仅为鲜麦芽的 10%以上，而焙焦温度更高时，几乎不存在酶活力。过氧化物酶 80℃4h 焙焦后，酶活力仅为鲜麦芽的 40%左右。多酚氧化酶前 8h 活力下降不大；8h 后酶活力急剧下降，焙焦过程几乎不变。

4. 麦芽内容物的变化

（1）糖类的变化　麦芽干燥期间，在温度 60℃以下，水分 15%以上时淀粉的分解继续进行，主要产物为葡萄糖、麦芽糖、果糖、蔗糖及糊精。当温度继续升高，水分降到 15%以下时淀粉水解趋于停止。水解得到的低聚糖，在焙焦时由于形成类黑素而被消耗。在干燥时，由于 β-葡聚糖、戊聚糖（麦胶物质）被继续分解，有利于降低麦汁的黏度。

（2）含氮物质的变化　干燥前期，蛋白质在蛋白酶的作用下继续分解，低分子氮有一定增加；但在干燥后期，由于类黑素的形成，干燥后麦芽中可溶性氮含量下降。由于可溶性蛋白质凝固变性，凝固性氮含量也下降。

（3）类黑素的形成　类黑素是麦芽的重要风味物质，对麦芽的色香味起决定作用。类黑素是一种褐色至黑色的还原性胶体物质，对啤酒的颜色、香味、泡沫性能和胶体稳定性有利，在啤酒中呈酸性，有利于改善啤酒风味。麦芽的香味主要来自甘氨酸、缬氨酸与糖形成的类黑素。

类黑素是淀粉分解得到的还原糖（提供羰基）与蛋白质分解的低分子氮（提供氨基）在较高温度下进行羰-氨化学反应而形成的（称美拉德反应）。

美拉德反应与水分、温度、还原糖和蛋白质分解产物氨基酸、短肽等有关。焙焦温度在 80～90℃此反应已经开始进行，温度上升至 105℃，水分降到约 5%时反应更有利。麦芽中还原糖、氨基酸含量越高，温度越高，形成的类黑素越多，麦芽的颜色越深，香味越浓。因此，制造深色麦芽要求胚乳应溶解过度，对浅色麦芽则溶解要适当，以免形成过多的类黑素。在 80～90℃下主要是甘氨酸形成的类黑素，香味较清淡，是浅色麦芽的香味特征；在 100～105℃下主要是缬氨酸形成的类黑素，香味浓，是深色麦芽的特征。

如果麦芽中存在醛类（糠醛等）和胺类物质，也会参与反应形成一些具有不良风味的物质，应避免出现。

（4）二甲基硫（DMS）的形成　DMS 是 S-甲基蛋氨酸的热分解产物，是一种挥发性的硫醚化合物，其阈值为 30μg/L，超过此值会给啤酒带来不愉快的煮玉米味。损害啤酒的质量。S-甲基蛋氨酸是 DMS 的前驱物质，是在发芽过程中生成，随着细胞溶解而进入颗粒内部。DMS 沸点为 38℃，容易挥发，在麦芽干燥和麦汁煮沸过程中大部分挥发掉。

（三）麦芽的干燥技术

绿麦芽干燥过程可大体分为凋萎期、焙燥期、焙焦期三个阶段，这三个阶段控制的技术条件如下。

（1）凋萎期　一般从 35～40℃起温，每小时升温 2℃，最高温度达 60～65℃，需时间 15～24h（视设备和工艺条件而异）。此期间要求风量大，每 2～4h 翻麦一次。麦芽干燥程度为含水量 10%以下。但必须注意的是，麦芽水分还没降到 10%以前，温度不得超过 65℃。

（2）焙燥期　麦芽凋萎后，继续每小时升温 2～2.5℃，最高达 75～80℃，约需 5h，使麦芽水分降至 5%左右。此期间每 3～4h 翻动一次。

（3）焙焦期　进一步提高温度至 85℃，使麦芽含水量降至 5%以下。深色麦芽可增高焙焦温度到 100～105℃。整个干燥过程约 24～36h。

麦芽烘好的标准：水分 2%～4%，入水不沉，嗅之有明显的大麦香，粒子膨胀，麦仁发白，麦根极易脱落。

（四）干燥后麦芽的处理

麦芽从干燥炉卸出后，在暂时仓里冷却，立即除根；商业性麦芽还要经过磨光。

1. 除根

出炉的干麦芽经冷却 3～4h 变得很干，很脆，易于脱落，就立即除根。因为麦根吸湿快，有不良苦味，会影响啤酒质量，应把其除尽。

麦芽除根机结构如图 2-4-6 所示。筛筒转速 20r/min，内装打板转子以同一方向转动，打板有一定斜度 *S*—*S*，以推进物料。转速 160～240r/min，转筒离心加速度 12～26a_n❶。

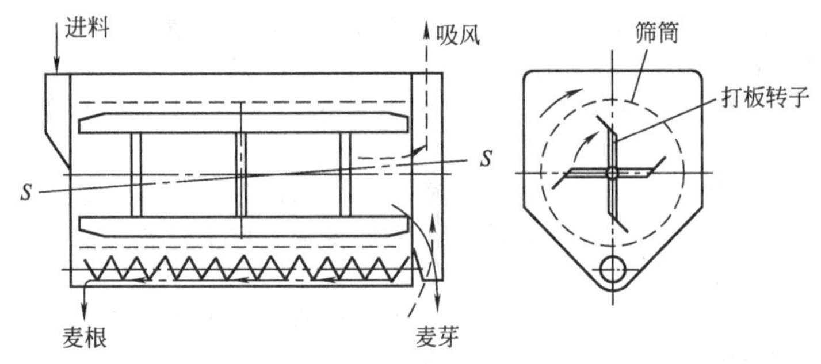

图 2-4-6　干麦芽除根机示意图

除根设备要求：

① 除根机上方设暂贮箱，容量为每炉麦芽的 2/3；

② 物料进入除根机之前经过除铁器；

③ 除根机能力按每批干麦芽除根时间 2～4h 考虑。

麦芽除根机打板转子搅动麦粒，使麦粒与麦粒摩擦，麦粒和筛筒撞击摩擦，使干、脆的麦根脱落，穿过筛筒落于螺旋槽内排出。麦芽出口处吸风除去轻杂质，并使其冷却至室温，最好 20℃左右。

麦根呈淡褐色、松软，约占精选大麦的 3.7%（质量分数）左右，麦根中碎麦粒和整粒麦芽含量不得超过 0.5%。

2. 磨光

麦芽出厂前可进行磨光处理，以除去麦芽表面的水锈或灰尘，使外表美观，麦芽在磨光前经过筛理除去大杂、小杂和轻杂。磨光机结构如图 2-4-7 所示。刷子滚动转速 400～450 r/min，圆周离心加速度可采用 70～90a_n，刷子具有一定的斜度 *S*—*S* 以推进物料，亦可制成螺旋状，但磨损后更新较麻烦。外围为波形滚筒以同一方向慢速转动，使磨光作业均匀、不积料。麦芽为刷子滚筒抛掷，使麦芽受到刷擦、撞击而清除杂质，穿过筛孔经螺旋排出，出口用吸风除去轻杂。麦芽磨光损失占干麦芽的 0.5%～1.5%（质量分数）。

3. 贮存

❶ 离心加速度：作回转运动的质点所受的离心力与质点质量的比值，以 a_n 表示。

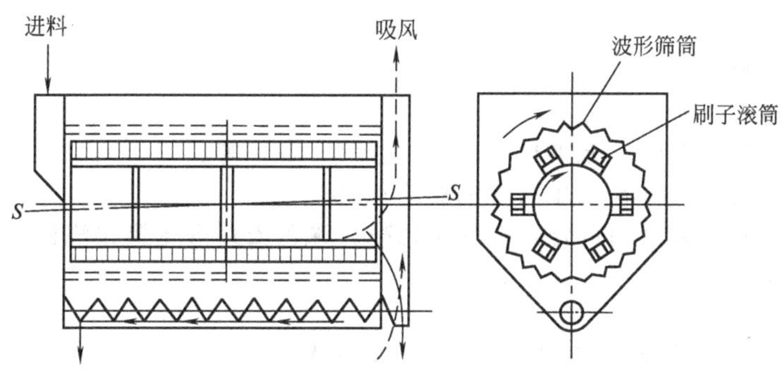

图 2-4-7　干麦芽磨光机示意

除根后的麦芽必须贮存回潮 2 周以上方可出库。一般干麦芽使用前必须贮存 1 个月，最长为半年。

(1) 贮存的目的

① 新焙燥除根的麦芽，麦皮容易被破碎。

② 除根麦芽贮存回潮后，粉碎时可使皮破而不碎。

③ 贮存回潮后，胚乳失去原有的脆性，质地有显著改善。

④ 麦芽经贮存后，因焙燥而钝化的酶活性复活，糖化力提高 1%～2%，蛋白酶活性提高 2%。

(2) 贮存的要求

① 麦芽除根冷却至室温以下进仓贮存，以防麦温过高而发霉变质。

② 按质量等级分别贮存。

③ 尽量避免空气和潮气渗入。

④ 应按时检查麦温和水分的变化。

⑤ 干麦芽贮存回潮水分 5%～7%，不宜超过 9%。

⑥ 应具备防治虫害的措施。

⑦ 贮存期最长为半年。

五、制麦损失

制麦损失是指精选后的大麦经过浸麦、发芽、干燥、除根等过程后所造成的物质损失，其中对颗粒小于 2.2mm（或 2.0mm）的大麦不作为损失计算。

造成制麦损失的原因有：水分损失（大麦原水分为 13% 以下，干麦芽水分 1.5%～3.5%）、浸麦损失（麦粒成分溶出）、发芽损失（呼吸损失）、除根（去除麦根），一般浅色麦芽总损失率为 17.5%～25.8%，深色麦芽总损失率为 22.5%～29.5%。

降低制麦损失的措施如下。

(1) 采用重浸法　抑制根芽、叶芽生长，制麦损失为 5%～6.5%，如果多次采用 30～40℃的温水杀胚，则损失可以降到 4.2%～5.5%。

(2) 低温发芽或降温发芽　可以降低制麦损失 1%～1.5%，总损失高于重浸法。

(3) 发芽后期，增大麦层 CO_2 的比例，抑制麦粒呼吸。麦层空气中含 CO_2 约 1%，总损失降低 0.5%～1.0%；麦层空气中含 CO_2 达到 4%～8%，总损失降低 1.0%～1.5%。

(4) 缩短发芽周期　生产短麦芽或尖麦芽（根芽刚刚露出白点或麦根比较短时就提前结束发芽），但这种麦芽酶活性低，胚乳溶解差，糖化时不能多加。

(5) 其他　添加赤霉素可以加快发芽速度，缩短发芽周期，但呼吸损失会加大，如与抑制剂氨水、溴酸钾结合使用，效果更好。赤霉素与氨水结合使用，既可抑制根芽生长，又促进发芽的进行，总损失可降低 6%左右。

添加甲醛制造溶解不足的麦芽也能减低制麦损失。

将擦破皮法与赤霉素法结合，并配合溴酸钾或稀硝酸、稀硫酸处理，可降低制麦损失 3%。

六、麦芽质量的评价

(一) 感官分析

(1) 夹杂物　除根彻底，无半粒、霉粒、杂草、石子等。

(2) 色泽　淡黄色，具有光泽（浅色麦芽）。

(3) 香味　与麦芽类型相符合，香味应纯净。深色麦芽香味要比浅色麦芽浓。

(二) 物理分析

1. 千粒质量

麦芽溶解越好，千粒质量越低，制麦损失越大，风干麦芽为 28～38g，绝干麦芽为 25～35g。

2. 沉浮实验

沉降性是衡量麦芽溶解好坏的一项指标，与麦芽密度有关。麦芽溶解越好，相对密度越小，沉降麦粒就越少。参考指标如下：

<10%　很好；10%～25%　好；25%～50%　满意；>50%　不好

3. 切断实验

取 200 粒麦芽，沿麦粒纵向切开，观察胚乳状态。按玻璃质粒含量评价如下：

<2.5%　很好；2.5%～5%　好；5%～7.5%　满意；>7.5%　不好

4. 脆度值

脆度值能综合反映麦粒溶解状况。

>81%　优；78%～81%　好；75%～78%　一般；<75%　差

5. 平均叶芽长度

平均叶芽长度反映发芽的均匀程度。

浅色麦芽：0.7～0.8，3/4 者占 75%左右。

深色麦芽：0.8 以上，3/4～1 者占 75%左右。

6. 再发芽率

一般要求再发芽率<10%，超过 10%说明焙焦温度和时间不够。

(三) 化学分析

1. 水分

刚出炉的浅色麦芽：3.5%～4.2%。

刚出炉的深色麦芽：2.0%～2.8%。

麦芽贮存后，一般水分可以增加 0.5%～1.0%。使用时水分不超过 6%。

2. 浸出率（绝干）

优质麦芽浸出率应为 78%～82%。浸出率低，说明糖化收得率低。

3. 糖化时间

采用标准协定法糖化时温度达到 70℃碘试颜色反应完全的时间。

浅色麦芽：正常值 10～15min。

深色麦芽：正常值 20～30min。

4. 色度

未煮沸的标准协定法糖化麦汁的色度。

浅色麦芽：正常值 2.5～4.5EBC。

中等色度麦芽：正常值 5.0～8.0EBC。

深色麦芽：正常值 9.5～15.0EBC。

5. 粗细粉差

粗细粉差反映麦芽的溶解程度，此值越小，说明浸出率越高，糖化速度越快，但过小又说明溶解过度。采用 EBC 粉碎机评价如下：

<1.5　优；1.5～1.8　好；1.9～2.4　一般；2.5～3.2　差；>3.2　特差

6. 黏度（mPa·s）

麦汁黏度说明麦芽中半纤维素的分解情况。黏度越低，麦芽溶解越好，麦汁过滤速度越快。以8.6%协定法麦汁的黏度计，其中：

<1.53　优；1.53～1.61　良好；1.62～1.67　一般；>1.67　差

7. 蛋白质溶解度（库尔巴哈值）

标准协定法麦汁中的含氮量为可溶性氮，麦芽中的含氮量为总氮，评价标准为：

>41%　很好；38%～41%　好；35%～38%　满意；<35%　一般

8. 隆丁区分

按照隆丁区分把麦汁中可溶性含氮物质分为高分子氮（A区，为可溶性蛋白质，占约25%）、中分子氮（B区，为蛋白质分解的高级产物，占约15%）和低分子氮（C区，氨基酸、短肽和其他含氮物质，占约60%）。

高分子氮含量不能过高，否则会影响啤酒的非生物稳定性；中分子氮含量不要过低，否则啤酒口味过于淡薄，泡沫粗大不持久；低分子氮是氮源，含量过低会造成酵母繁殖困难，发酵迟缓。

9. α-氨基氮（mg/100g麦芽干物质）

α-氨基氮是用茚三酮法测定α-碳原子上连有氨基的含氮物质的总值，是可以被酵母吸收利用的低分子氮，α-氨基氮含量下降15%，发酵时间将延长20%～30%。

>150　很好；135～150　好；120～135　满意；<120　差

10. 甲醛氮（mg/100g麦芽干物质）

甲醛氮是利用甲醛滴定法测定的低分子含氮物质量，比α-氨基氮值高。

>220　很好；200～220　好；180～200　满意；<180　差

11. 糖：非糖

糖：非糖是麦汁中还原糖与其他成分（非糖）的比例，反映淀粉的分解情况，是控制生产的一项重要指标。根据啤酒类型不同，可以选择不同的糖与非糖的比值，常见为：浅色麦芽，糖：非糖＝1：(0.3～0.5)；深色麦芽，糖：非糖＝1：(0.5～0.7)。

12. 糖化力

糖化力反映α-淀粉酶和β-淀粉酶共同作用分解淀粉为还原糖的能力。一般浅色麦芽为200～300°WK（°WK糖化力单位），其中大于250°WK为优，220～250°WK为良好，200～220°WK为合格；深色麦芽为80～120°WK。

注：100g无水麦芽在20℃，pH4.3条件下分解可溶性淀粉30min，产生1g麦芽糖为1°WK糖化力单位。

13. 哈同值

哈同值为麦芽在20℃、45℃、65℃、80℃下，分别糖化1h，求得4种麦汁的浸出率与协定法麦汁浸出率之比（百分数）的平均值，减去58所得的差数。

0～3.5　溶解不足；4.0～4.5　溶解一般；5左右　满意；5.5～6.5　溶解好；6.5～10　麦芽高酶活性

14. pH

溶解良好和干燥温度高的麦芽，其协定法麦汁的pH低；溶解不良和干燥温度低的麦芽，其协定法麦汁的pH偏高。浅色麦芽协定法麦汁的pH为5.90左右，深色麦芽为5.65～5.75。

第二节　特殊麦芽制备技术

一、焦糖麦芽

焦糖麦芽具有浓郁焦香味，色度50～400EBC，黄色至黄褐色，具有典型的令人愉快的焦香味，甜中带微苦。焦糖麦芽的使用主要是为了改善啤酒口味的丰满性，突出麦芽香味。

其制备原则是在高水分下将成品浅色干麦芽或半成品鲜麦芽经过60～75℃的糖化处理，最后以110～150℃高温焙焦，使糖类焦化。

制备方法如下：

① 将刚出炉除根麦芽在水中浸泡，使水分达到40%～44%；

② 将浸泡好的麦芽沥干置于炒麦机内；

③ 在3h内于60～75℃进行糖化；

④ 再将温度升置150～180℃，同时排除炒麦机内水蒸气，保温1～2h，形成焦香味物质；

⑤ 从炒麦机取出冷却。

浅色焦香麦芽色度：50～70EBC。

深色焦香麦芽色度：100～120EBC。

也可选用鲜麦芽制备焦香麦芽，其他操作同上。

二、黑麦芽

常用于生产浓色和黑色啤酒，色度800～1200EBC，麦皮呈深褐色，胚乳呈褐色、黑褐色，具有浓的焦香味，微苦。其可以增加啤酒的色度和焦香味。

制备方法：干麦芽在水中浸泡6～10h，沥干，放入炒麦机内，缓慢升温至50～55℃，保持30～60min；然后升温至65～68℃，保持30min进行糖化并去除水分；再经30min升温到160～175℃，逐渐有白烟蒸发出来；再升温至200～215℃，保持30min；闻到有浓的焦香味，再升温到220～230℃，保持10～20min，出炉，冷却。

三、小麦麦芽

1. 原料

小麦芽选择的小麦品种最好是白皮（或浅棕红皮）、软质、冬小麦，要求蛋白质含量在14.5%以下。小麦质量要求见表2-4-3。

表2-4-3 小麦感官指标和理化指标

项目	合格级	项目	合格级
外观	淡棕红色，具有光泽，有原小麦固有香气，无病斑，无霉味和其他异味	千粒质量(绝干计)/g ≥	34
		3d发芽率/% ≥	85
		5d发芽率/% ≥	90
夹杂物/% ≤	1.5		
破损率/% ≤	1.0	蛋白质(绝干计)/% ≤	14.5
水分/% ≤	12.5	水敏感性/%	10～20

2. 浸麦

小麦的浸麦方法与大麦相似，由于小麦无皮壳，吸水速度快，要达到同样浸麦度需要的时间比大麦短，所以湿浸的时间应缩短，一般情况下，38～55h内浸麦度就可以达到43%～44%。要避免浸麦过度，否则会引起小麦厌氧呼吸、根芽叶芽生长不均匀。

采用通风式浸麦，第一次湿浸4～5h后，就开始进行19～20h的空气休止（干浸），这样也可以降低水敏感性；当麦粒水分达30%～32%，再进行2～3h的湿浸，使水分达到发芽起始水分37%～39%，露头率90%～95%；再转入发芽箱进行发芽，发芽过程中根据根芽叶芽的生长态势将水分升到44%～46%。

3. 发芽

由于小麦麦粒间堆积紧密，不利于通风，同时升温又快，因此要勤翻麦，但翻麦速度要慢，以防根芽叶芽脱落和损伤胚部，造成胚停止生长或生霉。在发芽开始第1～2天，每天翻麦2～3次，发芽第3～4天，要减少翻麦次数，每隔16～20h翻麦一次。

发芽温度要低，可以采取升温发芽工艺（12～18℃），也可以采用降温发芽工艺（从17～18℃降至12～13℃）。发芽时间为4～6d。投料量要比大麦减少10%～20%。

4. 干燥

在凋萎阶段要小心进行，对于单层高效炉，初始温度控制在45～50℃，双层干燥炉为35～40℃。注意凋萎结束温度不要高于60℃，应避免过早升温，一般要在4h内由60℃升到焙焦温度75℃，并在75℃保持2h，然后升温到80℃维持2～3h。干小麦麦芽质量要求见表2-4-4。

表 2-4-4　干小麦麦芽质量要求

项　目	指　标	项　目	指　标
水分/%	4.8～5.5	粗细粉差/%	1.5～1.8
无水浸出率/%	83～85	色度/EBC	3.0～5.5
无水蛋白质含量/%	10.5～11.5	糖化力/°WK	250～450
蛋白质溶解度/%	35(比大麦麦芽低2%～4%)	α-淀粉酶活力/Du	50～120

第三节　麦汁的制备技术

麦汁的制备过程包括：原料的粉碎，原料的糊化、糖化，麦汁的过滤，麦汁加酒花煮沸，麦汁处理（澄清、冷却、通氧）等过程。

一、原料粉碎

（一）粉碎的目的和要求

1. 粉碎的目的

粉碎是一种纯物理加工过程，原料通过粉碎可以增大内容物与水的接触面积，使淀粉颗粒很快吸水软化、膨胀以致溶解，使内含物与介质水和生物催化剂酶接触面积增大，加速物料内含物的溶解和分解，加快可溶性物质的浸出，促进难溶性物质的溶解。

2. 粉碎的原则要求

我国啤酒酿造常用的原料是大麦芽（或小麦麦芽）、大米。麦芽的粉碎原则要求是：皮壳破而不碎，胚乳细度适当，并注意提高粗细粉粒的均匀性。

麦芽的皮壳在麦汁过滤时作为自然滤层，不能粉碎过细，应尽量保持完整。若粉碎过细，滤层压得太紧，会增加过滤阻力，使过滤困难；另外皮壳中的有害物质（如多酚、苦味物质等）容易溶出，会加深啤酒色度使苦味粗糙。从理论上讲，麦芽胚乳部分粉碎得越细越好，特别是对溶解不好的麦芽，采用机械破碎的方式可以使内含物在糖化过程中最大限度地溶出，提高糖化收得率。但过细也会增加耗电量，操作费用增加。辅助原料（如大米等未发芽谷物）的粉碎应尽可能细些，以增加浸出物的收得率。

（二）麦芽粉碎

麦芽粉碎一般分为四种：干法粉碎、湿法粉碎、回潮粉碎和连续浸渍湿式粉碎。干法粉碎是传统的粉碎方法，回潮粉碎和湿法粉碎是20世纪60年代相继推出的方法，连续浸渍湿式粉碎是80年代德国Steinecher和Happman等公司推出的改进型湿式粉碎法。

1. 干法粉碎

麦芽的干法粉碎近代都采用辊式（滚筒式）粉碎机，有对辊、四辊、五辊和六辊之分，常用的是四辊式粉碎机、五辊式粉碎机和六辊式粉碎机。要求麦芽水分在6%～8%为宜，此时麦粒松脆，便于控制浸麦度，其缺点是粉尘较大，麦皮易碎，容易影响麦汁过滤和啤酒的口味和色泽。

2. 湿法粉碎

湿法粉碎的全部操作为：

浸渍→磨碎→匀浆→泵出

将麦芽在预浸槽斗中用20～50℃的温水浸泡10～20min，使麦芽含水量达25%～30%之后，再用湿式粉碎机带水粉碎，之后加入30～40℃的糖化水，匀浆，泵入糖化锅。

其优点是麦皮比较完整，过滤时间缩短，糖化效果好，麦汁清亮，对溶解不良的麦芽，可提高浸出率（1%～2%）；缺点是动力消耗大，每吨麦芽粉碎的电耗比干法高20%～30%。另外，由于每次投料麦芽同时浸泡，而粉碎时间不一，使其溶解性产生差异，糖化也不均一。

3. 回潮粉碎

回潮粉碎又叫增湿粉碎，具体操作是在很短时间里向麦芽通入蒸汽或一定温度的热水，使麦壳增湿，使麦皮具有弹性而不破碎，粉碎时保持相对完整，有利于过滤。而胚乳水分保持不变，利于粉碎。增湿时有两种处理方式：

（1）蒸汽回潮　通入50kPa的饱和水蒸气，处理30～40s，麦芽总水分增加0.7%～1.0%。增湿时麦芽温度应在40～50℃，避免酶的失活。

（2）喷水回潮　用40～50℃的热水，在3～4m的螺旋输送机中喷雾1～2min，增湿1.5%～2%，在第二条螺旋输送机中用40℃热风吹干麦芽表面的水。回潮后麦皮体积可增加10%～25%。

回潮粉碎的优点是麦皮破而不碎，可加快麦汁过滤速度，减少麦皮有害成分的浸出。蒸汽增湿时，应控制麦温在50℃以下，以免破坏酶的活性。

4. 连续浸渍湿式粉碎

连续浸渍湿式粉碎是20世纪80年代德国Steinecher和Happman等公司推出的改进型湿式粉碎法。它改进了湿式粉碎的两个缺点，将湿法粉碎和回潮粉碎有机地结合起来。麦芽粉碎前是干的，然后在加料辊的作用下连续进入浸渍室，用温水浸渍60s，使麦芽水分达到23%～25%，麦皮变得富有弹性，随即进入粉碎机，边喷水边粉碎，粉碎后落入调浆槽，加水调浆后泵入糖化锅。

不同粉碎方法的比较见表2-4-5。

表2-4-5　不同粉碎方法的比较

比较项目	干　法	湿　法	回　潮	连续浸渍湿法
麦芽粉质量体积/(m^3/t)	2.6	—	3.2	—
单位过滤面积麦芽容纳量/(kg/m^2)	160～190	280～330	190～220	280～330
麦糟层允许最大厚度/m	0.32	0.45～0.55	0.36	0.45～0.55
麦芽实验室浸出物收率/%	76.6	76.6	76.6	76.6
糖化室浸出物收率/%	73.0	76.1	75.4	76.1
麦糟中可洗出浸出物/%	—	0.48	—	0.41
麦糟可转化浸出物/%	—	1.25	—	0.93
麦汁色度/EBC	11.5	10.2	11.0	9.5

（三）辅料粉碎

由于辅料一般是未发芽的谷物，胚乳比较坚硬，比麦芽磨碎所需的电能大，对设备的损耗较大。工艺上对粉碎的要求是有较大的粉碎度，粉碎得细一些，以有利于糊化和糖化。辅料粉碎一般采用三辊或四辊的二级粉碎机，也可采用磨盘式粉碎机或锤式粉碎机。

（四）粉碎设备

啤酒厂粉碎麦芽和大米大都是用辊式粉碎机，常用的有对辊式粉碎机、四辊式粉碎机、五辊式粉碎机和六辊式粉碎机等。

1. 对辊式粉碎机

对辊式粉碎机主要工作机构为两个相对旋转的平行装置的圆柱形辊筒，如图2-4-8所示。工作时，由于辊筒对物料的摩擦作用，装在两辊之间的物料被拖入两辊的间隙中而被粉碎。对辊式粉碎机制造简便，结构紧凑，运行平稳，但传动机构本身较复杂，造价较高，故未能得到广泛应用。通常适于中碎和细碎。

2. 四辊式粉碎机

四辊式粉碎机由两对辊筒和一组筛子所组成，如图 2-4-9 所示。原料经第一对辊筒粉碎后，由筛选装置分离出皮壳排出，粉粒再进入第二对辊筒粉碎。

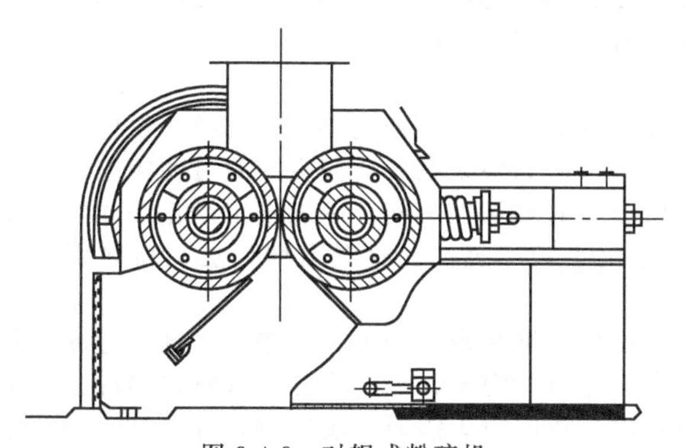

图 2-4-8　对辊式粉碎机

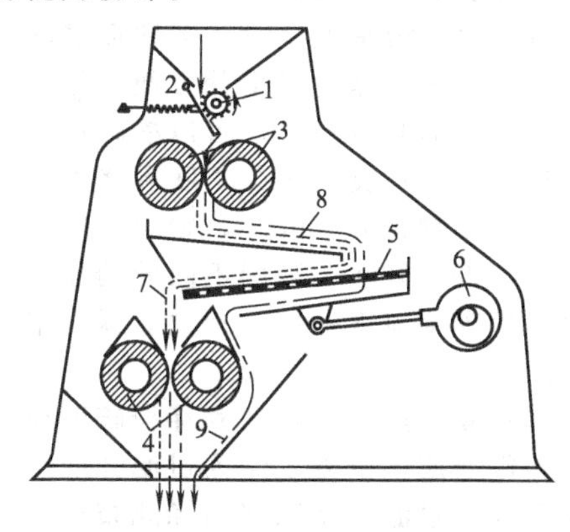

图 2-4-9　四辊式粉碎机

1—分配辊；2—进料调节；3—预磨辊；4—麦皮辊；5—震动筛；6—偏心驱动装置；7—带有粗粒的麦皮；8—预磨粉碎物；9—细粉

3. 五辊式粉碎机

五辊式粉碎机前三个辊筒是光辊，组成两个磨碎单元；后两个辊筒是丝辊，单独成一磨碎单元。通过筛选装置的配合，可以分离出细粉、细粒和皮壳，如图 2-4-10 所示。该机性能很好，通过调节可以应用于各种麦芽的粉碎。

4. 六辊式粉碎机

六辊式粉碎机性能与五辊式相同。它由三对辊筒组成，前两对用光辊，主要以挤压作用粉碎原料，可以使得麦芽的皮壳不致粉碎得太细而影响麦汁的过滤。第三对辊筒用丝辊，将筛出的粗粒粉碎成细粉和细粒，以利于糖化时充分浸出有用物质。该机的构造原理如图 2-4-11 所示。

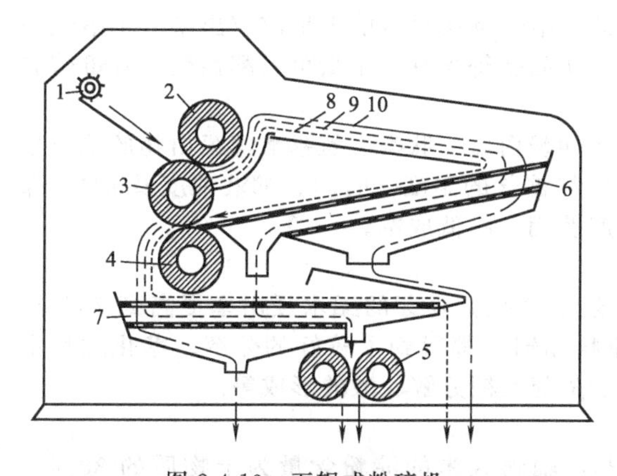

图 2-4-10　五辊式粉碎机

1—分配辊；2—预磨辊；3—预磨和麦皮辊；4—麦皮辊；5—粗粒辊；6—上震动筛组；7—下震动筛组；8—带有粗粒的麦皮；9—粗粒；10—细粉

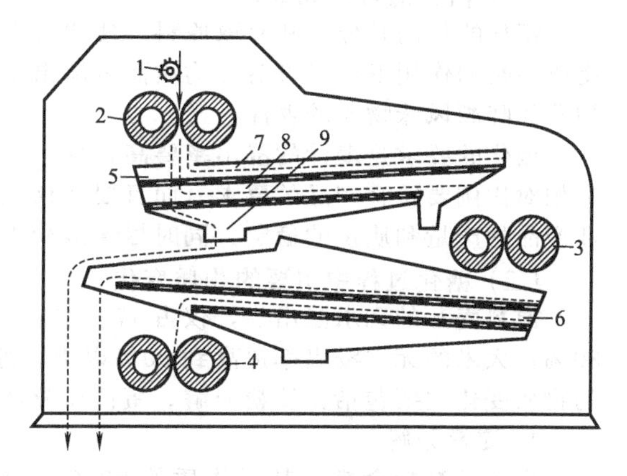

图 2-4-11　六辊式粉碎机

1—分配辊；2—预磨辊；3—麦皮辊；4—粗粒辊；5—上震动筛组；6—下震动筛组；7—含有粗粒的麦皮；8—粗粒；9—细粉

(五) 粉碎度及其调节

1. 粉碎度

麦芽粉碎后，皮壳、粗粒、细粒、粗粉和细粉所占料粉的质量分数称为粉碎度。粉碎度是衡量麦芽或辅助原料粉碎程度的数值。

2. 粉碎度的调节

粉碎度的调节主要依据麦芽的溶解度、糖化方法和麦汁过滤设备等灵活控制。

(1) 麦芽溶解度　对于溶解良好的麦芽，胚乳组织疏松，胚乳物质已得到较好的分解，又富含水解酶，糖化时十分方便，易于粉碎。粉碎后细粉和粉末较多，易于糖化。粉碎度对麦芽浸出率的影响不大，可以粉碎得粗一些。

对于溶解不良的麦芽，胚乳坚硬，含水解酶量少，粉碎和糖化都比较困难，粉碎度对麦芽浸出率影响较大。因此，粉碎时应适当细一些，但如果太细，会使麦芽醪过滤困难。

(2) 糖化方法　采用不同的糖化方法对粉碎度的要求也不同。一般浸出糖化法或快速糖化时，粉碎度应大一些；反之，采用长时间糖化或者二次、三次煮出糖化法，粉碎度可以小些。

(3) 麦汁过滤设备　麦芽粉碎度还与过滤设备有极为密切的关系。采用过滤槽过滤，是以麦糟作滤层，以麦皮作为过滤介质。要求麦皮尽可能完整，因此麦芽要进行粗粉碎。如果采用压滤机过滤，是以聚丙烯滤布作为过滤介质，粉碎时无需对麦皮进行特殊保护，因此粉碎要细一些，又可提高糖化麦汁收得率。但过细也会导致啤酒质量下降和麦汁过滤困难。快速过滤槽，粉碎度应介于前两者之间。

二、麦芽糖化

糖化是指利用麦芽本身所含有的各种水解类酶（或外加酶制剂），以及水和热力作用，将麦芽和辅助原料中的不溶性高分子物质（淀粉、蛋白质、半纤维素、植酸盐等）分解成可溶性的低分子物质（如糖类、糊精、氨基酸、肽类等）。溶解于水的各种干物质称为“浸出物”，制得的澄清溶液称为麦芽汁或者麦汁。麦汁中的浸出物含量与原料中所有干物质的比称为“无水浸出率”。

啤酒的品种和质量直接受麦汁质量的影响，啤酒的成本也受糖化工艺和原料、水、电、汽消耗的影响，因此，糖化过程是啤酒生产中的重要环节。

糖化过程主要包括：淀粉分解，蛋白质分解，β-葡聚糖分解，酸的形成，多酚物质的变化。糖化的主要方法有：煮出糖化法，浸出糖化法，复式糖化法（双醪糖化法）等。

(一) 糖化的目的和要求

糖化的目的是分解和萃取原料，使原料中的可溶性物质尽可能多地溶解出来，不溶性的物质在酶的作用下变成可溶性物质而溶解出来，从而获得含有一定量可发酵性糖、酵母营养物质和啤酒风味物质的麦汁。

糖化的要求是麦汁的浸出率要高，糖、可溶性蛋白质、肽类、氨基酸等浸出物的绝对量和相对比例要符合产品的要求。而且要严格控制好糖化的温度、时间、醪液浓度及 pH，保证产品的产量和质量的稳定，同时尽量减少生产费用，降低成本。

(二) 糖化过程中主要的物质变化

原料麦芽的无水浸出物，仅占 17%左右，经过糖化，麦芽的无水浸出率提高到 75%～80%，大米的无水浸出率提高到 90%以上，原料和辅料都得到了较好的分解。糖化过程中的物质变化主要包括：淀粉分解、蛋白质分解、β-葡聚糖分解、酸的形成等。

1. 淀粉分解

麦芽的淀粉含量占其干物质的 58%～60%，辅料大米的淀粉含量为干物质的 80%～85%，玉米的淀粉含量为干物质的 69%～72%。所以淀粉是酿造啤酒原料中最主要的成分，可见它的分解好坏将直接影响到啤酒的成本及啤酒的质量。

(1) 辅料（非发芽谷物）的糊化和液化　大米、玉米等酿造辅料未经过发芽变化，其淀粉存在于胚乳中，以大小不等的颗粒存在于淀粉细胞中，颗粒被包裹在细胞壁中。在淀粉细胞之间还充满了蛋白质等物质。淀粉颗粒中的直链淀粉以螺旋状长链缠绕重叠，支链淀粉包裹在直链淀粉外部和直链淀粉之间，不溶于冷水，也难被麦芽中的淀粉酶分解。当进行加热，温度升高至70℃左右时，淀粉颗粒开始裂解，淀粉进入水中，折叠缠绕的淀粉长链开始舒展，继续升高温度，淀粉颗粒吸水膨胀，形成“凝胶状”。淀粉颗粒吸水膨胀，从细胞壁中释放并形成凝胶的过程称“糊化”。不同种类的淀粉其糊化温度是不同的，见表2-4-6。

表2-4-6　不同种类淀粉的糊化温度

淀粉种类	糊化温度/℃	淀粉种类	糊化温度/℃
大麦淀粉	70～80	玉米淀粉	65～87
小麦淀粉	60～85	麦芽淀粉	70～80
大米淀粉	80～85		

淀粉糊化后，继续加热或者受到淀粉酶的水解，淀粉长链断裂成短链状糊精，黏度迅速降低，此过程称为液化。为促进液化，常加入麦芽或者α-淀粉酶。在麦芽中有酶存在的情况下，麦芽淀粉的糊化温度降到55℃。

辅料的糊化、液化常在100℃下保温30min。有的采用低压100kPa，105～110℃下保温30min。使淀粉充分糊化，提高浸出率，同时可提供混合糖化醪升温所需要的热量，达到阶段升温糖化的目的。糊化醪的检验，只凭经验感官检查。良好的糊化醪不稠厚，稍黏，不发白，上层呈水样清液。

辅料糊化时应控制好料水比及α-淀粉酶的用量，并注意避免出现淀粉的老化现象，或称回生。所谓老化现象是指糊化后的淀粉糊，当温度降至50℃以下，产生凝胶脱水，使其结构又趋紧密的现象。

（2）淀粉的糖化　啤酒酿造中糖化过程是指辅料的糊化醪和麦芽中的淀粉受到麦芽中淀粉酶的作用而分解，形成低聚糊精和以麦芽糖为主的可发酵性糖的全过程。糖化过程中醪液黏度迅速下降，碘液反应，由呈蓝色、红色逐步至无颜色反应。

可发酵性糖是指麦汁中能被下面啤酒酵母发酵的糖类，如果糖、葡萄糖、蔗糖、麦芽糖、棉籽糖和麦芽三糖等。

非发酵性糖是指麦汁中不能被下面啤酒酵母发酵的糖类，如低聚糊精、异麦芽糖、戊糖等。非发酵性糖虽然不能被酵母发酵，但它们对啤酒的适口性、黏稠性、泡持性以及营养等方面均起着良好的作用。如果啤酒中缺少低聚糊精，则口味淡薄，泡沫也不能持久；但含量过多，会造成啤酒发酵度偏低、黏稠不爽口和有甜味的缺点。所以在淀粉分解时，应注意到麦芽中这些可发酵性糖（如麦芽糖）和非糖的比例。一般浓色啤酒糖与非糖之比控制在1：(0.5～0.7)，浅色啤酒与非糖之比控制在1：(0.23～0.35)，干啤酒及其他高发酵度的啤酒可发酵性糖的比例会更高。糖与非糖的简便计算方法如下。

麦汁的浸出物含量为11%，测得还原糖（以麦芽糖表示）为8.8%，则麦汁中糖与非糖的比例为：

$$8.8\% : (11\% - 8.8\%) = 1 : 0.25$$

在成品麦汁中，决不允许有淀粉和高分子糊精存在，它们的存在对啤酒无益，容易引起啤酒的淀粉性浑浊（或糊精浑浊），同时淀粉与高级糊精的存在，也意味着浸出率的下降。因此，淀粉糖化时需注意以下两点。

① 淀粉必须分解到碘液不起呈色反应，麦汁中没有淀粉和高级糊精的存在。

糖化时要将醪液冷却到室温进行碘检：碘液遇到淀粉和较大分子糊精时呈蓝色至红色，遇到中分子糊精时呈现紫色或红色，不易辨认，但糖化并未结束，遇到糖类和较小分子糊精时不变色，说明糖化结束。糖化结束后的过滤及麦汁煮沸结束时，也要进行碘液检查，不能出现变色现象，以免影响啤酒的质量和啤酒的稳定性。

② 淀粉也不可全都分解，应保持一部分不发酵和难发酵的低级糊精，应根据啤酒的品种，调节可发酵性糖与非发酵性糖的比例在一定范围内。

（3）淀粉分解中的酶　啤酒酿造中淀粉的分解全部依赖于淀粉酶的酶促水解反应，淀粉酶可以水解淀粉质为糊精、寡糖和单糖等产物。糖类是麦汁浸出物的主要组成部分，也是酵母发酵的主要成分，所以淀粉酶在糖化过程中是非常重要的，现将淀粉酶对淀粉水解作用的机制简述如下。

① α-淀粉酶　对热较稳定，作用较迅速，可任意水解淀粉分子链内的 α-1,4-葡萄糖苷键，但不能水解 α-1,6-葡萄糖苷键。其作用产物为含有 6～7 个单位的寡糖。作用于直链淀粉时，生成麦芽糖、葡萄糖和小分子糊精；作用于支链淀粉时，生成界限糊精、麦芽糖、葡萄糖和异麦芽糖。淀粉水解后，糊化醪的黏度迅速下降，碘反应迅速消失。

② β-淀粉酶　耐热性较差，作用较缓慢，可从淀粉分子非还原性末端的第 2 个 α-1,4-葡萄糖苷键开始水解，但不能水解 α-1,6-葡萄糖苷键，也不能越过此键继续水解，生成较多的麦芽糖和少量的糊精。

③ 异淀粉酶　能打开支链淀粉分支点上的 α-1,6-葡萄糖苷键，将侧链切下成为短链糊精、少量麦芽糖和麦芽三糖。此酶虽然没有成糖作用，但可以协助 α-淀粉酶和 β-淀粉酶作用，促进成糖，提高发酵度。

④ 界限糊精酶　能分解界限糊精中的 α-1,6-葡萄糖苷键，产生小分子的葡萄糖、麦芽糖、麦芽三糖和直链寡糖等。由于 α-淀粉酶和 β-淀粉酶不能分解界限糊精中的 α-1,6-葡萄糖苷键，所以界限糊精酶可以补充 α-淀粉酶和 β-淀粉酶分解的不足。

⑤ 蔗糖酶　主要分解来自麦芽的蔗糖，产生葡萄糖和果糖。虽然其作用的最适温度低于淀粉分解酶，但在 62～67℃条件下仍具有活性。

（4）影响淀粉分解的因素

① 麦芽溶解度的影响　淀粉颗粒由胚乳细胞壁包围，胚乳细胞壁主要由半纤维素组成，细胞之间由蛋白质连接。溶解良好的麦芽，这些填充物质被不同程度地分解，或者将淀粉颗粒细胞壁打孔，使胚乳变得疏松。淀粉酶可以穿过细胞壁的孔洞与淀粉作用，使淀粉更充分地分解。

② 粉碎细度的影响　采用机械的方法可以破坏植物细胞壁，因此麦芽粉碎得细些有利于淀粉酶对淀粉的作用。

③ 淀粉酶活性的影响　淀粉的分解是在淀粉酶的作用下完成的，所以淀粉酶活性越高，可发酵性糖生成得就越多。浅色麦芽的酶活性高于深色麦芽，糖化时间就相应短些，生成的糖就多些，发酵度也高。

④ 糖化方法的影响　蒸煮部分糖化醪（特别是浓醪）可以使淀粉细胞壁破裂，淀粉游离出来，更利于淀粉酶的作用。虽然蒸煮糖化醪会破坏部分酶活性，但糖化效果却得到改善，对于溶解不足的麦芽效果尤为明显。

⑤ 糖化醪浓度的影响　在一定范围内，糖化醪浓度较高时会起到胶体保护作用，推迟酶的失活时间，所以糖化时间可以适当延长。但同时也存在非竞争性抑制和转移酶的作用。

⑥ 糖化温度和时间的影响　恒温糖化时，在 60～67℃从淀粉到糖的分解达到最高值，最终发酵度最高，低于或高于此温度范围可发酵性糖和最终发酵度都降低。

⑦ 糖化醪 pH 的影响　淀粉分解酶的最适作用 pH 是偏酸性的，β-淀粉酶比 α-淀粉酶更耐酸。当糖化醪 pH 高于 α-淀粉酶最适作用 pH 的上限（pH 5.8）或低于 β-淀粉酶最适作用 pH 的下限（pH5.4）时，糖化时间延长，最终发酵度降低。因此，应兼顾两种淀粉酶的耐酸性，比较适宜的 pH 应为 5.4～5.8，最适 pH 为 5.6。由正常麦芽制备的麦汁 pH 一般接近上限，因此，要充分发挥两种淀粉酶的作用，应适当调节 pH。

2. 蛋白质分解

与淀粉的分解不同，蛋白质的分解主要是在制麦过程中进行，而糖化过程主要起修饰作用，制麦过程与糖化过程中蛋白质分解之比为 1∶(0.6～1.0)，淀粉分解之比为 1∶(10～14)。但糖化时蛋白质的水解具有重要意义，蛋白质分解产物会影响啤酒泡沫的多少和持久性，影响啤酒的风味和色泽，对酵母的营养和啤酒的稳定性也会产生影响。糖化时蛋白质的分解称为蛋白质休止，分解的温度称为休止温度，分解的时间称为休止时间。

(1) 蛋白质分解的控制 蛋白质分解不良的麦芽，经过蛋白质休止后分解仍是不足的，但这并不意味着没有分解蛋白质的必要，而需进一步加强对蛋白质的分解。相反，对溶解良好的麦芽，蛋白质的分解作用可以减弱一些。糖化后麦汁中高、中、低分子氮的比例要适当。所以，对蛋白质的分解要进行科学合理的控制，常采用的控制方法有以下几种。

① 氮区分 采用隆丁区分法，将麦汁所含的可溶性含氮物质，用单宁和磷钼酸分别沉淀，可分为A、B、C三个组分，它们对啤酒的影响是不同的。A组分是能用单宁沉淀的高分子蛋白质，相对分子质量大于5万，如麦谷蛋白、麻仁球蛋白。高分子蛋白质含量过高，煮沸时凝固不彻底，极易引起啤酒早期沉淀。B组分为中分子蛋白质，相对分子质量为1万～5万，如胨、多肽等。其含量若过低，啤酒泡沫性能不良；但含量过高也会引起啤酒浑浊沉淀。C组分为低分子蛋白质，相对分子质量为500～10000，如二肽、三肽、氨基酸、酰胺等。含量过高，啤酒口味淡薄，酵母易衰老；但过低则营养不足，影响酵母的繁殖。因此，高、中、低分子蛋白质组分要保持一定的比例。

麦汁高、中、低分子蛋白质比较适宜的比例为：A组分25%左右，B组分15%左右，C组分60%左右。应当指出的是，这个比例随大麦种类不同而有所不同。对溶解良好的麦芽，蛋白质分解时间可短一些；对溶解不良的麦芽，蛋白质分解时间应延长一些；特别是增加辅助原料用量时，更需要加强蛋白质的分解。

② 库尔巴哈指数 又称蛋白质溶解度，是麦汁中总可溶性氮与总含氮量的百分比。此值多在85%～120%范围内波动。若库尔巴哈指数高于110%，则蛋白质分解程度过高，若低于100%，则分解程度不足。

③ α-氨基氮 用分光光度法测定12%全麦芽热麦汁中α-氨基氮的含量，正常值应为200～250mg/L。最低不能低于180mg/L。

④ 甲醛氮 麦汁中甲醛氮的含量高于α-氨基氮的含量，因为它不仅包含α-氨基氮，而且包含低分子肽类。浓度为12%的全麦芽热麦汁中甲醛氮的含量一般在300～350mg/L。

(2) 蛋白分解酶 麦芽糖化时，蛋白质分解酶主要来源于麦芽，包括蛋白酶、羧肽酶、氨肽酶和二肽酶，分解产物主要是氨基酸、多肽、二肽。蛋白分解酶的工艺特性见表2-4-7。

表2-4-7 麦芽中蛋白分解酶的工艺特性

酶名称	最适pH	最适温度/℃	失活温度/℃	作用基质	产物
蛋白酶	5.0～5.2	50～65	80	蛋白质、肽	以多肽为主,肽、氨基酸
羧肽酶	5.2	50～60	70	以肽为主,其次为蛋白质	氨基酸
氨肽酶	7.2～8.0	40～45	50以上	以肽为主,其次为蛋白质	氨基酸
二肽酶	7.8～8.2	40～50	50以上	二肽	氨基酸

(3) 影响蛋白质分解的因素

① 麦芽溶解度的影响 溶解度较高的麦芽，α-氨基氮含量已经接近酵母正常生长繁殖的数量级，糖化过程只是调整各蛋白质组分的比例，控制蛋白质分解，避免分解过度；对于溶解不足的麦芽，蛋白溶解度低，α-氨基氮含量少，糖化过程中应加强蛋白质分解，如采用较低的投料温度、适当延长蛋白质休止时间等。

② 休止温度和时间的影响 由于起主要作用的内肽酶和羧肽酶的最适作用温度分别为40～65℃和40～60℃，50～55℃蛋白分解力最强，所以蛋白质休止温度一般控制在50～55℃之间。蛋白质休止时间的长短，应根据麦芽溶解状况而定。采用低温投料配合蛋白质休止，会使糖化醪中氨基酸含量大大增加。如果蛋白酶在低温阶段得到保护，则在超过其最适作用温度后，即在淀粉分解温度65～70℃时仍具有活性。因此，可以通过调节蛋白质休止温度和时间，来达到各蛋白组分适宜的比例。

③ 糖化醪pH的影响 内肽酶和羧肽酶的最适作用pH为5.0～5.2，糖化醪pH越接近

此范围，蛋白质水解得就越多。氨肽酶和二肽酶的最适作用 pH 是偏碱性的，在正常糖化中是不能发挥作用的。

④ 糖化醪浓度的影响　糖化醪浓度高时蛋白酶受到胶体保护作用，有利于蛋白质的分解。

3. β-葡聚糖的分解

麦芽中的 β-葡聚糖是胚乳细胞壁和胚乳细胞之间的支撑和骨架物质。大分子 β-葡聚糖呈不溶性，小分子呈可溶性。在 35～50℃时，麦芽中的大分子葡聚糖溶出，提高醪液的黏度。尤其是溶解不良的麦芽，β-葡聚糖的残存高，麦芽醪过滤困难，麦汁黏度大。因此，糖化时要创造条件，通过麦芽中内-β-1,4-葡聚糖酶和内-β-1,3-葡聚糖酶的作用，促进 β-葡聚糖的分解，使 β-葡聚糖降解为糊精和低分子葡聚糖。糖化过程控制醪液 pH 在 5.6 以下，温度在 37～45℃休止，有利于促进 β-葡聚糖的分解，降低麦汁黏度（1.6～1.9mPa·s）。同时注意麦芽要粉碎均匀。温度越高，β-葡聚糖酶受破坏的程度越大，β-葡聚糖的分解就越缓慢。

生产过程中要选择 β-葡聚糖含量低的大麦以及溶解良好的麦芽，控制好麦芽均匀的粉碎度，采用低温投料、低温糖化，并适度延长休止时间，以利于 β-葡聚糖的分解。

β-葡聚糖的分解受麦芽粉碎度、糖化方法等影响，粉碎度大有利于分解。煮出糖化法部分浓醪煮沸时麦胶物质溶解，在酶的作用下继续分解，最终麦汁中 β-葡聚糖的含量少于浸出糖化法。

4. 滴定酸度及 pH 的变化

糖化醪的酸度主要来自于麦芽中所含的酸性磷酸盐、草酸等，在糖化过程中，酸度和 pH 的变化十分复杂。

麦芽所含的磷酸盐酶在糖化时继续分解有机磷酸盐，游离出磷酸及酸性磷酸盐。麦芽中可溶性酸及其盐类溶出，构成糖化醪的原始酸度，改善醪液缓冲性，有益于各种酶的作用。以后由于微生物的作用，产生了乳酸，蛋白质分解产生氨基酸，以及琥珀酸、草酸等的形成，均会使滴定酸度增加，pH 下降，缓冲能力增强。

5. 多酚类物质的变化

多酚类物质存在于大麦皮壳、胚乳、糊粉层和贮藏蛋白质层中，占大麦干物质的 0.3%～0.4%。麦芽溶解得越好，多酚类物质游离得就越多。在高温条件下，与高分子蛋白质配位化合，形成单宁-蛋白质的复合物，影响啤酒的非生物稳定性。多酚类物质的酶促氧化聚合，贯穿于整个糖化阶段，在糖化阶段（50～65℃）表现得最突出，会产生涩味、刺激味，使啤酒口味失去原有的协调性，变得单调、粗涩淡薄，影响啤酒的风味稳定性。氧化的单宁与蛋白质形成复合物，在冷却时呈不溶性，形成啤酒浑浊和沉淀。因此，采用适当的糖化操作和麦汁煮沸，使蛋白质和多酚类物质沉淀下来。适当降低 pH，有利于多酚物质与蛋白质作用而沉淀析出，降低麦汁色泽。

在麦汁过滤中，要尽可能地缩短过滤时间，过滤后的麦汁应尽快升温至沸点，使多酚氧化酶失活，防止多酚氧化使麦汁颜色加深、啤酒口感粗糙。

6. 脂类分解

脂类在脂酶的作用下分解，生成甘油酯和脂肪酸，82%～85%的脂肪酸是由棕榈酸和亚油酸组成。糖化过程中脂类的变化分两个阶段：第一阶段是脂类的分解，即在脂酶两个最适温度段（30～35℃和 65～70℃）通过其作用生成甘油酯和脂肪酸；第二阶段是脂肪酸在脂氧合酶的作用下发生氧化，表现为亚油酸和亚麻酸的含量减少。滤过的麦汁浑浊，可能有脂类进入到麦汁中，会对啤酒的泡沫产生不利的影响。

7. 类黑色素的形成

类黑色素是由单糖和氨基酸在加热煮沸时形成的，它是一种黑色或褐色的胶体物质，具有愉快的芳香味，能增加啤酒的泡持性，调节 pH，所以它是麦汁中有价值的物质。但其含量必须适当，过量的类黑色素不仅使有价值的糖和氨基酸受到损失，还会加深啤酒的色素。

8. 无机盐的变化

麦芽中无机盐含量为2%～3%，其中主要为磷酸盐，其次有Ca、Mg、K、S、Si等盐类。这些盐大部分会溶解在麦汁中，它们对糖化发酵有很大的影响，例如：磷提供酵母发育必需的营养盐类，钙可以保护酶不受温度的破坏等。

（三）糖化方法

将麦芽和非发芽谷物原料的不溶性固形物降解转化成可溶性的、并有一定组成比例的浸出物，所采用的工艺方法和工艺条件称为糖化方法，其分类见图2-4-12。

根据是否分出部分糖化醪可将糖化方法分为煮出糖化法和浸出糖化法，原先啤酒酿造只用麦芽为原料，均采用以上两种方法。当采用不发芽谷物（如玉米、大米、玉米淀粉等）进行糖化时需先对添加的辅料进行预处理——糊化、液化（即对辅料醪进行酶分解和煮出），此时采用复式糖化法（双醪糖化法）。我国啤酒生产大多数使用非发芽谷物为辅助原料，所以复式糖化法运用较多。

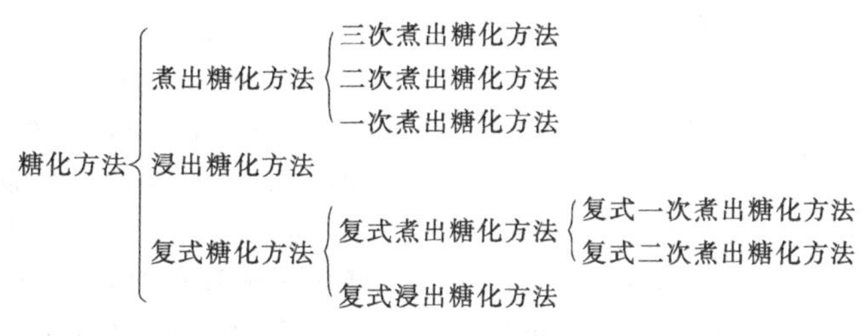

图2-4-12　糖化方法分类

1. 煮出糖化法

煮出糖化法是兼用酶的生化作用和热力的物理作用进行的糖化方法，对溶解不良的麦芽非常有效，可提高浸出物收得率，缩短糖化时间。传统下面发酵啤酒，无论浅色还是深色啤酒，均采用此法，近代一般采用两个完全一致的锅——糖化糊化锅来完成糖化。

糖化过程是将糖化醪液的一部分分批地从糖化锅中取出，送至糊化锅，用蒸汽加热到沸点，然后再返回糖化锅与其余未煮沸的醪液混合，使全部醪液温度分阶段地升高到不同酶分解底物所要求的温度，最后达到糖化终了温度。根据部分醪液煮沸的次数，分为一次、二次和三次煮出糖化法。分醪煮沸的次数主要由麦芽的质量和所制啤酒的种类决定。

取出的部分醪液煮沸后与剩余糖化醪混合，混合后的温度要达到一定的要求。取出煮醪量的多少与混合后醪液的温度有关，相关计算见本章第四节。

（1）三次煮出糖化法　是指三次取出部分糖化醪煮沸，并醪升温进行糖化，此法是最古老最强烈的一种煮出糖化方法，特别适合于处理酶活力低、溶解不好的麦芽或者酿造深色啤酒。但该法生产时间长，一般需4～6h，能耗大，因此一般较少使用。糖化曲线如图2-4-13。

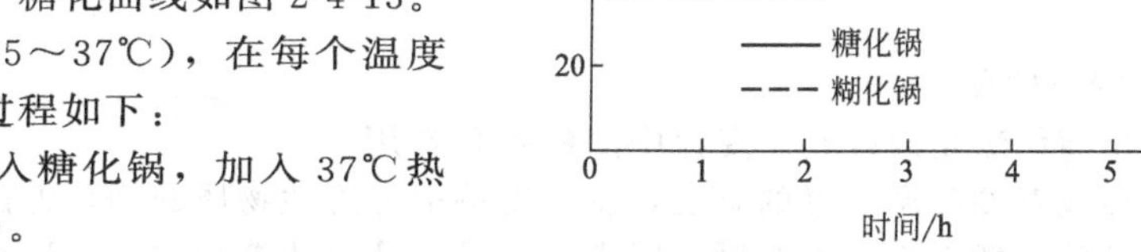

图2-4-13　全麦芽三次煮出糖化法糖化曲线

该法投料温度低（35～37℃），在每个温度阶段都进行休止。操作过程如下：

① 投料　麦芽粉投入糖化锅，加入37℃热水，加水比1∶(3～3.3)。

② 酸休止　35～37℃保温30～60min。

③ 第一次取出部分浓醪（约1/3）　送至糊化锅，加热至50℃，休止20min，升温至70℃保温15～20min，升温煮沸10～20min。

④ 第一次并醪　煮沸醪送回糖化锅，并醪后温度升至50～55℃，保温糖化30min左右。

⑤ 第二次取出部分浓醪（约1/3）　送至糊化锅加热，至70℃保温10min，升温煮沸0～10min，剩余稀醪继续保温糖化。

⑥ 第二次并醪　并醪后温度60～65℃，保温30～60min，保温至碘反应完全。

⑦ 第三次取出部分浓醪（约1/3）　送至糊化锅，迅速煮沸，煮沸后立即泵回糖化锅。

⑧ 第三次并醪　并醪后温度70～78℃；静置10min后泵送过滤。

(2) 二次煮出糖化法　去除了第三次煮醪，只两次取出部分浓醪进行蒸煮。该法对原料的适应性较强，灵活性较大，可用来处理各种性质的麦芽和酿造各种类型的啤酒。

一般情况下，二次煮出糖化法投料温度比三次煮出糖化法高，传统的二次煮出法投料温度通常为50～55℃（蛋白质休止温度）。若麦芽质量不好，也可采用35～37℃低温投料。二次煮出糖化法糖化曲线如图2-4-14。

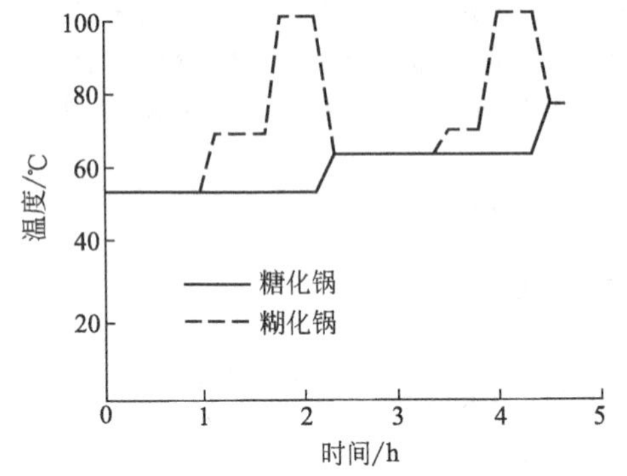

图2-4-14　二次煮出糖化法糖化曲线

二次煮出糖化法操作过程如下。

① 投料　加入50～55℃的热水，加水比1∶4。

② 蛋白质休止　50～55℃保温20min。

③ 第一次取出部分浓醪（约1/3）　送至糊化锅，升温至70℃，保温至碘反应完全，煮沸20min，剩余稀醪继续保温糖化。

④ 第一次并醪　并醪后温度62～65℃，保温糖化至碘反应基本完全。

⑤ 第二次取出部分浓醪（约1/3）　送至糊化锅，剩余稀醪继续保温糖化。

⑥ 第二次并醪　并醪后温度75～78℃，终止糖化，静置10min后泵入过滤槽过滤。

(3) 一次煮出糖化法　去除了两次煮醪，只取出一部分浓醪进行蒸煮。溶解良好的麦芽，可采用较高温度（50～55℃）投料（蛋白质休止温度）。溶解不良的麦芽可以采用较低的温度（35～37℃）投料，然后加热至50～55℃进行蛋白质休止。取出的部分浓醪快速加热至70℃停留一段时间，再升温煮沸；或者也可在62～65℃进行糖化休止，然后加热至70℃停留一段时间，再升温煮沸温。一次煮出糖化法糖化曲线如图2-4-15。

一次煮出糖化法操作过程如下。

① 投料　50～55℃。

② 蛋白质休止　50～55℃保温30min。

③ 取出部分浓醪（约1/3）　送至糊化锅，加热至70℃，保温糖化至碘反应基本完全，升温至煮沸温度，煮沸20min，剩余稀醪继续保温糖化。

④ 并醪　并醪后温度65～70℃，保温糖化至碘反应完全。

⑤ 升温至75～78℃，保温10min，泵入过滤。

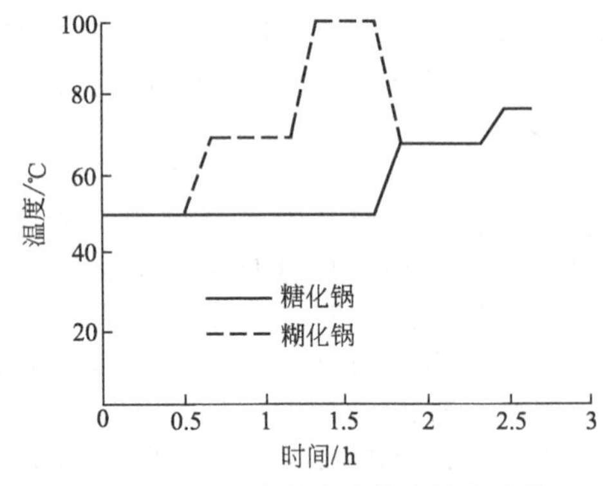

图2-4-15　一次煮出糖化法糖化曲线

2. 浸出糖化法

浸出糖化法是纯粹利用麦芽中酶的生化作用，不断加热或者冷却调节醪的温度，浸出麦芽中可溶性物质的糖化方法。由煮出糖化法去掉部分糖化醪的蒸煮而来，麦芽醪未经煮沸，是最简单的糖化方法，适合于溶解良好、含酶丰富的麦芽。浸出法要求麦芽质量必须优良。如果使用的麦芽质量太差，虽延长糖化时间，也难达到理想的糖化效果。浸出糖化法可分为恒温、升温和降温三种方法，较常用的是升温浸出法。

糖化过程是把醪液从一定温度开始加热至几个温度休止阶段进行休止，最后达到糖化终止温度。投料温度大约为35～37℃，如果麦芽溶解良好，也可直接采用50℃投料。浸出糖化法在带有加热装置的糖化锅中即能完成糖化过程，无需糊化锅。浸出糖化法操作过程如下。

① 投料　温度 35～37℃，保温 20min。

② 蛋白质休止　升温至 50℃，保温 60min。

③ 第一段糖化　升温至 62℃，保温至碘反应完全，蛋白质和 β-葡聚糖也较好地分解。

④ 第二段糖化　升温至 72℃，保温 20min，糖化休止，α-淀粉酶作用，提高麦汁收率。

⑤ 终止糖化　升温至 76～78℃，保温 10min，泵入过滤槽过滤。

浸出糖化法糖化曲线如图 2-4-16 所示。

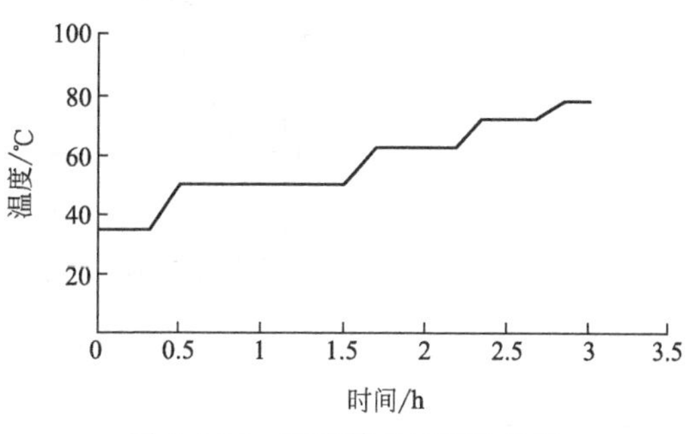

图 2-4-16　浸出糖化法糖化曲线

3. 复式糖化法

我国目前生产的啤酒大多添加了辅料，加辅料的啤酒一般采用复式糖化法（又称双醪糖化法）进行糖化，所谓双醪是指未发芽谷物粉碎后配成的醪液和麦芽粉碎物配成的醪液。我国一般采用大米作为辅助原料，配成的醪液为大米醪。大米醪在糊化锅里单独处理后与糖化锅中的麦芽醪混合。根据混合醪液是否煮出分为复式煮出糖化法和复式浸出糖化法，复式煮出糖化法又分为复式一次煮出糖化法和复式二次煮出糖化法（图 2-4-12）。

（1）复式煮出糖化法

A. 复式一次煮出糖化法　辅料在糊化锅中糊化、液化成糊化醪，麦芽在糖化锅中糖化成麦芽醪，然后将大米醪和麦芽醪于糖化锅中混合，在一定温度下糖化一段时间，取部分混合醪液煮沸，之后泵回糖化锅，混合后温度达到 76～78℃糖化终止。此法在国内应用较广，适合于酿造浅色啤酒，也可酿造深色啤酒。糖化过程示例如图 2-4-17，糖化曲线如图2-4-18。

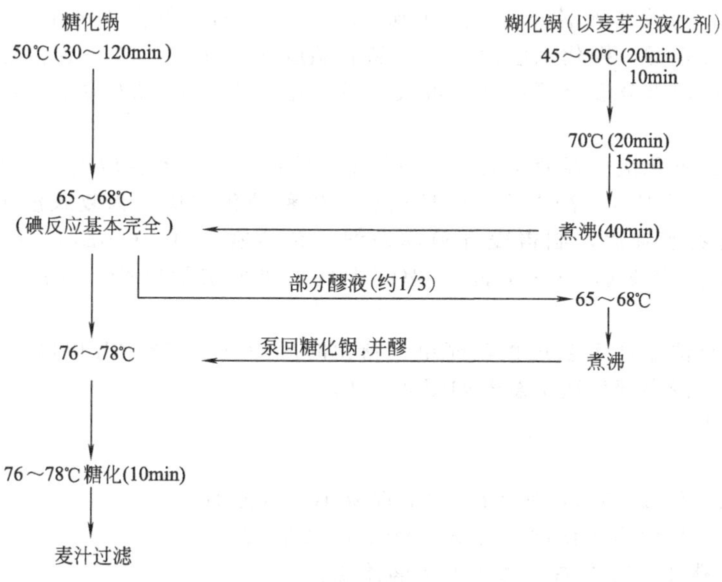

图 2-4-17　复式一次煮出糖化法操作过程

操作过程如下。

① 糊化锅

a. 大米投料　糊化锅内先放入 45～50℃的热水，料水比 1∶5 左右，保温 20min 左右。

b. 液化　升温至 70℃（若以 α-淀粉酶为液化剂则升温至 90℃），保温 10min 左右。

c. 煮沸　升温至煮沸，并煮沸 30min 或 40min。

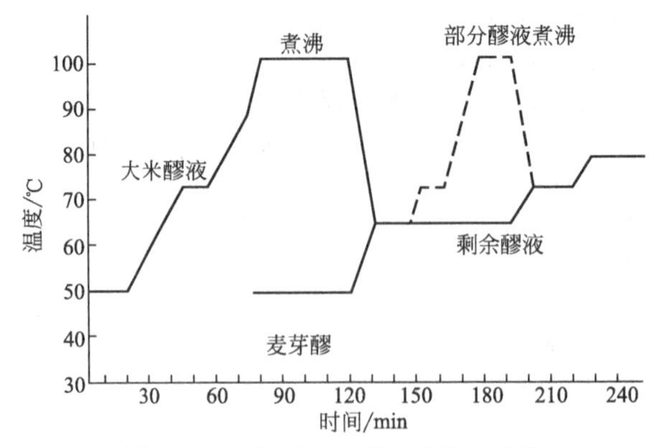

图 2-4-18　复式一次煮出糖化法曲线

② 糖化锅

a. 麦芽投料　投料温度 50℃（蛋白质休止温度），或者采用麦芽浸渍温度 35～40℃ 也可，料水比 1∶3.5 左右。

b. 蛋白质休止　温度 45～55℃，保温时间 30～60min，时间长短由麦芽质量决定。

c. 并醪　煮沸的大米醪泵入糊化锅并醪，并醪后温度 65～68℃，保温糖化至碘反应基本完全。

d. 煮醪　取出部分醪液（约 1/3）泵入糊化锅，煮沸，剩余醪液继续保温糖化。

e. 第二次并醪，并醪后温度 76～78℃，静置 10min 后泵入过滤。

B. 复式二次煮出糖化法　与复式一次煮出糖化法类似，区别是大米醪与麦芽醪混合后，两次取出部分混合醪进行煮沸。

辅料大米的糊化、液化与复式一次煮出糖化法相同，麦芽投料采用较低温度 35～37℃，保温 30min 左右，与大米醪混合，温度达到 50～55℃左右，保温 60min 进行蛋白质休止。第一次取出部分混合醪至糊化锅中煮沸，并醪后温度达到 65～67℃，保温糖化至碘反应基本完全。第二次取出部分混合醪煮沸，再次并醪，温度在 76～78℃左右，终止糖化，静置 10min，麦汁过滤。

（2）复式浸出糖化法　经糊化的大米醪与麦芽醪混合后，不再取出部分混合醪液进行煮沸，而是经过 70℃升温至过滤温度，然后过滤，这种糖化方法称为复式浸出糖化法。此方法常用于酿制淡爽型啤酒，制得麦汁色泽极浅（色度在 5.0～6.0EBC 左右），发酵度高（12°P 啤酒[1]真正发酵度达 66%左右），啤酒中残余可发酵性糖少，泡沫好（泡持时间在 5min 以上）。

复式浸出糖化法生产工艺过程较简单，糖化时间短（一般在 3h 以内），并醪后不再煮沸，耗能少。复式浸出糖化法示意图如图 2-4-19。

操作过程如下。

① 糊化锅

a. 投料　投料温度 45℃，料水比 1∶5 保温 10min 左右。

b. 液化　α-淀粉酶为液化剂，升温至 90℃，保温 10min。

c. 煮沸　煮沸 30min 左右，送至糖化锅并醪。

② 糖化锅

a. 投料　温度 35～37℃，保温 15min 左右。

b. 蛋白质休止　升温至 50～55℃，保温 30～60min。

c. 并醪　并醪后温度 65℃左右，保温至碘反应基本完全。

---

[1] 指用 12°P 的麦汁酿制的啤酒。

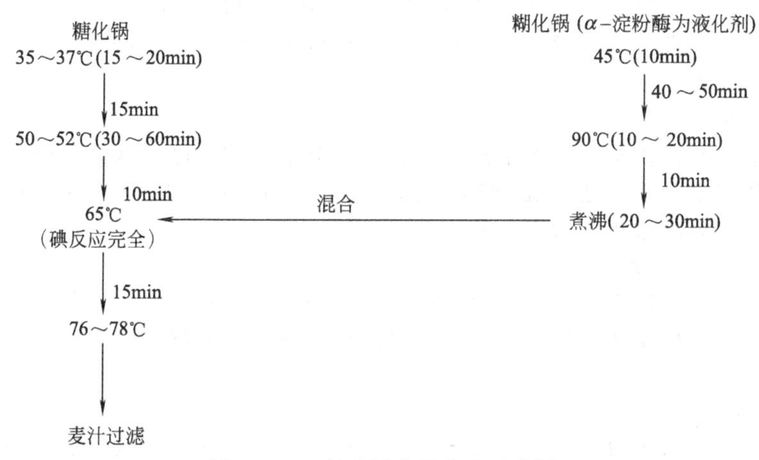

图 2-4-19　复式浸出糖化法示意图

d. 升温至 76～78℃，终止糖化；静置 10min 后过滤。

4. 外加酶糖化法

传统糖化利用麦芽中的酶类进行，现在一般在糖化中补充使用外加酶。即在糖化锅和糊化锅内添加一定量的 α-淀粉酶、蛋白分解酶以及 β-葡聚糖酶等，尤其在糊化锅中添加 α-淀粉酶的较多。糖化过程中添加酶制剂，可加速淀粉糖化和蛋白质分解，并可节省麦芽，增加辅料用量，从而降低成本。在麦芽溶解不良以及酶活性低的情况下，可通过添加酶制品来补充酶源。

（四）糖化设备

糖化设备是指麦汁制造设备，主要包括两个容器：糊化锅和糖化锅，用来处理不同的醪液。

1. 糊化锅

糊化锅主要用于辅料投料及其糊化与液化，并可对糊化醪和部分糖化醪进行煮沸。锅体为圆柱形，上部和底部为球形，内装搅拌器，锅底有加热装置，外加保温层。

2. 糖化锅

糖化锅用于麦芽粉碎物投料、部分醪液及混合醪液的糖化。锅身为柱体，带有保温层。锅顶为球体，上部有排汽筒。锅内装有搅拌器，以便使醪液充分混合均匀。麦芽粉碎物通过混合器与水混合后进入糖化锅。传统糖化锅不带加热装置，升温是在糊化锅中进行；现代糖化锅带加热装置，本身可以将糖化醪加热，采用全麦芽浸出糖化法时可以省去糊化锅。

3. 糖化设备组合

世界上大多数啤酒厂，麦汁制造采用分批间歇式，制造麦汁设备以锅和槽为主，辅以泵、管道和加热器等，按照锅槽组合方式可分为表 2-4-8 所示几种类别。

表 2-4-8　糖化设备组合方式

组合方式	设备名称	设备数量/只	组合方式	设备名称	设备数量/个
二器组合	糊化-煮沸两用锅 糖化-过滤两用槽	1 1	六器组合	糊化锅 糖化锅 过滤槽 煮沸锅	1 1 2 2
四器组合	糖化锅 糊化锅 煮沸锅 过滤槽	1 1 1 1			
五器组合	糖化锅 糊化锅 煮沸锅 过滤槽 加回旋槽	1 1 1 1 1	六器＋中间槽组合	糊化锅 糖化锅 过滤槽 煮沸锅 麦汁暂时槽	1 1 2 2 2

目前国内啤酒厂糖化系统成熟工艺采用三锅二槽，即糊化锅、糖化锅、煮沸锅、过滤槽、旋涡沉淀槽；改进工艺可增加一台糖化锅和一台麦汁中间暂存槽，既节省投资，又能迅速提高糖化生产能力。

三、麦汁过滤

糖化过程结束时，麦芽和辅料中高分子物质的分解、萃取已经基本完成，必须要在最短时间内把麦汁和麦糟分离，也就是把溶于水的浸出物和残留的皮壳、高分子蛋白质、纤维素、脂肪等分离，分离过程称为麦汁的过滤。

（一）麦汁过滤的目的

麦汁过滤的目的是把糖化醪中的水溶性物质与非水溶性物质进行分离。在分离的过程中，要在不影响麦汁质量的前提下，尽最大可能获得浸出物，尽量缩短麦汁过滤时间，以提高糖化设备利用率。

（二）过滤方法

麦汁过滤方法大致可分为三种：过滤槽法；快速渗出槽法；压滤机法。压滤机法又有传统的压滤机、袋式压滤机、膜式压滤机和厢式压滤机之分。下面以常用的过滤槽法和厢式压滤机法进行介绍。

1. 过滤槽法

过滤槽是最古老也是至今应用最普遍的一种麦汁过滤方法，国内目前大多数啤酒生产厂家仍使用过滤槽作为麦汁过滤的设备，过滤槽的主体结构一直没有多大改变，主要变化是在装备水平、能力大小和自动控制等方面。

过滤槽的原理是通过重力过滤将糖化醪液中不溶组分沉降积聚在筛板上，形成自然过滤层（称为麦糟层），麦汁依靠重力通过麦糟层而得到麦汁。

（1）过滤槽的主要结构　过滤槽一般是圆筒形体，材质多为不锈钢，也有铜制作的。配有弧球形或锥形顶盖，顶盖上有可开关闸门的排气筒，槽底大多为平底或浅锥形底，平底槽有三层：第一层是水平筛板，第二层是麦汁收集层，最外层是可通入热水保温的夹底。中心有一个能升降的中心轴，能带动2～4臂的耕糟机。

① 过滤槽的有效体积　其为总体积的75%～80%，糟层厚度是滤过阻力的主要因素，根据麦芽粉碎的方法不同而决定。一般应遵循：

a. 麦芽干法粉碎（含回潮粉碎），糟层厚度为25～40cm；

b. 麦芽湿法粉碎（含连续浸渍粉碎），糟层厚度为40～50cm。

需说明的是，过厚的麦糟会产生阻力，但由于粉碎方法的改变而使麦皮完整导致糟层厚度的增加，并不会因此而降低过滤的速度；过薄的麦糟层，尽管会减少过滤阻力，过滤速度快，但会因此而降低麦汁的透明度。

② 过滤槽筛板

a. 老式过滤筛板　多用黄铜、紫铜或磷青铜制成，厚度约3.5～4.5mm，筛板上面用铣床铣出长方形筛孔，筛孔上部孔宽为0.6～0.7mm，下部孔宽为3～4mm。上下孔之间形成梯形，以减少阻力，有利于防止筛板堵塞。筛板开孔率6%～8%。

b. 新式过滤槽　其筛板为不锈钢板制作，开孔率可达10%～20%，上孔宽宜采用0.6mm，下孔宽可采用2.5mm。当开孔率不足15%时，提高开孔率可以增加过滤速度，当开孔率大于15%时，提高开孔率不能明显提高过滤速度。

③ 筛底间距　筛板与槽底间的距离称为筛底间距，传统的过滤槽一般控制在8～15mm，筛板由支脚支撑，由于间距小，在麦汁通过调节阀排出时形成抽吸力，有利于过滤。但由于使用较多辅料以及筛孔热胀冷缩产生的变形，一些颗粒和泥状物质沉积会导致筛孔堵塞，影响过滤速度。

新型过滤槽改进了上述问题，筛底间距增大至12～20mm，并在筛底安装了喷嘴和排污阀，可不拆开筛板，及时清洗排除沉淀物。

④ 麦汁收集管　平底过滤槽在麦汁收集层每1.25～1.5m^2均匀设置一根麦汁收集管，

滤管的内径为 25～45mm。为了使收集层保持麦汁液位，防止从麦汁出口阀及麦汁管吸进空气，堵塞滤板，在出口阀上装有鹅颈弯管，鹅颈管出口必须高于筛板 2～5cm，这样可以避免产生吸力，吸入空气。

新型过滤槽比传统过滤槽作了较大改进，其结构如图 2-4-20 所示。直径可达 12mm 以上，筛板面积达 50～110m²。根据槽的直径，在槽底安装 1～4 根同心环管，麦汁滤管与就近的环管相连，确保糟层各部位麦汁均匀渗出，渗出麦汁进入高于筛板的平衡罐，再利用泵将麦汁抽出，减少了压差，加快了过滤速度。

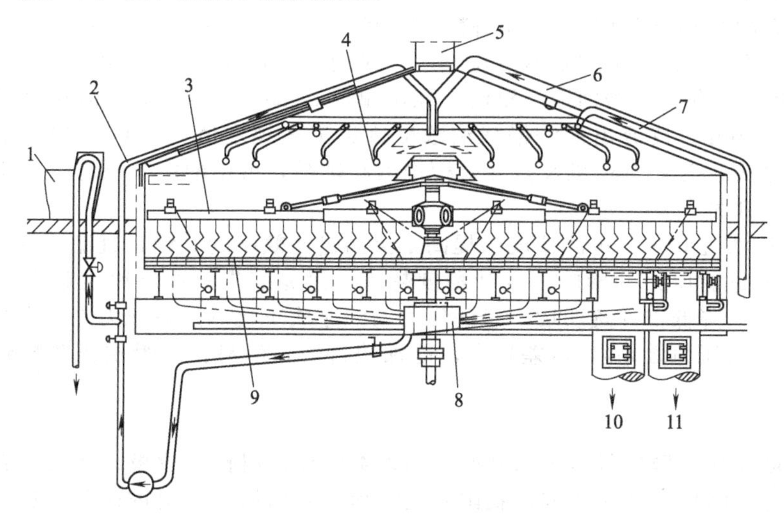

图 2-4-20　新型过滤槽

1—过滤操作控制台；2—浑浊麦汁回流；3—耕糟机；4—洗涤水喷嘴；5—二次蒸汽引出；
6—糖化醪入口；7—水；8—滤清麦汁收集；9—排糟刮板；10—废水出口；11—麦糟

新型过滤槽除采用平衡罐外，也可利用泵将麦汁抽出，加快过滤速度。洗糟时，也利用泵，控制各环管的流量，使从几个环管流出的麦汁浓度趋向一致，使麦层各部麦糟洗涤得完全彻底。此种过滤方式，结构封闭性好，隔绝了空气，减少了麦汁的氧化。

新型过滤槽废除了排出阀和鹅颈管，实现了隔绝空气下过滤，减少了麦汁的氧化，设备简单，操作方便，易于实现计算机控制。

⑤ 糖化醪输送系统　传统方式是将过滤槽顶直接连接糖化醪送入管，醪直接自由落下或由环状分配器分散落下，易造成糖化醪中各物质因相对密度不同而分离，使蛋白质等黏性物质沉积于筛板上，增大过滤阻力，且还会增加麦汁与空气接触的机会，对麦汁质量造成影响。改进后的过滤槽将原来的顶部进料改为底部分散进料，设有 2～6 个进料口，用泵送醪进入槽的速度降为 2m/s，使糖化醪均匀分布在筛面上。此进料方式减少了麦汁与氧气的接触机会，也减轻了醪液的分离现象。

⑥ 耕糟机　由变速电机、变速箱、液压升降轴、耕糟臂和耕糟刀所组成。耕糟时转速为 0.4～0.5r/min，排糟时转速为 3.0～4.0r/min。耕糟刀臂设有 2～4 个，它是由投料量决定的，耕糟刀臂上每隔 20～30cm 装有垂直于筛板的耕糟刀或波形耕刀，大型槽还装有排糟臂。

⑦ 洗糟水喷洒装置　小型过滤槽的喷洒装置安装在耕刀机轴顶部，洗糟水承接器连接两根喷水管，水平方向开孔，利用水力反作用力旋转均匀地洒水于麦糟层。

中、大型过滤槽在槽盖内装有内、外两圈喷水管，均匀分布喷嘴，洗糟水由喷嘴均匀地喷洒在糟层上进行洗糟。

(2) 过滤槽操作方法及过程

① 检查过滤板是否铺平压紧，进醪前，泵入 78℃热水直至溢过滤板，预热槽并排除管、筛底的空气。

② 将糖化醪泵入过滤槽，送完后开动耕糟机转动 3～5r/min，使糖化醪均匀分布在槽内。提升耕刀，静置 10～30min，使糖化醪沉降，形成过滤层。

③ 开始过滤，打开麦汁阀，开始流出的麦汁浑浊不清，应进行回流，通过麦汁泵泵回过滤槽，直至麦汁澄清。一般需时 10～15min。

④ 进行正常过滤，此时糟层逐渐压紧，麦汁流速变小，应适当耕糟，耕糟控制速度，同时应注意调节麦汁流量，逐步减少麦汁流量，收集滤过"头号麦汁"。一般需 45～60min。如麦芽质量较差，约需 90min。

⑤ 待麦糟露出或将露出时，开动耕糟机耕糟，从下而上疏松麦糟层。

⑥ 喷水洗糟，用 76～80℃热水（洗糟水）采用连续式或分 2～3 次洗糟，同时收集"二滤麦汁"，如开始较浑浊，需回流至澄清。在洗糟时，如果麦糟板结，需耕糟数次。洗糟时间控制在 45～60min。待流出的洗糟残液浓度达到工艺规定值（如 0.7°P 或 1.0～1.5°P 或 3.0°P），过滤结束，开动耕糟机及打开麦糟排出阀排糟，再用槽内原位清洗（clean in place，CIP）技术进行清洗。

采用过滤槽法过滤时，过滤速度的提高是提高过滤效率的关键，过滤速度主要受麦汁黏度、滤层厚度和过滤压力的影响。麦汁黏度越大，过滤越慢；滤层厚度越大，过滤速度越慢，但厚度过薄会降低麦汁透明度；过滤压力与滤速成正比（过滤压力是指麦糟层上面的液位压力与筛板下的压力之差），压差增大，能加快过滤，但易把麦糟层压紧导致板结，反而降低滤速。

2. 箱式压滤机

20 世纪 90 年代，国外很多公司开始使用以聚丙烯材料作为滤板、滤布的新型全自动厢式麦汁压滤机。20 世纪 90 年代末，我国一些啤酒厂开始从国外引进这种先进的设备，同时国内一些厂家引进技术开始生产这种麦汁压滤机。图 2-4-21 为 Nortek66 麦汁压滤机。

（1）箱式压滤机的特点

① 过滤效率高，过滤时间短，日产能力大。

② 采用低压过滤，滤出的麦汁清亮。

③ 采用低温（70～72℃）、短时（50min）的洗糟技术，有效地减少了麦皮中多酚等有害物质的浸出，麦汁组成更为合理，麦汁浊度低、色度浅。

④ 操作简单，自动化程度高，过滤、CIP 清洗等全过程均为自动控制。

（2）结构　设备主要由机架、滤板与滤布、液压系统、自控系统、排糟系统以及辅助管路组成。

图 2-4-21　Nortek66 麦汁压滤机

机架主要包括支柱、横梁、止推板、压紧板等。主要起支持和压紧滤板作用，另外还有自动拉板传动器件。

滤板与滤布组成过滤框室，起过滤作用，滤板用增强聚丙烯材料制成，滤布选用进口滤布。

液压系统由液压站、液压缸、活塞、连杆等组成，主要起压紧与打开过滤机，以及自动拉板作用。

（3）操作过程

① 进料　通过变频泵将糖化醪液由下部醪液进口泵入过滤机，过滤机上部配置自动排气，从而降低氧的摄入量，醪液充满后上下同时进醪，以保证物流均匀。整个过滤过程中，

通过自动调整流量保证压力恒定。

② 循环-过滤　进料过程中，醪液上、下同时被泵入，双重的进料渠道可保证对称、稳定地进料并充满整个过滤机，麦汁穿过滤布通过四个麦汁出口排出。起初浑浊的麦汁回流到糖化锅，当麦汁清亮后流入煮沸锅。

③ 洗槽　由板至板交替进行洗槽，洗槽水从“奇数”板穿过滤布进入糟层，再进入未进洗槽水的“偶数”板。

④ 卸槽　打开过滤机，糟饼自动掉入糟斗，通过螺旋输送器及风压输送到指定地点。

（三）麦糟的输送

从过滤设备排出的麦糟含水约 72%～80%，蛋白质含量高达 25%左右，此外，脂肪、无氮浸出物、纤维素、矿物质等含量丰富。

麦糟的输送有多种方法，包括泥浆泵输送、单螺杆泵挤压输送、活塞气流输送（脉冲式气流输送）以及用 0.7～0.9MPa 蒸汽或压缩空气输送至 200m 以外的出售罐。

四、麦汁煮沸

糖化醪经过滤得到的清亮的麦汁要进行煮沸，煮沸期间要添加酒花。麦汁煮沸是糖化中极其重要的一步，对下一步发酵过程的工艺控制，直至生产出优质的产品，都有着极其重要的影响。煮沸工序质量的好坏，直接影响着风味的改进、凝固物的形成、稳定性问题及麦汁浓度的控制等。

（一）麦汁煮沸的目的

（1）蒸发多余水分、浓缩麦汁　使混合麦汁通过煮沸、蒸发，浓缩到规定的浓度。

（2）破坏酶的活性　防止残余的酶继续作用，终止生物化学变化，稳定麦汁的组成成分。

（3）将麦汁灭菌　原辅料、酿造水、糖化过滤过程以及设备、管路等都有可能将杂菌带入麦汁，通过煮沸，消灭麦汁中存在的各种有害微生物，保证发酵的安全性。

（4）蛋白质变性凝固　使高分子蛋白质变性和凝固析出，提高啤酒的非生物稳定性。

（5）浸出酒花中的有效成分　使酒花中的软树脂、单宁物质、芳香成分等有效成分在高温下溶出，赋予麦汁独特的苦味和香味，提高麦汁的生物和非生物稳定性。

（6）降低麦汁的 pH　麦汁煮沸时，水中钙镁离子的增酸作用、碱性磷酸盐的析出以及酒花中苦味酸溶出，使麦汁的 pH 降低，有利于蛋白质的变性凝固和成品啤酒的 pH 降低，对啤酒的生物和非生物稳定性的提高有利。

（7）排除麦汁中特异的异杂臭气。

（二）麦汁煮沸中的物质变化

麦汁煮沸过程中会发生很多变化，主要包括蛋白质的变性絮凝、还原物质的生成、麦汁色度的增加等变化。

1. 蛋白质的变性絮凝

蛋白质的变性凝固是在麦汁煮沸过程中最重要的变化，在发芽和糖化过程中，可溶性高分子蛋白质经过了酶分解，部分变成了低分子物质，但仍有部分存在于麦汁中。这些蛋白质会影响酵母发酵，影响啤酒的口味和醇厚性，降低啤酒的非生物稳定性，使啤酒早期浑浊，尤其在低温季节更为突出。

（1）蛋白质的变化过程

蛋白质的变化分两步：变性和絮凝。麦汁煮沸时，蛋白质分子内部原有的高度规则的空间排列发生破坏，氢键被打开，蛋白质变成长线形，原有的性质和功能部分或全部丧失，这种现象称为“蛋白质的变性”。蛋白质变性后，若进一步丧失表面电荷，并受到激烈搅拌，分子之间相互凝聚或相互穿插缠结在一起，变成絮状，称为絮凝。

（2）影响蛋白质变性絮凝的因素

① 煮沸温度和时间　煮沸温度对蛋白质影响较大，麦汁煮沸温度越高，越有利于蛋白质的变性絮凝。煮沸时间对蛋白质凝聚影响也较大，煮沸时间延长能促进蛋白质的变性絮

凝，但煮沸时间过长，如果超过 2h，则会使已经絮凝的热凝固物颗粒被打碎，保留在麦汁中，对发酵产生不利的影响。经验证明，煮沸时间在 90min 以内，可达到较好的效果。

② 煮沸 pH　蛋白质是两性电解质，煮沸时麦汁的 pH 越接近蛋白质的等电点（5.2），越有利于蛋白质的变性絮凝（表 2-4-9）。从而降低麦汁的色泽，改善啤酒的口味，提高啤酒的非生物稳定性。这些絮凝的蛋白质称为凝固蛋白质，在热麦汁中沉淀析出的复合物称为热凝固物，煮沸时从麦汁中析出。

表 2-4-9　煮沸 pH 及效果

项　　目	pH5.2	pH 5.5	pH6.0	pH6.5
冷麦汁中的热凝固氮/(mg/L)	15	25	38	52
麦汁情况	清，絮状块	较清，絮状	浑浊	极浑浊

③ 煮沸强度　煮沸强度越大，麦汁上下翻腾越剧烈，产生的气泡越多，比表面积越大，变性蛋白质之间的接触机会就越多，越有利于絮凝。

④ 酒花制品和麦汁澄清剂　酒花制品对蛋白质的絮凝具有重要意义。酒花制品中的单宁和单宁色素极易与蛋白质发生中和，而生成单宁-蛋白质的复合物。另外，麦汁煮沸中除添加酒花促进蛋白质变性絮凝外，近年来出现了很多促进蛋白质絮凝的添加剂，如从天然五倍子中提取的单宁、卡拉胶、复合硅胶等，可不延长煮沸时间促进蛋白质的变性絮凝。

2. 麦汁色泽的增加

麦汁煮沸过程中，色泽迅速增加，一方面是由于水分蒸发麦汁被浓缩，另外是因为生成了类黑素和焦糖，以及多酚物质的氧化，煮沸后麦汁的色度明显高于混合麦汁的色度，但在发酵过程中色度会有所降低。

3. 还原性物质的生成

还原性物质能与氧结合而防止氧化，对保护啤酒的非生物稳定性起着重要的作用。麦汁煮沸过程中，生成了较多的还原性物质，如还原糖、还原酮、类黑素等，此类物质很容易被氧化。同时，麦芽和酒花中的还原物质（如多酚类、酒花的苦味物质等）也大量溶出，它们不易被氧化。煮沸时间越长，还原性物质的生成量越多。

4. 麦汁 pH 的降低

麦汁煮沸时 pH 降低 0.1～0.2，主要是由于煮沸时形成的类黑素和从酒花中溶出的苦味酸等酸性物质，以及磷酸盐的分离和钙、镁离子的增酸作用。pH 的降低，有利于蛋白质的变性絮凝，可使麦汁色度上升，使酒花苦味更细腻、纯正，有利于酵母的生长，但会使酒花苦味的利用率降低。

5. 其他物质变化

麦汁煮沸时，酒花中的有效成分（如苦味物质、酒花多酚、酒花油等）不断溶出。另外，煮沸过程中，部分二甲基硫（DMS）可被蒸发除去，对提高啤酒的风味和稳定性有利。

(三) 麦汁煮沸的设备和方法

1. 煮沸设备

煮沸麦汁的设备称煮沸锅，煮沸锅是糖化设备中发展变化最多的设备。传统煮沸锅采用紫铜板制成，近代多采用不锈钢材料制作。

煮沸锅外形常为立式圆柱形容器，通常配有盘式锅底，也有 W 底（凸底）或者杯底。较典型的结构比例是高度（麦汁深度）与锅体直径之比约为 1∶1。过去曾用过矩形煮沸设备，但它存在混合均匀困难、机械性损坏大等缺点。

图 2-4-22～图 2-4-24 比较了三种底部结构不同的煮沸锅。

按照加热方式来分，煮沸锅可分为内加热锅、外加热锅、泵力外和组合型的煮沸-回旋两用锅等。内加热锅一般锅内装有立式列管加热器，煮沸时蒸汽在管内流动，麦汁在管间流动，造成部分麦汁先沸腾，在锅内形成滚动循环。外加热锅的加热器设在锅外，麦汁用泵从煮沸锅中打出，经过外加热器加热后流回煮沸锅。煮沸-回旋两用锅（图 2-4-25）既作为煮

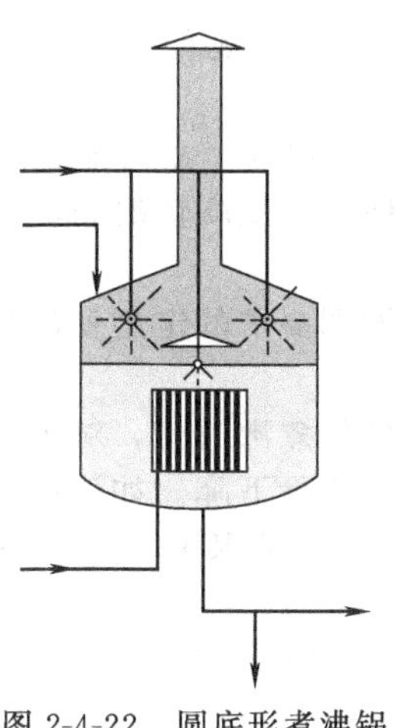

图 2-4-22　圆底形煮沸锅

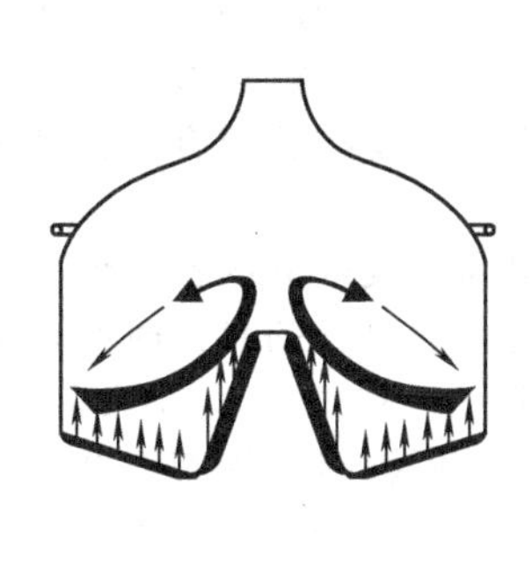

图 2-4-23　W 底形煮沸锅

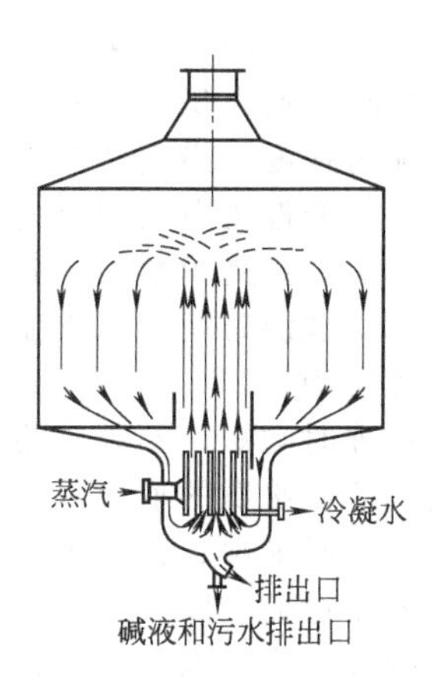

图 2-4-24　杯底形煮沸锅

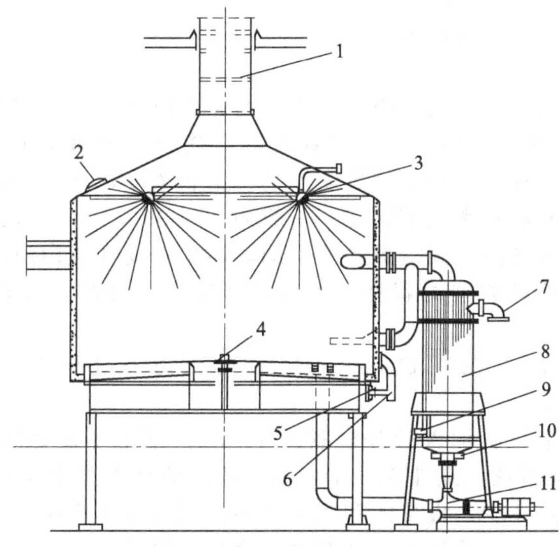

图 2-4-25　煮沸-回旋两用锅

1—废气挡板；2—人孔；3—喷头；4—热凝固物排出装置；5—热凝固物排出口；6—麦汁出口；
7—蒸气进口；8—外加热器；9—冷凝液出口；10—CIP 接口；11—麦汁循环泵

沸锅，又当沉淀槽。加热器设在锅外，当麦汁煮沸结束后，利用煮沸时的麦汁循环泵将热麦汁切线打入槽内分离热凝固物。

2. 煮沸的技术条件

(1) 煮沸强度和沸腾强度　煮沸强度也称蒸发强度，是指麦汁煮沸每小时蒸发水分的百分含量。

$$\text{煮沸强度}=\frac{\text{煮沸前混合麦汁体积(L)}-\text{煮沸后混合麦汁体积(L)}}{\text{煮沸前混合麦汁体积(L)}\times\text{煮沸时间(h)}}\times 100\%$$

煮沸强度是影响蛋白质变性絮凝的决定因素，对麦汁的澄清度和热凝固氮有显著影响。煮沸强度和影响效果见表 2-4-10。

表 2-4-10　煮沸强度和影响效果

煮沸强度/%	麦汁澄清度	蛋白质絮凝	麦汁热凝固氮/(mg/L)
4～6	不澄清	凝结差，沉淀困难	30～45
7～8	一般	絮状，沉淀较慢	18～25
9～10	较好	凝结成紧密絮状及块状	12～17
10～12	良好	凝结成块，结实	8～12

从表 2-4-10 中可看出，煮沸强度越大，越有利于蛋白质的变性絮凝，越能获得澄清透明、热凝固氮含量少的麦汁。一般煮沸强度应控制在 8%～12%。

沸腾强度是指麦汁在煮沸时的“流型”，即麦汁煮沸时翻腾的激烈程度，或对流运动的程度，对变性蛋白的絮凝有影响。混合麦汁中高分子蛋白质受热变性后，絮凝情况和蛋白质碰撞有关，翻腾越激烈，碰撞概率越大，絮凝就越多。

（2）煮沸时间和煮沸温度　煮沸时间是指将混合麦汁蒸发、浓缩到要求的定型麦汁浓度所需的时间。

煮沸时间短，不利于蛋白质的凝固以及啤酒的稳定性。合理地延长煮沸时间，对蛋白质凝固、还原物质的形成等都是有利的。但过长的煮沸时间，会使麦汁质量下降。如淡色啤酒的麦汁色泽加深、苦味加重、泡沫不佳。超过 2h，还会使已凝固的蛋白质及其复合物被击碎进入麦汁而难以除去。一般情况下，煮沸时间控制在 90min 内。

煮沸温度越高，煮沸强度就越大，越有利于蛋白质的变性凝固，同时可缩短煮沸时间，降低啤酒色泽，改善口味。

（3）煮沸 pH　正常生产情况下，会通过加酸或生物酸化的办法调节麦汁 pH 至蛋白质的等电点（5.2），使蛋白质较易析出。

3. 煮沸方法

（1）间歇常压煮沸法　是国内目前大多中小企业广泛使用的传统方法。刚滤出的麦汁温度在 75℃左右，麦汁容量盖过加热层后开始加热，使温度缓慢上升，待麦糟洗涤结束前，加大蒸汽量，使混合麦汁沸腾。同时测量麦汁的容量和浓度，计算煮沸后麦汁产量。

煮沸时间随麦汁浓度及煮沸强度而定，一般为 70～90min。煮沸过程中，麦汁必须始终保持强烈对流状态，使蛋白质凝固得更多些。同时需检查麦汁蛋白质凝固情况，尤其在酒花加入后，可用清洁的玻璃杯取样对着亮处检查，必须凝固良好，有絮状凝固物，麦汁清亮透明。

（2）内加热式煮沸法　在 0.11～0.12MPa 的压力下进行煮沸，煮沸温度为 102～110℃，最高可达 120℃。

分两次加入酒花，第一次加入后开放煮沸 10min，排出挥发物质，然后密闭煮沸 15～25min，降压后加入二次酒花，煮沸 60～70min。此法的优点是煮沸时间较短，麦汁色度比较浅，氨基酸和维生素破坏少，设备的利用率较高，煮沸时不产生泡沫，也不需要搅拌。缺点是内加热器清洗较困难，当蒸汽温度过高时，会出现局部过热，导致麦汁色泽加深，口味变差。

（3）外加热煮沸法　此法的加热设备装在煮沸锅外，如图 2-4-26。麦汁从煮沸锅中用泵抽出，通过热交换器加热至 102～110℃后，再泵回煮沸锅，可进行 7～12 次的循环。当麦汁泵回煮沸锅时，压力急剧降低，水分很快随之蒸发，达到麦汁浓缩的目的。优点是蛋白质凝固效果好，煮沸时间缩短，可节能，利于不良气味物质的蒸发，使麦汁 pH 降低、色泽浅、口味纯正。缺点是耗电量大，局部过热也会加深麦汁色泽。

（四）酒花的添加

酒花可赋予啤酒特有的香味和爽快的苦味，增加啤酒的防腐能力，提高非生物稳定性，并且可防止煮沸时窜沫。

1. 酒花中的主要萃取成分

（1）多酚物质　易溶于水，在酒花中含量约为 3%～5%，煮沸时能快速溶于麦汁，与麦汁中的清蛋白、球蛋白及高肽结合形成单宁-蛋白质复合物，沉淀蛋白质。

（2）苦味物质　酒花中的苦味物质主要是 α-酸和 β-酸。煮沸时，苦味物质进入麦汁，在受热的情况下发生变化，如 α-酸发生异构化生成异 α-酸。异 α-酸比 α-酸溶解性好，是啤酒真正苦味来源的主要部分。β-酸在煮沸中形成无定形的 β-软树脂，增加了溶解度，并使它的苦味变得更加细腻柔和，α-酸和 β-酸的溶解与煮沸的温度和时间都有关系，若过度煮沸，会使 α-酸和 β-酸的结构发生进一步变化，给啤酒带来不愉快的后苦味。

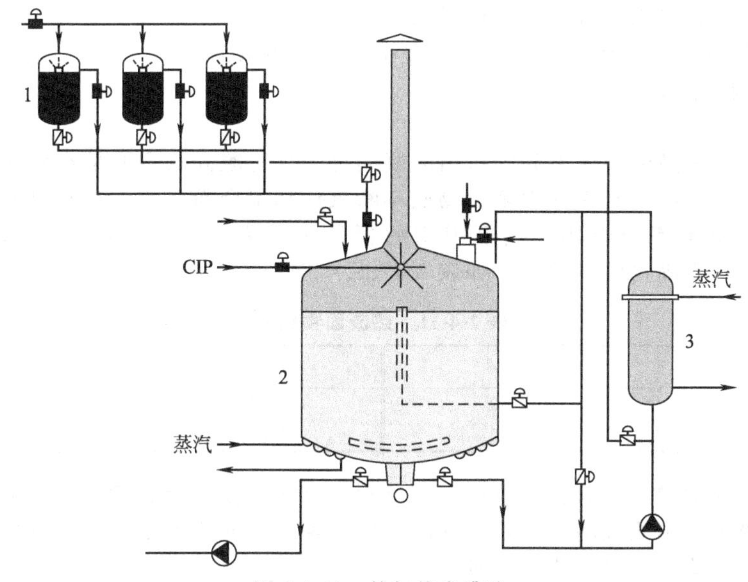

图 2-4-26 外加热煮沸法

1—酒花添加罐；2—煮沸锅；3—外加热器

(3) 酒花精油 是啤酒重要的香气物质，在煮沸时大约有 85%～97%随水蒸气蒸发而挥发，且煮沸时间越长挥发越多。另外，假如煮沸时接触氧过多，酒花精油很容易氧化形成脂肪臭。

2. 酒花的添加量

酒花的添加量应根据酒花中的 α-酸含量、消费者的嗜好习惯、啤酒发酵的方式以及啤酒的品种等来决定。酒花的添加量有两种计算方法。

(1) 国际通用方法 酒花中苦味物质的含量根据酒花的品种、制品类型、贮存时间、产地等不同而有不同。国际上习惯以酒花中 α-酸（g/hL 热麦汁）的含量来计算酒花的添加量。相关计算见本章第四节。

(2) 我国使用方法 我国还是采用传统方法，以每立方米热麦汁添加酒花的质量（kg）表示，它与啤酒的类型有直接关系。一般淡色啤酒以酒花香味和苦味为主，添加量大些；浓色啤酒以麦芽香为主，添加量小些。目前国内热麦汁酒花添加量为 0.6～1.3kg/m^3。

3. 酒花的添加方法

酒花的添加没有统一的方法，我国还是采用传统的 3～4 次，以三次添加法为例（煮沸 90min）：

第一次，初沸 5～10min 后，加入总量的 20%左右，压泡，使麦汁多酚和蛋白质充分作用；

第二次，煮沸 40min 左右，加入总量的 50%～60%，萃取 α-酸，并促进异构化；

第三次，煮沸 80～85min，加入剩余量，最好是香型花。萃取酒花油，提高酒花香。

酒花的添加方式有两种：一种是直接从人口加入；另一种是密闭煮沸时先将酒花加入酒花添加罐中，然后再用煮沸锅中的麦汁将其冲入煮沸锅。

五、麦汁的后处理

麦汁煮沸后，还不能马上进入发酵阶段，需要进行一系列处理，包括：热凝固物分离、冷凝固物分离、麦汁的冷却与充氧等。由于发酵技术以及成品啤酒质量要求不同，处理方法也有较大差异。最主要的差别是冷凝固物是否分离。

啤酒酿造中对麦汁处理的要求如下。

① 对可能引起啤酒非生物浑浊的冷、热凝固物要尽可能地分离除去。

② 麦汁温度较高时，要尽可能减少接触空气，防止氧化。在麦汁冷却后，发酵之前，

必须补充适量氧气，以供发酵前期酵母呼吸。

③ 在麦汁处理的各工序中，要杜绝有害微生物的污染。

（一）热凝固物的分离

1. 热凝固物

热凝固物是在较高的温度下凝固析出的凝固物。这种凝固物主要是在麦汁煮沸时，由于蛋白质变性和凝聚，以及与麦汁中多酚物质不断氧化和聚合而形成。60℃以上，热凝固物不断析出，60℃以下就不再析出。热凝固物的颗粒大小为 30～80μm，析出量占麦汁量的 0.3%～0.7%。热凝固物的主要成分如表 2-4-11。

表 2-4-11 热凝固物组成

成分	含量/%	成分	含量/%
粗蛋白质	50～60	灰分	2～3
酒花树脂	16～20	其他有机物	20～30

热凝固物对啤酒酿造没有任何价值，相反它的存在会损害啤酒质量，如不分离，会引起大量活性酵母吸附，影响发酵；若带入啤酒会影响啤酒的非生物稳定性和风味。另外，如果分离效果不好会给啤酒的过滤增加困难。

2. 热凝固物的分离方法

热凝固物的分离方法有沉淀槽分离、回旋沉淀槽分离、离心机分离、硅藻土过滤机分离等。目前 80%～90%的啤酒厂采用回旋沉淀槽法进行分离。

（1）回旋沉淀槽的结构　回旋沉淀槽是圆柱罐，槽底形状有平底、杯底、锥底等，应用最多的是平底，回旋沉淀槽结构如图 2-4-27。

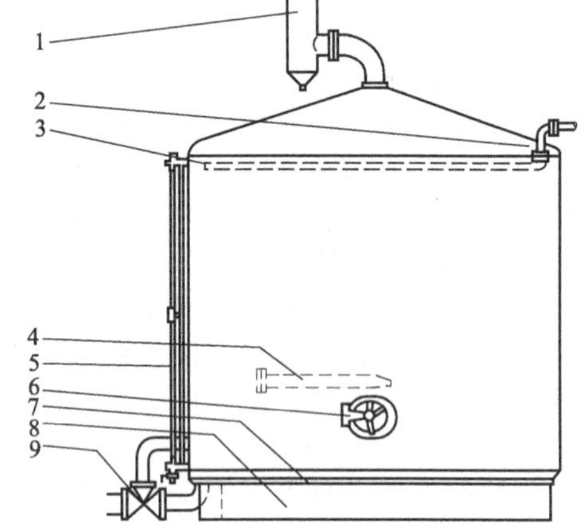

图 2-4-27 回旋沉淀槽结构
1—排汽筒；2—槽盖；3—冷凝水排出管；4—CIP 清洗；5—照明；6—观察窗；7—槽壁夹套；8—隔热层；9—槽底

（2）回旋沉淀槽的分离原理　热麦汁沿槽壁以切线方向泵入槽内，在槽内形成回旋运动产生离心力，由于在槽内运动，在离心力的反作用力（向心力）的共同作用下，热凝固物迅速下沉至槽底中心，形成较密实的锥形沉淀物。分离结束后，麦汁从槽边麦汁出口排出，热凝固物则从罐底出口排出。

（3）回旋沉淀槽的操作

① 进罐　时间 20～30min。热麦汁以不低于 10m/s 的速度以切线方向泵入回旋沉淀槽。为减少吸氧，先从底部喷嘴进料，当液位至侧面喷嘴时改为侧面喷嘴进料。

② 静置　时间 30～40min。静置后，检视浊度，测定麦汁浓度和容量。

③ 出罐　时间 30～40min。静置结束后，将麦汁从出口泵入冷却器。

④ 除渣　时间 20～30min。槽底中心热凝固物用水冲入凝固物回收罐。在过滤槽第二次洗糟时开耕刀，将回收罐中热凝固物全部送入过滤槽。

⑤ 清洗　CIP 系统清洗回旋沉淀槽。

（二）冷凝固物的分离

1. 冷凝固物

麦汁经冷却析出的浑浊物质称为冷凝固物。冷凝固物从 80℃以后就开始凝聚析出，随着温度的降低、pH 的变化以及氧化作用，析出量逐渐增多。冷凝固物主要是麦汁中的蛋白质以及蛋白质的分解产物与多酚以氢键相连形成的不溶性物质，这种连接是可逆的，当麦汁重新加热至 60℃以上，沉淀消失，麦汁又恢复透明。冷凝固物的主要成分如表 2-4-12。

表 2-4-12　冷凝固物组成

成　　分	含量/%	成　　分	含量/%
多肽	45～65	多糖	2～4
多酚	30～45	灰分	1～3

麦汁中冷凝固物的多少，与原料质量、粉碎度、糖化方法、煮沸时间、酒花用量等均有关系。麦汁进入发酵前应将冷凝固物分离，否则会影响发酵和啤酒过滤，另外，会影响啤酒口味、泡沫性质和稳定性。

2. 冷凝固物的分离方法

冷凝固物的分离方法有酵母繁殖槽法、浮选法、锥形发酵罐分离法、离心分离法和硅藻土过滤法。采用较多的方法是酵母繁殖槽法、浮选法和锥形发酵罐分离法。

(1) 酵母繁殖槽法　是我国啤酒生产常用的一种方法。冷却麦汁添加酵母后，在酵母繁殖槽滞留 14～20h，使冷凝固物自然沉降，一般 12h 内能沉降 30%左右。当麦汁表面泛起白沫时，用泵将上层麦汁泵入发酵罐，冷凝固物和死酵母则留在槽底。若操作得当，此法可分离出冷凝固物 30%～40%。

(2) 浮选法　是向冷却麦汁通入无菌空气，将空气打碎成细小的气泡，气泡缓慢上升，冷凝固物聚集于超量通入的空气气泡表面，在麦汁表面形成高而结实的泡盖（几小时后变为褐色），将下面澄清的麦汁与冷凝固物泡盖分离。

此法操作费用低，可除去冷凝固物 50%～70%，造成麦汁损失率低，只有 0.2%～0.4%。但也存在操作较麻烦、占地面积大等缺点。

(3) 锥形发酵罐分离法　是将冷却麦汁流加酵母后进入锥形发酵罐发酵，24h 后，冷凝固物和部分酵母从锥底排放。之后再根据工艺要求，定时排放冷凝固物。

(4) 离心分离法　依靠离心机产生的离心力将麦汁中的冷凝固物分离，此法可除去 50%以上的冷凝固物。一般采用自动化程度较高的盘式离心机，它具有封闭系统，用水清洗。此法的缺点是能耗大，麦汁损失较大，维修费用高。

(5) 硅藻土过滤法　采用烛柱式或叶片式硅藻土过滤机去除冷凝固物，过滤介质是硅藻土或者珍珠岩等。此法去除凝固物能力较大（可除去 75%～85%的冷凝固物），麦汁损耗低，能耗低。但应用此法对啤酒的口感稍有影响，过滤后的酒，一般不够醇厚，特别是泡沫较差，另外需要使用助滤剂成本高，清洗用水多，过滤会增加麦汁污染的危险。

(三) 麦汁的冷却

煮沸定型的麦汁需进一步冷却至发酵温度 7～8℃，常用的冷却方法是一段冷却，冷却设备是薄板冷却器。

1. 冷却方法

以前采用二段冷却，目前我国啤酒厂绝大多数采用一段冷却法。

(1) 二段冷却　第一段冷却为自来水冷却，热麦汁在此被自来水通过第一段薄板冷却器从 98℃冷却至 45℃左右，自来水温度也由常温（一般为 25～31℃）升到 50～55℃；第二段冷却为酒精（20%的酒精水溶液）冷却段，45℃的麦汁被－6℃的酒精通过第二段薄板冷却器冷却到 8℃后，送入大罐发酵，酒精也由－6℃升到 0℃后回冷冻站重新冷却使用。这种方式制冷量要求高，耗电多，冷却介质酒精消耗量较大。二段冷却流程如图 2-4-28。

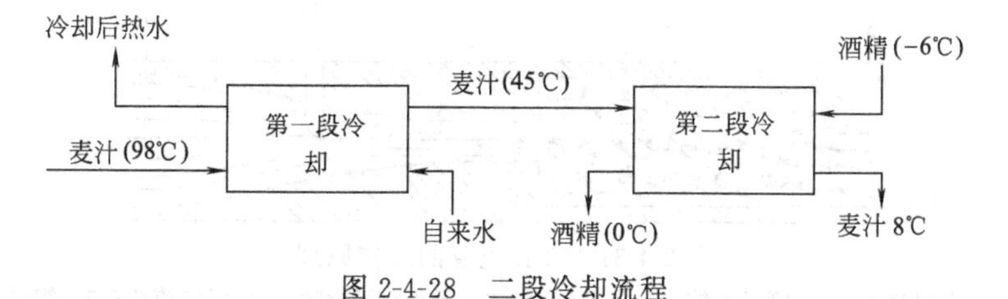

图 2-4-28　二段冷却流程

（2）一段冷却　是指利用一种冷却介质一次性将热麦汁（95～98℃）冷却至发酵温度（约 6～8℃）。冷却介质为冰水，通过氨蒸发将常温水直接降温到 3～4℃，与麦汁换热后被加热到 75～80℃。这部分水进入热水箱，直接用于糖化用水或洗糟。这种方法冷耗可节约 30%左右，冷却水可回收使用，节约能源，稳定性强，便于控制。一段冷却流程如图 2-4-29 所示。

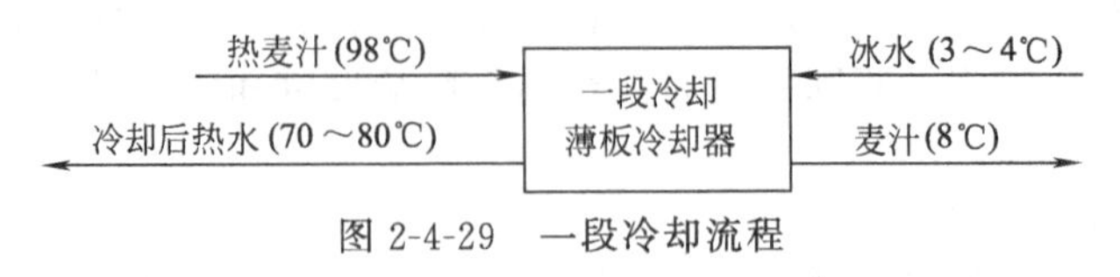

图 2-4-29　一段冷却流程

2．薄板冷却器

薄板冷却器由许多不锈钢薄板组成。薄板被冲压成沟纹板，四角各开一个圆孔，两个孔与薄板一侧的通道相通，另两个孔与另一侧的通道相通。每两块板为一组，板的四周有橡胶密封垫圈，防止渗漏，板与板之间空隙（通道）用垫圈的厚度调节［图 2-4-30（a)］。

麦汁和冷却水从薄板冷却器的两端进入，在同一块板的两侧逆向流动。薄板上的波纹使麦汁和冷媒在板上形成湍流，大大提高了传热效率。冷却板可并联、串联或组合使用，调节麦汁和冷却水的流量。在薄板冷却器内，麦汁和冷媒在各自通道内流动交换后，从相反的方向流出。麦汁和冷却水在薄板两侧交替流动，进行热交换［图 2-4-30（b)］。

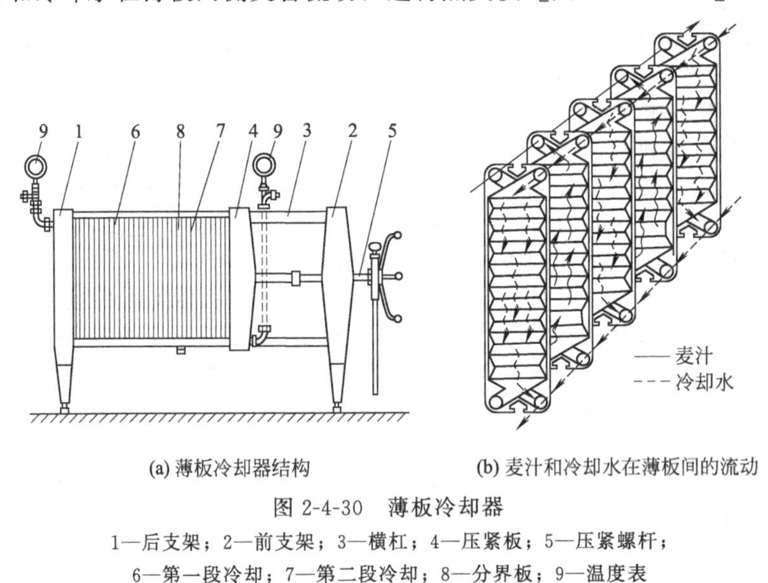

(a) 薄板冷却器结构　　(b) 麦汁和冷却水在薄板间的流动

图 2-4-30　薄板冷却器

1—后支架；2—前支架；3—横杠；4—压紧板；5—压紧螺杆；6—第一段冷却；7—第二段冷却；8—分界板；9—温度表

（四）麦汁充氧

酵母是兼性微生物，有氧条件下进行生长繁殖，无氧条件下进行酒精发酵。酵母需要繁殖到一定数量才能进入发酵阶段，因此需将麦汁通风充氧，含氧量控制在 7～10mg/L。过高会使酵母繁殖过量，发酵副产物增加；过低酵母繁殖数量不足，降低发酵速度。通入的空气应先进行无菌处理，否则会污染发酵罐。麦汁通风供氧有几种方法，大多数采用文丘里管

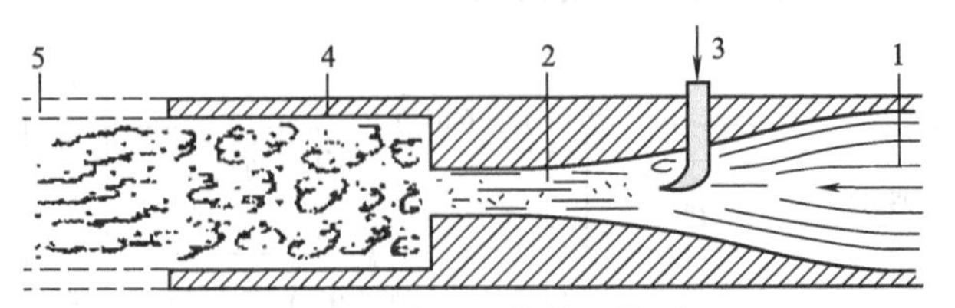

图 2-4-31　文丘里管的工作原理

1—分层流动；2—管径紧缩段，提高流速；3—无菌空气喷嘴；4—涡流流体；5—视镜

进行充氧。

文丘里管中有一管径紧缩段，用来提高流速，空气通过喷嘴喷入，在管径增宽段形成涡流，使空气与麦汁充分混合，并以微小气泡形式均匀散布于高速流动的麦汁中。其工作原理如图 2-4-31。

第四节　有关工艺计算

一、糖化阶段的工艺计算

糖化时需调节酿造用水的 pH，估算辅料的比例、糖化用水的量等。

1. 酿造用水加酸量的计算

pH 是糖化过程酶反应的重要条件，麦芽中的各种酶只有在最适 pH 下才能充分发挥作用，因此要适当调节糖化醪的 pH。一般可以在酿造用水中添加酸性物质（如乳酸、磷酸等），调节 pH 至 5.2～5.4。加酸量可通过以下公式计算（以乳酸为例）：

$$V=\frac{(\text{暂时硬度}/2.8)\times N}{1000\times 1.2\times 0.85}$$

式中　V——加酸量，mL/L；

N——乳酸物质的量，mol；

1.2——乳酸的相对糖度；

0.85——乳酸纯度。

2. 根据麦芽的糖化力估算辅料比

近年国内外酿造啤酒一般均会采用辅料，辅料的比例可根据麦芽的糖化力以及工艺规定的糖化力计算出来。正常糖化操作下（65～68℃，糖化时间 30～45min），每千克混合原料投料中，糖化力应为 1500～2000°WK。糖化力越高，所得的麦汁发酵度越高，糖化时间越短；糖化力越低，糖化时间越长，发酵度越低。

例如：设某原料糖化力为 250°WK/100g 绝干麦芽，工艺规定每千克投料应含有糖化力 1500°WK，则此麦芽配料中辅料比为：

$$1000\times X\%\times 250°\text{WK}/100\text{g}=\text{配料后糖化力}=1500°\text{WK}$$

原料中麦芽所占比例　$X\%=60\%$

此麦芽可配总投料 40％的辅料。

3. 糖化用水的分配计算

糖化用水是用于糊化和糖化的水，它的量决定了醪液的浓度，并对酶的作用有影响。糖化用水量常用料水比来表示，一般来说，啤酒类型不同，糖化用水量也不同，淡色啤酒为 1∶(4～5)，深色啤酒为 1∶(3～4)，黑啤酒为 1∶(2～3)。糊化锅内物料（辅料＋辅料 20％～30％的麦芽）的料水比应大些，一般在 1∶(5.0～6.5)。稀醪有利于辅料的糊化和液化。糖化锅内麦芽的料水比应适当小些，一般控制在 1∶(2.8～4.0)。

糖化用水总量（糖化锅和糊化锅中加水总量）的计算如下：

$$W=\frac{A\times(1-c)\times W_0}{c}$$

式中　W——总投料水，kg；

A——原料中的浸出物含量（含水计），％；

c——头号麦汁浓度，°P；

W_0——麦芽和辅料的混合投料量，kg。

4. 煮出糖化法取出醪液量的计算

取出煮醪量的多少与混合后醪液的温度有关，需计算取出醪液的量，可根据热平衡简式近似计算：

$$\Delta V=\frac{(T_3-T_1)V}{T_2-T_1}$$

式中　ΔV——取出醪液的量，hL；

V——混合后糖化锅总醪液量，hL；

T_1——并醪前，糖化锅醪温度，℃；

T_2——取出醪煮沸后平均温度，℃；

T_3——工艺给定并醪后醪液温度，℃。

二、酒花用量的计算

国际通用方法

酒花中苦味物质的含量由于酒花的品种、制品类型、贮存时间、产地等不同而有所不同。国际上习惯以酒花中α-酸（g/hL 热麦汁）的含量来计算酒花的添加量。

Wollmer 提出可用下式计算酒花添加量：

$$B=\alpha+\frac{\beta}{9}$$

式中　B——每克酒花的苦味度，BU；

α——酒花中α-酸含量，%；

β——酒花中β-酸和β-软树脂含量，%。

一般每 100L 啤酒的苦味值控制在 800～1500。各企业根据内控的苦味值（BU）除以每克酒花的苦味值，即可计算出每百升啤酒应加的酒花量，再根据酿造工艺的不同适当调整。

【例】 某酒花含α-酸 5.6%，β-酸为 5.2%，β-软树脂为 7.2%，若原控指标 B 为 860BU/100L。

则该酒花每克苦味值 $B=5.6+(5.2+7.2)/9=7.0$BU

当内控啤酒的苦味值 B 为 860BU 时，则每 100L 应加酒花量：

$$W=860/7.0=122.9\text{g}$$

三、浸出物收得率和原料利用率的计算

1. 浸出物收得率

浸出物收得率 E 可用下式计算：

$$E=\frac{V\times c\times d}{W_0}\times 0.96\times 100\%$$

式中　E——浸出物收得率，%；

V——麦汁煮沸定型后（96～100℃）的容积，L；

c——定型麦汁的浓度，%；

d——定型麦汁的密度，kg/L；

0.96——修正系数；

W_0——总投料量，kg。

若使用辅料，应按下式计算浸出物收得率：

$$E=\frac{E_1\times W_1+E_2\times W_2}{W_0}$$

式中　E——混合物收得率，%；

E_1——麦芽浸出物收得率，%；

E_2——辅料浸出物收得率，%；

W_1——麦芽量，kg；

W_2——辅料量，kg；

W_0——总投料量，kg。

2. 原料利用率

原料利用率一般以生产中糖化室浸出物的收得率与实验室中使用标准协定法糖化测得的

浸出物收得率比较而得，原料利用率应保持在 98.0%～99.5%。

$$原料利用率(\%)=\frac{糖化室浸出物收得率(E)}{实验室标准协定法浸出物收得率(E_{实})}\times 100\%$$

其中实验室标准协定法浸出物收得率（$E_{实}$）采用 EBC 规定的统一实验室糖化方法测定。

思　考　题

1. 新收大麦不经贮存直接投料有什么问题？如何解决？
2. 大麦中如果带有铁质杂质，会对生产有什么影响？
3. 快速浸麦与慢速浸麦对发芽和麦芽质量有什么影响？实际生产中应如何掌握？
4. 如果发现某一批大麦有水敏感性，应如何处理？
5. 发芽的目的是什么？为什么要控制胚乳的溶解程度？
6. 发芽是如何进行的？根芽过长对麦芽质量和成本有什么影响？
7. 发芽过程中为什么要进行翻麦？如何确定翻麦次数？
8. 浸麦和发芽期间通风情况是否一样？如果不同有什么区别？
9. 麦芽干燥过程中酶破坏的原因是什么？如何减少酶的损失？
10. 干麦芽为什么要除根？
11. 麦芽干燥后期为什么要回风干燥？
12. 干麦芽为什么要贮存一定时间才能使用？
13. 麦芽粉碎的目的与要求是什么？麦芽粉碎的方法有哪几种？
14. 糖化时发生了哪些主要物质变化？
15. 糖化的方法有哪些？它们的特点是什么？
16. 麦汁过滤的目的是什么？常用的过滤方法有哪几种？
17. 麦汁的煮沸与添加酒花的目的和作用是什么？
18. 麦汁在煮沸过程中发生了哪些变化？麦汁煮沸的方法有几种？各自的特点是什么？
19. 麦汁后处理的目的是什么？包括哪些后处理？

第五章　啤酒酵母的扩培与选育技术

学习目标

1. 掌握啤酒酵母的分类和特征。
2. 熟悉啤酒酵母在啤酒发酵时的物质代谢和产物的形成。
3. 掌握啤酒酵母的扩大培养和保藏方法。
4. 熟练掌握啤酒酵母的分离纯化和筛选方法。

第一节　啤酒酵母的特征

啤酒酵母属于真菌门（Eumycophyta）子囊菌纲（Asocmycetes）原子囊菌亚纲（Protoascomycetes）内孢霉目（Endomycetales）内孢霉科（Endemycetaceae）酵母亚科（Saccharomyceotdeae）酵母属（*Saccharomyces*）啤酒酵母种（*Saccharomyces cerevisiae*）。酵母采用双名法命名，前一个是属名（如 *Saccharomyces*），后一个是种名（如 *cerevisiae*），后面还跟有首次描述这个种的科学家名字。

根据啤酒酵母的发酵（棉籽糖发酵）类型和凝聚性的不同，可分为上面酵母与下面酵母、凝聚性酵母与粉状酵母。

上面酵母（*Saccharomyces cerevisiae*）与下面酵母（*Saccharomyces carlsbergensis* 或 *Subaru*）的区别主要在各自具有不同的生化性能（表 2-5-1）。

表 2-5-1　上面酵母与下面酵母的区别

性　　能	上 面 酵 母	下 面 酵 母
发酵温度	15～25℃	5～12℃
真正发酵度	较高(65%～72%)	较低(55%～65%)
对棉籽糖发酵	发酵 1/3	全部发酵
细胞形态	圆形,多数细胞集结在一起	卵圆形,细胞分散
呼吸与发酵代谢	呼吸代谢占优势	发酵代谢占优势
发酵风味	酯香味较浓	酯香味较淡

发酵时容易相互凝聚而沉淀的酵母称为凝聚性酵母。一般发酵期间，酵母由于带相同电荷不会相互凝聚，发酵快结束时 pH 降至 4.3～4.7，接近酵母细胞的等电点，使酵母细胞相互凝聚而沉淀。使用凝聚性酵母，啤酒澄清快，但发酵度较低。酵母的凝聚性既受基因的控制，又与环境条件有关，且凝聚作用是可逆的。

粉状酵母在发酵期间始终悬浮于发酵液中，不易沉淀，酵母回收困难，啤酒难以澄清，但发酵度高。

凝聚性酵母与粉状酵母的区别见表 2-5-2。

啤酒生产中对啤酒酵母的要求是：发酵力高，凝聚力强，沉降缓慢而彻底，繁殖能力适当，有较高的生命活力，性能稳定，酿制出的啤酒风味好。啤酒酵母应具备的特性如下。

表 2-5-2 凝聚性酵母与粉状酵母的区别

项目	凝聚性酵母	粉状酵母
发酵时情况	发酵接近结束时易于凝聚沉淀 上面酵母凝聚后浮于液面	发酵时长时间悬浮，不易凝聚
发酵终了	下面酵母很快凝聚，沉淀致密 上面酵母在液面上形成厚层	很难沉淀
发酵液澄清	较快	不易
发酵度	较低	较高

1. 细胞形态

在麦汁液体培养基中 28℃ 培养 3d 后，细胞呈卵圆形或长卵圆形，细胞大小一般为 (3.5～8.0)μm×(5.0～16)μm。以出芽方式繁殖，多边出芽，但主要以一端出芽为主。细胞呈单个或成对排列，极少形成芽簇。优良健壮的酵母细胞，具有均匀的形状和大小，平滑而薄的细胞膜，细胞质透明均一；年幼少壮的酵母细胞内部充满细胞质；老熟的细胞出现空泡（液泡），内贮细胞液，呈灰色，折光性强；衰老的细胞中空泡多，内容物多颗粒，折光性较强。

2. 菌落形态

在麦汁固体培养基上菌落呈乳白色至微黄褐色，表面光滑但无光泽，边缘呈整齐至波状。

3. 主要生理特性

(1) 凝聚特性　凝聚性不同，酵母的沉降速度不同，发酵度也有差异。凝聚性的测定按本斯方法进行，本斯值在 1.0mL 以上者为强凝聚性，小于 0.5mL 为弱凝聚性。啤酒生产一般选择凝聚性比较强的酵母，便于酵母的回收。

(2) 发酵度　反映酵母对麦汁中各种糖的利用情况，正常的啤酒酵母能发酵葡萄糖、果糖、蔗糖、麦芽糖和麦芽三糖等。根据酵母对糖发酵程度的不同，可分为高、中、低发酵度三个类别，具体分类情况见表 2-5-3。制造不同类型的啤酒需要选用不同的酵母菌种。一般啤酒酵母的真正发酵度在 50%～68%左右。

表 2-5-3 啤酒酵母发酵度分类

酵母种类	浅色啤酒		浓色啤酒	
	外观发酵度/%	真正发酵度/%	外观发酵度/%	真正发酵度/%
低发酵度酵母	60～70	48～56	50～58	41～47
中发酵度酵母	73～78	59～65	60～66	48～53
高发酵度酵母	80 以上	65 以上	70 以上	56 以上

(3) 抗热性能（死灭温度）　酵母死灭温度使指一定时间内使酵母死灭的最低温度，作为鉴别菌株的内容之一。一般啤酒酵母的死灭温度在 52～53℃，若死灭温度提高，说明酵母变异或污染野生酵母。

(4) 其他生理生化特性　一般啤酒酵母都能发酵葡萄糖、半乳糖、蔗糖和麦芽糖，不能发酵乳糖；不能同化硝酸盐；在不含维生素的培养基上，有的生长，有的不能生长。下面酵母和上面酵母的主要区别在于前者能发酵蜜二糖，后者不能发酵。

(5) 产孢能力　一般啤酒酵母生产菌种都不能产生孢子或产孢能力极弱，而某些野生酵母能很好地产孢，据此可以判断菌种是否染菌。

(6) 发酵性能　发酵性能主要表现在发酵速度上，不同菌种由于麦芽糖和麦芽三糖渗透酶活性不同，发酵速度就有快慢之分。双乙酰峰值和还原速度、高级醇的产生量、啤酒风味情况等也是选择酵母菌种的重要参考项目。

(7) 酿造啤酒的特性　在 100～1000L 小型酿造设备中酿造啤酒，测定发酵后的残糖类型、啤酒常规项目分析和风味物质测定等，判断啤酒酵母酿造特性。

第二节　酵母在啤酒酿造中的作用

啤酒的生产是依靠纯种啤酒酵母利用麦汁中的糖、氨基酸等可发酵性物质通过一系列的生物化学反应，产生乙醇、二氧化碳及其他代谢副产物，从而得到具有独特风味的低度饮料酒。

冷麦汁接种啤酒酵母后，发酵即开始进行。啤酒发酵是在啤酒酵母体内所含的一系列酶类作用下，以麦汁所含的可发酵性营养物质为底物而进行的一系列生物化学反应。通过新陈代谢，最终得到一定量的酵母菌体和乙醇、CO_2 以及少量的代谢副产物（如高级醇、酯类、连二酮类、醛类、酸类和含硫化合物）等发酵产物。这些发酵产物影响到啤酒的风味、泡沫性能、色泽、非生物稳定性等理化指标，并形成了啤酒的典型性。啤酒发酵分主发酵（旺盛发酵）和后熟两个阶段。在主发酵阶段，进行酵母的适当繁殖和大部分可发酵性糖的分解，同时形成主要的代谢产物乙醇和高级醇、醛类、双乙酰及其前驱物质等代谢副产物。后熟阶段主要进行双乙酰的还原，使酒成熟，完成残糖的继续发酵和 CO_2 的饱和，使啤酒口味清爽，并促进了啤酒的澄清。

一、啤酒酵母代谢主产物——乙醇的合成途径

麦汁中可发酵性糖主要是麦芽糖，还有少量的葡萄糖、果糖、蔗糖、麦芽三糖等。单糖可直接被酵母吸收而转化为乙醇，寡糖则需要分解为单糖后才能被发酵。由麦芽糖生物合成乙醇的总反应式如下：

$$\underset{\text{麦芽糖}}{1/2C_{12}H_{22}O_{11}}+1/2H_2O \longrightarrow \underset{\text{葡萄糖}}{C_6H_{12}O_6}+2ADP+2Pi \longrightarrow \underset{\text{乙醇}}{2C_2H_5OH}+2CO_2+2ATP+226.09kJ$$

理论上，每 100g 葡萄糖发酵后可以生成 51.14g 乙醇和 48.86g CO_2。实际上，只有96%的糖发酵为乙醇和 CO_2，2.5%生成其他代谢副产物，1.5%用于合成菌体。

发酵过程是糖的分解代谢过程，是放能反应。1mol 葡萄糖发酵后释放的总能量为226.09mol，其中有 61mol 以 ATP 的形式贮存下来，其余以热的形式释放出来，因此发酵过程中必须及时冷却，避免发酵温度过高。

二、啤酒酵母对麦汁成分的利用情况

1. 对糖类的利用情况

麦汁中糖类成分占 90%左右，其中葡萄糖、果糖、蔗糖、麦芽糖、麦芽三糖和棉籽糖等称为可发酵性糖，为啤酒酵母的主要碳素营养物质。麦汁中麦芽四糖以上的寡糖、戊糖、异麦芽糖等不能被酵母利用，称为非发酵性糖。啤酒酵母对糖的发酵顺序为：葡萄糖＞果糖＞蔗糖＞麦芽糖＞麦芽三糖。葡萄糖、果糖可以直接透过酵母细胞壁，并受到磷酸化酶作用而被磷酸化。蔗糖要被酵母产生的转化酶水解为葡萄糖和果糖后才能进入细胞内。麦芽糖和麦芽三糖要通过麦芽糖渗透酶和麦芽三糖渗透酶的作用输送到酵母体内，再经过水解才能被利用。当麦汁中葡萄糖质量分数在 0.2%～0.5% 以上时，葡萄糖就会抑制酵母分泌麦芽糖渗透酶，从而抑制麦芽糖的发酵，当葡萄糖质量分数降到 0.2%以下时抑制才被解除，麦芽糖才开始发酵。此外，麦芽三糖渗透酶也受到麦芽糖的阻遏作用，麦芽糖质量分数在 1%以上时，麦芽三糖也不能发酵。不同菌种分泌麦芽三糖渗透酶的能力不同，在同样麦汁和发酵条件下发酵度也不相同。

啤酒酵母在含一定溶解氧的冷麦汁中进行以下两种代谢，总反应式如下：

有氧　$C_6H_{12}O_6+6O_2+38ADP+38Pi \longrightarrow 6H_2O+6CO_2+38ATP+281kJ$

无氧　$1/2C_{12}H_{22}O_{12}+1/2H_2O \longrightarrow C_6H_{12}O_6+2ADP+2Pi \longrightarrow$

$2C_2H_5OH+2CO_2+2ATP+226.09kJ$

啤酒酵母对糖的发酵都是通过 EMP 途径生成丙酮酸后，进入有氧 TCA 循环或无氧分解途径。酵母在有氧下经过 TCA 循环可以获得更多的生物能，此时无氧发酵被抑制，称为巴斯德效应。但在葡萄糖（含果糖）质量分数在0.4%～1.0%以上时，氧的存在并不能抑制发酵，而有氧呼吸却受大抑制，称反巴斯德效应。实际酵母接入麦汁后主要进行的是无氧酵解途径（发酵），少量为有氧呼吸代谢。

2. 对含氮物质的利用情况

麦汁中的α-氨基氮含量和氨基酸组成对酵母和啤酒发酵有重要影响，酵母的生长和繁殖需要吸收麦汁中的氨基酸、短肽、氨、嘌呤、嘧啶等可同化性含氮物质。啤酒酵母接入冷麦汁后，在有氧存在的情况下通过吸收麦汁中的低分子含氮物质（如氨基酸、二肽、三肽等）用于合成酵母细胞蛋白质、核酸等，进行细胞的繁殖。酵母对氨基酸的吸收情况与对糖的吸收相似，发酵初期只有A组8种氨基酸（天冬酰胺、丝氨酸、苏氨酸、赖氨酸、精氨酸、天冬氨酸、谷氨酸、谷氨酰胺）很快被吸收，其他氨基酸缓慢吸收或不被吸收。当上述8种氨基酸浓度下降50%以上时，其他氨基酸才能被输送到细胞内。当合成细胞时需要8种氨基酸以外的氨基酸时，细胞外的氨基酸不能被输送到细胞内，这时酵母就通过生物合成途径合成所需的氨基酸。麦汁中含氮物质的含量及所含氨基酸的种类、比例不同，对酵母的生长、繁殖和代谢副产物高级醇、双乙酰等的形成都有很大影响。一般情况下，麦汁中含氮物质占浸出物的4%～6%，含氮量800～1000mg/L左右，α-氨基氮含量在150～210mg/L左右。

啤酒发酵过程中，含氮物质约下降1/3左右，主要是部分低分子氮（α-氨基氮）被酵母同化用于合成酵母细胞，另外有部分蛋白质由于pH和温度的下降而沉淀，少量蛋白质被酵母细胞吸附。发酵后期，酵母细胞向发酵液分泌多余的氨基酸，使酵母衰老和死亡，死细胞中的蛋白酶被活化后，分解细胞蛋白质形成多肽，通过被适当水解的细胞壁进入发酵液，此现象称为酵母自溶。其对啤酒风味有较大影响，会造成“酵母臭”。

3. 发酵度的概念、分类和测定

（1）发酵度的概念　发酵度表示麦汁接种酵母后浸出物被发酵的程度，用F表示。计算公式为：

$$F=\frac{\text{麦汁浸出物含量}-\text{发酵后浸出物含量}}{\text{麦汁浸出物含量}}\times 100\%$$

（2）分类　发酵度可分为：外观发酵度、真正发酵度、麦汁极限发酵度和啤酒发酵度。

① 外观发酵度　直接利用糖度计测定发酵后的浸出物浓度计算得到的发酵度。

② 真正发酵度　将发酵后的样品蒸馏后，再补加相同蒸发量的水，测定得到浸出物浓度，利用此浸出物浓度计算得到的发酵度。两者关系为：

$$\text{真正发酵度}=\text{外观发酵度}\times 81.9\%$$

③ 麦汁极限发酵度（最终发酵度）　麦汁接种酵母后在25℃下发酵完全计算得到的发酵度。

④ 啤酒发酵度　测定成品啤酒中的发酵度。

（3）测定　生产现场采样糖度计测定浸出物含量，实验室采用密度瓶法等测定发酵液中浸出物含量。

三、啤酒风味物质的形成

啤酒发酵期间，酵母利用麦汁中营养物质转化为各种代谢产物。其中主要产物为乙醇和二氧化碳，此外还产生少量的代谢副产物，如连二酮类、高级醇类、酯类、有机酸类、醛类和含硫化合物等。这些代谢副产物的形成对啤酒的成熟和产品风味有很大影响，如双乙酰具有馊饭味，是造成啤酒不成熟的主要原因；高级醇含量高的啤酒饮用后容易出现“上头”，啤酒口味也变差等。

（一）连二酮类的形成与消除

双乙酰（$CH_3COCOCH_3$）与2,3-戊二酮（$CH_3COCOCH_2CH_3$）合称为连二酮，对啤酒风味影响很大。在缩短啤酒酒龄的研究中发现，当酒中双乙酰含量＜0.1～0.15mg/L，H_2S含量＜5μg/L，二甲硫（CH_3SCH_3）＜20μg/L，乙醛含量＜30mg/L，高级醇含量＜75～

90mg/L，乙偶姻含量<15mg/L时，啤酒就达到成熟。其中双乙酰对啤酒风味影响最大，故国内把啤酒中双乙酰含量列入国家标准，把双乙酰含量的高低作为衡量啤酒是否成熟的唯一衡量指标。

双乙酰在啤酒中的味觉阈值（用人的感觉器官所能感受到某种物质的最低含量称为阈值）为0.1～0.2mg/L，2,3-戊二酮的味觉阈值为1.0mg/L。啤酒中双乙酰和2,3-戊二酮的气味很相近，当质量分数达0.5mg/L时有明显不愉快的馊饭味，当含量>0.2mg/L时有似烧焦的麦芽味。淡色啤酒双乙酰含量达0.15mg/L以上时，就有不愉快的刺激味。

1. 双乙酰的合成途径

双乙酰（或2,3-戊二酮）是由丙酮酸（糖代谢的中间产物）在生物合成缬氨酸（或异亮氨酸）（酵母繁殖所需氨基酸）时的中间代谢产物α-乙酰乳酸（或α-乙酰羟基丁酸）转化得到的，是啤酒发酵的必然产物。其中双乙酰对啤酒风味影响大。

α-乙酰乳酸是酵母合成缬氨酸的中间产物，当麦汁中缺乏缬氨酸或缬氨酸被消耗时，将产生较多的α-乙酰乳酸。而α-乙酰乳酸在温度较高又有氧化剂存在的条件下极易氧化脱羧形成双乙酰。在中性（pH7.0）条件下，α-乙酰乳酸稳定，不易氧化；而在pH过低时，α-乙酰乳酸则分解成乙偶姻。

2. 影响双乙酰生成的因素

（1）酵母菌种　不同的酵母菌种产生双乙酰的能力不同，对双乙酰的还原能力也不同。强壮酵母数量多、代谢旺盛，双乙酰的还原速度快。繁殖期的幼酵母、贮存时间过长的酵母、使用代数过多的酵母、营养不良的酵母等还原双乙酰的能力弱，死亡的酵母没有还原双乙酰能力。

（2）麦汁中氨基酸的种类和含量　麦汁中缬氨酸含量高可减少α-乙酰乳酸的生成，减少双乙酰的形成。

（3）巴氏杀菌前啤酒中α-乙酰乳酸含量高，遇到氧和高温将形成较多的双乙酰。

（4）生产过程染菌会导致双乙酰含量增高。如果生产污染杂菌，双乙酰含量明显增加，啤酒质量下降，或造成啤酒酸败。

（5）酵母细胞自溶后体内的α-乙酰乳酸进入啤酒，经氧化转化为双乙酰。

3. 双乙酰的控制与消除方法

（1）菌种　选择双乙酰产生量低的菌种；适当提高酵母接种量，双乙酰还原期酵母数不低于7×10^{6}/100mL；使用酵母代数不要超过5代。

（2）麦汁成分　在相同发酵条件下，麦汁中α-氨基氮含量对下酒时双乙酰含量有明显影响。麦汁α-氨基氮含量要求在180～200mg/L（12°P啤酒），过高或过低对于啤酒生产都不利，适当的α-氨基氮既保证有必需的缬氨酸含量，又对啤酒风味没有不利影响。控制溶解氧含量应在6～9mg/L，有利于控制酵母的增殖。麦汁含锌量一般为0.15～0.20mg/L，锌含量增加也有利于减少啤酒双乙酰含量。

（3）酿造用水残余碱度　应小于1.78mmol。残余碱度高将影响麦汁中的α-氨基氮含量。

（4）提高双乙酰还原温度　啤酒低温发酵可以减少发酵副产物的形成，保证啤酒口味纯正。提高双乙酰还原温度既可以加快α-乙酰乳酸向双乙酰的转化，同时又有利于双乙酰被酵母还原。由于α-乙酰乳酸转化为双乙酰是非酶氧化反应，反应速度缓慢，提高温度则可加快转化速度。研究发现，α-乙酰乳酸非酶氧化速度与双乙酰还原速度相差100倍，只有把发酵液中的α-乙酰乳酸尽快转化为双乙酰才能降低啤酒中双乙酰的含量。

（5）控制酵母增殖量　α-乙酰乳酸是在酵母繁殖期间形成的，减少酵母的繁殖量才能减少α-乙酰乳酸的形成量，从而减少啤酒中双乙酰的生成量。故适当增加酵母接种量，有利于减少双乙酰的产生。

（6）外加α-乙酰乳酸脱羧酶　在啤酒发酵过程中添加α-乙酰乳酸脱羧酶后，可催化α-乙酰乳酸直接转化成3-羟基丁酮，进而转化成2,3-丁二醇，从而不经过形成双乙酰的过程，可有效控制啤酒中双乙酰的含量。在主发酵阶段，如果麦芽汁中没有足够的游离缬氨酸，酿造酵母将启动缬氨酸合成机制。在缬氨酸合成的生化途径中，α-乙酰乳酸是其前驱物，它很容易透出细胞进入培养液中。发酵过程中，发酵液中的α-乙酰乳酸被缓慢地氧化脱羧，产生大量双乙酰。若将α-乙酰乳酸脱羧酶加入接种后的麦汁中，该酶通过迅速脱羧反应（非氧化反应）将α-乙酰乳酸转化为乙偶姻，它消除所有培养液中的α-乙酰乳酸使其不能转化为双乙酰。这样就会减少双乙酰的生成和双乙酰还原时间，缩短啤酒发酵周期1～3d。α-乙酰乳酸脱羧酶可在发酵一开始加入，也可在清酒罐添加。

（7）加强清洁卫生工作，严格杀菌，定期作好微生物检查，避免杂菌的污染。

（8）采用现代生物技术　利用固定化酵母柱进行后期双乙酰还原，这样既不影响啤酒传统风味，又加快了啤酒成熟，可使整个发酵周期大大缩短。

（二）高级醇的形成

高级醇（俗称杂醇油）是啤酒发酵过程中的主要产物之一，也是啤酒的主要香味和口味物质之一。适量的高级醇能使酒体丰富，口味协调，给人以醇厚的感觉，但如果含量过高，会导致饮后上头并会使啤酒有异味。因此，对于啤酒中的高级醇含量应严格控制。

1. 啤酒中高级醇的来源

啤酒中大约80%的高级醇是在主发酵期间酵母进行繁殖的过程中形成的，也就是酵母在合成细胞蛋白质时形成。根据啤酒酵母对氨基酸的同化模式，形成高级醇的代谢途径有两方面。

（1）降解代谢途径　又称埃尔利希（Ehrlish）代谢机制，此代谢途径中，高级醇由氨基酸形成，其代谢过程包括：①氨基酸被转氨为α-酮酸；②酮酸脱羧成醛（失去一个碳原子）；③醛还原为醇。

（2）合成代谢途径　由糖类提供生物合成氨基酸的碳骨架（carbon skeleton），在其合成中间阶段形成了α-酮酸中间体，由此脱羧和还原，就可形成相应的高级醇。

（3）糖代谢生物合成氨基酸 RCH_2OH（高级醇）　如果麦汁中的蛋白质分解不足，可加速糖类合成高级醇。

2. 啤酒中高级醇阈值及其对啤酒风味的影响

高级醇含量超过100mg/L会使啤酒口味和喜爱程度明显变差，啤酒中的高级醇含量标准值为：

下面发酵啤酒60～90mg/L；上面发酵啤酒 ＞100mg/L。

以下面发酵的淡色啤酒为例，其高级醇口味阈值及正常含量波动范围如表2-5-4。

表2-5-4　淡色下面啤酒高级醇口味阈值及正常含量

醇类名称	风味特点	阈值/(mg/L)	正常含量/(mg/L)
正丙醇	乙醇味、酸涩味	50	5.0～20.0
异丁醇	乙醇味	75	5.0～7.0
活性异戊醇	甜味、水果香味	75	8.0～35.0
异戊醇	甜味、香蕉味、醇味	70～75	25.0～75.0
2,3-丁二醇	发霉味	100	0.2～3.0
β-苯乙醇	甜味、玫瑰香味	100	3.0～45.0
色醇	不愉快苦味	1.0	0.1～1.0
酪醇	不愉快苦味、酚味	10	1.0～3.0
总高级醇		100	40～150

① 正丙醇、异丁醇、戊醇等含量过高会使啤酒产生不良风味，饮后易“上头”。

② 异戊醇有甜味、香蕉芳香味和醇味。啤酒酿造工艺不同，麦汁组分也不同；酵母菌株不同，酿制的啤酒异戊醇含量也不同，因此不同地区生产的啤酒风格各异。但超过口味阈值，就会产生明显的杂醇油味，饮后有头痛头昏的感觉。

③ β-苯乙醇，是芳香族高级醇，有一种郁闷的玫瑰花香。苯乙醇含量高，会使啤酒产

生玫瑰花香；但含量低时，会同其他醇类发生加合作用，对口味的影响增强。

④ 色醇给人以微苦和轻微的苯酸味，酪醇有似苯酚的气味和强烈的胆汁苦，含量超过阈值时，会使啤酒产生不愉快的后苦味。

⑤ 适量的高级醇赋予啤酒饱满的口感，含量过高产生溶剂味且对人体健康不利。

⑥ 啤酒中高级醇和酯类有不同比例，对啤酒风味有不同的影响，在正常的情况下，酯类总量与高级醇总量相协调。若高级醇相对含量较高，则回味不协调，啤酒就有一种玫瑰芳香味，若比例过小，酯类相对比例高，啤酒易出现酯香味，也会影响啤酒的正常风味。

3. 影响高级醇形成的因素

(1) 菌种的影响　不同的啤酒酵母菌种，高级醇的生成量差异很大。在同等发酵条件下，有些酵母菌株产生高级醇的含量达200mg/L，而有的仅40mg/L，相差达5倍之多。因此酿造啤酒，选择优良酵母菌株是控制啤酒中高级醇含量最为有效的途径。一般粉末状酵母高级醇的生成量在60～90mg/L，而絮状酵母高级醇的生成量在50～120mg/L，但当酵母变异后成为呼吸缺陷型时，酵母高级醇生成量也会升高。

(2) 酵母接种量的影响　酵母接种量对高级醇生成量的影响目前说法不一，但大多数认为影响幅度较小。一般认为，酵母添加量小，酵母增殖后的酵母多，有利于高级醇的生成。若提高酵母添加量，会降低酵母细胞繁殖的倍数，有利于降低高级醇的含量，但只有酵母添加量提高到一定量时（如达到正常添加量的4倍），高级醇的生成量才会显著降低。

(3) 酵母增殖的影响　高级醇是酵母增殖、合成细胞蛋白质时的副产物，酵母增殖倍数越大，形成的高级醇就越多。为了使啤酒中的高级醇含量不致过高，酵母的增殖倍数以控制在3～4倍较好，即接种酵母在（1.2～1.8）$\times 10^7$/mL左右。酵母生长代谢受到抑制时，中间代谢产物会多一些，高级醇产生量高。在发酵过程中，保证酵母正常顺利地生长繁殖代谢有利于高级醇含量的降低。随着接种温度的提高（>8℃），高级醇的生成量会有所增加；反之则降低。

(4) 麦汁组分与浓度的影响　麦汁是酵母生长繁殖代谢所需的氮源和碳源，其组分的状况对高级醇的生成量影响很大。麦汁中的α-氨基氮（α-N）是酵母同化的主要氮源。适量的α-N可促进酵母繁殖，生成适量的高级醇，α-N含量过低时，酵母就通过糖代谢途径合成自身必需的氨基酸，合成细胞蛋白质。当缺乏合成能力时，就会由丙酮酸形成高级醇。当α-N含量过高时，氨基酸脱羧会形成高级醇。同时，若麦汁中缺乏镁离子、泛酸等营养物质，酵母生长受到影响，高级醇的生成量也会发生变化。因此，应当确保麦汁中含有酵母生长所需要的镁离子、泛酸等营养物质，11～12°Bx麦汁α-N的含量一般控制在160～180mg/L为宜，此时既能保证酵母繁殖发酵还原双乙酰的正常进行，又能使高级醇的含量适中。

高级醇的生成量还与麦汁浓度有关，随着麦汁中可发酵性糖含量的增加，酵母的发酵程度也相应地加剧，从而导致高级醇的生成量也随之增加，因此用过高浓度的麦汁生产啤酒并不可取，通常不应高于16°P，最好能控制在10～12°P。

同时，高级醇的生成量与麦汁的pH也有关系，一般麦汁的pH越高，越有利于高级醇的形成；反之则少。一般要求pH5.2～5.6。

(5) 麦汁充氧量的影响　麦汁含氧量与酵母的增殖有密切的关系，如麦汁充氧不足，酵母增殖缓慢，醪液起发慢，易污染杂菌，从而影响正常的发酵。但充氧过量，酵母增殖迅猛，麦汁中可利用的氮会在短时间内被消耗，易造成酵母营养盐缺乏，高级醇的生成量就会增加，因此，麦汁中的充氧量一般控制在8～10mg/L为宜。

(6) 发酵条件的影响

① 发酵方式的影响　发酵方式不同，高级醇的生成量也不相同，一般加压发酵可以抑制高级醇的生成，这可能是压力引起酵母代谢产物渗透性的改变引起的。搅拌发酵可以促进高级醇的生成，是因为啤酒中的二氧化碳溶入量增加，随着酒液中的二氧化碳浓度提高，糖发酵及副产物的生成都受到抑制。

② 发酵温度的影响　温度对高级醇的生成有重要影响，同时发酵温度的改变还会影响

到啤酒中高级醇的平衡，从而对啤酒风味构成影响。因为温度高则增强了酵母活性及与酒液的对流，提高了酵母与麦汁的接触面积与时间，在其他条件相同的情况下，温度越高，高级醇的生成量也越高。生产中应尽量控制发酵温度在12℃（主酵期）以下，以减少高级醇的生成。

③ 发酵度的影响 酵母在进行糖代谢时，会同时产生一些高级醇。发酵度高，表明发酵越旺盛，繁殖越快，对含氧物质的要求越多，代谢的糖类物质越多，产生的高级醇含量高。

(7) 酵母自溶的影响 主发酵结束，大部分酵母沉积于锥形罐底部，如不及时排放，容易引起酵母自溶，从而导致高级醇含量升高。

(8) 贮酒 高级醇的生成主要在主发酵期。只要贮存条件适宜，在贮酒期间其变化幅度很小。瓶装后高级醇一般也保持常数值。但对下酒糖度、贮存条件要严格加以控制。

(9) 原料的影响 啤酒中高级醇的含量与麦芽品种、质量优劣有关。因不同地区的大麦品种，其含氮量有较大的差别，其所制成的麦芽或麦汁的含氮量也不同。若麦汁中的α-氨基氮含量过高，就会通过氨基酸的异化作用（即埃尔利希机制）形成高级醇；当麦汁中的α-氨基氮含量偏低时，麦汁中可同化氮消耗后，酵母则通过糖代谢合成必需的氨基酸，用于细胞的蛋白质合成，当缺乏合成能源或氨基酸不足时，会导致由酮酸形成高级醇。据报道，使用溶解过度或适度的麦芽会使啤酒有较高的异戊醇含量，而使用溶解不良的麦芽能导致产生较高含量的正丙醇。

4. 控制高级醇含量的措施

(1) 选用高级醇产生量低的酵母菌株，并适当提高酵母的接种量，可抑制高级醇的生成。

(2) 选用蛋白质溶解良好的麦芽，制定合理的糖化工艺，注意蛋白质分解的温度和时间，确保麦汁中α-氨基氮含量在(180±20)mg/L。

(3) 调整发酵工艺，降低麦汁冷却温度和酵母添加温度，控制麦汁含氧量，使含氧量在6～8mg/L范围降低主发酵前期的温度。在发酵完毕后，及时排放沉积在发酵罐底部的酵母，防止酵母自溶。

(4) 严格控制糖化过程中麦汁pH5.2～5.4，这样可抑制高级醇的生成量，又能适应糖化过程中各种水解酶类的作用，所以在整个糖化过程中必须严格控制和调节pH。

(5) 为加快发酵速度，缩短酒龄，进行搅拌发酵使酵母与麦汁和氧之间充分接触，这样可以加快发酵速度，有利于高级醇的形成。所以从啤酒质量方面考虑，生产中要慎重采用。

(6) 加压发酵。压力在0.08～0.2MPa发酵，抑制了酵母的繁殖，高级醇的生成量相对减少。

(三) 类的形成

酯类在啤酒中的含量很少，但对啤酒的风味影响很大。酯类大部分是在主发酵期形成的，尤其是在酵母繁殖旺盛期生成量较大，在后熟期形成量较少。

酯类是由酰基辅酶A（RCO·SCoA）和醇类缩合而成。泛酸盐对酯的形成有促进作用。

$$R^1CO \cdot SCoA + R^2OH \longrightarrow R^1COOR^2 + CoA \cdot SH$$

酰基辅酶A是酯类合成的关键物质，其为高能化合物，可以通过脂肪酸的活化、α-酮酸的氧化等途径形成。

高级脂肪酸合成的中间产物的途径使酮酸活化：

$$COOHCH_2CO + RCO \cdot SCoA + 2NADH_2 \longrightarrow RCH_2CH_2CO \cdot SCoA$$

辅酶A存在于酵母体内，酯类是脂肪酸渗入酵母细胞内形成的。酯类生成后，一部分透过细胞膜进入发酵液中，一部分被酵母吸附而保留在细胞内，酯被酵母吸附量的多少随酯的相对分子质量增加而增加。

酯类（挥发性酯）是啤酒香味的主要来源之一，啤酒中含有适量的酯才能使啤酒香味丰满协调，传统上认为过高的酯含量是异香味，但国外一些啤酒乙酸乙酯的含量大于阈值，有淡雅的果香味，形成了独特风味。啤酒中重要酯类的阈值和含量见表 2-5-5。

表 2-5-5 啤酒中重要酯类的阈值和含量

酯类名称	对风味的影响	阈值/(mg/L)	正常含量/(mg/L)
乙酸乙酯	果味、溶剂味、略甜	30	7～32
乙酸异戊酯	苹果味、香蕉味、酯味	1.5	0.3～6
2-乙基苯乙酯	玫瑰花味、苹果味、蜂蜜味	3	0.1～3.3
乙酸丁酯	溶剂味、果味	30～50	13～25
乙酸异丁酯	香蕉味、苹果味	1.2～5	1.2～15
乙酸戊酯	果味	3.4	13～25
己酸乙酯	苹果味、茴香味、略甜	0.2	0.02～0.4
辛酸乙酯	水果味、苹果味、甜味	1	0.04～0.4
壬酸乙酯	水果味、木瓜味、红醋栗味	1.2	0.1～1.2
癸酸乙酯	苹果味、溶剂味、肥皂味	1.5	0.07～1.0
异丁酸乙酯	水果味、香蕉味	0.4～1.6	<0.1
十二酸乙酯	肥皂味、酯味	3.5	0.02
丁酸乙酯	苹果味、梨香、菠萝味	0.4	<0.3

影响酯类含量的因素如下。

(1) 酯酶　属于羧酸酯水解酶，由酵母产生，存在于细胞壁膜两侧。酯酶催化酯的合成与分解的反应是可逆的，在 pH4.5～6.5 下有利于酯的合成，低于 4.5 或大于 7.5 有利于酯的分解。Mg^{2+} (6～8mmol/L) 对酯酶有激化作用。

(2) 酰基辅酶 A　对酰基辅酶 A 形成和消耗有影响的因素对酯的生成也有影响。如增加麦汁氮源、泛酸盐、硫辛酸、Mg^{2+} 等将有利于酰基辅酶 A 的合成，也有利于酯的合成。但生物素、Ca^{2+}、砷酸盐的含量增加可以抑制酰基辅酶 A 的合成。

(3) 酵母菌种　不同酵母酯酶活性差别很大，汉逊酵母、球拟酵母、毕赤酵母都能形成较多的乙酸乙酯。特别是异常汉逊酵母，能以酒精和葡萄糖为碳源，在有氧条件下氧化形成乙酰辅酶 A，在酯酶的催化下合成酯类。酯类生成量的大小与酵母种类有很大关系。此外，活性高的酵母合成的酰基辅酶 A 多，合成的酯类也多。上面酵母比下面酵母产酯多，制成的啤酒香味较浓。

(4) 发酵温度　对下面啤酒酵母来说，发酵温度在 8～13℃时对酯类的形成影响不大，酯类形成最适温度一般在 20～25℃。

(5) 麦汁浓度和麦汁含氮量　麦汁浓度不同，麦汁中所含营养物质也不同，将会影响酵母的增殖，从而影响酯类的形成。麦汁浓度对酯含量的影响情况见表 2-5-6。

表 2-5-6 麦汁浓度对酯含量的影响/(mg/L)

酯	麦汁浓度/°P			
	6.0	10.5	13	16
乙酸乙酯	4.8	14.4	19.0	27
乙酸异戊酯	0.32	0.49	1.20	1.85

采用高浓稀释发酵工艺时，如果用 15°P 以上浓度发酵，就会使酯生成量增加，稀释后的啤酒会出现明显的酯香味，与传统啤酒风味有一定区别。

(6) 麦汁通风　发酵过程中通风、搅拌等会增加酯的含量。

(7) 发酵方法　连续发酵比分批发酵形成的酯含量高；主发酵期间加压有利于减少低碳链酯的形成，但高碳链酯类（如庚酸乙酯、癸酸乙酯）不但不会减少，反而会增加。此类酯的含量在 0.1～0.3mg/L 时会增加啤酒协调的香味。

(8) 贮酒　啤酒在低温贮酒期间由于酯化反应会使啤酒酯含量增加，但由于酯化反应非常缓慢，酯含量的增加很不明显。

(四) 醛类

啤酒中的醛类来自麦汁煮沸过程中的美拉德反应以及啤酒发酵过程中醇类的前驱物质或氧化产物。常见的醛类有：甲醛、乙醛、丙醛、异丁醛、异戊醛、糠醛、反-2-壬烯醛等。对啤酒风味影响比较大的是乙醛、糠醛和反-2-壬烯醛。

乙醛主要来自丙酮酸。在丙酮酸脱羧酶作用下，丙酮酸不可逆形成乙醛和 CO_2。绝大多数乙醛在乙醇脱氢酶催化下形成乙醇。正常情况下，乙醛在啤酒中的含量只有 3.5～15.5mg/L。乙醛的阈值为 10mg/L，成熟啤酒乙醛含量小于 10mg/L，优质啤酒含量小于 6mg/L。当乙醛含量超过 10mg/L 时啤酒有不成熟口感，呈腐败性气味和类似麦皮不愉快的苦味；乙醛含量超过 25mg/L 就会有强烈的刺激性辛辣感，也有郁闷性口感。乙醛、双乙酰和 H_2S 构成嫩啤酒的生青味，酵母和麦汁污染杂菌（发酵单胞菌）也可增加啤酒中乙醛的含量。利用 CO_2 洗涤可以降低啤酒中乙醛的含量。

糠醛主要是由麦芽和酒花中的酚酸（阿魏酸、香豆酸、芥子酸）在麦汁煮沸过程中转化得到，其不能被酵母同化，直接进入啤酒。发酵期间糠醛经脱氢酶还原形成糠醇，使其含量下降。研究表明，糠醛的增加与羰基化合物（主要是醛类）的增加是平行的，因此糠醛含量的变化可表示出影响风味的羰基化合物的变化。

反-2-壬烯醛的形成是啤酒老化的主要原因之一，生成机理是脂类和游离脂肪酸的酶促和非酶促氧化。糖化时发生的不饱和脂肪酸的氧化是最重要的反应，从而导致反-2-壬烯醛的形成。反-2-壬烯醛的阈值为 0.1ppb[1]，测定麦汁过滤后的反-2-壬烯醛的含量，可以预测啤酒的非生物稳定性。啤酒中多数不饱和醛类构成啤酒氧化和老化味，产生多种不良气味。氧和氧化作用是造成啤酒老化的主要原因，因此啤酒整个生产过程中都要避免或减少酶促或非酶促氧化反应。

(五) 有机酸类

啤酒中的有机酸类约有 100 种，可分为不挥发酸、低挥发酸和挥发酸。不挥发酸主要有乳酸、琥珀酸、柠檬酸、延胡索酸、丙酮酸、焦谷氨酸、草酸、酒石酸、乙醛酸、异柠檬酸和 α-酮戊二酸；低挥发酸有丙酸、丁酸、异丁酸、异戊酸、戊酸、己酸、辛酸等；挥发酸有甲酸和乙酸。

酸是啤酒主要的呈味物质，所谓“无酸不成酒”。啤酒中的酸类及其盐类决定啤酒的 pH 和总酸含量。适量的酸赋予啤酒柔和清爽的口感，同时为控制啤酒 pH 的重要缓冲物质。缺少酸类，啤酒口感呆滞、黏稠、不爽口；过量的酸会使啤酒口感粗糙、不柔和、不协调。啤酒中有机酸的种类和含量是判断啤酒发酵是否正常和是否污染产酸菌的标志。

啤酒中的总酸来自麦芽等原料、糖化发酵的反应产物、水和工艺外加酸（乳酸、磷酸或盐酸）（目的是调节 pH，在糖化、洗糟水中和麦汁煮沸时添加）。麦芽或麦汁中的酶解酸主要来自：大麦中的植酸钙镁盐被麦芽中的磷酸酶水解，得到磷酸或酸性磷酸盐，磷脂和卵磷脂被甘油磷酸酶分解得到磷酸，与支链淀粉结合的磷酸酯经淀粉磷酸酶水解；蛋白质水解得到的氨基酸被利用后形成羟基酸；糖类有氧呼吸的中间产物（有机酸等）。麦汁中的主要酸为磷酸。啤酒发酵期间形成的有机酸主要是酮酸、羟酸、二元羧酸、三元羧酸和脂肪酸。

丙酮酸是糖代谢的中间产物，是酵母体内代谢的汇集点，随着发酵的进行，丙酮酸含量逐步降低；α-酮戊二酸主要来自酵母利用氨基酸为氮源的脱氨过程，少量来自于含氮不足时 TCA 循环分支代谢。啤酒发酵中，α-酮戊二酸水平变化很小，含量在 6～64mg/L；乳酸是啤酒酵母正常发酵时丙酮酸在乳酸脱氢酶催化下得到的。由于酵母乳酸脱氢酶活性远低于乳酸菌和野生酵母，正常啤酒中仅形成 40～120mg/L。如麦汁含糖量过高或缺乏硫胺素，可导致酵母产乳酸量增加。若啤酒乳酸含量超过极限值 400mg/L，可以肯定污染了乳酸菌；琥珀酸是乙醇发酵中产生量最大的非挥发酸，对啤酒风味有较大影响。琥珀酸含量高低与发

---

[1] ppb 表示 $\mu g/kg$，也可简单理解为 10^{-9}。

酵液中谷氨酸含量有关。啤酒中琥珀酸含量一般为36～180mg/L，采用高比例辅料大米时也会达到400mg/L；脂肪酸主要是含1～12个碳原子的全部直链脂肪酸和异戊酸、异丁酸等。其中含量最多的是乙酸，其对啤酒风味影响较大。一般啤酒酵母只能形成少量的乙酸，若发酵前期污染野生酵母、醋酸菌或发酵后期污染异型乳酸菌，就会产生大量的乙酸，影响啤酒风味。啤酒中挥发酸控制标准为80mg/L，如果超过100mg/100mL，就可判断为明显发酵污染。此外，苹果酸、柠檬酸、异柠檬酸和谷氨酸来源于麦芽；琥珀酸、乳酸和焦谷氨酸来自于麦汁煮沸和啤酒发酵过程；啤酒酵母自溶导致重链脂肪酸（如丁酸、异戊酸、己酸、辛酸和癸酸）含量增加，对啤酒风味影响很大。

啤酒在发酵期间可增加滴定酸0.9～1.2mL（1mol/L NaOH），发酵产酸量受到麦汁总酸量的负影响，麦汁总酸越高，发酵产酸越少。要控制啤酒总酸必须先要控制麦汁总酸，糖化时由于水的碱度大，为调节pH常常要加大量调节酸，会造成啤酒风味单调或出现明显的酸味。GB 4927—2001规定，10.1～14.0°P淡色啤酒总酸≤2.6mL/100mL。对于有些啤酒，总酸基本正常［2.2～2.3mL(1mol/L NaOH)/100mL］，但饮用时酸刺激强，有酸味，其原因除总酸过高外，主要是挥发酸太高造成的。啤酒挥发酸＞100mg/L就说明啤酒已经酸败。

（六）含硫化合物

啤酒中含硫化合物分挥发性和非挥发性两类，前者占啤酒中含硫化合物的1%，后者则包括无机硫化物和含硫氨基酸，是挥发性含硫化合物的前驱物质。啤酒中的含硫化合物主要来自麦芽、辅料、酒花、酿造用水和酵母的硫代谢。啤酒中多数挥发性含硫化合物是低阈值的强风味物质，对啤酒风味影响很大，尤其是低分子量的含硫化合物影响更大。影响比较大的含硫化合物有二甲硫（DMS）、SO_2、H_2S和3-甲基-2-丁烯-1-硫醇。

DMS为陈啤酒风味的特色组分，正常含量为20～70μg/L，过量时有令人不快的腐烂蔬菜（卷心菜）的味道。啤酒中游离DMS主要来自麦芽及发酵、贮酒时酵母的代谢，其含量多少与酵母菌种有关。大麦发芽产生的DMS前驱体*S*-甲基蛋氨酸（SMM）经过两个途径产生DMS：一条途径是麦芽烘干、麦汁煮沸时经热分解产生前驱物质DMSP和游离的DMS，DMS随煮沸蒸汽挥发掉，但在回旋沉淀槽中热解产生的DMS不能完全排除而最终进入啤酒，DMSP经酵母同化为DMS；第二条途径是在煮沸锅中*S*-甲基蛋氨酸氧化为二甲基亚砜（DMSO），进入麦汁带入啤酒，经酵母还原为DMS。制麦工艺对啤酒中DMS含量的影响超过发酵条件的影响。限制蛋氨酸的发酵、控制麦汁中α-氨基氮含量、抑制DMSO的还原酶、麦汁对流蒸发等措施可以减少DMS的含量。麦汁污染细菌直接产生DMS，DMS最高可达200μg/L以上。杀菌和贮藏过程中SMM仍会转化为DMS。

SO_2可与羰基结合生成中性风味组分，延迟啤酒风味的老化，较高含量的SO_2可改善啤酒的稳定性。啤酒中SO_2来源于酿造过程中含硫化合物的添加及酵母对硫酸盐的还原和含硫氨基酸的发酵副产物，贮酒和装瓶后，游离SO_2与醛、酮、糖等结合形成不挥发性含硫化合物，不影响啤酒口味。为改善啤酒的口味稳定性，生产中在糖化和滤酒时添加亚硫酸氢钠、亚硫酸、液体SO_2等，但添加量不能超过20mg/L，最好在8～10mg/L。

麦芽干燥、麦汁煮沸时，含硫氨基酸经分解和美拉德反应产生大量H_2S。麦汁煮沸时挥发掉大部分SO_2，啤酒中的H_2S绝大部分由酵母代谢产生，主要是胱氨酸、半胱氨酸通过脱巯基酶作用产生的。生成量与酵母特性、麦汁中含硫氨基酸和发酵程度有关。啤酒中H_2S阈值为5～10μg/L，当啤酒中H_2S＞10μg/L时有生青味，H_2S＞50μg/L时有臭鸡蛋味，用CO_2洗涤可降低挥发性含硫化合物含量。

此外，啤酒暴露于350～500nm光下会产生光解物质3-甲基-2-丁烯-1-硫醇（MBT），此物质有硫臭味，风味阈值在0.1ppb以下，是由酒花苦味物质α-酸经光敏感性的核黄素的光解作用产生的。如果采用四氢或六氢酒花浸膏，就不会产生光解作用。用异构化的异α-酸比用酒花或酒花提取物能更好地防止光对啤酒风味的影响，同时又达到所要求的苦味。

第三节 啤酒酵母的扩大培养与保藏

一、啤酒酵母的扩大培养

1. 酵母扩大培养的目的

啤酒酵母扩大培养是指从斜面种子到生产所用的种子的培养过程。酵母扩培的目的是及时向生产中提供足够量的优良、强壮的酵母菌种，以保证正常生产的进行和获得良好的啤酒质量。一般把酵母扩大培养过程分为两个阶段：实验室扩大培养阶段（由斜面试管逐步扩大到卡氏罐菌种）和生产现场扩大培养阶段（由卡氏罐逐步扩大到酵母繁殖罐中的零代酵母）。扩培过程中要求严格无菌操作，避免污染杂菌，接种量要适当。

啤酒厂获得接种酵母的方式有直接购买酵母泥、购买纯种酵母和自己保存并扩培纯种酵母三种途径，其优缺点见表 2-5-7。

表 2-5-7 生产用酵母的获得方式

酵母来源	购买酵母泥	购买纯种酵母	自己保存和培养酵母
优点	无需酵母管理工作 无酵母扩培设备 有污染危险	方法可行，可靠性高，能得到灭菌的酵母	取用灵活，酵母质量可靠，啤酒质量稳定
缺点	花费较高 啤酒质量不稳定	需要酵母扩培装置，花费较大	一次性投入大，无菌程度要求高

在中国，大型啤酒企业所用酵母一般采用第三种途径获得；较小的企业一般采用第一种途径获得；还有一部分小型企业为了保证啤酒质量的稳定性等而采用第二种途径，在"酵母银行"购买纯种酵母，然后再进行扩培。

2. 啤酒酵母扩大培养的方法

（1）实验室扩大培养阶段

斜面原菌种→斜面活化（25℃，3～4d）→10mL 液体试管（25℃，24～36h）
↓
5L 培养瓶（18～16℃，24～36h）←1L 培养瓶（20℃，24～36h）←100mL 培养瓶（25℃，24h）
↓
25L 卡氏罐（16～14℃，36～48h）

（2）生产现场扩大培养阶段

25L 卡氏罐→250L 汉生罐（14～12℃，2～3d）→1500L 培养罐（10～12℃，3d）
↓
0 代酵母←20m³ 繁殖罐（8～9℃，7～8d）←100hL 培养罐（9～11℃，3d）

3. 酵母的使用和管理要点

（1）扩培麦汁要求　卡氏罐之前的麦汁为头号麦汁，加水调节浓度为 11～12°P，蒸汽灭菌 0.1MPa，20～30min；现场扩培用麦汁为沉淀槽中的热麦汁，浓度在 12°P 左右，α-氨基氮应在 180～220mg/L，也可添加适量的酵母营养盐。麦汁灭菌方法同前。

（2）酵母扩培要求　酵母扩培是基础，只有培养出来高质量的酵母，才能生产出好的啤酒。扩培必须保证两点：①原菌种的性状优良；②扩培出来的酵母强壮无污染。扩培在实验室阶段，由于采用无菌操作，只要能遵守操作技术和工艺规定，很少出现杂菌污染现象。进入车间后，如卫生条件控制不好，往往会出现染菌现象，所以扩培人员首先无菌意识要强，凡是接种、麦汁追加过程所要经过的管路、阀门，必须用热水或蒸汽彻底灭菌，室内的空气、地面、墙壁也要定期消毒或杀菌，通风供氧用的压缩空气也必须经过 0.2μm 的膜过滤之后才能使用。同时充氧量要适量，充氧不足酵母生长缓慢，充氧过度会造成酵母细胞呼吸酶活性太强，酵母繁殖量过大，对后期的发酵不利。一般扩培酵母在进入培养罐前每天要通氧 3 次，每次 20min。发酵后的培养，要求麦汁中溶解氧 9mg/L 左右。最后，每一批扩培的同时还应对酵母的发酵度、发酵力、双乙酰峰值、死灭温度等指标进行检测，以便及时、正确掌握酵母在使用过程中的各种性状是否有新的变化。

（3）酵母的添加　酵母添加前麦汁的冷却温度非常重要。各批麦汁冷却温度要求必须呈阶梯式升高，满罐温度控制在 7.5～7.8℃，严禁有先高后低现象，否则将会对酵母活力和以后的双乙酰还原产生不利的影响。同时要准确控制酵母添加量，如果添加量太小，则酵母增长缓慢，对抑制杂菌不利，一旦染菌，无论口味还是双乙酰还原方面都将受到影响。添加量太小还会因酵母增殖倍数过大而产生较多的高级醇等副产物；添加量过大，酵母易衰老、自溶等。添加量控制在 0.7%左右。

（4）温度控制　在发酵过程中，温度的控制十分关键。根据菌种特性，采用低温发酵，高温还原。既有利于保持酵母的优良性状，又减少了有害副产物的生成，确保了酒体口味比较纯净、爽口。如果发酵温度过高，虽然可缩短发酵周期，加速双乙酰还原，但过高的发酵温度会使啤酒口味比较淡薄，醇醛类副产物增多，同时也会加速菌种的突变和退化。

（5）酵母的回收与排放　酵母回收的时机非常关键，通常是在双乙酰还原结束后开始回收酵母，但酵母死亡率较高，大都在 7%～8%左右，对下批的发酵非常不利，通过反复实验、对照，并对酵母进行跟踪检测，发现封罐 4～5d 后大部分酵母已沉降到锥底，只有少量悬浮在酒液中参与双乙酰还原，此时回收酵母，基本不会对双乙酰还原产生什么影响，而且回收酵母的死亡率也下降至 2%～3%。回收前的准备工作也很重要，首先要把酵母暂存罐用 80℃热水彻底刷洗干净，然后降温至 7～8℃，并备有一定量的无菌空气，以防止酵母突然减压导致细胞壁破裂。从锥形罐回收的酵母，应尽量取中间较白的部分。回收完毕后缓慢降温到 4℃左右，以备下次使用。在酵母罐保存的时间不得超过 36h。当酒液降至 0℃以后，还要经常排放酵母，否则由于锥底温度较高，酵母自溶后，一方面有本身的酵母臭味，另一方面自溶后释放出来的分解产物进入啤酒中，会产生比较粗糙的苦味和涩味。另外，酵母自溶产生的蛋白质，在啤酒的酸性条件下，尤其在高温灭菌时，极易析出形成沉淀，从而破坏了啤酒的胶体稳定性。所以，贮酒后期的酵母排放工作不容忽视，尤其夏季更为重要。

回收酵母泥作种酵母的条件如下。

① 镜检　细胞大小正常，无异常细胞，液泡和颗粒物正常。

② 肝糖染色　酵母泥用 0.1%EDTA-Na 稀释后，再用 2%路哥碘液染色 5～6min，镜检 10 个视野有大颗粒肝糖细胞（即有红棕色颗粒），否则为黄色，无肝糖颗粒。要求肝糖细胞应大于 70%～75%。

③ 死亡率测定　适当稀释酵母泥，用 0.1%美蓝染色 3min，若被染上深蓝色则为死细胞或衰老细胞。美蓝染色率＜5%为健壮酵母，＜10%尚可使用，＞15%则不能继续使用。

④ 杂菌检查　用 0.1%EDTA-Na 适当稀释酵母泥，使每个显微镜（中倍）镜检视野中酵母细胞数为 50 个左右，检查 20 个视野共有 1000 个左右酵母，细胞周围含杆菌≤1 个。

⑤ 其他　无异常酸味和酵母自溶臭味，凝聚性正常（过强或过弱均为变异）。

4. 现场扩培操作要求

大罐酵母扩培的技术要求见表 2-5-8。

（1）卡氏罐接种前对汉生罐、扩大培养罐、发酵罐及管道严格进行消毒杀菌，并取样报检合格。

（2）汉生罐进 11°P 麦汁 6hL，110℃杀菌 30min 后立即冷却至 16℃待用。接种卡氏罐后培养 24h，按表 2-5-8 要求通风。

（3）扩大培养罐接麦汁 6kL，110℃杀菌 30min 后立即冷却至 14℃待用。汉生罐倒入扩大培养罐，培养 24～48h，通氧方式同前。

（4）汉生罐、扩大培养罐倒罐前酵母细胞数必须达 $(50\sim80)\times10^6$/mL，取样镜检酵母形态、死亡率、出芽情况，是否有污染。确定是否需要延长 12h 或 24h，是否需要再通氧，若受污染需立即放掉。

表 2-5-8　大罐酵母扩培的技术要求

项目名称	温度/℃	培养时间/h	麦汁量/L	充氧时间及间隔时间	酵母数/(×10⁶/mL)
卡氏罐	18±0.5	24～48	25×2	定时摇瓶	50～80
汉生罐	16±0.5	24～48	600	每隔6h通风10min,前12h每隔2h通风10min	50～80
繁殖罐	14±0.5	24～48	6000	每隔6h通风10min,前12h每隔2h通风10min	50～80
发酵罐	12±0.5	进第一批麦汁培养24～48h,连续加满	50kL或60kL	麦汁冷却时连续通风20～30min。根据起发情况调整通风时间	50～80

(5) 扩大罐进发酵罐前可留20%种于汉生罐（150～200L），追加400～500L麦汁，培养24h或36h后立即冷却至2～4℃，保种1～2周。

(6) $100m^3$ 发酵罐第一次进麦汁25kL或50kL，培养温度12℃；第二次追加75kL或50kL，培养温度10℃。如进 $300m^3$ 发酵罐，则两次分别进麦汁后，培养24～48h，再连续追加麦汁至满，满罐温度≤10℃，主发酵温度12℃，按正常发酵工艺控制。

(7) 扩培时进大罐的麦汁，根据需要，及时调整连续通风20～30min/次。

二、啤酒酵母的保藏

1. 汉生罐保藏法

汉生罐是酵母扩大培养中的一个培养罐，当纯种啤酒酵母菌种扩大至汉生罐时，在14～15℃下，保温培养48h，然后压出80%进入下一个酵母培养罐，此时加入灭菌麦汁于汉生罐至满罐，在12℃保温培养，每12h通无菌空气一次，每次20min，培养72h后，开冰水阀降温至0～2℃，保压10～40MPa进行保存。此法保存时间较长，中途不需更换麦汁，且菌种活力强，发酵旺盛。

2. 发酵液保藏法

当发酵罐的酵母达到最高峰时，取出10%，急速冷却到2～4℃进行保温保存。此法较为简单，可保存菌种2周以上，且活力旺盛。

3. 压榨酵母保藏法

将回收的酵母泥过筛、洗涤，压榨去水，使含水量在75%～85%之间，破碎成小块，放入浅盘，置于0～2℃的低温下保藏。使用时用无菌水调成泥状即可。此法保藏一般不宜超过15d。

4. 泥状酵母保藏法

将回收的酵母泥过筛、洗涤，然后浸在0～2℃的无菌水中（室温保持0～2℃），每天换水，开始时2～3次/d，以后1次/d，无菌水温在2～4℃。此法因酵母可存于无菌水中，无营养成分，一般只能保藏7d左右。

酵母菌种的保藏一定要注意是同代数的酵母，否则不利于以后使用时发酵温度的控制。降温早，老酵母易沉降；降温晚，又可能造成降糖速度过快。

第四节　啤酒酵母分离纯化与选育技术

一、啤酒酵母的分离纯化

啤酒生产采用纯人工培养的菌种发酵，菌种质量的好坏将严重影响啤酒的正常发酵和成品啤酒的质量。啤酒酵母的分离培养就是利用专门的分离技术，将优良的强壮酵母菌株从原菌种中分离出来，再进行扩大培养，以满足实际生产的需要。

啤酒酵母分离培养的方法主要有平板分离法和划线分离法。这两种方法操作简单，但分离得到的菌种不一定能是单细胞菌株，实际使用前都要进行单细胞分离，并通过一系列生理特性、生产性能测定和酿酒风味鉴评，确定无误后才能进行扩大培养。

1. 待分离的原菌种

① 实验室保存的菌种，使用前原菌种要经过 2～3 次活化培养。

② 生产现场回收的酵母泥或旺盛发酵期的发酵液。

2. 分离培养方法

(1) 平板分离法（又称稀释倒平皿法、倾注平板法） 首先把啤酒酵母悬液通过一系列稀释（如 1∶10、1∶100、1∶1000……），取一定量的稀释液与融化好的保持在 42～45℃的麦汁或葡萄糖琼脂培养基充分混合，然后将混合液倾注到无菌的培养皿中，待凝固之后，将平板倒置在恒温箱中 25～27℃下培养 2～3d。单一细胞经过多次增殖后形成一个菌落，取单个菌落制成悬液，重复上述步骤 2～3 次，便可得到纯培养物。

(2) 平板划线法 最简单的分离菌种的方法是平板划线法。用无菌的接种环取待分离培养物少许在平板上进行划线。划线的方法很多，常见的比较容易出现单个菌落的划线方法有斜线法、曲线法、方格法、放射法、四格法等。当接种环在培养基表面上向后移动时，接种环上的菌液逐渐稀释，在第三或第四划线区所划的线上可能分散着单个细胞，经培养，每一个细胞长成一个菌落。将所需的菌落移殖到斜面培养基上，再作进一步的检查。

(3) 林德奈单细胞分离培养法（小滴培养法） 将准备分离培养的酵母或发酵液移殖到已灭菌的麦汁培养基中，经过多次稀释，至每一滴麦汁仅含一个细胞。

在无菌室中用铂金针取稀释液滴在盖玻片上，或凹型载玻片孔内，一般可以点 3～5 排，每排 3～5 个小点。将盖玻片翻过来，使有小滴的一面面向凹型载玻片的孔穴，穴内加一滴无菌水，盖玻片和载玻片之间用凡士林密封好。在显微镜下检查每个小滴，把只有一个细胞的小滴位置记下。上述制好的检片置于 25～27℃培养箱中培养 2～3d，每天检查酵母的生长情况。

小滴培养每次应做 3 个以上的检片，经过培养后加以选择。用灭菌的三角形滤纸将发育正常的菌落挑出，移殖到已灭菌的麦汁中进行培养，再经生理特性鉴定后供生产使用。

除以上几种方法外，还可采用汉生单细胞分离培养法、单孢子分离法、单细胞挑取法等。

二、啤酒酵母的选育

酵母选育的目的是为了得到性能优良的菌株。不同的菌株酿制出的啤酒风味不同，啤酒生产企业为保证正常生产和保持产品质量的一致性，必须保持酵母菌种的稳定和优良性能。酵母菌种的选育应是啤酒生产企业十分重要的经常性工作，若生产中出现发酵迟缓、发酵力衰退、发酵不彻底、双乙酰峰值高且还原慢、酵母凝聚性变差、啤酒风味改变等情况，则说明啤酒酵母已退化，需要进行酵母的选育。

优良啤酒酵母应具备的特点为：

① 能从麦汁中有效地摄取生长和代谢所需的营养物质；

② 酵母繁殖速度快，双乙酰峰值低，还原速度快；

③ 代谢的产物能赋予啤酒良好的风味；

④ 发酵结束后能顺利地从发酵液中分离出来。

1. 酵母菌种选育的方法

(1) 从生产菌种中选育 在生产过程中随时分离选育优良菌种是保证菌种优良性能的一种有效措施，对于生产中出现的发酵速度快、双乙酰峰值低且还原快、口味好的未污染杂菌的发酵液，要及时从回收酵母中进行菌种分离，可以得到优良的变异菌株。

具体操作时要分离 50～100 个单细胞，根据菌落、细胞形态等外观条件，选取 30～50 个菌株；根据发酵力、凝聚力、死灭温度等指标淘汰 2/3 菌株；实验室中根据对菌株形态、发酵性能的全面分析对比，从 10～15 支菌株中选取 5 支较好的菌株；对 5 支菌株进行中型发酵对比实验，挑选较理想菌株投入生产试验，经 2～3 次验证，效果比原有菌种好的可以取代原有菌种，投入正常生产。

（2）在已有的菌种中选择　工厂曾使用过的菌种、微生物研究机构保藏的菌种、从国外引进的菌种都是有价值的菌种资源，可以从中选育优良菌种，具体操作方法和从生产菌种中分离选育的内容相同。

（3）诱变和杂交育种　利用物理或化学方法进行诱变育种，在现代发酵产品生产中应用比较多（如味精、酶、有机酸等生产）。杂交育种是利用两种不同酵母产生的子囊孢子发育后得到的单倍体细胞进行融合，形成双倍体杂种细胞，培养后再诱导产生新子囊孢子，得到子代杂交细胞菌种，也可将不同酵母产生的孢子除去细胞壁后在专门培养室融合，得到杂交细胞。

利用 DNA 重组技术的基因育种是啤酒酵母选育的发展方向，如将细菌中产生 α-乙酰乳酸酶的基因转移到啤酒酵母 DNA 链上，获得能直接分解 α-乙酰乳酸、不再大量积累双乙酰的新菌种。

2. 啤酒酵母的筛选

（1）菌种分离：平板分离法　取已活化的液体菌种，用 EDTA 稀释至 10^{-6}～10^{-7}，然后倒平板，3d 后挑取洁白、厚实、边缘整齐的菌落 20 支，标号。

（2）初筛　若原菌种双乙酰峰值＞0.45mg/L，双乙酰还原时间长，且不易降到 0.10mg/L，可采用形成的双乙酰含量高低作为初筛的“筛子”。取现场麦汁，模拟现场发酵（10℃），测第 4、5 天双乙酰值，取其峰值≤0.45mg/L 的菌种。从实验中挑取几株作为复筛菌种。

（3）复筛　模拟现场发酵进行筛选。

用已灭菌的量筒取现场麦汁 1000mL，8℃发酵 6 天后测其双乙酰，并用 640mL 玻璃瓶封口，升温至 10℃，双乙酰还原 6d，降温至 0℃贮酒 7d 后进行品评并分析。

根据双乙酰峰值、还原能力及啤酒的口感品评，最后挑取两支菌种进行 0.3m^3 中试，同时进行菌种其他安全性能测定。

（4）菌种性能测定

① 死灭温度测定　取上述两支菌种接入液体麦汁进行活化，再分别取 1mL 接入 6 支液体麦汁试管，然后分别在 50℃、51℃、52℃各处理 10min，25℃培养 1 周，观察死灭温度。

② 平板上生长情况及酵母水试验

a. 取两支液体菌种 1mL 用细菌总数培养基在 37℃下培养 7d，无生长。

b. 取两支菌种各 1 环接种到酵母水液体培养基中，在 37℃下培养 7d，不浑浊。

③ 极限发酵度试验　取菌种（原菌种）活化后接入 10mL 麦汁 25℃培养 24h，接入 300mL 三角瓶 25℃培养 6～7d，每天测其失重，直到失重≤0.2g，7d 时进行发酵液分析。

④ 凝聚性能实验　取上述菌种进行活化，再分别取 1mL 各接入 10mL 液体培养基 25℃培养 24h，分别测酵母数。

培养 2d 后，振荡 10min，静置 30min 后，再测酵母数；培养 3d 后，振荡 10min，静置 30min 后，再测酵母数。计算各菌种沉降率。

⑤ 中试，口味性能试验　中试工艺：逐级活化、扩大培养，最后接入 0.3m^3 汉生罐，用生产上 9～10℃不带菌的麦汁满罐。观察发酵过程，降温至 0℃后再贮酒 7d，进行发酵液分析对比口味。

思　考　题

1. 为什么世界上主要生产下面发酵啤酒？
2. 啤酒企业生产上多选用凝聚性酵母的原因是什么？
3. 如何从生产现有菌种分离得到优良菌种？
4. 如果生产菌种的死灭温度提高，说明什么问题？
5. 对回收的酵母如何处理？
6. 汉生罐留种的优点是什么？
7. 实验室培养阶段为什么不用加酒花麦汁？

第六章　啤酒的发酵技术

学习目标

1. 掌握啤酒大型发酵罐发酵技术。
2. 熟悉啤酒的高浓度酿造技术。
3. 了解其他啤酒发酵技术。
4. 掌握啤酒酿造过程中微生物的质量控制技术。

第一节　啤酒的大型发酵罐发酵技术

传统啤酒是在正方形或长方形的发酵槽（或池）中进行发酵的，设备体积仅 5～30m^3，啤酒生产规模小，生产周期长。20 世纪 50 年代以后，由于世界经济的快速发展，啤酒生产规模大幅度提高，传统的发酵设备已满足不了生产的需要，大容量发酵设备受到重视。所谓大容量发酵罐，是指发酵罐的容积与传统发酵设备相比而言较大。

大容量发酵罐有圆柱锥形发酵罐、朝日罐、通用罐和球形罐。

圆柱锥形发酵罐是目前世界通用的发酵罐，该罐主体呈圆柱形，罐顶为圆弧状，底部为圆锥形，具有相当的高度（高度大于直径），罐体设有冷却和保温装置，为全封闭发酵罐。圆柱锥形发酵罐既适用于下面发酵，也适用于上面发酵，加工十分方便。

朝日罐为日本发明的一种发酵罐，采用独特的一罐发酵工艺。朝日罐主体结构也是圆柱体，但底部是微带倾斜的平底，罐顶为圆弧状，罐内设有一根带转轴的不锈钢管，并使用浮球控制管口的位置，罐身也有冷却夹套，便于发酵温度的控制。同时，朝日罐在罐的进、出口管之间配有酵母离心机、薄板换热器和循环泵。

通用罐可同时用作发酵罐和贮酒罐，也能进行一罐法或多罐法发酵。通用罐的特点是直径与高度相等。从理论上讲，柱形罐单位容量最小表面积的尺寸是直径等于高度，而表面积与容量的比值愈小，罐的造价愈低，热损也小，相对比较经济。通用罐的结构也为圆柱形，罐顶为圆弧状或倒锥形，罐底为浅盘状向中央倾斜，便于排放酵母。罐外设有冷却夹套，常使用氨直接蒸发冷却，冷损失少。罐外设有 CO_2 喷射环，可加强液体对流。此外，由于通用罐的高度比其他大容量罐小，罐内酒液成分均匀。

球形罐也称球形锥底罐，是相对通用罐的一种大罐。球形罐的特点是表面积与容量之比要好于通用罐，造价低。同时由于球形结构的耐压情况比通用罐好，采用同样量的材料，球形罐的耐压高于通用罐。球形罐底部为锥形，排放酵母效果好，可以采用一罐法发酵，但罐的制造比较困难。

德国酿造师发明的立式圆柱锥形发酵罐由于其诸多方面的优点，经过不断改进和发展，逐步在全世界得到推广和使用。我国自 20 世纪 70 年代中期，开始采用室外圆柱体锥形底发酵罐发酵法（简称锥形罐发酵法），目前国内啤酒生产几乎全部采用此发酵法。

一、锥形罐发酵法的特点

① 底部为锥形，便于生产过程中随时排放酵母，要求采用凝聚性酵母。

② 罐本身具有冷却装置，便于发酵温度的控制。生产容易控制，发酵周期缩短，染菌机会少，啤酒质量稳定。

③ 罐体外设有保温装置，可将罐体置于室外，减少建筑投资，节省占地面积，便于扩建。

④ 采用密闭罐，便于 CO_2 洗涤和 CO_2 回收，发酵也可在一定压力下进行。既可作发酵罐，也可作贮酒罐，也可将发酵和贮酒合二为一，称为一罐发酵法。

⑤ 罐内发酵液由于液体高度而产生 CO_2 梯度（即形成密度梯度）。通过冷却控制，可使发酵液进行自然对流，罐体越高对流越强。由于强对流的存在，酵母发酵能力提高，发酵速度加快，发酵周期缩短。

⑥ 发酵罐可采用仪表或微机控制，操作、管理方便。

⑦ 锥形罐既适用于下面发酵，也适用于上面发酵。

⑧ 可采用 CIP 自动清洗装置，清洗方便。

⑨ 锥形罐加工方便（可在现场就地加工），实用性强。

⑩ 设备容量可根据生产需要灵活调整，容量可为 60～600m^3 不等，最高可达 1500m^3。

二、锥形罐工作原理与罐体结构

1. 锥形发酵罐工作原理

锥形罐发酵法发酵周期短、发酵速度快的原因是由于锥形罐内发酵液的流体力学特性和采用现代啤酒发酵技术的结果。

接种酵母后，由于酵母的凝聚作用，使得罐底部酵母的细胞密度增大，导致发酵速度加快，发酵过程中产生的二氧化碳量增多。同时由于发酵液的液柱高度产生的静压作用，也使二氧化碳含量随液层变化呈梯度变化，因此罐内发酵液的密度也呈现梯度变化。此外，由于锥形罐体外设有冷却装置，可以人为控制发酵各阶段温度。在静压差、发酵液密度差、二氧化碳的释放作用以及罐上部降温产生的温差（1～2℃）这些推动力的作用下，罐内发酵液产生了强烈的自然对流，增强了酵母与发酵液的接触，促进了酵母的代谢，使啤酒发酵速度大大加快，啤酒发酵周期显著缩短。另外，由于提高了接种温度、啤酒主发酵温度、双乙酰还原温度和酵母接种量，也利于加快酵母的发酵速度，从而使发酵能够快速进行。

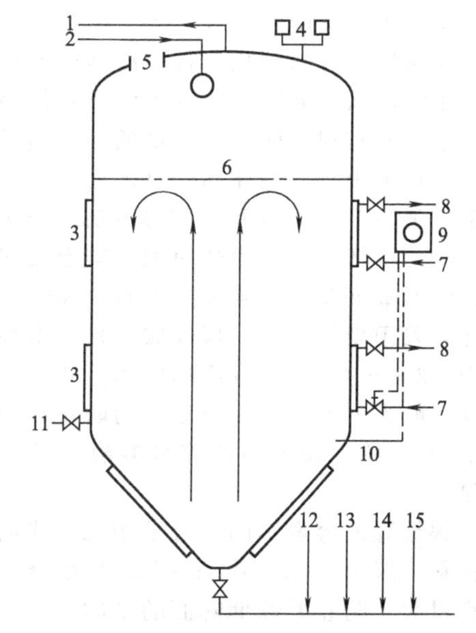

图 2-6-1 圆柱锥形发酵罐示意图

1—二氧化碳排出；2—洗涤器；3—冷却夹套；4—加压或真空装置；5—人孔；6—发酵液面；7—冷冻剂进口；8—冷冻剂出口；9—温度控制记录器；10—温度计；11—取样口；12—麦汁管路；13—嫩啤酒管路；14—酵母排出；15—洗涤剂管路

2. 锥形发酵罐基本结构

圆柱锥形发酵罐基本结构（图 2-6-1）包括如下部分：

（1）罐顶部分　罐顶为一圆拱形结构，中央开孔用于放置可拆卸的大直径法兰，以安装 CO_2 和 CIP 管道及其连接件，罐顶还安装防真空阀、过压阀和压力传感器等，罐内侧装有洗涤装置，也安装有供罐顶操作的平台和通道。罐顶还可安装防护帽罩。

（2）罐体部分　罐体为圆柱体，是罐的主体部分。发酵罐的高度取决于圆柱体的直径与高度。由于罐直径大，耐压低，一般锥形罐的直径不超过 6m。罐体的加工比罐顶要容易，罐体外部用于安装冷却装置和保温层，并留一定的位置安装测温、测压元件。罐体部分的冷却层有各种各样的形式，如盘管、米勒板、夹套式，并分成 2～3 段，用管道引出与冷却介质进管相连，冷却层外覆以聚氨酯发泡塑料等保温材料，保温层外再包一层铝合金或不锈钢板，也有使用彩色钢板作保护层。

（3）圆锥底部分　圆锥底的夹角一般为60°～80°，也有90°～110°，但这多用于大容量的发酵罐。发酵罐的圆锥底高度与夹角有关，夹角越小锥底部分越高。一般罐的锥底高度占总高度的1/4左右，不要超过1/3。圆锥底的外壁应设冷却层，以冷却锥底沉淀的酵母。锥底还应安装进出管道，阀门，视镜，测温、测压的传感元件等。

此外，罐的直径与高度比通常为1∶(2～4)，总高度最好不要超过16m，以免引起强烈对流，影响酵母和凝固物的沉降。制罐材料可用不锈钢或碳钢，若使用碳钢，罐内壁必须涂以对啤酒口味没有影响且无毒的涂料。发酵罐工作压力可根据罐的工作性质确定，一般发酵罐的工作压力控制在0.2～0.3MPa。罐内壁必须光滑平整，不锈钢罐内壁要进行抛光处理，碳钢罐内壁涂料要均匀，无凹凸面，无颗粒状凸起。

固定发酵罐的支撑件为圆形裙边，并用钢板与罐体多处加固，焊接于圆柱体与圆锥底之间。按固定的形式又可分为环孔形支撑和柱形支撑，前者多用于罐底有操作室的，后者用于全露天式发酵罐的支撑。

3．锥形发酵罐主要尺寸的确定

（1）径高比　锥形罐呈圆柱锥底形，圆柱体的直径与高度之比为1∶(1～4)。一般径高比越大，发酵时自然对流越强烈，酵母发酵速度快，但酵母不容易沉降，啤酒澄清困难。一般直径与麦汁液位总高度之比应为1∶2，直径与柱形部分麦汁高度之比应为1∶(1～1.5)，麦汁最大液位高度为15m，以免静压过大影响代谢副产物的组成。

（2）罐容量　其值越大，麦汁满罐时间越长，发酵增殖次数多、时间长，会造成双乙酰前驱物质形成量增大，双乙酰产生量大，还原时间长。此外，还会造成出酒、清洗、重新进麦汁等非生产时间延长，且用冷高峰期峰值高，造成供冷紧张。一般，锥形罐的容量取决于糖化能力，以半天到一天的麦汁产量作为罐容量设计依据。由于二氧化碳的释放和泡沫的产生，罐有效容积一般为罐总量的80%左右。

（3）锥角　一般在60°～90°之间，常用60°～75°（不锈钢罐常用锥角60°，内有涂料的钢罐锥角为75°），以利于酵母的沉降与分离。

（4）冷却夹套和冷却面积　锥形发酵罐冷却常采用间接冷却。国内一般采用半圆管、槽钢、弧形管夹套或米勒板氏夹套，在低温低压（－3℃、0.03MPa）下用液态二次冷媒冷却，国外多采用换热片式（爆炸成型）一次性冷媒直接蒸发式冷却。一次性冷媒（如液氨蒸发温度为－3～－4℃）蒸发后的压力为1.0～1.2MPa，对夹套耐压性要求较高。由于啤酒冰点温度一般为－2.0～－2.7℃，为防止啤酒在罐内局部结冰，冷媒温度应在－3℃左右。国内常采用20%～30%的乙醇水溶液，或20%丙二醇水溶液为二次冷媒，一次冷媒一般采用液氨。

根据罐的容量不同，可采用二段式或三段式冷却。冷却面积根据罐体的材料而定，不锈钢材料一般为0.35～0.4m^2/m^3发酵液，碳钢罐为0.5～0.62m^2/m^3发酵液。锥底冷却面积不宜过大，防止贮酒期啤酒的结冰。

（5）隔热层和防护层　绝热层材料要求具有热导率小、体积质量低、吸水少、不易燃等特性。常用绝热材料有聚酰胺树脂、自熄式聚苯乙烯塑料、聚氨基甲酸乙酯、膨胀珍珠岩粉和矿渣棉等。绝热层厚度一般为150～200mm。外保护层一般采用0.7～1.5mm厚的铝合金板、马口铁板或0.5～0.7mm的不锈钢板，近来瓦楞板比较受欢迎。

（6）罐体的耐压　发酵产生一定的二氧化碳形成罐顶压力（罐压），应设有二氧化碳调节阀，罐顶设有安全阀。二氧化碳排出、下酒速度过快、发酵罐洗涤时二氧化碳溶解等都会造成罐内出现负压，因此必须安装真空阀。下酒前要用二氧化碳或压缩空气背压，避免罐内负压的产生，造成发酵罐“瘪罐”。

（7）罐数的确定　锥形发酵罐的数量采用以下公式计算：

$$n=\frac{T\times N}{A}+3$$

式中　n——需要的锥形发酵罐数，个；

T——发酵周期，d；

N——每天糖化次数；

A——每个发酵罐可以容纳麦汁的批次数；

3——周转罐的数量，个。

三、锥形罐发酵工艺

1. 锥形罐发酵不同的组合形式

（1）发酵-贮酒式　即为一个罐进行主发酵，另一个罐进行啤酒后熟和贮酒，生产过程与传统发酵相似。生产过程为：对发酵罐，将可发酵性浸出物发酵到一定程度，同时回收 CO_2，然后转入另一个发酵罐进行密闭后发酵，经过双乙酰还原、酵母回收后，将温度降到贮酒温度，进行一定时间的低温贮酒。此种方式，两个罐要求不一样，耐压也不同。对于现代酿造来说，此方式意义不大。

（2）发酵-后处理式　即一个罐进行发酵，另一个罐为后熟处理。对发酵罐而言，将可发酵性成分一次完成，基本不保留可发酵性成分，发酵产生的 CO_2 全部回收并贮存备用，然后转入后处理罐进行后熟处理。其过程为将发酵结束的发酵液经离心分离，去除酵母和冷凝固物，再经薄板换热器冷却到贮酒温度，进行 1～2d 的低温贮存后开始过滤。在进行离心分离之前，应加强对双乙酰的还原和对不成熟味的驱除（如 CO_2 洗涤工艺），在进入冷贮前应考虑回收酵母，进行 CO_2 饱和和添加必要的添加剂（食用级），以保证啤酒的口味和稳定性均匀一致。

（3）发酵-后调整式　即前一个发酵罐类似一罐法进行发酵、贮酒，完成可发酵性成分的发酵，回收 CO_2、酵母，进行 CO_2 洗涤，经适当的低温贮存后，在后调整罐内对色泽、稳定性、CO_2 含量等指标进行调整，再经适当稳定后即可开始过滤操作。上述工艺中，后两种较常用，但普遍采用一罐法发酵，可减少输送操作损失，缩短发酵周期。

2. 发酵主要工艺参数的确定

（1）发酵周期　由产品类型、质量要求、酵母性能、接种量、发酵温度、季节等确定，一般 12～24d。通常，旺季（夏季）普通啤酒发酵周期较短，优质啤酒发酵周期较长，淡季发酵周期适当延长。

（2）酵母接种量　一般根据酵母性能、代数、衰老情况、产品类型等决定。接种量大小由添加酵母后的酵母数确定。发酵开始时，$(10\sim20)\times10^6$/mL；发酵旺盛时，$(6\sim7)\times10^7$/mL；排酵母后，$(6\sim8)\times10^6$/mL；0℃左右贮酒时，$(1.5\sim3.5)\times10^6$/mL。

（3）发酵最高温度和双乙酰还原温度　啤酒旺盛发酵时的温度称为发酵最高温度，一般啤酒发酵可分为三种类型：低温发酵、中温发酵和高温发酵。低温发酵：旺盛发酵温度 8℃左右。中温发酵：旺盛发酵温度 10～12℃。高温发酵：旺盛发酵温度 15～18℃。国内一般发酵温度为 9～12℃。双乙酰还原温度是指旺盛发酵结束后啤酒后熟阶段（主要是消除双乙酰）的温度，一般双乙酰还原温度等于或高于发酵温度，这样既能保证啤酒质量，又利于缩短发酵周期。发酵温度提高，发酵周期缩短，但代谢副产物量增加将影响啤酒风味且容易染菌；双乙酰还原温度增加，啤酒后熟时间缩短，但容易染菌又不利于酵母沉淀和啤酒澄清。温度低，发酵周期延长。

（4）罐压　根据产品类型、麦汁浓度、发酵温度和酵母菌种等的不同确定。一般发酵时最高罐压控制在 0.07～0.08MPa。一般最高罐压为发酵最高温度值除以 100（单位 MPa）。采用带压发酵，可以抑制酵母的增殖，减少由于升温所造成的代谢副产物过多的现象，防止产生过量的高级醇、酯类，同时有利于双乙酰的还原，并可以保证酒中二氧化碳的含量。啤酒中 CO_2 含量和罐压、温度的关系为：

$$CO_2\text{质量分数}(\%)=0.298+0.04p-0.008t$$

式中　p——罐压（压力表读数），MPa；

t——啤酒品温，℃。

（5）满罐时间　从第一批麦汁进罐到最后一批麦汁进罐所需时间称为满罐时间。满罐时间长，酵母增殖量大，产生代谢副产物α-乙酰乳酸多，双乙酰峰值高，一般在12～24h，最好在20h以内。

(6) 发酵度 可分为低发酵度、中发酵度、高发酵度和超高发酵度。对于淡色啤酒发酵度的划分为：低发酵度啤酒，其真正发酵度48%～56%；中发酵度啤酒，其真正发酵度59%～63%；高发酵度啤酒，其真正发酵度65%以上；超高发酵度啤酒（干啤酒）其真正发酵度在75%以上。目前国内比较流行发酵度较高的淡爽性啤酒。

此外，还要注意：糖化、发酵生产能力应配套一致；防止染菌，要加强清洁卫生工作；菌种不同，生产工艺不同，产品风味也不同；双乙酰含量是衡量啤酒是否成熟的重要指标，应避免出现双乙酰超标。

3. 锥形发酵罐工艺要求

(1) 应有效控制原料质量和糖化效果，每批次麦汁组成应均匀，如果各批麦汁组成相差太大，将会影响到酵母的繁殖与发酵。如10°P麦汁成分要求为：质量分数10%±0.2%，色度5.0～8.0EBC，pH5.4±0.2，α-氨基氮140～180mg/L。

(2) 大罐的容量应与每次糖化的冷麦汁量以及每天的糖化次数相适应，要求在16h内装满一罐，最多不能超过24h，进罐冷麦汁对热凝固物要尽量去除，如能尽量分离冷凝固物则更好。

(3) 冷麦汁的温度控制要考虑每次麦汁进罐的时间间隔和满罐的次数，如果间隔时间长，次数多，可以考虑逐批提高麦汁的温度，也可以考虑前一、二批不加酵母，之后的几批将全量酵母按一定比例加入，添加比例由小到大，但应注意避免麦汁染菌。也有采用前几批麦汁添加酵母，最后一批麦汁不加酵母的办法。

(4) 冷麦汁溶解氧的控制可以根据酵母添加量和酵母繁殖情况而定，一般要求每批冷麦汁应按要求充氧，混合冷麦汁溶解氧不低于8mg/L。

(5) 控制发酵温度保持相对稳定，避免忽高忽低。温度控制以采用自动控制为好。

(6) 应尽量进行CO_2回收，回收的CO_2可以进行CO_2洗涤、补充酒中CO_2或用于CO_2背压等。

(7) 发酵罐最好采用不锈钢材料制作，以便于清洗和杀菌，当使用碳钢制作发酵罐时，应保持涂料层的均匀与牢固，不能出现表面凹凸不平的现象，使用过程中涂料不能脱落。发酵罐要装有高压喷洗装置，喷洗压力应控制在0.39～0.49MPa或更高。

4. 操作规程（一罐法发酵）

(1) 在麦汁冷却之前用90℃以上的热水对发酵罐和管路进行灭菌。

(2) 麦汁冷却期间，打开发酵罐排气阀门。

(3) 冷麦汁进罐时按要求及时添加菌种。麦汁进罐完毕后60min，取样测定酵母数，满罐1d开始，每天测量1次酵母数。

(4) 麦汁满罐60min后，取样测量1次糖度，麦汁满罐1d开始，每天上、下午各测量1次糖度。开始升压时停止测量糖度。

(5) 发酵前期温度不超过规定接种温度（如8℃），主发酵温度控制在规定温度（如10～14℃），当残糖降到规定糖度时封罐缓慢升压，并保持罐压0.12MPa左右（根据双乙酰还原温度确定）。发酵旺盛期间注意每天及时降温，避免温度过高。

(6) 发酵10d后开始取样测定双乙酰含量，当双乙酰含量达到工艺要求（如0.05～0.1mg/L）时，逐步降温至0℃以下（啤酒冰点以上0.05℃）低温保存。

(7) 酸度测定：满罐1h后测定1次，温度升至发酵最高温度时测定1次，温度降至0℃时再测定1次。

(8) 麦汁满罐1d后每隔24h排冷凝固物1次，共排3次。

5. 酵母的回收

锥形罐发酵法酵母的回收方法不同于传统发酵，主要区别有：回收时间不定，可以在啤酒降温到6～7℃以后随时排放酵母，而传统发酵只有在发酵结束后才能进行；回收的温度不固定，可以在6～7℃下进行，也可以在3～4℃或0～1℃下进行；回收的次数不固定，锥形罐回收酵母可分几次进行，主要是根据实际需要多次进行回收；回收的方式不同，一般采用酵母回收泵和计量装置、加压与充氧装置，同时配备酵母罐，且体积较大，可容纳几个罐回收的酵母（相同或相近代数）；贮存方式不同，锥形罐一般不进行酵母洗涤，贮存温度可以调节，贮存条件较好。

（1）回收酵母泥作种酵母的条件　见本篇第五章第三节。

一般情况下，发酵结束温度降到6～7℃以下时应及时回收酵母。若酵母回收不及时，锥底的酵母将很快出现“自溶”。回收酵母前锥底阀门要用75%（体积分数）的酒精溶液棉球灭菌，回收或添加酵母的管路要定期用85℃的NaOH溶液洗涤20min。管路每次使用前先通85℃的热水30min、0.25%的消毒液（H_2O_2等）10min；管路使用后，先用清水冲洗5min，再用85℃热水灭菌20min。

酵母使用代数越多，厌氧菌的污染一般都会增加，酵母使用代数最好不要超过4代。对厌氧菌污染的酵母不要回收，最好做灭菌处理后再排放。

（2）回收酵母时的注意事项　要缓慢回收，防止压力突然降低造成酵母细胞破裂，最好适当备压；要除去上、下层酵母，回收中层强壮酵母；酵母回收后贮存温度2～4℃，贮存时间不要超过3d。

酵母泥回收后，要及时添加2～3倍的0.5～2.0℃无菌水稀释，经80～100目的酵母筛过滤除去杂质，每天洗涤2～2.5次。

若回收酵母泥污染杂菌可以进行酸洗：食用级磷酸，用无菌水稀释至5%（质量分数），加入回收的酵母泥中，调至pH2.2～2.5，搅拌均匀后静置3h以上，倾去上层酸水即可投入使用。经过酸洗后，可以杀灭99%以上的细菌。

（3）酵母使用代数　有人研究发现，在同样的条件下，2代酵母的发酵周期较长，但降糖、还原双乙酰的能力较好；3代酵母在发酵周期、降糖、还原双乙酰能力等方面最好，酵母活性最强；4代酵母以后，发酵周期逐渐延长，酵母的降糖能力和双乙酰还原能力也逐渐下降，产品质量变差。

如果麦汁的营养丰富（α-氨基氮含量高，大于180mg/L），回收酵母的活性高；而麦汁营养缺乏时，回收的酵母活性很差，对下一轮发酵和啤酒质量有明显影响。

回收酵母泥时用0.01%的美蓝染色测定酵母死亡率，若死亡率超过10%就不能再使用，一般回收酵母死亡率应在5%以下。

6. CO_2的回收

CO_2是啤酒生产的重要副产物，根据理论计算，每1kg麦芽糖发酵后可以产生0.514kg的CO_2，每1kg葡萄糖可以产生0.489kg的CO_2。实际发酵时前1～2d的CO_2不纯，不能回收，CO_2的实际回收率仅为理论值的45%～70%。经验数据为，啤酒生产过程中每100L麦汁实际可以回收CO_2约为2～2.2kg。

CO_2回收和使用工艺流程为：

CO_2收集→洗涤→压缩→干燥→净化→液化和贮存→气化→使用

（1）收集CO_2　发酵1d后，检查排出CO_2的纯度为99%～99.5%以上，CO_2的压力为100～150kPa，经过泡沫捕集器和水洗塔除去泡沫、微量酒精及发酵副产物，不断送入橡皮气囊，使CO_2回收设备连续均衡运转。

（2）洗涤　CO_2进入水洗塔逆流而上，水则由上喷淋而下。有些还配备高锰酸钾洗涤器，能除去气体中的有机杂质。

（3）压缩　水洗后的CO_2气体被无油润滑CO_2压缩机二级压缩。第一级压缩到0.3MPa（表压），冷凝到45℃；第二级压缩到1.5～1.8MPa（表压），冷凝到45℃。

（4）干燥　经过二级压缩后的CO_2气体（约1.8MPa），进入干燥器，器内装有硅胶或分子筛，可以去除CO_2中的水蒸气，防止结冰。也有把干燥过程放在净化操作后。

（5）净化　经过干燥的CO_2，再经过活性炭过滤器净化。过滤器内装有活性炭，清除

CO_2 气体中的微细杂质和异味。要求两台并联，其中一台再生备用，内有电热装置，有的用蒸汽再生，要求应在 37h 内再生一次。

(6) 液化和贮存　CO_2 气体被干燥和净化后，通过列管式 CO_2 净化器。列管内流动的 CO_2 气体冷凝到－15℃以下时，转变成－27℃、1.5MPa 的液体 CO_2，进入贮罐，列管外流动的冷媒 R22 蒸发后吸入制冷机。

(7) 气化　液态 CO_2 的贮罐压力为 1.45MPa（1.4～1.5MPa），通过蒸汽加热蒸发装置，使液体 CO_2 转变为气体 CO_2，输送到各个用气点。

回收的 CO_2 纯度要大于 99.8%（体积分数），其中水的含量最高为 0.05%，油的含量最高为 5mg/L，硫的含量最高为 0.5mg/L，残余气体的含量最高为 0.2%，将 CO_2 溶于水中不能出现不愉快的味道和气味。

7. 啤酒发酵设备管理和保养

(1) 酵母扩培、发酵设备做好日常维护工作，确保设备清洁无菌。

(2) 做好仪表的维护和检查，发现异常及时维修或更换。

(3) 做好管路阀门及安全阀的日常维护，发现开启不畅或渗漏应及时维修或更换。

(4) 每次发酵设备使用前做好 CIP 装置和罐内洗涤喷射器的检查，若有渗漏或喷淋、运转不畅现象要及时处理。

(5) 微机仪表室要定期进行数据校对，确保无误。

8. 发酵工序的清洗

清洗和灭菌是啤酒生产的基础性工作，也是提高啤酒质量最关键的技术措施。清洗和灭菌的目的就是要尽可能地去除生产过程中管道及设备内壁生成的污物，消除腐败微生物对啤酒酿造的威胁。其中，以发酵车间对微生物的要求最高，清洗灭菌工作占其工作总量的 70%以上。目前，发酵罐的容积越来越大，物料输送管道也越来越长，给清洗和灭菌带来许多困难。如何正确有效地对发酵罐进行清洗和灭菌，以适应当前啤酒"纯生化"的需要，满足消费者对产品质量的要求，应该引起啤酒酿造工作者的高度重视。

现代化啤酒厂采用最普遍的清洗方式是原位清洗（CIP），即在密闭条件下，不拆动设备的零部件或管件，对设备及管路进行清洗及灭菌的方法。

发酵罐这样的大容器，不可能用充满清洗液的方式清洗。发酵罐的原位清洗是通过洗涤器循环进行的。洗涤器有固定洗球型和旋转喷射型两种类型，通过洗涤器把清洗液喷射到罐体内表面，然后清洗液沿罐壁向下流淌，一般情况下，清洗液会形成一层薄膜附着在罐壁上。这样机械作用的效果很小，清洗效果主要靠清洗剂的化学作用来获得。

按清洗操作温度来分，可分为冷清洗（常温）与热清洗（加热）。人们为了节省时间和洗液，往往在温度较高的情况下进行清洗；而为大罐操作安全考虑，则常用冷清洗。

按采用的清洗剂种类不同，可分为酸性清洗和碱性清洗。碱洗特别适合去除系统内生成的有机污物，如酵母、蛋白质、酒花树脂等；酸洗主要是去除系统内生成的无机污物，如钙盐、镁盐、啤酒石等。

发酵罐清洗参考程序，如表 2-6-1 及表 2-6-2 所示。冷清洗总的作业时间为 110min，热清洗时间为 55min，作业时间缩短了一半。

表 2-6-1　冷清洗程序

步骤	清洗介质	清洗时间/min	作　用	操作温度
预洗	回收水	10	去除表面疏松物	常温
主洗	清洗剂	30	去除沉积物	常温
中间清洗	清水	10	去除清洗剂	常温
杀菌	杀菌剂	40	杀死微生物	常温
终洗	无菌水	20	去除杀菌剂	常温

表 2-6-2　热清洗程序

步骤	清洗介质	清洗时间/min	作用	操作温度
预洗	回收水	5	去除表面疏松物	40℃
主洗	清洗剂	15	去除沉积物	40℃
中间清洗	清水	10	去除清洗剂	常温
杀菌	杀菌剂	10	杀死微生物	40℃
终洗	无菌水	15	去除杀菌剂	常温

(1) 地面　发酵地面用漂白粉清洗和消毒，使用漂白粉时，要先均匀撒在地面上，稍后，用刷子刷一遍，再用水冲洗干净。

(2) 发酵罐的灭菌　应停止使用甲醛，因甲醛的残留会给啤酒口味带来影响，最好是采用专用大罐清洗剂，除菌效果好，又不会带来副作用。一般情况下，发酵罐每使用 2 个周期，即需采用酸性洗涤剂清洗 1 次，以有效去除树脂、酒石类物质，但要注意罐体的耐酸能力是否适应。

对发酵 CIP 系统的技术要求：

① CIP 各罐的容量，要求按大罐表面 1.5L/m^3 配置；

② 向 CIP 罐中加酸或碱时，要用一个定量泵和一个添加罐，一旦发现浓度不够，可及时启动计量泵按比例补充；

③ 在 CIP 管路中，应在进出口分别装有过滤器，以免污物阻塞。

第二节　啤酒的高浓度酿造技术

高浓度麦汁发酵法是目前国际上广泛采用的啤酒生产技术。即在麦汁制备时先酿造高浓度麦汁，按要求的稀释比例均匀添加稀释用水，并充分混合制成稀释啤酒。该法的最大优点是在不增加设备的基础上大幅度提高产量，提高设备利用率，并且可以降低生产成本，提高啤酒的风味和非生物稳定性。缺点是糖化的原料利用率低，酒花利用率低。稀释的方法有三种：麦汁稀释（高浓度糖化、稀释后再进行正常发酵）、前稀释（高浓度糖化、发酵、后发酵时稀释）、后稀释（啤酒发酵、贮酒结束后稀释）。稀释越靠后，经济效益越高，但对稀释用水的要求更高。

啤酒高浓度稀释，除了需要制取高浓度的麦汁，还需要制备符合要求的稀释水和精确的混合加水比。高浓度啤酒稀释水处理系统是高浓度啤酒稀释中不可缺少的关键设备，其中最关键的是稀释水的脱氧问题。要求稀释水中含氧量应小于 0.3mg/L。水脱氧的方法有：热法真空脱氧、CO_2 置换法、冷却真空脱氧等。

高浓度啤酒稀释系统一般由脱氧机和混合器两部分组成。脱氧系统采用真空脱氧原理，可使脱氧水含氧量小于 0.3mg/L，达到高档啤酒的标准要求。混合系统利用微机控制，可自动调节稀释水流量，从而获得混合均匀、符合品种要求的稀释啤酒。

国产稀释设备主要技术参数：工作压力 0.40MPa；工作真空度－0.090～－0.095MPa；碳酸水含氧量≤0.3mg/L；CO_2 含量（质量分数）≥0.4%；混合误差±0.20%；碳酸水流量 30～50hL/h；混合液流量 120～200hL/h。

一、操作步骤

① 使用前先用 80～85℃的热水加入适当的杀菌液送入整个系统及管道浸泡 5min 进行杀菌，然后排出全部消毒液。杀菌后送入无菌水清洗整个系统和管路。

② 打开缓冲罐的碳酸水进、出口阀及 CO_2 进口阀，充入 CO_2，压力为 0.05～0.10MPa，然后关闭 CO_2 进口阀。

③ 运行时必须调节无菌水入口阀、碳酸水出口阀和一、二级泵回流阀，使无菌水，一、二级泵均能获得相应的流量，保持真空箱内得到的相对稳定的液位，使之运行正常，避免一、二级泵频繁启动。

④ 调整 CO_2 调节球阀，充入适当的 CO_2（约为流量计全程的50%左右）流量；控制真空度在－0.090～－0.095MPa，以获得较好的碳酸水质量。

⑤ 正常运行后，从取样口进行现场取样测试，碳酸水含氧量应≤0.30mg/L，方可送入缓冲罐。

⑥ 当缓冲罐压力达到0.20～0.25MPa时，打开混合器碳酸水入口阀。

⑦ 混合前必须对稀释用水的 CO_2 含量进行检测，其方法为：将双输入调节器用手动输入信号，由微机开启气动调节阀门，使碳酸水从混合液出口阀排出，流量控制在30～50hL/h，同时打开载冷剂进、出口阀，使水温稳定在1～3℃，再打开 CO_2 进口阀，充入 CO_2（流量控制在流量计全程的50%～75%），待稳定后取样检测，其 CO_2 含量应在0.40%（质量分数）以上。以后关闭各阀门。

⑧ 混合时根据高浓度啤酒的浓度及所需成品啤酒的浓度计算出加水比：

$$\text{加水比}=\frac{\text{高浓啤酒浓度}-\text{成品啤酒浓度}}{\text{成品啤酒浓度}}$$

⑨ 消除手动输入信号转为自动信号，输入加水比值，依次打开高浓啤酒进口阀和混合液出口阀，同时打开冷却剂进、出口阀及 CO_2 入口阀（水温及 CO_2 流量控制按以上进行），混合器即投入自动运行。

⑩ 混合结束后，先关闭高浓啤酒进口阀，以后关闭所有阀门。

二、生产工艺控制要点

① 有效地控制原料质量和糖化效果，麦汁浓度提高，对麦汁组成的要求增大。如14°P麦汁，其 α-氨基氮含量应达到240mg/L麦汁以上，还原糖含量应达到12g/100mL麦汁以上，pH为5.4±0.2。冷麦汁溶解氧含量最好为8～10mg/L。

② 生产高浓度麦汁时，如果采用增加投料量的办法，要注意控制好麦糟层的疏松度和高度，麦壳尽量保持完整，否则会造成麦汁过滤困难。投料量不可任意增加，可以逐步增加投料量并观察麦汁过滤时间。一般采用回潮法粉碎麦芽。

③ 控制洗糟操作，尽量做到少量多次，以充分回收残糖。此外，有条件的话，可以在煮沸锅中直接添加糖或糖浆来提高麦汁浓度，对回收洗糟水有利。

④ 控制麦汁浓度和稀释比例，麦汁浓度一般控制在14～15°P，不要超过16°P。浓度过高会造成原料利用率降低、发酵代谢产物变异等情况。稀释比例原则上应控制水与啤酒之比小于1∶3，即高浓度麦汁的浓度比稀释后成品啤酒的原浓高2.8～3.0°P。如果稀释比例过大，会使啤酒口味淡薄，有水味，CO_2 的含量容易偏低，此外还可能破坏啤酒的胶体稳定性，或由于水质问题引起啤酒浑浊；若稀释比例过小，达不到增产效果。

⑤ 为提高高浓度发酵的速度，一般采用较高的发酵温度和酵母添加量。如发酵温度可控制在（12±0.5)℃，酵母添加量控制在1%～1.1%，贮酒期罐压保持在0.14～0.15MPa。同时注意稀释用水中 CO_2 的含量。

⑥ 发酵结束后稀释用水必须进行脱氧、脱臭、杀菌、调pH、冷却和充 CO_2 的处理。啤酒稀释操作越靠后，对水质的要求越高。

采用高浓度啤酒发酵技术一般要增加水处理设备（如脱臭罐、脱氧罐、砂滤器、CO_2 混合器和薄板换热器等），还要配备紫外杀菌器对水进行杀菌处理。

第三节　其他啤酒发酵技术

一、传统发酵工艺

（一）生产工艺流程

充氧冷麦汁→发酵→前发酵→主发酵→后发酵→贮酒→鲜啤酒

↑

菌种

（二）主发酵的工艺操作与技术要求

冷却后的麦汁添加酵母以后，便是发酵的开始，整个发酵过程可以分为：酵母恢复阶段，有氧呼吸阶段，无氧呼吸阶段。酵母接种后，开始在麦汁充氧的条件下，恢复其生理活性，以麦汁中的氨基酸为主要的氮源，可发酵糖为主要的碳源，进行呼吸作用，并从中获取能量而发生繁殖，同时产生一系列的代谢副产物，此后便在无氧的条件下进行酒精发酵。

酵母发酵过程主要有以下三个阶段。

① 酵母恢复阶段　酵母细胞膜的主要组成物质是甾醇，当酵母在上一轮繁殖完毕后，甾醇含量降得很低，因此当酵母再次接种的时候，首先要合成甾醇，产生新的细胞膜，恢复渗透性和进行繁殖甾醇的生物合成主要在不饱和脂肪酸和氧的参与下进行，合成代谢的主要能量来源由暂储藏细胞内的肝糖和海藻糖提供。在此阶段，酵母细胞基本不繁殖，即所谓的酵母停滞期。一旦细胞膜形成，恢复渗透性，营养物质进入，酵母立即吸收糖类提供的能量，肝糖再行积累，供下一次接种使用。

② 有氧呼吸阶段　此阶段主要是指酵母细胞以可发酵糖为主要能量来源，在氧的作用下进行繁殖。

③ 无氧呼吸阶段　在此发酵过程中，绝大部分可发酵糖被分解成乙醇和二氧化碳。这些糖类被酵母吸收，进行酵解的顺序是葡萄糖、果糖、蔗糖、麦芽糖、麦芽三糖。

1. 主发酵过程

根据发酵液表面现象的不同，可以将整个主发酵过程分为五个阶段。

（1）酵母繁殖期　麦汁添加酵母 8～16h 后，液面出现 CO_2 气泡，逐渐形成白色、乳脂状泡沫。酵母繁殖 20h 左右，即转入主发酵池。若麦汁添加酵母 16h 后还未起泡，可能是接种温度或室温太低、酵母衰老、酵母添加量不足、麦汁溶解氧含量不足或麦汁中含氮物质不足等原因造成的。应根据具体原因进行补救。

（2）起泡期　换池 4～5h 后，在麦汁表面逐渐出现更多的泡沫，由四周渐渐涌向中间，外观洁白细腻，厚而紧密，形如菜花状。此时发酵液温度每天上升 0.5～0.8℃，耗糖 0.3～0.5°P，维持时间 1～2d。

（3）高泡期　发酵 3d 后，泡沫增高，形成卷曲状隆起，高达 25～30cm，并因酒花树脂和蛋白质-单宁复合物沉淀的析出而逐渐转变为黄棕色，此时为发酵旺盛期，热量大量释放，需要及时降温。降温应缓慢进行，否则会引起酵母早期沉淀，影响正常发酵。维持时间一般为 2～3d，每天降糖 1.5°P 左右。

（4）落泡期　发酵 5d 以后，发酵力逐渐减弱，CO_2 气泡减少，泡沫回缩，析出物增多，泡沫由黄棕色变为棕褐色。发酵液每天温度下降 0.5℃，每日耗糖 0.5～0.8°P，一般维持 2d 左右。

（5）泡盖形成期　发酵 7～8d，酵母大部分沉淀，泡沫回缩，形成一层褐色苦味的泡盖，集中在液面。每日耗糖 0.5～0.2°P，控制降温±0.5℃/d，下酒品温应在 4～5.5℃。

2. 技术要求

（1）主发酵温度　啤酒发酵是采用变温发酵，发酵温度是指主发酵阶段的最高温度。由于传统原因，啤酒发酵温度远远低于啤酒酵母最适生长温度（25～28℃）。上面啤酒发酵温度为 18～22℃，下面啤酒发酵温度为 7～15℃。采用低温发酵工艺的主发酵起始温度为 5～7℃，一般 6.5～7℃。发酵最高温度因菌种不同和麦汁成分不同而异，一般在 8～10℃。温度偏低，有利于降低发酵副产物的生成量，α-乙酰乳酸的形成量减少，双乙酰、高级醇、乙醛、H_2S 和二甲硫（DMS）的生成量也减少，啤酒口味清爽，泡沫性能好，适合生产淡色啤酒。温度偏高，啤酒发酵周期缩短，设备利用率高，比较经济。若使用高比例辅料大米，温度高就会产生较多的高级醇、酯类，对啤酒质量有明显影响。温度高，酵母容易衰老，同时容易污染杂菌。

（2）糖度　每批麦汁都要取样测定最终发酵度和最终糖度。发酵期间要取第 3 天的发酵液（高泡酒），放在避光处，室温下发酵 3d，每天摇动 1 次，发酵 3d 后测其糖度。主发酵结束时应剩余可发酵糖 1.5%，以供酵母在后发酵时使用，对 12°P 啤酒发酵最终糖度为 2.4°P，因此下酒糖度为 2.4＋1.5＝3.9°P，下酒外观发酵度为（12%－3.9%)/12%×100%＝67.5%。

（3）发酵时间　发酵时间的长短，发酵温度的高低，与麦汁成分、酵母发酵力和还原双乙酰能力有关。在酵母菌种、麦汁成分和一定的发酵度要求下，发酵时间主要取决于发酵温度。发酵温度低，则发酵时间长，反之则时间短。低温长时间的主发酵可使发酵液均衡发酵，pH 下降缓慢，酒花树脂与蛋白质微量析出而使啤酒醇和，香味好，泡沫细腻持久。10～12°P 啤酒一般主发酵时间为 6～8d。

若采用密闭发酵设备，由于 CO_2 抑制酵母繁殖的作用，使酵母繁殖量减少，代谢副产物量也会减少。

3. 主发酵操作过程

以浅色 12°P 下面发酵啤酒生产为例，操作过程简介如下。

① 将冷麦汁送入酵母繁殖槽，待部分麦汁流入后即将所需的酵母种子加入槽内，使酵母尽快起发。

② 对麦汁通风供氧，并使酵母均匀分散于麦汁中。麦汁通风也可在麦汁冷却过程中进行。

③ 添加酵母后，酵母繁殖槽内继续流加麦汁，使其加满。液面应距槽口 30cm，防止发酵液溢出。

④ 酵母繁殖 16～20h，麦汁表面已形成一层白色泡沫，此时即可换槽，将麦汁泵入另一个发酵池内，以分离酵母繁殖槽底部沉淀的死酵母和凝固物。

⑤ 换池后，麦汁中的溶解氧已基本被酵母消耗完，开始厌氧发酵。此后要定期检查发酵液温度和耗糖情况。

⑥ 发酵 3d 左右，发酵液即接近规定的发酵最高温度，此时应适当开启冷却冰水，控制发酵液品温不要超过规定的最高温度，并维持此温度 2～4d。此为发酵旺盛期，耗糖很快。

⑦ 此后应逐步加大冷却量，使发酵温度逐步下降。降温情况与耗糖情况按工艺要求，互相配合，使主发酵完全时温度和浓度均能达到要求。

⑧ 主发酵最后一天应急速降温，促使大部分酵母沉降，发酵液仅保留适当数量的酵母，然后下酒到后酵罐，进行后发酵。

⑨ 回收中层沉降的酵母，经洗涤后低温保存，备用。

（三）后发酵的目的、操作与技术要求

1. 后发酵的目的

主发酵结束后，下酒至密闭式的后发酵罐，前期进行后发酵，后期进行低温贮藏。后发酵的目的是：残糖继续发酵，促进啤酒风味成熟，增加 CO_2 的溶解量，促进啤酒的澄清。主发酵时麦汁中的糖类大部分被发酵，但仍然存在一些麦芽糖和难发酵的麦芽三糖，后发酵就是使这一部分糖被发酵。同时啤酒中还含有一些造成啤酒不成熟味道的物质（如双乙酰、乙醛、含硫化合物等），经过后发酵使这些物质被挥发、转化而消除，使啤酒成熟。CO_2 是啤酒的重要成分，赋予啤酒良好的起泡性和杀口力，也能增加啤酒的防腐性和抗氧化能力。CO_2 在啤酒中溢出促使啤酒芳香味散发，连续不断的气泡也增加了啤酒的动感，这些都会使饮用者从中得到更大的精神享受。发酵全部结束后，酒中还悬浮有酵母、大分子蛋白质、酒花树脂、多酚物质等悬浮固体颗粒，经过后发酵使酒中的悬浮物沉淀而使酒澄清。

2. 后发酵操作与技术要求

后发酵是传统发酵的一个必然过程。后发酵过程可分为三个时期：①开口发酵期（后发酵前期），发酵旺盛，产生的 CO_2 洗涤嫩啤酒，排除生酒味；②封口发酵期（后发酵的后期，继续发酵，罐压增加)；③贮酒期，酵母发酵微弱，主要是酒的澄清、CO_2 饱和及缓慢酯化等。

3. 下酒

传统发酵中将主发酵池的嫩啤酒转移到后发酵罐的操作称为下酒。下酒的方式有上面下酒法和下面下酒法。上面下酒法从后发酵罐的上口进酒，产生泡沫多，不易控制，很少采用。下面下酒法是从后发酵罐的下口进酒，下酒时罐内酒液可有一个反压加在进酒管口，因此酒液较稳定，泡沫少，CO_2 损失少，操作容易掌握，罐的充填系数高于上面下酒法。下面下酒法又可分为一次下酒法、混合下酒法、分批下酒法和加高泡酒法等。

4. 后发酵室温度的控制

传统后发酵酒温是由后发酵室温度来调节的，如后发酵前期室温控制在 3～5℃，后期室温为 1～10℃，这样可以促进双乙酰的还原，有利于酒液的澄清。但实际上难以实现后发酵前期温度高、后期温度低的要求。如果将后发酵室温有效地控制在 2～3℃的范围（不超过 4℃），完全能满足正常啤酒生产的需要。

5. 罐压力控制

下酒时约有 1.5%～3%的可发酵浸出物，下酒温度 4～6℃，含有酵母细胞数（10～15）×10^6/mL，后酵室室温 0～3℃，下酒后 3h，酵母继续发酵，把罐内空气排出后立即封罐，以减少酒与空气的接触。一般 3～7d 内可以达到工艺规定的罐压 0.05～0.07MPa，每天进行压力调整，将多余的 CO_2 排出。

罐压控制必须注意：必须根据 CO_2 含量的实际需要控制罐压；罐压控制要以后发酵室温为依据，发酵液品温高，罐压就要高。当后发酵室温大于 3℃时，罐压可控制在 0.118～0.137MPa，室温在 3℃以下，罐压控制在 0.078～0.098MPa；后发酵罐压在封罐后 3d 内，最好能达到 0.039～0.049MPa，以后的 3～5d 必须达到工艺规定的压力。

6. 贮酒期控制

从封罐开始到酒成熟的时间（d）称为酒龄。传统低温长时间贮酒要 60～90d，经过改进后缩短至 15～30d。

贮酒期长短主要取决于：啤酒经过低温贮存，除了使酒成熟、口味纯正和 CO_2 饱和外，还要考虑啤酒的保质期；此外，也取决于贮酒罐的特点、酵母特性和产品供需要求的特点。

（四）后处理

后处理是指在后发酵、贮酒期间，通过采取一定的工艺措施或添加一些添加剂，达到改善啤酒质量、加速啤酒成熟的目的。后处理是传统酿造方式与现代酿造方式的本质性区别。后处理包括：

① 用高温还原双乙酰而后快速冷却进入贮酒期，以加速啤酒的成熟，缩短酒龄；

② 添加单宁、硅胶、鱼胶等啤酒澄清剂，吸附沉淀蛋白质，加速啤酒澄清；

③ 添加蛋白酶、果胶酶、葡聚糖酶等酶制剂，分解影响啤酒非生物稳定性的蛋白质、果胶物质和高分子葡聚糖，提高啤酒的非生物稳定性；

④ 添加不溶性的聚酰胺树脂（如尼龙 66）或聚乙烯聚吡咯烷酮（PVPP）等吸附剂，吸附除去多酚物质，提高啤酒的非生物稳定性；

⑤ 添加亚硫酸氢盐（$HSO^-{}_3$）或抗坏血酸（维生素 C）等还原性物质，提高啤酒的抗氧化能力；

⑥ 人工充入净化后的 CO_2，提高啤酒中的 CO_2 含量；

⑦ 添加酒花油乳化剂和异葎草酮（异 α-酸），调节啤酒的香味与苦味；

⑧ 添加锌离子、藻酸酯、低聚糖等物质，改善啤酒的泡沫性能，提高啤酒的泡持性。

其他还有后发酵 CO_2 洗涤法、后发酵循环冷热处理法等，可以缩短酒龄，提高啤酒产量。

二、连续发酵

连续发酵与分批发酵相比，具有发酵效率高、操作方便、啤酒生产周期短、啤酒损失少、设备利用率高、酵母繁殖量少等优点。啤酒连续发酵的形式有：多罐式连续发酵、APV 塔式连续发酵和固定化酵母连续发酵。

1. 多罐式连续发酵

多罐式连续发酵系统可分为两类：加拿大的多米浓（Dominion）啤酒厂采用的四罐系统和新西兰的三罐系统。

多罐式连续发酵就是将 3 个或 4 个发酵罐串联起来，麦汁和酵母首先进入第 1 个发酵罐均匀混合，进行酵母繁殖。然后第 1 罐的麦汁缓慢流入第 2 个发酵罐进行主发酵，主发酵结束后转入第 3 个发酵罐完成整个发酵过程，最后进入第 4 个锥底发酵罐分离酵母，目前这种连续发酵方式已很少采用。

2. APV 塔式连续发酵

APV 塔式连续发酵最早是英国的巴斯恰林顿公司采用的。塔式发酵罐包括一垂直的管柱体，麦汁由泵送入其底部，经 4～8h 发酵后成为已经发酵好的嫩啤酒浮至塔的顶部。塔式罐中采用高凝聚型酵母，以便在其中保持较高的酵母浓度，且在塔底形成一个浓集的塞柱。在塔顶有一个静止区，以利酵母能沉淀返入塔中。在塔底通入 CO_2，以使酵母层（塞柱部分）保持多孔流动性，防止麦汁通过酵母絮凝层时产生沟流现象，使发酵不正常。塔式连续发酵的操作要点是必须保持一个稳定的酵母塞柱及合适的梯度分配。一般由流出液的密度加以控制。

生产工艺：

① 麦汁冷却到 0℃，送入麦汁贮槽保持 36～48h，析出冷凝固物；

② 贮槽内的麦汁使用时先经薄板换热器快速灭菌，再经冷却器冷却到发酵温度；

③ 麦汁冷却后经 U 形充气柱充气，供氧量为麦汁的 1/15；

④ 接入酵母，在 12～14℃下主发酵塔连续发酵 48h；

⑤ 经加温处理槽，还原双乙酰，并通入 CO_2 排除生青味；

⑥ 嫩啤酒泵入后酵槽，3d 满塔，温度从 14～18℃降至 0℃，并从锥底排除沉淀酵母；

⑦ 用主发酵中收集纯化的 CO_2 洗涤 24h，并在 0.15MPa 压力下保持背压 36h，然后过滤、灌装。

3. 固定化酵母连续发酵

固定化酵母连续发酵就是将高浓度的酵母细胞固定在载体上，放入生化反应器进行连续发酵，其原理与塔式连续发酵相似。由于固定化载体具有很多微孔，表面积极大，通透性好，麦汁流过固定化后的酵母时，可发酵糖的成分迅速被酵母分解转化为乙醇等发酵产物，发酵周期缩短。因此，固定化酵母连续发酵具有酵母浓度高、活性强、酵母可以长时间连续使用、设备利用率高、发酵条件（温度、pH、发酵时间、发酵终点）易于控制、发酵速度快、发酵周期短（1 周即可完成）、生产效率高等优点，是今后啤酒工业发酵方向之一。

酵母固定化的方法有吸附法、包埋法等。吸附法就是利用带电菌种和带电载体内的静电引力作用，使菌体吸附在载体的表面。常用载体有玻璃、陶瓷等。这种方法简单、成本低，但不足是吸附强度较低、易脱落、不易控制。包埋法就是将酵母细胞均匀地分散于载体中。常用载体有琼脂、海藻酸盐、角叉菜聚糖、丙烯酰胺等，使用效果较好的是海藻酸钙凝胶，它是 β-无水右旋甘露糖醛酸的聚合物。

固定化酵母发酵工艺与普通发酵工艺相似，主要区别在于单位体积内酵母的数量比普通酵母添加法高出几十、几百甚至几千倍，使发酵速率大大提高，反应时间缩短。

（1）固定化酵母发酵的形式

① 间歇式　就是将已固定化的酵母载体安装在发酵罐内，先用少量麦汁活化，再将冷麦汁送入罐内，冷麦汁送入前适当充氧，进行保温发酵，发酵温度可以与普通发酵相似，整个过程大约需要 48h。发酵结束后，发酵液通过适当升温或不升温，然后送入另一个容器内还原双乙酰。后一个容器内也放有固定化的酵母，但数量上比前一个罐少，且可以进行温度控制。当双乙酰含量达到规定要求后，可以降温进行低温贮存或后处理，全部生产过程需要 7～9d。

② 连续式　采用数个罐按一定要求连接起来，每个罐都是下进上出。将已固定化酵母的载体安装在罐内，罐与罐之间允许安装热交换器等必需设备，罐体需要安装冷却夹套进行温度控制。将含有一定溶解氧的冷麦汁以一定的速率送入第一个罐，使其以自流的形式流入

第二个罐、第三个罐。每个罐所起的作用、所提供的条件都可以根据要求灵活调整，只要最后一个罐排出的发酵液能够达到成熟啤酒的质量要求即可。

(2) 固定化酵母发酵的注意事项

① 固定化所用酵母要经过认真筛选，要求菌种的发酵性能和风味良好，酵母繁殖能力和抗衰老能力强。

② 冷麦汁中冷凝固物要彻底分离，否则会影响固定化床的使用寿命。

③ 固定后的酵母仍然会增殖和游离出来，发酵期间有大量新生细胞进行发酵作用，也有少量细胞游离出来进入发酵液。

④ 固定化载体使用一段时间会出现崩解现象，需要定期更换。

第四节　啤酒酿造过程中微生物的质量控制技术

一、纯生啤酒生产过程中的微生物控制

生产纯生啤酒，啤酒生产企业必须具备四个方面的条件：

① 采用低温膜过滤技术，除去100%的酵母和所有可能导致啤酒变质的有害菌；

② 采用无菌灌装技术，使用专门的灌装设备，在确保不会发生二次污染的洁净环境下，把符合标准的纯生啤酒灌入无菌的容器中；

③ 为防止灌装系统发生二次污染，必须有完善的具有杀菌功能的CIP系统；

④ 具备对啤酒生产全过程的微生物检测、控制能力。

而这些条件对啤酒灌装设备制造厂家来说，实质上就是最基本的技术要求。

1. 糖化过程

糖化过程的关键是冷麦汁和充氧用压缩空气的微生物控制。冷麦汁管路的走向和取样阀的设置都必须合理、无死角，都能得到彻底的清洗。在每批麦汁的冷却前后可采用80～85℃热水进行冲洗，另外薄板冷却器容易存在卫生死角，一般一年要拆开检查和清洗一次。

麦汁充氧用压缩空气要经无菌过滤，并要配套蒸汽杀菌系统。除每批麦汁冷却前对空气过滤器进行杀菌处理外，每周还需用1.0～1.3bar[1]蒸汽对压缩空气管道进行一次杀菌，杀菌时间30min，杀菌结束后要吹干管道（包括所有支管）中的冷凝水。压缩空气不用时管口要用消毒过的管盖封好。

2. 发酵、过滤过程

(1) 酵母菌种的扩大培养　实验室扩大培养所使用的器皿和接种麦汁要经过严格的灭菌，车间扩大培养罐采用自动扩培系统，包括对系统的自动清洗，对接种麦汁进行高温杀菌，接种后能自动充氧、控温。充氧用空气需经无菌过滤，每一步转接过程要对酵母形态和繁殖情况进行镜检，整个扩大培养过程中不能有野生酵母和啤酒有害菌检出，发现异常要立即淘汰并查找原因，确保菌种的纯度。

(2) CIP系统　是酿造工序的重点系统，在日常工作中技术人员和操作人员要加强检查，注意检查清洗液浓度和温度、杀菌剂的添加程序和浓度，以及清洗时间（要求回流温度达到工艺要求时才开始计时）等操作是否符合工艺要求。CIP系统管道走向和布置应合理，不能存在卫生死角。每月应对CIP系统罐进行一次酸洗或碱洗和全面检查，并对CIP系统的微生物状况进行检测，避免CIP系统本身成为污染源。要定期校验CIP泵的输出量，检查清洗喷球的畅通情况，并定期拆开罐体附件检查内部清洁状况，以确保CIP清洗效果。

(3) 啤酒预过滤　为减轻低温无菌膜过滤系统的微生物负荷，纯生啤酒需先经预过滤处理，即一般是在硅藻土过滤后搭配无菌过滤纸板精滤，将清酒中的微生物数量控制在50个/

---

[1] 1bar=10^5Pa。

100mL 以下。在硅藻土过滤机和精滤机杀菌时各点的温度都要求达到 85～90℃，同时过滤用的硅藻土和添加剂用水全部要使用无菌水或脱氧水。清酒输送系统和管道采用固定管道和自动转罐系统，以减少微生物的污染机会。

(4) 车间用软管和备用管件　软管内部很容易出现皲裂，且肉眼无法检查到，是主要的藏污纳垢的地方。要同管道和罐体等设备连接起来清洗干净后才能投入使用。软管要专用，要求用于扩培和冷麦汁入罐的软管使用期限不能超过 3 个月，管内有积痕或出现破损时要及时进行更换。备用管件在未用时用水冲洗干净后以 100～250mg/L 消毒剂浸泡，比较大的管件要排空管内气体，管件上的阀门应处于打开状态，确保整个管件中充满消毒剂。

二、低温无菌膜过滤

建立低温无菌膜过滤系统双座阀、压力变送器校验和完整性测试异常情况处理等管理制度。由于 CIP 清洗和过滤过程中的压力波动会对膜滤芯产生冲击作用，清洗和过滤过程要严格监控压差波动情况，膜系统压差偏高时要对成品酒进行扩大抽样检查。

膜过滤出口酒液在取瞬时样的基础上可增加用全自动取样阀取连续样，每隔一定时间换一次瓶，酒液全部抽滤处理。膜过滤连续生产时间一般不要超过 12h。滤芯在使用一段时间后，要定期拆开进行内部检查和滤芯单支完整性检测，以确保每支滤芯处于完好状态。

三、无菌灌装

1. 室内要求

一般国内灌装车间的空气质量达不到规定要求，无菌灌装应考虑在无菌室内进行。无菌室内洁净度要求达到 1 万级或更高级别，无菌室内通入经过除尘、除菌过滤处理的空气，并保持一定的正压，温度控制在 18～26℃，相对湿度控制 50%～65%。每天生产前对无菌室的空气进行一次臭氧灭菌，以保持空气的无菌洁净度。

2. 啤酒瓶

生产纯生啤酒的玻璃瓶最好采用新瓶。瓶子在洗瓶机中经过碱洗和热水洗，最后采用无菌水喷淋冲洗，使啤酒瓶中保持一定量的二氧化氯含量。另外，在冲瓶机以及灌装机中均采用 110～130℃的饱和蒸汽杀菌，可使瓶子达到无菌要求。

3. 瓶盖

纯生啤酒所用的瓶盖要求供应商在无菌状态下制成，并用无菌塑料袋装好后装入纸箱，确保盖在运输和贮存过程中不受到污染。瓶盖在进入无菌间到倒入贮斗时都要在无菌状态下进行，另外，在封盖前经过紫外线杀菌，以确保无菌。

4. 工艺用水

无菌室设备内部和外部清洗用水、击泡用水、润滑用水等工艺用水全部采用无菌水。无菌水需先经多级袋式过滤或膜过滤除去水中的杂菌，再添加 0.3～1.2mg/L 二氧化氯处理。而击泡水在使用前要再经过 80～85℃的高温加热处理。

5. 灌装设备

灌酒机应采用无死角的电子阀，管道的连接应采用最高等级防渗漏带自清洗的双座阀、三座阀。灌装区域即使配有自动泡沫清洗系统，操作人员也要定期将不容易清洗的部件手动拆开清洗，对灌装区域的空间空气每周用雾化的消毒剂消毒一次。灌装设备每灌装 4h 进行一次泡沫清洗，能有效抑制微生物在设备表面的生长。

6. 工作人员

无菌室工作人员资格：具有广泛的技术知识，工作负责，对卫生问题有敏锐触角。应定期对工作人员进行食品卫生及微生物基本知识、卫生检查及管理、灌装线的清洁及杀菌措施和紧急应对措施的培训，不断提升职工的素质。工作人员（尤其是设备维修人员）进出无菌室必须按一定程序换鞋、换无菌服、戴工作帽及手部消毒，无关人员一律不能进入无菌间，以减少外来污染。

7. 清洗杀菌

清洗剂的选择是一个重要因素，对于各种污染菌，并不是每种杀菌剂的效果都是一样的，企业应定期对杀菌剂的有效性进行测试。同时操作人员要注意杀菌的时效性，一般热水灭菌超过 6h 要重新杀菌，杀菌剂杀菌超过 24h 要重新杀菌。

8. 微生物管理体系

成立微生物技术小组，加强微生物检测技术的改进、微生物检测计划和啤酒有害菌危害程度等方面的研究。定期对微生物检验员的日常操作和分析能力进行监督考核，以增强微生物管理意识和操作技能。

思　考　题

1. 圆柱锥形发酵罐为什么会在全世界得到推广应用？
2. 锥形发酵罐快速发酵的原因是什么？
3. 如何确定锥形罐发酵的主要技术条件？
4. 解释发酵曲线各阶段的名称和作用。
5. 采用高浓度酿造的目的是什么？对稀释比有无要求？对稀释用水有什么要求？
6. 传统发酵为什么会被淘汰？
7. 连续发酵的优点是什么？分哪些类型？固定化细胞连续发酵的技术难题有哪些？
8. 为什么要做好酿造过程中的微生物控制？

第七章　啤酒酿造新技术

学习目标

1. 了解特种啤酒生产的意义。
2. 熟悉主要特种啤酒的生产技术。
3. 熟悉微型啤酒酿造设备与技术。

第一节　特种啤酒的酿造技术

一、特种啤酒的种类

特种啤酒是指由于原辅料或工艺有较大改变，使之具有特殊风格的啤酒。

常见特种啤酒根据原料不同分为小麦啤酒、大米啤酒、奶啤酒、高粱啤酒、黑麦啤酒、黑米啤酒等；还有添加果蔬汁啤酒，包括草莓啤酒、菠萝啤酒、枣啤酒、胡萝卜啤酒等；还可添加植物的根、叶、茎、花、果实，包括金银花啤酒，菊花啤酒、姜汁啤酒、葛根啤酒、山药啤酒、绞股蓝啤酒、人参啤酒、螺旋藻啤酒、芦荟啤酒等。

功能保健类啤酒有减肥啤酒、无糖啤酒、无醇啤酒等。

其他还有固体啤酒等。

二、典型特种啤酒的酿造技术

(一) 小麦啤酒生产技术

小麦啤酒是以小麦芽为主要原料，使用部分麦芽、辅料（大米等），添加酒花，采用上面发酵工艺或下面发酵工艺酿制成的特殊类型的啤酒，其特点是口味清爽、柔和，酒精含量较高，泡沫性能好，类似于国外的白啤酒或上面发酵啤酒。

小麦啤酒生产形式有以下四种。

① 上面发酵型　属于传统的爱尔（Ale）啤酒生产方法，用小麦芽、麦芽为原料，按一定的糖化工艺制成麦汁，在较高的温度下接种上面酵母进行发酵，发酵结束后用撇沫法回收酵母，经适当时间的后熟及贮酒制成，具有爱尔啤酒典型的风味。

② 混合发酵型　其糖化操作与上面发酵型相同，但同时使用两种酵母（上面酵母和下面酵母）进行发酵，不过酵母添加的时间不同，即先使用较高的温度和用上面酵母进行发酵，达到一定的发酵度后，按上面发酵的方式回收酵母，然后转入贮酒罐。在贮酒罐添加下面酵母进行发酵，经过适当时间的后熟处理即可。

③ 阶段发酵型　类似于混合发酵型，即以小麦芽、麦芽制成的麦汁在较高的温度下添加上面酵母进行上面发酵，待发酵结束后用酵母离心分离机分离掉上面酵母，再经瞬间杀菌除去上面酵母并迅速冷却到下面酵母发酵温度，同时添加上述麦汁和下面酵母进行第二次发酵，经后熟处理。国外白啤酒主要采用以上方法生产。

④ 下面发酵型　除原料采用小麦芽（或小麦）外，其他生产工艺与浅色下面发酵啤酒生产工艺相同，采用下面酵母低温发酵，啤酒风味与普通下面发酵啤酒基本相同。国内小麦啤酒目前多采用该方法生产。

1. 小麦品种的选择

选择的小麦品种是白皮、软质、冬小麦，色呈浅黄色，要求粒大饱满、大小均匀、蛋白质含量在12%以下，发芽率在95%以上。

① 冬小麦籽粒饱满，皮薄，富含淀粉，蛋白质稍高，浸出率较高。

② 白皮小麦呈黄色或乳白色，皮薄，胚乳含量多，出粉率较高。

③ 软质小麦是指粉质粒含量70%以上的小麦。

2. 小麦麦芽的选择

小麦麦芽是以酿造小麦为原料，经过适宜的浸泡、发芽、干燥等过程而制得。这种麦芽色泽稳定、溶解性好，有很高的糖化酶及蛋白酶活性。一般选择蛋白质含量低、色度和黏度较低的小麦制成小麦芽。小麦芽的要求见表2-7-1。

表2-7-1　小麦芽的主要理化指标

项　目	指　标	项　目	指　标
水分(质量分数)/%	<5	库尔巴哈值/%	36～40
蛋白质(质量分数)/%	<13	α-氨基氮/(mg/100g干物质)	<150
色度/EBC	<5.0	浸出物(以绝干物质计)/%	82～86
黏度/(×10^3Pa·s)	<1.65		

3. 小麦麦芽的制备

小麦麦芽的制备工艺见本篇第四章第二节，但应当注意如下几点。

① 小麦吸水吸氧情况好于大麦，易于发芽，若浸麦度过大，会造成发芽速度过快，溶解过度，故浸麦时浸麦度应比大麦适当低些。

② 由于麦层堆积较紧密，麦层的透气性较差，故适于采用薄层发芽。

③ 由于叶芽生长在粒外（大麦发芽时叶芽生长在麦皮与麦粒之间），没有皮壳的保护，易损伤，故发芽期间，不宜勤翻拌，翻麦速度不要过快，但应注意防止发芽中、后期根芽缠绕结团。

④ 由于小麦发芽速度快，为保证酶的产生和胚乳的适当分解，发芽温度应尽量低些（根据小麦品种、麦层高度、浸麦度、发芽设备不同而定）。

⑤ 小麦麦芽发芽时间较大麦芽缩短1～2d，发芽后期可通入干空气使根芽、叶芽萎缩，便于干燥操作。

⑥ 干燥焙焦温度为70～75℃，焙焦时间3～4h。

⑦ 浸麦时喷洒稀硫酸溶液（或浸泡），可明显减少根芽、叶芽的生长，降低制麦损失。

4. 小麦麦芽的酿造特点

① 小麦芽的溶解度一般低于大麦芽，粗细粉浸出物差值偏高，库尔巴哈值偏低，蛋白质的溶解不足，糖化时应加强对蛋白质的分解。

② 小麦芽没有粗糙的皮壳，其无水浸出率比大麦芽高约5%。

③ 小麦芽中花色苷的含量较低，洗糟水温可以提高到80℃（洗糟水先进行酸化处理）。

④ 小麦芽糖蛋白含量较高，酿制出的啤酒泡沫性能好，泡沫丰富持久。

⑤ 由于细胞溶解不足，小麦芽中β-葡聚糖等半纤维素的含量高，制成的麦汁黏度高，易造成麦芽汁过滤困难，糖化时应添加适量的β-葡聚糖酶、戊聚糖酶以降低麦汁黏度，加快过滤的进行。

⑥ 小麦芽中蛋白质含量较高，会造成麦汁过滤困难和啤酒的非生物稳定性较差，应尽量选用蛋白质含量较低的小麦品种制备小麦芽。

⑦ 麦芽汁过滤尽量采用麦汁压滤机。

⑧ 传统的小麦啤酒具有明显的酯香味和酸味，而采用下面酵母低温发酵酿制出的小麦啤酒风味变化不大。

⑨ 小麦啤酒滤酒前添加硅胶可以提高啤酒的澄清度，使啤酒易于过滤。

⑩ 采用不同比例的大麦芽和小麦芽酿制出的啤酒风味物质的区别见表 2-7-2。

表 2-7-2 国内某厂大麦芽和小麦芽比例不同酿制的啤酒风味物质区别

项　　目	配　　比			
	55%大麦芽 45%大米	25%大麦芽 25%小麦芽 50%大米	10%大麦芽 40%小麦芽 50%大米	50%大麦芽 50%大米
甲醇/(mg/L)	1.05	1.13	1.17	0.19
正丙醇/(mg/L)	12.83	13.16	14.73	15.21
异丁醇/(mg/L)	13.73	15.67	17.82	18.97
正丁醇/(mg/L)	0.96	0.53	0.46	0.42
异戊醇/(mg/L)	65.93	75.62	83.90	87.95
乙醛/(mg/L)	0.45	1.75	1.91	2.32
甲酸乙酯/(mg/L)	0.70	0.81	0.89	0.92
乙酸乙酯/(mg/L)	9.6	7.2	6.5	5.2
乙酸异戊酯/(mg/L)	0.56	0.37	0.32	0.28
己酸乙酯/(mg/L)	0.04	0.08	0.13	0.16
二甲硫/(μg/L)	17.8	15.2	12.3	10.9
乙酸异丁酯/(mg/L)	13.73	15.67	17.82	18.97

5. 小麦啤酒生产工艺要求

① 加强糖化阶段蛋白质的分解。小麦芽的含氮量高于大麦芽，且小麦芽的溶解度低于大麦芽，粉状粒的比例稍低（80%多），库尔巴哈值不到 40%，必须加强蛋白质的分解。

② 小麦啤酒的浊度较高，麦汁煮沸时可以添加麦汁澄清剂（卡拉胶），添加量为 20～30mg/100L 麦汁，以提高麦汁清亮度，加快麦汁过滤。

③ 加强麦汁煮沸，煮沸强度应达到 9%～10%，煮沸 pH 为 5.2～5.4。还可以添加适量的 $CaCl_2$，有利于蛋白质的絮凝沉淀。

④ 采用低温发酵工艺，升压后及时排放酵母，减少酵母自溶，进入贮酒期每 2 天左右排放一次酵母。0℃以下贮酒时间适当长些，以利于蛋白质和蛋白质-多酚物质的析出。

⑤ 滤酒时添加蛋白酶（如酶清或木瓜蛋白酶等）进一步分解蛋白质，添加量应根据小试确定。添加过量会使啤酒口味淡薄，泡沫性能变差，同时也会造成啤酒浑浊（因其本身也是蛋白质）。

⑥ 过滤前对发酵液快速降温，使发酵液温度达到－1℃以下，促进蛋白质的析出。

⑦ 过滤前也可以添加适量的食用单宁沉淀蛋白质，添加量一般为 20mg/100L 啤酒左右，有利于防止啤酒浑浊，避免啤酒过滤困难。

6. 小麦啤酒的酿制

用部分或全部小麦芽为原料，酿制而成的啤酒一般称为小麦啤酒。用小麦完全替代大麦酿制的啤酒在业内称为“纯小麦啤酒”或“全小麦啤酒”。

7. 小麦芽酿造的生产和质量问题

（1）糖化和过滤问题　小麦芽糖化力高，含有丰富的酶系，在 48℃下短时间的蛋白质休止有助于过滤，不会降低泡沫性能，添加中性蛋白酶也有助于蛋白质分解。高温糖化对降低麦汁的黏度有利，而小麦芽中富含 β-葡聚糖酶、戊聚糖酶，有助于降低糖化醪液的黏度和麦汁过滤。糖化工艺流程见图 2-7-1。用压滤机过滤麦汁效果良好。因为小麦没有皮壳，多酚含量低，洗糟水温可以提高至 80℃，降低麦汁的黏度，但是洗糟用水要进行酸化。

（2）非生物稳定性的控制措施

① 制麦时调整制麦工艺，适度分解蛋白质。

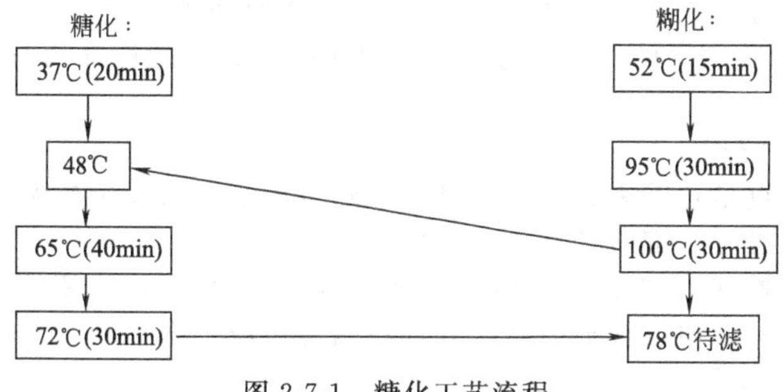

图 2-7-1　糖化工艺流程

② 提高辅料（大米）比例，降低麦汁中的蛋白质含量。

③ 适量添加卡拉胶，吸附、沉降麦汁中的热凝固物。

（3）啤酒风味问题　传统的小麦啤酒具有酯香味、酚味和酸味。酯香味主要来自小麦芽，酚味主要来自于传统的德国白啤酒酵母，酸味主要来自于麦芽中的酸性物质（磷酸盐、有机酸）、糖化加酸（调节酸度用酸）、酵母的代谢及细菌感染等，对于柏林白啤酒和某些比利时白啤酒来说，乳酸菌发酵是酸味的主要来源。一般使用下面酵母，并采用低温发酵法生产小麦啤酒，其风味变化不大。

（4）酵母使用问题　与大麦芽生产的麦汁相比，使用小麦芽为原料生产的麦汁稍浑，发酵后，酵母表面吸附了较多的冷凝固物，活性较差。在麦汁煮沸过程中添加卡拉胶，冷麦汁的浑浊会有较大的改善，但是发酵过程中酵母的峰值有所下降。酵母使用代数最好不要超过5代，否则影响发酵度和双乙酰还原。

（5）啤酒过滤问题　小麦芽啤酒在发酵贮酒时，适当延长低温贮酒时间，可提高啤酒的澄清度，并使啤酒过滤容易。

（6）啤酒抗冷浑浊能力问题　小麦芽与大麦芽相比，蛋白质含量较高，糖化过程中，添加一些辅料，可以降低麦汁的总氮含量及高分子氮含量，而不会影响啤酒的泡沫。糖化过程中应加强蛋白质的分解，采用两段蛋白休止，使用中性蛋白酶，促进蛋白质分解，既提供足够的低分子氮，满足酵母的生长需求，又降低麦汁中高分子氮的含量。麦汁煮沸过程中添加卡拉胶可以提高麦汁的清亮度，降低麦汁的可凝固性氮含量，从而提高啤酒的抗冷浑浊能力。啤酒冷贮的温度和时间对啤酒的冷稳定性影响较大，要求在－1～1.5℃，冷贮3d以上，贮酒过程中温度不得回升。

我国小麦产量仅次于大米，尤其在小麦产区，小麦价格远低于大麦价格。采用下面酵母和低温发酵工艺，生产出的小麦啤酒香味突出、口味纯正、泡沫洁白细腻，其风味与普通大麦芽酿制的啤酒相比变化不大，因而很快受到众多消费者的青睐。

（二）无醇（低醇）啤酒的生产技术

低醇啤酒是指酒精含量（体积分数0.6%～2.5%）低于正常啤酒的特种啤酒。无醇啤酒是指经正常啤酒生产过程但啤酒的酒精含量低于0.5%的特种啤酒。无醇啤酒因其酒精含量含量很低，故非常适于社交场合饮用，也适于一些不宜饮酒的人群，如女士、司机、运动员、少年、儿童、酒精过敏者等消费人群。据了解，最早由瑞士推出的无醇啤酒，在美、德、英、日等国家已经相继生产，并已经有了很大的发展。国内燕京等啤酒生产企业已开始采用低温真空蒸馏技术生产无醇啤酒。

低醇啤酒的生产关键在于要求酒精含量低但啤酒特有风味不能少，其他质量特征也要保证。

1. 生产工艺

无（低）醇啤酒的生产工艺大致上可以分为以下两类。

① 通过控制啤酒发酵过程中酒精产生量处在所要求的标准范围内，如路氏酵母法、巴

氏专利法、高温糖化法等。目前可以使用经过诱导变异的酵母生产无醇啤酒，其能在发酵过程中还原酒精（转变为酯或有机酸等）或基本不产生酒精，能使麦汁正常发酵，无不良风味及有害成分产生，发酵成熟的啤酒中酒精≤0.5%（体积分数）。

② 将正常发酵的啤酒中的酒精通过各种手段去除，以达到标准的要求、如减压蒸发法、反渗透法、透析法等。

2. 酒精去除法的特点

酒精去除法的优点是：①去除的酒精量可以随意控制，可以生产无醇啤酒；②糖化发酵工艺无需变化，只需进行发酵后处理。

缺点是：①需要投入大量的资金购置酒精去除设备；②需要额外的处理费用和时间；③处理过程中啤酒风味物质会被损失；④处理不当易造成二次污染。

3. 限制发酵法的特点

优点是：①无须额外的设备投资；②生产工艺简单，成本低；③风味损失少。

缺点是：①糖化或发酵工艺发生变化且工艺控制要求高；②控制不当会影响啤酒口味和稳定性。

目前，两类生产工艺都有使用，采用限制发酵法生产低醇啤酒更为经济实用，采用低温真空蒸馏法生产成本较高，而膜技术的应用为高效、节能、环保的无醇啤酒生产开辟了新的途径。

4. 限制发酵法生产低醇啤酒的方法

（1）稀释法　将正常浓度的麦汁稀释到较低的浓度进行发酵，也可以将正常的麦汁发酵后稀释到所要求的浓度，以生产低醇啤酒，这种方法的缺点是：如果稀释倍数过低，啤酒中的酒精含量达不到要求值；稀释倍数过高，啤酒风味物质同时也被稀释掉，造成啤酒口味淡薄。

（2）低温浸出糖化法　麦芽粉碎后用低于60℃的热水浸泡，由于麦芽中的淀粉在此条件下不会被糊化而分解，也就不会产生可发酵的糖分，浸出液中仅含有少量麦芽中带来的糖分。将经过这种糖化方法处理的麦汁进行发酵，可产生较低含量的酒精。

（3）终止发酵法　当啤酒发酵到所要求的酒精含量时快速降温，同时将酵母从发酵液中分离出来，使发酵停止。这种工艺生产的啤酒带有甜味，双乙酰还原难以彻底。

（4）巴氏专利法　此工艺将高浓发酵法和低浓发酵法巧妙地结合起来，既克服了低浓发酵法生产的低醇啤酒口味淡薄的缺点，也克服了高浓发酵法酒精含量偏高的缺点。此法生产的低醇啤酒风味较好，生产工艺简单易控制。用此工艺可以生产酒精含量0.9%～2.4%的低醇啤酒。

（5）废麦糟法　将糖化废麦糟再进行浸泡、加酸分解和蒸煮等处理，生产较低浓度的麦汁，为保证麦汁应有的香味，也可以添加40%～60%低温浸出法生产的麦汁。这种麦汁发酵产生的酒精含量较低。此工艺的缺点是操作烦琐。

（6）路氏酵母法　采用专门的路氏酵母对正常麦汁进行发酵，由于这种酵母只能发酵麦汁中占总糖含量15%左右的果糖、葡萄糖和蔗糖，而不能发酵麦芽糖，因此只能产生少量酒精。但缺点是这种工艺生产的低醇啤酒由于含有大量的麦芽糖，啤酒带有甜味，而且生物稳定性较差。

（7）高温糖化法　通过采用较高的糖化温度，跳过β-淀粉酶分解淀粉的过程，以避免产生大量的麦芽糖，但又使液化彻底以防过多的糊精残留而影响啤酒稳定性。用此工艺生产的麦汁在发酵过程中酵母只能发酵正常情况25%～30%的糖分，完全可以控制酒精含量在1.5%以下。此工艺的关键在糖化的精确控制上。恰当的糖化工艺控制完全可以保证啤酒既有合适的发酵度，又有较好的啤酒风味和稳定性。缺点是糖化操作要求较高。

（8）固定化酵母发酵法　利用特定酵母固定化到一定载体上，麦汁在5～20h内缓慢流过固定化的酵母柱，通过低温和调节流速准确监控和调节酒精的形成，以生产符合要求的无醇啤酒。在控制酒精形成的同时，发酵副产物和口味物质仍然能产生，生产的无醇啤酒可以达到质量要求，同时酒损低，环保，具有良好的开发潜力。

5. 酒精去除法生产无醇啤酒的方法

(1) 低温真空蒸发（蒸馏）法　该方法是以减压蒸发或蒸馏法将正常发酵好的啤酒中的乙醇蒸发，补加适量水分达到无醇啤酒质量要求；也可将酒精蒸发或蒸馏后，再用一定量的低酒精度的啤酒与其混合，使混合后的啤酒风味接近正常啤酒。

该法要求在低压（4～20kPa 绝对压力）、低温（30～55℃）下进行蒸馏，使酒精体积分数降至 0.5%以下。采用的方法有真空蒸馏法、真空蒸发法和真空离心蒸发法。其中蒸发法使用效果较好。

(2) 膜分离法　是使啤酒流过由有机或无机材料制成的膜，而达到除醇的目的。常用的方法有反渗透法、渗析法。

反渗透法除醇分三个阶段：浓缩、二次过滤和补充。浓缩阶段：100L 啤酒经过膜过滤产生 2.2L 渗出液，残余啤酒的酒精含量和浓度升高。二次过滤阶段：用完全除盐水补充啤酒中被分离的渗出液，直到浓缩液中达到要求的酒精含量为止。补充阶段：浓缩液用水补充至原来的啤酒量，酒精含量也降到 0.5%以下，同时还需给啤酒补充 CO_2，因为通过反渗透和补充水，啤酒中 CO_2 含量很低。

渗析法的膜由薄壁空心纤维制成，其孔径很小，啤酒中的酒精通过膜向另一边渗透，而啤酒中的大分子物质被截留下来。随着渗析过程的进行，渗出液中酒精含量逐步增加，啤酒中的酒精含量逐步减少。当用连续真空蒸馏法缓慢去除渗出液中的酒精时，啤酒中的酒精度能达到要求。

6. 无醇啤酒中的微生物控制

无醇啤酒由于酒精含量低，对细菌的抑制能力减弱，容易染菌。特别是限制发酵法生产的无醇啤酒，其中含有较多的营养成分，在适宜的 pH 条件下，更易于细菌的生长，造成酸败。研究发现，乳酸杆菌中的乳酸足球菌和德氏乳酸杆菌属在无醇啤酒中的耐热性是 5%（体积分数）乙醇含量啤酒耐热性的 4～7 倍，而大肠埃希菌和鼠伤寒沙门菌在无醇啤酒中的耐热性是 5%（体积分数）乙醇含量啤酒耐热性的 3～17 倍。因此，无醇啤酒生产中要做好设备、管路、阀门等的清洗和灭菌工作，严格无菌操作，同时设备碱洗和酸洗要结合使用，无醇啤酒杀菌时的巴氏单位也要进行调整。

（三）姜汁啤酒的生产技术

姜汁啤酒作为一种特种啤酒在冬季日益受到消费者的欢迎，德国将整块姜投入麦汁中，利用双菌种法进行发酵制成啤酒。我国一般是将提取得到的姜汁（0.4%左右添加量）在滤酒前直接添加到发酵好的成熟啤酒中（若需要生产深色啤酒，可同时添加黑啤酒浓缩汁调节色度），具有浓郁的姜风味。姜汁味辛、性微温，有解表和中、促进血液循环、散寒发汗的功效。姜汁除含有氨基酸、姜醇、姜辣素、姜烯等成分外，还含有抗氧化物质，具有杀菌和防腐作用。

姜汁啤酒原酒的生产与普通浅色下面啤酒相同，主要通过后修饰技术达到生产目的，产品质量容易控制。

1. 原料与配比

优级麦芽 50%；大米 50%；颗粒酒花 0.04%。

2. 生产工艺

姜汁啤酒生产工艺流程见图 2-7-2。

3. 姜汁的添加

根据生产清酒的数量，按比例称取相应的姜汁，在保温桶内用温水溶解均匀。

4. 过滤操作

按正常操作进行预涂硅藻土，预涂结束后，关闭预涂泵，打开添加泵，切换阀门，用发酵液顶出过滤机内的水，当酒头充分排完，切入准备好的清酒罐。同时，在硅藻土添加罐内加入调配好的姜汁（加入量依据过滤清酒数量、硅藻土添加速度、过滤速度确定），再按照

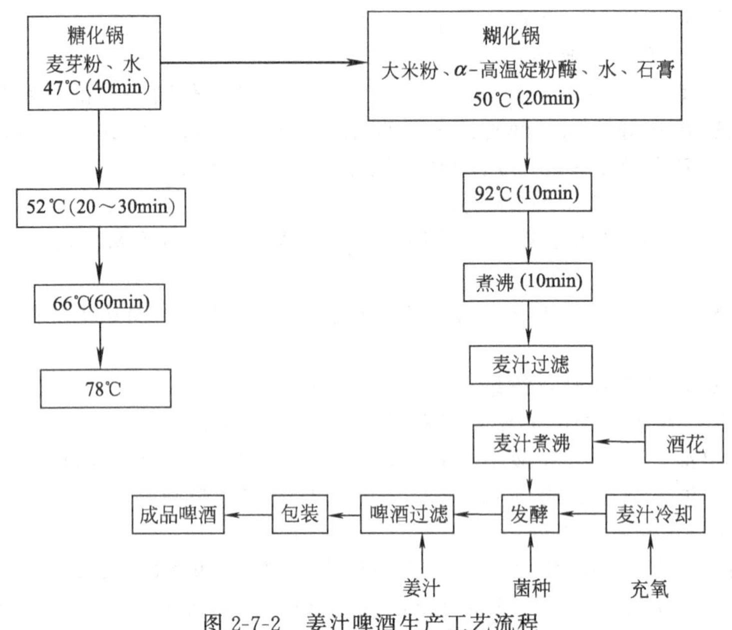

图 2-7-2　姜汁啤酒生产工艺流程

正常生产工艺加入硅藻土及水至正常刻度，添加过程中应用 N_2 背压且添加罐搅拌运转正常。调整好过滤机过滤速度和硅藻土添加速度，保证在清酒过滤完时姜汁正好添加完毕。过滤结束后用 N_2 将管道以及过滤机内酒全部顶入清酒罐内，以免损失姜汁，避免接触氧气。

5. 成品感官检验

(1) 外观　清亮透明、允许有肉眼可见的微细悬浮物和沉淀物（非外来异物)。

(2) 泡沫　细腻，挂杯较持久。

(3) 色泽　浅黄色（也可生产红棕色啤酒)。

(4) 香气　有明显酒花香气和明显姜的香气。

(5) 口味　较纯正爽口，口味协调，微有姜的辛辣味。

(6) 理化指标　符合国家标准 GB 4927—2001 规定。

(7) 卫生指标　符合国家标准 GB 2758—2005（发酵酒卫生标准）和 GB 2760（食品添加剂使用卫生标准)。

(四) 其他特种啤酒的生产

参照姜汁啤酒的生产技术，还可以通过添加黑、红啤酒浓缩汁或焦糖色素调制出浓色啤酒等深色啤酒；添加果蔬汁（如草莓汁、菠萝汁、枣汁、芹菜汁等）或苹果、柠檬香精等生产果蔬汁（或果味）啤酒等（常见有女士啤酒)；添加枸杞提取液、菊花提取液、西洋参提取液、灵芝提取液、螺旋藻提取液、金银花提取液、银杏提取物、芦荟汁、苦瓜汁等生产功能性保健啤酒。要求添加的各种提取液等，不应造成异味或使啤酒非生物稳定性下降，也不能造成啤酒过滤困难，产品风味能够被消费者接受。

第二节　微型啤酒酿造设备与技术

一、小型啤酒酿造设备的确定

从设备生产能力上界定：一般把每批次生产能力在 2000L 以下的啤酒生产线称为小型啤酒酿造设备。

从用途上分类：依据使用的目的不同，小型啤酒酿造设备可大致分为啤酒试验设备、教学实习设备、酒店自酿设备、家庭自酿设备四类。

二、各类小型啤酒酿造设备特点

小型啤酒酿造设备规模虽小，亦五脏俱全。几乎包括了啤酒厂大生产中的所有设备，主要包括以下系统：原料粉碎系统、糖化系统、麦汁冷却系统、发酵系统、啤酒过滤系统、洗瓶灌装压盖杀菌系统、电气及 PLC 自动控制系统、制冷系统、CIP 清洗系统等。

1. 小型试验设备

小型试验设备主要应用于啤酒厂、麦芽厂、酒花厂及科研院所等单位，多用于啤酒新工艺、新技术、原料品质试验或啤酒新品种的研究开发。规格以每批次生产热麦汁 100L、500L 为主。由于各企业的工艺存在差别，设备配置也不尽相同，故小型试验设备应最大程度模拟大生产中的设备，使试验能够对大生产具有指导性。一些工艺参数，如搅拌转速、泵频率等应可以调节，以方便对生产中的工艺参数进行变化试验。

小型试验设备不仅可供试验，也是展示企业面貌的一个窗口。整体设备及管道布局应美观大方、操作方便、安全；设备之间的管道采用卫生级快接连接，拆卸、组装、移动、改造方便；主要设备水平度可调，性能稳定，无跑、冒、滴、漏，无蒸汽外泄；具备完善的 CIP 清洗系统，设备清洗方便、彻底；设备及管道布局无死角，使用耐酸碱、耐高温、吸氧量低的泵；能够满足纯净酿造的要求。所有板材、管道、管件、阀门均使用卫生级产品。与麦汁、啤酒、清洗剂、软化水接触的容器、管道、管件、阀门均使用不锈钢材料。快接件的垫圈全部采用聚四氟乙烯材料，设备加工精细，焊（连）接精度达到卫生级标准，内部采用镜面抛光，外部采用不锈钢抛丸亚光处理。此种设备对试验数据精度要求较高，自动控制的配置亦较高。

2. 教学实习设备

教学实习设备主要应用于中、高等职业学校等教学单位。用于教学、演示、实验，可以展示啤酒酿造的整个过程，说明酿造通用工艺。规格以每批次生产热麦汁 100L 等小型设备为主，设备配置以啤酒学规定设备为主，操作以手动控制为主。可增强学生的动手能力，使其对所学的专业知识有一定的感性认识。

3. 酒店自酿设备

酒店自酿设备主要应用于餐厅、歌舞厅、酒吧，用于现场酿造独具特色、多种多样的高档全麦鲜啤酒，直接提供给顾客。设备外形多古色古香、华丽典雅，体现千年啤酒文化，以激起消费者的购买欲。规格以每批次生产热麦汁 300L、500L 为主，以麦芽、水、酵母、啤酒花为原料，可酿造淡色啤酒、小麦啤酒、黑啤酒等风味独特的鲜啤酒。该系列设备主要满足自酿酒用，兼供顾客观赏。

4. 家庭自酿设备

家庭自酿设备为个人休闲娱乐的微型设备，多配置一些专用的工具、容器和半成品原、辅料、添加剂，借用家庭厨房设施和冰箱完成啤酒酿造。也有一体式设备集中酿造的，但工艺、口味与普通啤酒相去甚远。中国使用家庭自酿啤酒设备的还很少，欧美国家较多。

三、微型啤酒生产技术

1. 原料选择与粉碎

原料主要采用麦芽、糖浆，自酿啤酒生产一般不使用大米等辅料（小型设备、教学设备配置有糊化锅，可以模拟大型生产进行操作）。

酒店自酿设备，每批投料前应提前将准确称量的大麦芽粉碎完毕。焦香麦芽和大麦芽分开粉碎，前者粉碎度应小于后者。让麦芽自然吸潮后进行粉碎。麦芽粉碎过程中应经常取样检查粉碎度，严格控制整粒麦芽进入粉碎后的原料，粉碎度控制在表皮破而不碎，粗细粉比 1∶25。好的粉碎度可以保证良好的过滤。也有采用对辊式麦芽粉碎机干法粉碎，对麦皮和胚乳的粉碎不易控制，一般要经过多次粉碎才能达到粉碎要求。首次粉碎辊间距要大些，第二次粉碎辊间距要小些。

2. 糖化工艺

采用小型设备或教学设备，糖化工艺可按照大生产工艺进行，但升温速度不宜太快，避免出现糊锅等现象。

采用酒店自酿设备，由于设备少，原料主要为麦芽，糖化操作可以简化，麦芽质量好时，可以在50℃以上投料，糖化锅升温可以采用先浓醪后补加热水升温至糖化温度来实现，可以避免糖化锅糊锅。

3. 麦汁冷却和充氧

麦汁冷却可以采用薄板换热器进行，冷麦汁打入发酵罐，酵母发酵前先排部分凝固物。麦汁充氧可以随冷却同时进行，也可以在添加酵母后于发酵罐内通入，这样可以起到通氧和搅拌的作用。溶解氧含量一般为10mg/L左右，接种后12h前可以定期通几次氧，以后不再充氧。

4. 啤酒发酵

冷麦汁充氧、接种（采用无菌操作接种）后，先进行开口发酵（排气阀出口处灭菌后加装无菌过滤装置，防止麦汁冷却时吸入杂菌），当麦汁发酵后的温度达到规定值后开始控温发酵，当外观糖度降到4%左右时，关闭排气阀门，开始密闭发酵以保留足够的CO_2并进行双乙酰还原，双乙酰含量达到要求或品尝啤酒没有明显双乙酰味时，可以快速降温至0℃左右贮酒，降温后和贮酒期间定期排放酵母泥，避免出现酵母味。

5. 分析检验

添加酵母后，取样检查酵母数，发酵期间定期检查还原糖含量，罐密闭后检查罐压，发酵快结束时可进行双乙酰含量、啤酒主要理化指标和微生物卫生指标的测定，并经品尝达到感官要求后即可供品尝或销售。

四、微型啤酒生产中微生物的管理和控制

微型啤酒或微型自酿啤酒是一种不经过滤的浑啤酒，成品也并不经过膜过滤除菌或巴氏杀菌，其有害菌的控制只能也仅是通过生产过程中严格无菌操作来实现。若生产中操作不慎，杂菌随时都会侵入到酒液中，杂菌的污染随时都可能发生。因此，生产中应严格加强微生物的管理和控制，主要包括如下几方面。

1. 麦汁冷却工段及输送管道的管理和控制

杂菌污染可以说是从麦汁冷却开始的，因为麦汁经过煮沸，完成了灭菌工作，应该说是无菌的。然而，麦汁在由回旋沉淀槽经过薄板冷却器、输送管道、酵母添加器等设备到发酵罐的过程往往会造成二次污染，因为这些设备尤其是薄板冷却器如果长期不拆洗，就会附着大量的附着物，此附着物是微生物的滋生地，随着麦汁的冷却、输送，它们随时会侵入到麦汁中。

为了防止麦汁在此工段被污染，应注意回旋沉淀槽每次使用前后，均需用清水冲洗，以除去污垢等。对薄板冷却器及输送管道，每半月应清洗一次。清洗时先用温度为80～85℃、浓度为4%的热碱水循环30min，以便溶解洗去那些热水洗不干净的污垢，然后再用90～95℃的热水循环30～40min，以清洗设备并杀灭附着的微生物。生产间歇应定期拆开薄板冷却器，彻底清除污垢，以保持其清洁及达到良好的冷却效果。

同时，生产中应注意在麦汁入罐前严格按照生产工艺操作，在麦汁过滤的同时，对薄板冷却器、物料输送管道等用90～95℃的热水进行循环不少于40min。麦汁入罐后，应立即用90～95℃的热水将管道中的麦汁顶出，并保持出口的水温不低于90℃清洗20min。

2. 酵母种菌种的管理和控制

微型啤酒生产的菌种一般不是自己生产，来源比较复杂，菌种的卫生管理也就成了一个不容忽视的问题。若采用干酵母，酵母活化时最好在无菌室中进行，用水最好采用无菌水或热水放凉至规定温度后加入干酵母进行活化，绝对不能用自来水直接进行干酵母活化，同时所用仪器、设备必须经消毒处理。对于鲜酵母，尽量选用质量较好的菌种，并确保盛放容器的无菌处理以及运输过程的卫生管理。同时在生产中使用代数以2～4代为宜。若发现酵母老化及污染，应及时排掉。向酵母添加器中添加酵母操作时，应注意快捷、无菌。

3. 生产用水的管理

这里所指的生产用水是指一切可能与麦汁和啤酒接触的水，如用于顶管路中麦汁或发酵液的水，输送管道、发酵罐最后清洗用水等，都可能会给麦汁或啤酒造成污染，因此生产用水尽可能使用无菌水。

4. 空气净化工作

这里的空气净化主要是指通入麦汁中的氧气，在氧气进入麦汁时，必须对氧气进行净化，氧气如果不洁净，酵母在利用氧气增殖的同时，杂菌也会大量繁殖。微型啤酒设备中氧气的净化，可以通过酵母添加器上的砂滤棒进行，但砂滤棒必须保持完好。

5. 发酵罐清洗的管理和控制

发酵罐在每次使用过程中，往往会在发酵罐的顶部侧壁上形成大量的附着物，此附着物也是微生物的滋生地。因此，必须保证发酵罐的清洁。

清洗工艺如下。

① 发酵罐使用完毕后，先用清水冲洗 30min，以排出的水无残渣清澈为准。

② 用温度为 80～85℃、浓度为 4%的氢氧化钠溶液进行 CIP 循环 30min。

③ 用清水冲洗发酵罐 20min。

④ 用浓度 200ppm 的二氧化氯溶液或浓度 2%的甲醛水溶液进行 CIP 循环 30～40min。

⑤ 用无菌水冲洗发酵罐 20～30min。

⑥ 麦汁入罐前，由发酵罐锥底泵入 85～90℃的热水至排气管排出水，浸泡 30～40min 后，排掉，并降温至 8～9℃，备用。

同时，为保证发酵罐的良好卫生效果，应每 2 个月从人孔进入发酵罐中清洗罐顶部死角及残渣。

6. 发酵室的管理和控制

① 发酵室操作间每周应用甲醛熏蒸杀菌 1 次，用量为 10mL/m^3 空间，或用稳定性二氧化氯消毒剂进行空间灭菌。

② 地面每月应用漂白粉处理 1 次。

③ 操作间下水道每周应用石灰乳和漂白粉涂刷 1 次，次日用水冲净，再用 85～90℃的热水冲洗，以及时杀死地沟中的微生物。

五、微型啤酒生产线设备配置

表 2-7-3 是 200L 微型啤酒生产线的配置参数，供读者参考。

表 2-7-3　微型啤酒生产设备配置参数表

序号	设备名称	规格型号	参　数
1	粉碎机	TY150 对辊式	1150kg/h，电机功率 1075kW
2	煮沸锅	1000L，蒸汽加热 材质：304 不锈钢	隔热材料为聚氨酯发泡内胆 直径：ϕ1000mm×h1500mm
3	糖化过滤	1000L 材质：304 不锈钢，带搅拌，带耕刀	隔热材质为聚氨酯发泡内胆 直径：ϕ1000mm×h1500mm
4	麦汁泵	5t/h	0.25×2 台
5	冰水罐	500L 外内胆碳钢，ϕ19 铜管 160m	ϕ1400mm×h2000mm 聚氨酯发泡内胆保温
6	发酵罐	200L 内外胆不锈钢，带人孔，洗球	内胆 δ 2.5mm；外胆 δ 1.5mm 内胆下锥 δ 3mm；内胆 ϕ1100mm×h2100mm
7	换热器	BR0.10～10	换热面积 10m^2，采用两段冷却
8	制冷机		
9	酵母扩培罐	200L 内外胆不锈钢带洗球	ϕ460mm×h1200mm；δ 1.85 内胆 ϕ610mm×h1200mm；δ 1.5 外胆
10	酵母添加器	30L，带文丘管充氧	
11	配电柜(PLC)	自动控制温度(制冷机及发酵罐等)	
12	过滤机	Wk250 硅藻土	1t/h，带硅藻土添加泵、添加罐、流量计
13	冰水泵	BRS 管道泵	6m^3/h
14	板框过滤机		
15	附件		

思 考 题

1. 为什么要生产特种啤酒?

2. 特种啤酒生产中应注意哪些问题?

3. 国内微型啤酒设备为什么会得到很大发展和广泛应用?

4. 根据设备情况，自拟一套微型啤酒生产工艺（含原料和配方，原料粉碎度的控制，糖化工艺，菌种的准备，发酵工艺等）。

第八章　啤酒的后处理技术

学习目标

1. 掌握啤酒过滤方法，重点掌握硅藻土过滤法及各自的优缺点。
2. 掌握啤酒包装技术，重点掌握瓶装啤酒的包装和灭菌技术。
3. 掌握啤酒设备清洗与杀菌技术。

第一节　啤酒的过滤澄清技术

啤酒发酵结束后，将贮酒罐内的成熟啤酒通过机械过滤或离心，除去啤酒中不能自然沉降的、对啤酒品质有不利影响的少量酵母、蛋白质等大分子物质以及细菌等，使啤酒澄清、有光泽，口味纯正，改善啤酒的生物和非生物稳定性。

对于成熟啤酒中含有较大的颗粒和较多的酵母细胞，宜采用低温（低于 0℃）沉降或用离心机分离后再过滤。

啤酒过滤的技术要求是：除去成熟啤酒中的酵母、蛋白质与多酚配合物、酒花树脂及其氧化物等。减少导致成品啤酒产生轻微浑浊的物质，如朊、多酚、β-葡聚糖等。防止 CO_2 损失和氧的吸收，控制过滤后啤酒的清亮程度，一般浊度要求在 0.2～0.5EBC 以下。

一、啤酒过滤的基本原理

过滤是指流体通过分离介质后，使其中的固体从流体中分离出来的过程。

约在 19 世纪中叶，科学家达赛（Darcy）提出了过滤速度与压力差、过滤介质面积、液体黏度、过滤介质厚度以及可透性系数之间具有一定关系，以下列公式表示：

$$Q=\frac{\varphi \Delta p A}{LM}$$

式中　Q——过滤速度，mL/s；

φ——可透性系数（达赛系数）；

Δp——压力差，Pa；

A——过滤介质面积，cm^2；

M——液体黏度，mPa·s；

L——过滤介质厚度，cm。

上式表明：过滤速度与压力差和过滤面积成正比，与液体黏度和过滤介质厚度成反比。

啤酒中悬浮微粒被过滤介质分离出来有三种情况。

(1) 阻挡效应（或称筛分作用）　啤酒中比介质孔隙大的颗粒，不能通过介质孔隙而被截留下来。这些被介质截留下来的硬质颗粒，附在介质的表面形成粗滤层，增加了过滤效能；反之，若是软性颗粒，由于具有可变形或黏稠的特点，会黏附在介质孔隙中甚至使孔隙堵塞，从而降低过滤效能［图 2-8-1 (a)］。

(2) 深度效应（或称机械网罗作用）　过滤介质中长而曲折的微孔途径对悬浮粒子产生阻挡作用，虽然有些粒子比介质孔隙小，但仍被介质网罗在微孔结构中。使用硅藻土和过滤棉过滤都会产生这种现象［图 2-8-1 (b)］。

(3) 静电吸附作用　有些比介质孔隙小的颗粒以及较高表面活性的物质（如蛋白质、酒花树脂、色素、高级醇、脂类等），因其所带的电荷与介质不同，从而产生了吸附作用，而被截留在介质中［图 2-8-1（c）］。

图 2-8-1 啤酒中悬浮微粒被过滤介质分离的三种情况

二、啤酒过滤方法

（一）滤棉过滤法

滤棉过滤是一种古老的过滤法，它是用脱脂的棉纤维或木纤维，再掺加 1%～5%石棉制成棉饼，并以此作为过滤介质的过滤方法。要求棉饼水溶物含量不能过高，应洁白、无漂白粉味及其他杂味。

滤棉过滤法能滤出清亮透明的啤酒，保持传统产品的独特风味，并有较好的稳定性。但其存在诸多缺点：①制作棉饼费工费时，不易实现自动化，劳动生产率低；②棉饼吸收相当数量酒液，造成一定损失；③过滤成本高；④易脱落短纤维，影响过滤效果；⑤石棉对人体有害，存在安全隐患。因此，在国外已被淘汰，我国也在逐步淘汰。

（二）硅藻土过滤法

硅藻土是在古老地质年代中沉积在湖底、海底的藻类——硅藻的化石，其化学成分是二氧化硅，经特殊加工而成轻质、松软的粉状矿物，其密度约为 100～250kg/m^3，比表面积很大，约为（1～2）×$10^4 m^2$/kg，粒度为 2～100μm。它具有极大的吸附和渗透能力，是一种惰性的助滤剂或清洁剂。

与滤饼过滤法相比，硅藻土过滤法具有明显的优点：①实现自动化，人员减少约一半，在室温下操作方便；②不断更新滤床，过滤速度加快，生产效率提高；③滤酒损耗降低 1.4%左右；④硅藻土表面积大，吸附力强，无毒，能滤除 0.1～1.0μm 以下的微粒，提高啤酒的清亮度，对啤酒风味无影响，能延长成品啤酒的保质期。

其缺点是：①设备一次性投资大；②消耗硅藻土量大。

目前过滤方法概略可分为离心机、硅藻土过滤、PVPP 吸附过滤、纸板精滤、膜过滤等几种。

① 一级过滤：硅藻土预涂过滤。

② 二级过滤：硅藻土预涂过滤 ＋ 纸板精滤（或膜过滤）。

③ 三级过滤：硅藻土预涂过滤＋PVPP 吸附过滤＋纸板精滤。

各种过滤工艺的质量比较如表 2-8-1 所示。

表 2-8-1 过滤工艺质量比较

项 目	棉饼过滤	硅藻土预涂过滤	硅藻土预涂过滤＋纸板精滤	硅藻土预涂过滤＋PVPP 吸附过滤＋纸板精滤
浊度/EBC	0.4～0.9	0.4 以下	0.3 以下	0.3 以下
光泽	差	清亮透明	清亮透明	清亮透明
保存期/d	60～120	60～120	＞160	＞240
口感	保持传统风味	纯正、柔和	纯正、柔和	纯正、柔和

硅藻土过滤机型号很多，一般分为三种类型：板框式过滤机、叶片式过滤机和柱式过滤机。其设计的特点是体积小，过滤能力强，操作自动化。

1．板框式硅藻土过滤机

板框式硅藻土过滤机由滤板和滤框交替排列而成，用支撑纸板挂附在滤框上。规格以板框尺寸及板框片数而定，过滤能力为3．85～5hL/(m^2·h)。

优点：①过滤稳定，操作易于掌握；②用支撑纸板作预涂介质，预涂层附着牢固，酒质得到保证；③耗土量低，与同等生产能力其他机型相比，耗土量可低20％～30％；④预涂腔的高度及空间体积比其他机型小，预涂层沉降均匀，过滤性能一致；⑤过滤进程中，压力波动或瞬间压力回零，预涂层不易脱落，恢复压力后可迅速进行过滤。

缺点：①一组支撑纸板可使用6～20个过滤周期，需要一定的过滤材料费用；②开机排出硅藻土渣，增加劳动强度；③纸板边缘暴露在板框外，如酒道的橡胶密闭圈压缩比不一致，会出现漏酒。

2．叶片式硅藻土过滤机

叶片式硅藻土过滤机又可分为两种：垂直叶片式硅藻土过滤机和水平叶片式硅藻土过滤机。

(1) 垂直叶片式硅藻土过滤机　为圆柱形罐，用不锈钢制造。过滤面积有5m^2、10m^2、20m^2、30m^2，过滤能力5～8hL/(m^2·h)，浊度0．3～0．4EBC。

主要包括以下几个部分：顶部为快开式顶盖，底部有一条水平的滤液汇集总管，两者之间垂直排列了许多扁平的滤叶。每张滤叶的下部有一根滤液导出管，将其内腔与滤液汇集总管连接（图2-8-2）。

正反两面紧覆着细金属网的滤框。其骨架是管子弯制成的长方形框。中央平面上夹着一层大孔格粗金属丝网，在其两面紧覆以细金属丝网（400～600目）。作为硅藻土涂层支持介质。

过滤时顶盖紧闭，将啤酒与硅藻土的混合液泵送入过滤器，以制备硅藻土涂层。混合液中的硅藻土颗粒被截留在滤叶表面的细金属网上面，啤酒则穿过金属网，流进滤叶内腔，然后在汇集总管流出。浊液反流，直到流出的啤酒澄清为止。此时表明，预涂层制备完毕，接着可以过滤啤酒。过滤结束后，压出过滤器内啤酒，然后反向压入清水，使滤饼脱落，自底部卸出。

优点：①每块滤叶两侧均可作预涂和过滤用，过滤面积大，过滤能力强；②助滤剂的支撑介质是不锈钢细滤网，不需要经常更换，可节约成本和降低劳动强度；③自动化程度高，可利用机内喷淋旋转装置直接洗涤排渣。

缺点：①操作压力要求平稳，当压力波动时，出酒浊度变化较大；②涂层不牢固，当压力突然回零容易脱落，造成过滤中断；③需增加微粒捕集器或0．4μm微孔滤膜精滤，防止细土穿透；④滤叶上细滤网要求松紧一致，否则会出现波浪状的预涂层；⑤消耗硅藻土量大。

(2) 水平叶片式硅藻土过滤机　该过滤机的滤叶水平叠装在垂直空心轴上，滤叶内腔与空心轴内腔相通，滤液从滤叶内腔汇集空心轴，然后从底部排出（图2-8-3）。

滤叶片的上表面是细金属丝网，作为硅藻土预涂层的支持介质，中间由一层大孔格粗金属丝网作为支承网。滤叶片的下侧是金属薄板，用滤框紧固密封。叶片和中心轴一起可旋转(转速为200～350r/min)。每块叶片单面作预涂和过滤用，过滤面积20～100m^2，过滤能力6～10hL/ (m^2·h)。产品规格有15t/h、12t/h、10t/h、8t/h。

其操作方式与垂直叶片式硅藻土过滤机大致相同，只是在过滤结束后，它在反向压入清水后，还开动空心转轴，在惯性离心力作用下，卸除滤饼。

优点：①滤叶呈水平状态，过滤压力稍有波动，对滤层影响较小；②在清洗时，从空心轴反冲清水，能带动滤叶旋转，使滤饼排除干净。

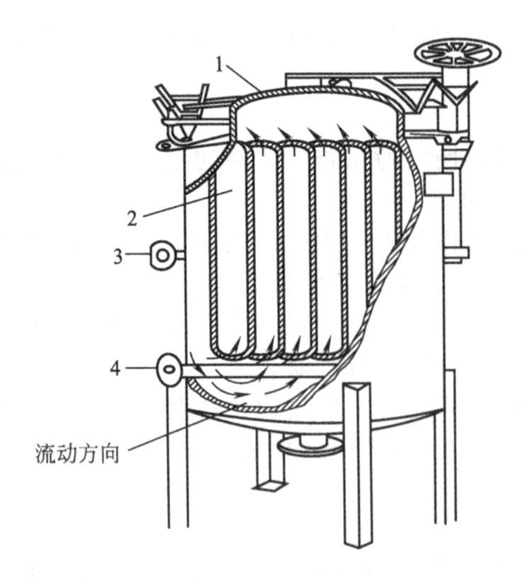

图 2-8-2 垂直叶片式硅藻土过滤机
1—快开式顶盖；2—滤叶；3—滤液导出管；4—滤液汇集总管

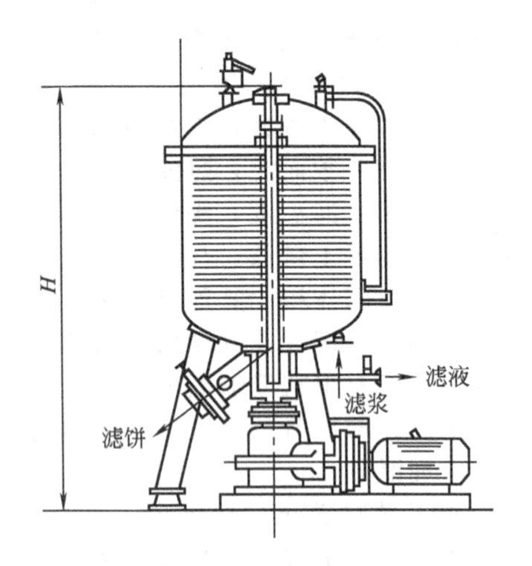

图 2-8-3 水平叶片式硅藻土过滤机

缺点：①助滤剂只能沉积在滤叶表面的滤网上，有效过滤面积小；②对垂直圆柱罐上部的空间高度要求高；③为保证滤叶平整均匀，对中心轴精度要求高。

3. 柱式硅藻土过滤机

柱式硅藻土过滤机的过滤罐中装有若干根蜡烛形的柱式滤管（图 2-8-4），它是柱式硅藻土过滤机的主体部分，并作为过滤介质使用。它的构成是底面扁平，顶面有 8 个突起的扇形（扇形突起的高度为50～80μm）不锈钢圆环叠装在 Y 形金属棒上（金属棒上开有三条 U 形槽，两头车有螺纹），并且用端盖将位置固定，通过调节端盖与管板连接接头之间的距离来控制不锈钢圆环之间的间隙，达到调节柱式滤管过滤精度的目的。

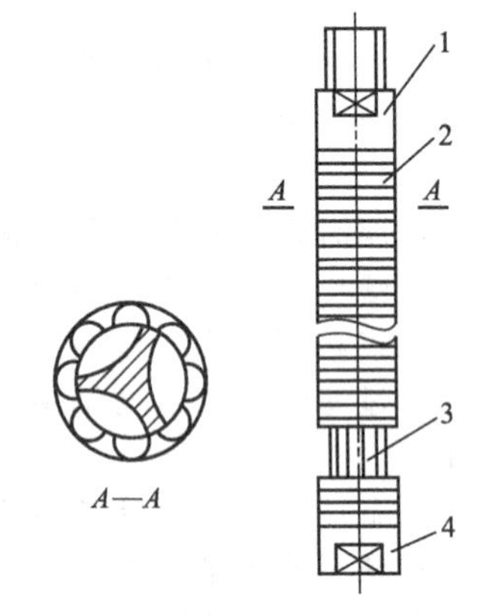

图 2-8-4 柱式滤管
1—管板连接接头；2—不锈钢环；3—Y 形金属棒；4—端盖

在柱式滤管上制备硅藻土涂层时，将含硅藻土和液体的悬浮液做垂直于柱式滤管面的同向流动。硅藻土沉积在柱式滤管的外表面之上形成预涂层，悬浮液中的液体在过滤推动力作用下穿过预滤层，滤液沿中心 Y 形棒的 U 形槽排出机外，再携带硅藻土进行循环，直到滤液澄清为止。其过滤能力为 4.7hL/(m^2·h)。

优点：①过滤层不易变形脱落；②过滤时过滤表面积会随滤层的增加而增加，使过滤量较稳定；③柱式滤管在清洗时能承受较大的反向冲洗压力，可达到良好的清洗效果。

缺点：助滤剂附着在垂直的圆环表面上，必须准确控制柱式滤管的净空高度[1]，以保证不发生压力波动而引起滤层的破坏。

(三) 微孔膜过滤法

微孔薄膜是用生物和化学稳定性很强的合成纤维和塑料制成的多孔膜。该方法多用于精滤生产无菌鲜啤酒，先经过离心机或硅藻土过滤机粗滤，再经过膜滤除菌。薄膜先用 95℃ 热水杀菌 20min。杀菌水则先用 0.45nm 微孔膜过滤除去微粒和胶体，用无菌水顶出滤机中杀菌水，加压检验，若压差小于规定值，是破裂之兆，应拆开检查，重新装。

膜过滤机的工作原理见图 2-8-5。

---

[1] 净空高度指柱式滤管以上的空间高度。

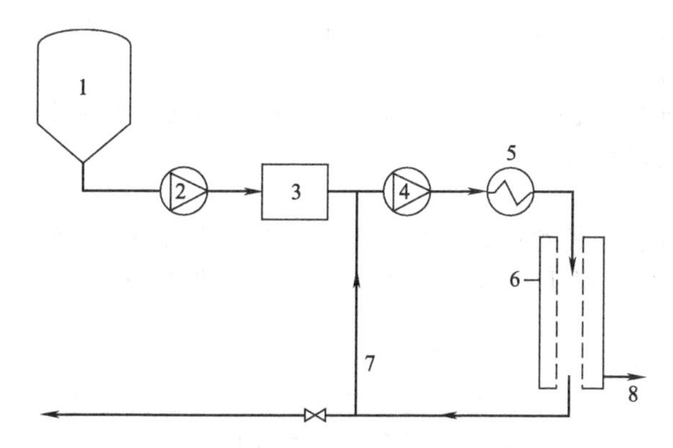

图 2-8-5　膜过滤机的工作原理示意图

1—暂存罐；2—添加泵；3—预过滤机；4—循环泵；5—热交换器；6—膜过滤机；7—循环管道；8—滤液出口

优点：①可以直接滤出无菌鲜啤酒；②有利于啤酒泡沫稳定性；③成品酒无过滤介质污染，产品损失率降低。

缺点：膜材料机械强度不好，稳定性差，不耐高温，酸、碱等；清洗条件苛刻。

（四）离心机分离法

利用物质的密度差异，在离心力场下用不同离心力将物质分离的方法。离心分离的效率主要取决于贮酒罐中酒的透明度，上层清酒分离快，下层接近罐底的浑浊物分离较慢。

啤酒厂常用的离心机有三种类型。

① 倾斜式离心机：用以回收麦汁和麦糟压榨液。

② 密封除渣式离心机：分离啤酒和冷却麦汁。

③ 盘式除渣式离心机：多用于麦汁分离。

优点：酒损失率降至最低，风味物质无损失；无过滤介质的排污，运转费用低。

缺点：高速转动与空气摩擦生热，使分离的啤酒有明显的冷浑浊敏感性；设备易受泥浆阻塞，须停机清洗。

三、过滤中啤酒的变化

啤酒采用加压过滤，传统的方法用棉纤维组成棉饼作为过滤介质。近代用啤酒离心机分离酵母，以硅藻土涂层及其支撑介质（不锈钢网或环柱，滤纸板）作为过滤介质。有的选用PVPP（聚乙烯聚吡咯烷酮）、精滤纸板或微孔膜作为精过滤介质。在一定过滤速度下，啤酒在过滤过程中发生阻挡、深度效应与静电吸附作用，并发生规律性变化：稍清亮→清亮→很清亮→清亮→稍清亮→失光或阻塞。而啤酒的有效过滤量是指在保证使啤酒达到一定清亮程度（用浊度单位表示）的条件下，单位过滤介质可过滤的啤酒数量。

啤酒经过滤后，发生的主要变化有以下几方面。

（1）色度　一般下降 0.5～1.0EBC，原因是酒中部分色素、多酚物质被过滤介质吸附。

（2）苦味质　一般损失 0.5～1.5BU，损失量因过滤介质的吸附能力而异。

（3）蛋白质和多酚物质　用硅藻土过滤时，蛋白质含量可下降 4%左右，掺加的硅胶会吸附高分子氮（蛋白质），PVPP 可吸附多酚。

（4）CO_2 含量　一般下降 0.02%，这是受压力、温度的变化以及管路和过滤介质阻力的影响造成的。低温过滤后，可用 CO_2 添加器饱充 CO_2。

（5）含氧量　贮酒罐和清酒罐用压缩空气背压，以及用泵和走水输送酒，会使啤酒中含氧量增加。采用 CO_2 背压，过滤中添加抗氧剂（如维生素 C 10～20mg/L）来减少氧含量。

（6）pH　如用硬水洗涤滤棉或预涂硅藻土，开始过滤会使酒的 pH 稍升高，过滤一定时间后恢复正常。

（7）泡沫稳定性　首先是除去降低泡特性的物质，如浑浊微粒中的脂肪酸等，可改善啤酒的泡沫稳定性；其次是过滤介质过多吸附胶体物质，黏度下降0.01～0.02mPa·s，CO_2损失，影响泡沫稳定性。

(8) 浓度　由于顶水、走水以及并酒过滤，会使啤酒浓度发生变化。

四、影响啤酒过滤的因素

1. 成熟啤酒的质量状况

成熟啤酒中的悬浮颗粒的组成、数量、大小等都会直接影响过滤质量和速度。一般要求酵母细胞数在2×10^6/mL以下；若啤酒中高分子β-葡聚糖多，黏度高，会造成啤酒过滤困难。

2. 过滤设备及其技术条件

过滤工艺要求低温、稳压、合理回流，以使过滤的啤酒符合清亮透明、富有光泽、口味纯正等的要求，而且啤酒损耗较少，达到降低成本的目的。

第二节　啤酒的包装与包装过程中的灭菌技术

啤酒包装是啤酒生产过程中最后一个环节，将过滤好的啤酒从清酒罐中分别灌装入洁净的瓶、罐或桶中，立即封盖，进行生物稳定处理，贴标、装箱为成品啤酒，投放市场的啤酒多以瓶装为主。

包装工艺及操作是否合理，对啤酒质量的稳定性和保质期有直接影响。如果控制不当，就会在极短的包装时间内使酿造好的啤酒变成次酒乃至不合格啤酒。严格认真的包装，能保证产品质量，降低酒损和瓶耗。

一、啤酒包装过程的要求

① 严格做到无菌操作，必须防止啤酒被杂菌污染，使成品啤酒符合食品卫生要求。

② 包装过程中，应尽量避免啤酒与空气接触，防止啤酒因氧化而造成老化味和氧化浑浊。

③ 包装过程中，须防止啤酒中二氧化碳的逃逸，以保证啤酒的杀口力和泡沫性能。

二、包装方式

(一) 瓶装啤酒的包装

1. 选瓶

啤酒瓶有不回收瓶（或新瓶）和回收瓶两种。可根据空瓶的颜色、高度、直径和外形轮廓选择瓶型拣选装置，选择出符合要求的啤酒瓶。

回收瓶应去除瓶盖和吸管，拣出油污瓶、异形瓶、缺口瓶、裂纹瓶及杂色瓶，以增加包装能力及减少损失。

2. 洗瓶

洗瓶机是清洗回收旧瓶，并使瓶子达到无细菌、无标纸、洁净卫生的洗瓶设备。一台先进的洗瓶机应该满足低消耗、低破损、低噪声、高效率的要求。

(1) 洗瓶机分类

按结构分为单端式和双端式。单端式洗瓶机进出瓶均在机器的同一端（如图2-8-6）；双端式洗瓶机进瓶和出瓶分别在机体前后两端（如图2-8-7）。

按运行方式分为间歇式、连续式。间歇式洗瓶机的瓶套运动是间歇的，停留时，装瓶、卸瓶、喷头对瓶口喷射、刷子插入瓶内洗刷，运动时不做上述工作。连续式洗瓶机的瓶套是连续运动的，无停留时间，运动过程中完成瓶子的清洗和进出。为了让瓶子顺利地进出瓶套，需要较复杂的进出瓶装置，为了有效地进行喷射，需要有一机构使喷头移动对准瓶口几秒钟。

按洗瓶方法分为喷冲式和刷洗式。喷冲式是使用一定温度的洗涤液对旧瓶进行浸泡、喷冲，是目前常用的一种洗瓶方法。刷洗式是靠毛刷洗刷，现逐渐被淘汰。

按瓶盒材质分为全塑型、半塑型、全铁型。

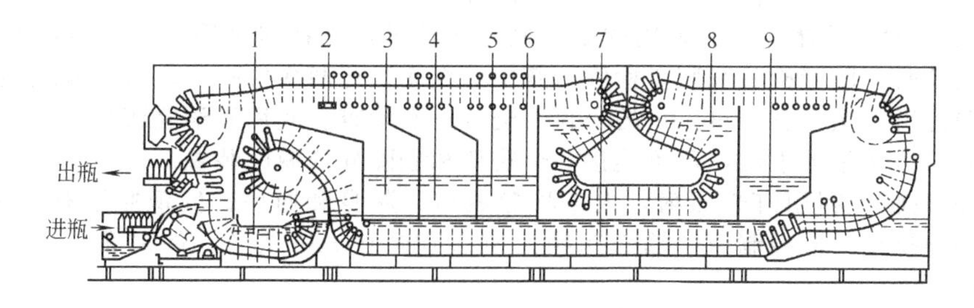

图 2-8-6　单端式洗瓶机

1—预泡槽；2—新鲜水喷射区；3—冷水喷射区；4—温水喷射区；
5—第二次热水喷射区；6—第一次热水喷射区；7—第一次洗涤浸泡槽；
8—第二次洗涤剂浸泡槽；9—第一次洗涤剂喷射槽

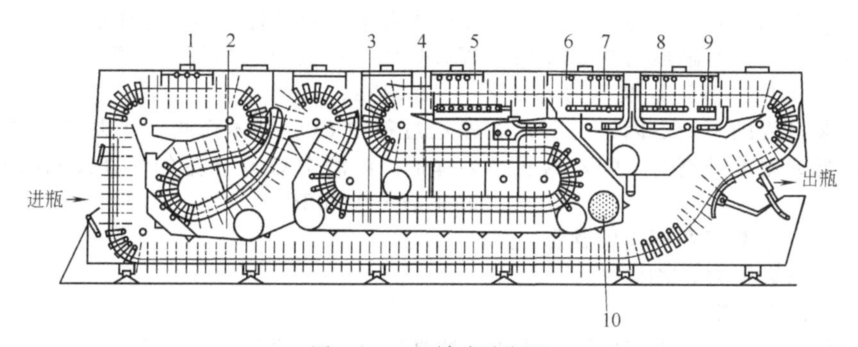

图 2-8-7　双端式洗瓶机

1—预洗刷；2—预泡槽；3—洗涤剂浸泡槽；4—洗涤剂喷射槽；5—洗涤剂喷射区；
6—热水预喷区；7—热水喷射区；8—温水喷射区；9—冷水喷射区；10—中心加热器

（2）洗瓶工艺过程

空瓶 →预浸预浸 38～45℃，2min → Ⅰ浸碱槽，(55±2)℃，5min → 喷淋脱标、碱液喷冲
↓
温水冲洗 25℃← 热水冲洗 40～50℃，4min← Ⅱ浸碱槽，(75±3)℃，5min
↓
高压冷清水冲洗 15℃，2min → 空行滴水 → 备用

（3）影响洗瓶效果的主要因素

① 温度　对洗瓶效果有明显的影响，当洗涤液温度高时，容易洗净瓶子，特别是瓶子污染较重时，提高温度会收到良好的洗涤效果。但是，啤酒瓶急冷温差不能超过 39℃，洗瓶机内两个相接的洗涤槽之间或两个喷洗区之间温差不得超过 35℃，若温差太大，会引起瓶子破裂。温度太高又会使商标纸溶解堵塞喷嘴，影响啤酒瓶的洗涤效果。

② 碱水浓度及要求　洗瓶所用碱水应符合高效、低泡、无毒的要求，一般控制氢氧化钠浓度在 3%以下，不宜过高。

③ 喷嘴的工作状态　如喷嘴堵塞应及时疏通；喷洗准确，喷洗压力高，则洗涤效果均好。

3. 空瓶检验

（1）空瓶检验工艺要求

① 瓶子内外洁净，无污垢、杂物和旧标纸残留。

② 瓶子不得有裂纹和崩口现象。

③ 瓶子规格要求一致。

（2）空瓶检验方法

验瓶方法有光学检验仪验瓶和人工验瓶两种。

① 光学检验仪验瓶　以前采用的是瓶底检验技术，现在多采用全瓶检验技术。全瓶检验包括瓶底检验、瓶壁检验和瓶口检验。其中对瓶底进行两次检查，即对碱液或残液进行检查；对瓶壁进行一次检查；对瓶口的密封面进行一次检查。利用光学验瓶装置，可自动将污瓶和破损瓶从传送带上推出，还可连接一个辨认和剔除异样瓶的装置。

② 人工验瓶　利用灯光照射，人工检验瓶口、瓶身和瓶底，发现瓶子有污物、不洁、破损时，一律拣出。应控制瓶子输送速度为 80～100 个/min 为宜，如果灌装速度快，可采用双轨验瓶。

4. 装瓶压盖

装瓶压盖机主要适用于玻璃瓶的啤酒灌装和压盖。产品为回转式装瓶与压盖联合机组，下盖为搅拌式。我国行业标准为 QB/T 2373—1998。装瓶压盖机是啤酒包装最为关键的设备之一，它的优劣影响成品啤酒的产量和质量，以及酒损瓶耗的高低。

(1) 装瓶系统的基础知识　啤酒从清酒罐流入灌装机酒缸，再灌装入瓶的过程，若能够保持啤酒不起泡沫，则为稳定灌装。当酒缸和瓶内压力相等时，形成等压灌酒，一般要求清酒罐压力大于灌装机酒缸压力 0.05MPa，以补偿酒阀中的阻力损失。当酒温为 4℃，CO_2 含量为 4.5%～5%时，最适灌装压力为 0.2～0.25MPa。

啤酒灌装过程的不稳定因素主要是在输送过程中 CO_2 气体释放，并夹带在啤酒中。当酒缸压力降低或温度升高时，CO_2 含量都会降低。啤酒中 CO_2 含量的计算公式如下：

$$M=0.298+4p-0.008t$$

式中　M——CO_2 溶解在酒中的含量，%；

p——酒缸压力，MPa；

t——酒温，℃。

(2) 灌装的方法　主要有加压灌装法、抽真空充 CO_2 灌装法、二次抽真空灌装法、CO_2 抗压灌装法、热灌装法、无菌灌装法等。

(3) 装瓶机灌装部分的结构

① 灌装部分的结构组成及功能（图 2-8-8）

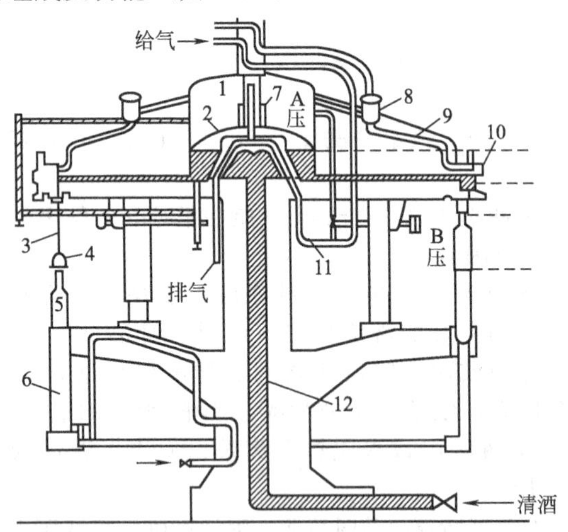

图 2-8-8　装瓶机灌装部分示意图

1—啤酒桶；2—浮筒；3—装酒管；4—瓶口钟罩；5—酒瓶；6—气筒；7—浮筒阀；8—排气控制阀；9—进、出气管；10—啤酒阀；11—给气注入管；12—啤酒进管

a. 密闭的滤过啤酒贮槽，缸盖上的浮筒阀用于调节酒缸内的液位，有固定的中心进酒管，回气支管、压力平衡支管和进气支管分层均匀地分布在酒缸上，支管连接套便随酒缸作同步旋转。

b. 酒阀（灌装阀）安装在回转酒缸外圆上，内酒阀拨轮位置确定阀的打开及关闭位置，每个拨轮应尽可能均匀一致。

c. 托瓶气缸，用作瓶子的升托，由压缩空气输入气环使托瓶上升均匀，凸轮压下托瓶缸的滚轮，使托瓶下降平稳。

装瓶机的结构形式为回转式装瓶，它与压盖机联合称为装瓶压盖机。灌装方法分为全部灌满瓶容和灌至规定高度两种。

② 长管式注酒阀（图 2-8-9）为平面阀和旋塞阀，采取调节回气孔大小，使下酒速度先慢后快，达到稳定灌装。长管式注酒阀的下酒管伸入瓶内的长度应是一致的，利用下酒管的体积大小，当装满啤酒后下酒管抽出时，使瓶内啤酒液面降低，形成瓶颈空气。它的最大优点在于不用 CO_2 背压，增氧值低于 0.8mg/L，如用 CO_2 背压，增氧值在 0.5mg/L 以下。Rola-Tromic 采用长管三室酒阀（图 2-8-10），即背压气体（无菌空气或 CO_2）、啤酒和返回气体三者分开为三室，长管酒阀带有探测触点，对啤酒灌装进行电子控制。

③ 短管式注酒阀（图 2-8-11）是利用排气孔之高度来控制瓶内液面高度，即当啤酒液面上升至酒管的排气孔时，液面不再上升而保持一定液面高度。因此，回气管上的分散罩位置及表面形状决定能否使啤酒沿着瓶壁以层流状态灌入瓶中。其次是等压弹簧的灵敏性，即等压时弹簧能克服气压及摩擦阻力而打开阀口。瓶内抽真空，再充入 CO_2 后，应用短管阀灌装啤酒较为有利。短管阀在不同工艺条件下增氧值如表 2-8-2 所示。

表 2-8-2　短管阀在不同工艺条件下增氧值

项　目	工艺条件	增氧值/(mg/L)
不抽真空	用无菌压缩空气背压(0.2MPa)	1.1～1.6
抽真空	用无菌压缩空气背压(0.2MPa)	0.5～0.7
抽真空	用 CO_2 背压(0.2MPa)	0.05

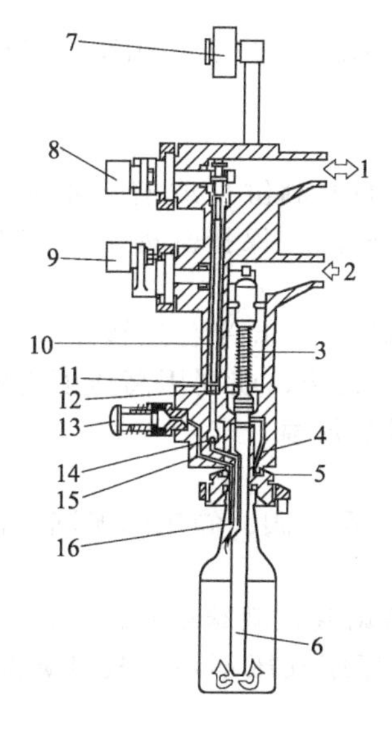

图 2-8-9　长管式注酒阀

1—气体出进口；2—酒液进口；3—补偿式弹簧酒阀；4—进酒管排空管；5—中心罩；6—插入式长管；7—中心罩凸轮；8—气阀控制杆总成；9—酒阀控制杆总成；10—补偿弹簧气针；11—密封；12—气体节流阀；13—自动清洗阀吸入旋钮；14—酒止回阀；15—移位管；16—回气管

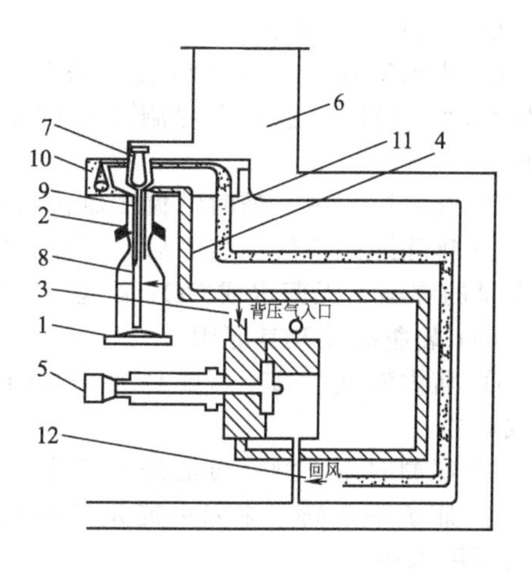

图 2-8-10　长管三室酒阀

1—瓶托；2—酒阀密封环；3—背压气体；4—背压气体管路；5—背压气体压力调节阀；6—啤酒环形槽；7—啤酒阀；8—进酒管；9—回气管；10—单向阀门；11—背压气体回路管；12—回风

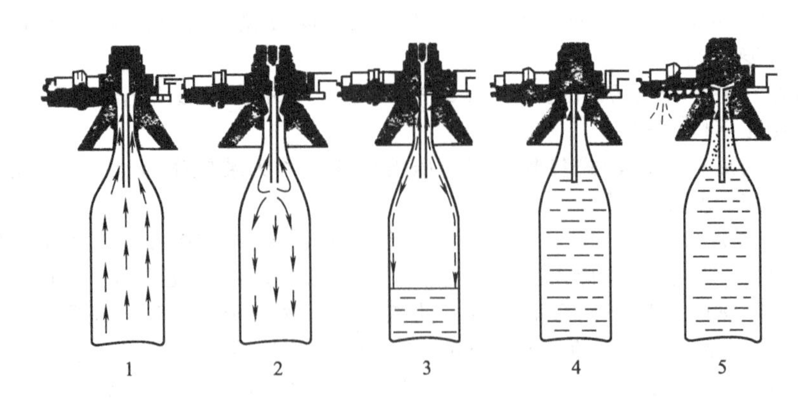

图 2-8-11 短管式注酒阀工作原理

1—抽真空；2—充 CO_2 背压；3—沿瓶壁贮酒；4—达到停止注酒液位；
5—关闭所有与酒瓶相通的气液阀

（4）装瓶工艺要求

① 啤酒应在等压条件下灌装，酒温要低，一般为 0～4℃，灌装压力为 0.15～0.8MPa，压力波动绝对值小于 0.03 MPa，应尽量避免 CO_2 的散失和酒液溢流。

② 酒阀密封性能好，酒管畅通；瓶托风压保持在 0.25～0.32MPa，长管阀的酒管口距瓶底距离为 1.5～3.0cm。

③ 灌装后用 0.2～0.4MPa 的清酒或 CO_2 激泡，使瓶颈空气排出，空气量降至 1mL/瓶以下。

④ 装酒容量为（640±10)mL、(355±5)mL，保持液面高度一致，注意要有 4%～5% 的膨胀空间，否则杀菌时易爆瓶。

⑤ 灌装过程中避免一切增加含氧量和带入杂菌的人工操作工序。如用手接触瓶口或人工充满啤酒等。

（5）装瓶操作要点

① 装酒机在装酒前要清洗和杀菌，同时，装酒机上的贮酒缸（或槽）要预先用 CO_2 背压，然后缓慢平稳地将啤酒由清酒罐送至装酒机的酒缸内，保持缸内 2/3 高度的啤酒液位。

② 装酒过程中，随时掌握酒缸内液位、压力和装酒速度，保持平稳运转。

③ 排除瓶颈空气。装酒后，可采用机械敲击、超声波起沫，或利用高压喷射装置，喷射少量的啤酒、无菌水或 CO_2 激泡，将瓶颈空气排除，然后压盖。

（6）装瓶故障及其原因

① 瓶内液面过高　可能是由于酒阀密封橡胶圈失效，真空阀、卸压阀泄漏，回气管太短或弯曲。

② 灌酒时不下酒　可能是由于等压弹簧失灵，回气管堵塞，酒阀粘住。

③ 瓶子罐不满　原因可能是气阀门打开调节不当，托瓶气压不足，瓶口破损，气阀、酒阀开度太小。

④ 灌装喷涌　装酒后，酒瓶下落，产生喷涌（又称冒酒），造成大量酒损和浅瓶。其原因可能是：a. 酒温过高，CO_2 逸出；b. 啤酒 CO_2 含量过高；c. 背压与酒压不稳定；d. 瓶托风压过大，瓶子落下时震动过大，易引起冒酒；e. 酒阀漏气，酒阀气阀未关闭，卸压时间短或卸压凸轮磨损；f. 瓶子不洁净。

装酒过程中应控制酒温、酒压、瓶托风压、送酒压力，应了解和掌握自控装置，对易损件和备件要及时更换。

（7）压盖系统　包括瓶盖输送机、落盖贮斗、瓶盖整理及压盖头。

压盖元件可分为三类：一是将瓶高补偿弹簧、冲头弹簧都放置在压盖筒内；二是将瓶高补偿弹簧放置在酒瓶支承座下部，与支承座联为一体；三是通过压盖筒内的几颗钢珠，将压盖形成力传递到压盖头上而实现压盖动作，压盖筒内的三根弹簧也起瓶高补偿作用，酒瓶支承座上有缓冲橡胶垫。

瓶盖采用冠形瓶盖，应符合 GB/T 13521—92 的规定。结构如图 2-8-12 所示，其基本尺寸及其偏差见表 2-8-3。

表 2-8-3　冠形瓶盖基本尺寸及其偏差

名　称	基本尺寸	极限偏差
厚度 S/mm	0.23～0.28	—
外径 D/mm	32.1	±0.02
内径 d/mm	26.75	+0.15
高度 H/mm	中间型 6.10	+0.15
	标准型 6.75	0
齿数 Z/个	21	—
盖角半径 r/mm	1.7	±0.2
盖顶半径 R/mm	140～200	

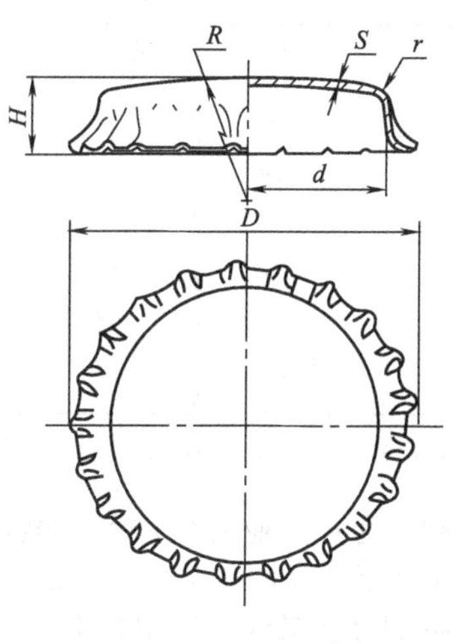

图 2-8-12　冠形瓶盖结构

(8) 压盖工艺要求

① 冠形盖与啤酒瓶的尺寸应分别符合 GB/T 13521 和 GB 10809 的规定。冠形盖的四周不应有毛刺、疵点和裂痕等，不得沾有污物，否则在滑槽上很难滑行。

② 瓶盖基本材料采用厚度为 0.23～0.28mm 的电镀锡（或镀铬）薄钢板，电镀锡薄钢板的技术要求应符合 GB 2520 的规定。

③ 瓶盖落盖槽底部的水平面应比压盖头入口高 0.5mm，以利于入盖。

④ 压盖后，盖应严密端正，不得有单边隆起现象。封盖后瓶盖不得通过 ϕ28.6mm 圆孔，但可以通过 ϕ29.1mm 圆孔。因为太紧会使瓶口破裂，太松则会在杀菌过程中因电镀锡薄钢（也称马口铁）受内压和回弹力作用而导致漏气。

(9) 压盖操作要点

① 每个压盖元件中有行程控制间隔 H，通过测量 H，确定其行程值，并作适当的调节，获得最佳的压盖效果。

② 根据瓶盖性质，如瓶盖马口铁及瓶垫厚度，调节压盖模行程和弹簧压力大小。

③ 控制瓶盖压盖后外径在 ϕ28.6～29.1mm，有的用瓶盖密封检测仪来检验瓶盖的耐压强度，双针式压力表可自动显示和记录瓶盖失效瞬间的最大压力（0.85MPa）。

5. 杀菌

酿造出来的鲜啤酒，一般含有酵母菌和其他杂菌，需经杀菌处理，以提高产品的生物稳性和延长啤酒保存期。

(1) 巴氏杀菌单位　1860 年法国巴斯德（L. Pasteur）用实验证明了在食品工业中应用低温杀菌可使微生物致死，后称之为称为巴氏杀菌法。在最高生长温度以上，温度每升高 7.1℃，热致死率就增加 10 倍。并提出在 60℃加热并维持 1min 的热处理为 1 个巴斯德单位（即 1Pu）。巴斯德单位（巴氏热消毒单位），是消毒时间（min）和温度（℃）对数函数值的乘积：

$$\text{Pu 值} = T \times 1.393^{(t-60)}$$

式中 t——在某温度下消毒所维持的时间，min

T——热消毒温度，℃；

1.393——温度每增加 7.1℃，热致死率增加 10 倍的常数，即每升高 1℃，致死效率提高 1.393 倍。

啤酒湿热消毒 1min 的温度和 Pu 值的关系，如表 2-8-4 所示。

表 2-8-4 啤酒湿热消毒 1min 的温度和 Pu 值的关系

温度/℃	Pu 值	温度/℃	Pu 值	温度/℃	Pu 值	温度/℃	Pu 值
46	0.01	58	0.52	64	3.7	70	27
48	0.019	59	0.72	65	5.2	71	37
50	0.037	60	1	66	7.2	72	52
52	0.072	61	1.4	67	10	73	72
54	0.14	62	1.9	68	14		
56	0.27	63	2.7	69	19		

注：此表引自王文甫．啤酒生产工艺．北京：中国轻工出版社．

各啤酒生产企业所生产的瓶装啤酒温热消毒的 Pu 值不尽相同，如国外啤酒先进生产国，均采用较低 Pu 值（如 15～20）。我国条件好的大型工厂采用的 Pu 值为 20～25，小型工厂（特别是在夏天）采用的 Pu 值为 30～45。应注意综合考虑影响 Pu 值的两个因素——杀菌温度和时间：温度较高，啤酒风味改变较大；而延长杀菌时间会降低产量。严格来说，不同啤酒应有不同的适宜 Pu 值，现已广泛采用"随行温度记录器"实测和记录瓶内酒温在杀菌过程中温度的变化，依此换算出 Pu 值。

（2）杀菌方式　瓶装熟啤酒应进行巴氏杀菌，小厂用吊笼式杀菌槽，大厂用隧道式喷淋杀菌机。

① 吊笼式杀菌槽　吊笼每只可放 100～120 瓶啤酒，吊笼进出五格水槽，对水温和时间的控制如表 2-8-5 所示。

表 2-8-5 吊笼式杀菌槽各格的水温和时间控制

项　目	第一格	第二格	第三格	第四格	第五格
温度/℃	30～35	55～58	60～62	55～58	30～35
时间/min	12～13	12～13	24～27	12～13	12～13

② 隧道式喷林杀菌机和步移式巴氏杀菌机　我国行业标准为 ZBY 99037—1990，适用于瓶装、易拉罐装啤酒杀菌。

（3）啤酒杀菌的工艺要求

① 经杀菌的啤酒不得发生酵母浑浊，色、香、味不得与原酒有显著变化。

② 在灭菌温度 65℃以下、CO_2 含量 0.4%～0.5%条件下，瓶装啤酒的瓶颈空间容积应为瓶容积的 3%。杀菌温度超过 65℃，应保持瓶颈空间容积为瓶容积的 4%。

③ 喷淋水喷射均匀，公称处理量时，杀菌效果为 15～30Pu，主杀菌区杀菌温度为 61～62℃。

（4）杀菌操作要点

① 根据所使用的杀菌机，严格控制各区温度和时间。各区温差不得超过 35℃，瓶子升降温速度控制在 2～3℃/min 为宜，以防止温差太大引起瓶子破裂。

② 定时（每隔 0.5～1h）检测各区温度，温度变化以±1℃为宜，每班要测 Pu 值 1～2 次。

③ 严格清洗机体、喷嘴、管路，喷淋水压 0.2～0.3MPa。

(二) 桶装啤酒的包装

桶装啤酒是未经彻底灭菌的鲜啤酒，包装简便，成本低，口味新鲜，清爽杀口，近年来受到企业的重视。桶装啤酒的包装容器一般采用不锈钢桶或不锈钢内胆、带保温层的保鲜桶，桶的规格有 8L、25L、30L、50L 等。包装前，啤酒要经瞬间杀菌处理或经无菌过滤处理。前者是由板式热交换器将啤酒升温到 72℃，保持 30s，然后再用 0～2℃冰水冷却后，进入缓冲罐，最后送至桶装线包装，瞬时杀菌的巴氏灭菌值可达到 25～30Pu，可延长保质期。后者是采用微孔超滤法，滤膜微孔规格（ϕ）有 0.25μm、0.45μm、0.8μm、1.2μm、1.5μm 等，以滤除细菌、酵母细胞，保持生啤的生物稳定性。

工艺流程如下：

空桶→浸泡→刷洗→巴氏灭菌（无菌过滤）→灌装→垛装

(三) 灌装啤酒的包装

一般用铝镁合金二片易拉罐包装，容量 355mL，其体轻，便于运输和携带。

(1) 工艺流程

空罐卸箱托盘机→链式输送器→洗涤机→罐装机→封罐机
↓
成品←装箱或收缩包装←喷印日期←液位检测←巴氏杀菌机

(2) 操作步骤

① 空罐要经清洗，紫外线灭菌。

② 装酒高度一致；封口后，易拉罐不变形，不泄漏，保持产品正常外观。

③ 装罐封口后，罐倒置进入巴氏杀菌机。杀菌温度一般为 61～62℃，时间 10min 以上。杀菌后，经鼓风机吹除罐底及罐身的残水。

④ 检查液位，不符合要求者，立即剔除。

⑤ 使用自动喷墨机在易拉罐底部喷上生产日期或批号。然后罐装啤酒倒正，装箱。

(3) 注意事项

① 要保证容器、设备、压缩空气或 CO_2、环境等卫生。

②防止氧的进入。

③ 灌装前，用 1～2℃水进行设备降温，灌装温度为 2～4℃。

④ 控制好温度和时间，灭菌后快速冷却至 35℃以下。

第三节 啤酒设备清洗与杀菌技术

啤酒设备的清洗和杀菌是提高啤酒质量最关键的技术措施。因此，在啤酒生产过程中，除了采取正确的生产工艺外，还必须对设备进行正确、及时的清洗，并定期进行消毒和杀菌。

啤酒生产过程所接触到的主要设备包括糖化锅、糊化锅、煮沸锅、麦汁过滤机（或过滤槽）、冷麦汁输送管道、发酵罐、麦汁冷却器、啤酒过滤机、酵母添加泵、啤酒输送管道、清酒罐、灌装机以及生产所用到的各种管件等。清洗就是要尽可能地去除罐体、管道和设备表面上的污物。若清洗杀菌不彻底，设备内壁残存的积垢和微生物的繁殖会削弱杀菌剂的作用。酵母和蛋白类杂质、酒花和酒花树脂化合物以及啤酒石等，由于受静电等因素作用，这些污物在设备内壁表面沉积，使设备表面变得粗糙，并给微生物生长提供了栖身之地。洗涤时必须去除微生物菌落，因为杀菌剂适于表面杀菌，对内部存活的细菌作用很小，容易造成再次污染。

一、清洗剂

1. 清洗剂的分类

根据清洗剂的 pH 可分为酸性清洗剂和碱性清洗剂两种。

酸性清洗剂主要以硝酸、硫酸和磷酸为主，添加表面活性剂构成，不能使用盐酸。酸能溶解无机类沉淀物，如啤酒石。

碱性清洗剂是由无机碱性化合物（如磷酸盐、硅酸盐及氢氧化钠、氢氧化钾、苏打）和表面活性剂构成。常用的是浓度为1.5%～2%的氢氧化钠。氢氧化钠适合于去除有机物，如干酵母、蛋白质和酒花树脂等。

2. 清洗剂的要求和选择

清洗剂应具有润湿、溶解、渗透、皂化及消化等功能，且腐蚀性低、安全性高，价格低，易冲洗，使用方便，并且对人体无危害，对环境污染小等。

选择清洗剂要根据设备的材料特性、污物的性质、用水的水质特征、使用成本和效果以及环保要求综合考虑。

3. 清洗技术及方法

污物的去除主要取决于污物在表面上的附着能力、污物的坚固程度、设备的表面类型（粗糙度、腐蚀性）、清洗方式等。清洗过程是机械作用、化学作用和温度效应共同作用的过程。首先要发挥机械作用，即采用一定冲击强度的水流冲去设备表面上的附着物，然后，清洗剂在温度和表面活性物质的协同作用下发挥物理、化学作用。也即使用酸性或碱性清洗剂，并在清洗液中加入表面活性剂来降低设备表面附着物的表面张力，破坏污垢膜，使污物疏松、崩裂或溶解，提高清洗效果。同时提高清洗的温度，能促使清洗剂更快地进入污物内部，使其快速膨胀并脱落。

4. 清洗过程的基本要求

① 被清洗的设备必须封闭起来。

② 清洗液必须直接与污物接触。机械冲刷作用要全部作用于被清洗的部位，清洗液的浓度、作用温度和作用时间必须达到工艺要求。

③ 清洗下来的污物必须以流动方式从设备中全部排出，防止污物重新沉积。

④ 清洗过程中需定期调节和检测其浓度。最后，清洗剂也必须全部排出被清洗的系统。

二、杀菌剂

杀菌是指通过化学作用或温度作用使容器表面达到无菌要求的过程。啤酒中的主要污染微生物有细菌和野生酵母，通常采用化学杀菌剂进行杀菌。

1. 杀菌剂的分类

根据杀菌剂的pH可分为酸性杀菌剂和碱性杀菌剂两种。

酸性化学杀菌剂的主要成分是具有氧化作用的过氧化氢、乙酸和过氧乙酸，碱性化学杀菌剂的主要成分是氯（次氯酸盐）。根据污物的情况还可以选用季铵盐、甲醛和含碘消毒剂。在使用自动清洗系统时，季铵盐容易产生泡沫，冲洗比较困难，需要耗费较多的冲洗水。甲醛是一种非常有效的杀菌剂，但它有一定的致癌作用，在食品工业中很少使用。需特别指出的是，强氧化剂对钢制设备内涂T-541涂料有破坏作用，涂膜中的有机物遇到强氧化剂会起反应，发生失光、粉化和掉色现象，即使使用氧化性较弱的过氧化氢时，也必须严格控制浓度（不超过0.35%），应在常温下使用，不得浸泡，避免杀菌剂长时间接触涂层，每次不超过20min。

2. 杀菌剂的要求

对杀菌剂特性的要求同清洗剂一样，另外，要求杀菌剂的杀菌能力强、作用范围广。

3. 影响杀菌效果的因素

杀菌的效果取决于微生物的数量、有机污物的表面性质、杀菌的方法、化学药品的类型和浓度及其作用温度、作用时间等。杀菌作用还受其他因素的影响，如材料表面的微孔和极细裂纹，都会造成杀菌困难。

常用的清洗剂和杀菌剂及其使用方法见表2-8-6。

表 2-8-6 常用的清洗剂和杀菌剂及其使用方法

项目		最高浓度	最高温度/℃	pH 范围	水中 Cl^- 最高含量/(mg/L)	最长作用时间/h
碱性化学剂	NaOH	5%	140	13～14	500	3
	NaOH+NaClO	5%	70	≥11	300	1
	NaClO 或 KClO	300mg/L 活性氯	20 60	≥9	300	2 0.5
酸性化学剂	硫酸	1.0%～1.5%① 3.5%②	60		150 250	1
	磷酸或硝酸	5%	90		200① 300②	1
	过氯乙酸	0.0075% 0.15%	90 20		300	0.5 2
	含碘消毒剂	50 mg/L 活性碘	30	≥3	300	24

① 用于 CrNi 钢。
② 用于 CrNiMo 钢。

三、啤酒设备的清洗

1. 罐的自动清洗

清洗罐体可通过自动洗罐器来完成，洗罐器有喷球式和机械式（或称旋转喷射型）两种。喷球式洗罐器是把清洗液喷射到罐体封头或罐体内上部的壁上，然后清洗液沿着罐壁向下流。一般情况下清洗液会形成一层薄膜附着在罐壁上，这样机械作用的洗涤效果很小，洗涤效果主要靠清洗剂的化学作用（如溶解）来实现。使用机械式洗罐器可以增强冲洗的机械作用。由机械式洗罐器喷出的清洗液能直接喷射到罐壁各个点，对每个地方都形成冲力喷洗。特殊喷球式洗罐器的作用半径可以达到 5m，洗涤液流量达到 $60m^3/h$。一般喷球式洗罐器的作用半径约为 2m，洗涤液流量约 $12m^3/h$，喷嘴出口的压力应为 2～3MPa。对于立式罐和压力测量点在洗涤泵出口的情况，不仅要考虑管路阻力造成的压力损耗，还要考虑高度对清洗压力的影响。压力太低时，洗罐器的作用半径小，流量不够，喷射的清洗液不能布满罐壁；而压力太高时清洗液会形成雾状，不能形成沿罐壁向下流动的水膜或者喷射的清洗液被罐壁反弹回来，降低了洗涤效果。

在被清洗设备较脏和罐体直径较大时（$d>2m$），一般采用机械式洗罐器，通过增加洗罐器出口压力（0.7MPa）来加大洗涤半径和清洗强度。与喷球式洗罐器相比，机械式洗罐器可以采用较低的清洗液流量。

2. 管路的清洗

管路洗涤的重点是充分发挥机械作用，以提高洗涤效果。因为洗涤管路时，流动状态对洗涤效果的影响非常大，流速慢时管内的流体易于分层，受摩擦力的作用，管道内流体的流速自中心向边缘呈速度梯度变化（变慢），这样污物就难以洗掉。因此在进行管道清洗时，必须采用较高的流速，使管路内形成旋涡和湍流。

表 2-8-7 管径与洗涤流速的关系

管径/mm	洗涤液在管内的流速/(m/s)
DN50 以内	3～4
DN50～100	≥2
DN100 以上	1

用冷清洗液进行清洗时，为达到良好的洗涤效果，管径不同要求洗涤液在管内的流速不同，见表 2-8-7。

用热清洗液进行清洗时，洗涤液在管内的流速保持在 1～1.5m/s。必须重视对 CO_2 和压缩空气管路及其附件的清洗，每年至少应进行 5 次。

3. 热交换器的清洗

热交换器和管路的清洗原则上是一样的。热交换器在正常的工作状态下，其介质呈紊流状态。若用高出设计流量 20%～30%的清洗液进行清洗，就可以获得良好的清洗效果。

4. 设备机件和机器的清洗

对此设备没有统一的清洗模式，可根据设备清洗说明进行。在用热的清洗液浸泡设备（如过滤机）时，应当使罐内保持正压，以确保清洗液冷却时外界空气不能进入。

5. 胶管的清洗

胶管的洗涤温度和清洗时间要根据产品的技术要求确定。一般胶管只能用碱性清洗剂清洗，氧化性的酸性清洗剂和消毒剂都会加快胶管的老化，使胶管的内表面变得粗糙，出现细微的裂纹。这样就使胶管的清洗难度加大，因此应尽可能减少胶管的使用。胶管的使用寿命一般为 3～4 年，到期的胶管应及时淘汰。

6. 罐顶部件的清洗

圆锥底罐罐顶部件（如安全阀和真空阀等）的清洗是啤酒厂卫生管理中的薄弱环节，应当加以重视。这些部件在罐的清洗过程中都应当被清洗到。可根据部件的特性及设计安装部位的情况不同，选择适当的清洗方法进行清洗。

清洗和杀菌的最终目的是使所有与产品接触的部件及设备表面没有沉积物和存活的微生物，从而确保啤酒生产的卫生。卫生检验是啤酒质量控制的重要手段，因此，还必须对各个相关生产环节进行微生物检验和卫生监督。

思 考 题

1. 当过滤对啤酒造成不利影响时，在操作过程中应怎样尽量降低不利影响程度？

2. 若发现从洗瓶机下来的酒瓶，经检验清洗效果不好，甚至有部分破损酒瓶，应从哪些操作环节考虑并解决问题？

3. 在灌装时，发生喷涌现象，试分析原因并提出解决办法。

4. 试述怎样才能达到清洗设备的良好效果？

第九章 啤酒质量监控技术

学习目标

1. 掌握啤酒成分及其作用。
2. 了解啤酒的感官要求以及微生物、物理、化学检验指标的测定方法。
3. 掌握影响啤酒的生物和非生物稳定性因素及其解决的方法。
4. 掌握啤酒常见异味处理方法。

不同种类的啤酒具有不同的风味。一种啤酒能为众多消费者认可、喜欢和推崇，则是好啤酒。要保证啤酒质量上乘，必须在原材料和辅料、生产工艺、成品贮藏等各环节严格遵守啤酒生产的国家标准规定，也可根据自身实际情况执行高于国家标准的规定。但德国专家阿伯特（Willi Abt）常说，没有不存在问题的啤酒厂。因此，要有针对性，积极努力地找到解决问题的办法，确保啤酒质量。

第一节 啤酒成分及其作用

啤酒的成分种类很多，除水外，现已检出的成分近600种，可概述如下。

1. 酒精（乙醇）

酒精是啤酒热价的主要来源，又是使啤酒泡沫具有细致性的必要成分。我国过去习惯以质量分数表示酒精含量，目前已按照国际通用形式，采用体积分数来标注啤酒的酒精度。各种啤酒的酒精含量不尽相同，主要由原麦汁浓度和啤酒发酵度决定，一般10～14°P啤酒的酒精体积分数为3.7%～5.5%。标贴上注明酒精含量，以便于消费者选择。

2. 真正浓度

残留在啤酒中的浸出物称为真正浓度，由原麦汁浓度和啤酒发酵度决定。它以胶体溶液形式存在，其组分比率见表2-9-1。

表2-9-1 胶体溶液组分比率

成　分	含量/%	成　分	含量/%
碳水化合物	75～80	无机成分、维生素	3.0～4.0
氮化合物	6.0～9.0	苦味质及多元酚	2.0～3.0
甘油	5.0～7.0	不挥发有机酸	0.7～1.0

（1）碳水化合物　麦汁发酵后，只有少量的可发酵性糖残留在啤酒中，一般为0.8%～1.2%（质量分数），是发酵工艺管理的重要指标之一。啤酒中非发酵性的糖主要是低聚糖、糊精（1.6%～2%）、β-葡聚糖（0.03%～0.13%）和戊聚糖（0.03%）。啤酒中的糖类是啤酒热值的重要来源。低聚糖含量高，会使啤酒口味纯厚，可发酵性糖残留过高，对啤酒稳定性产生负面影响。啤酒冷浑浊物中含有3.0%～13%（质量分数）的碳水化合物，包括葡萄糖、β-葡聚糖、戊聚糖。

（2）含氮物质　麦汁中的含氮物质，经过发酵，一部分低分子含氮物质被酵母同化，另一部分高分子蛋白质随温度和pH的降低而析出。另外，酵母代谢过程中也分泌一部分含氮物质。啤酒中残留的含氮化合物约300～800mg/L（以氮计），相当于麦汁含氮量的55%～

65%。根据使用原料、菌种和工艺条件的不同，啤酒中的含氮物质有较大变化（如表 2-9-2 所示）。

表 2-9-2 啤酒中总氮、α-氨基氮和其风味特性

项目	国内 1	国内 2	国内 3	丹麦嘉士伯	美国百威	德国斯巴顿
	12°P	12°P	12°P	11°P	12°P	12°P
总氮含量/(mg/L)	630	320	250	305	520	720
α-氨基氮/(mg/L)	85	65	75	45	65	95
啤酒风味特性	浓醇	淡爽	寡淡	淡爽	较淡爽	极浓醇

注：此表引自王文甫. 啤酒生产工艺. 北京：中国轻工业出版社.

(3) 非挥发性成分　啤酒中无机成分（或离子）含量（以灰分计，质量分数）为 0.1%～0.2%。铁、铜能促进氧化，使啤酒浑浊，香味劣化；铁、钴、镍的盐类能促进啤酒起泡；钴盐具有防止喷涌的作用；硫酸镁盐、硫酸钠盐使啤酒具有涩味。

啤酒的苦味物质是异 α-酸的一系列化合物，通常啤酒中的苦味物质为 15～40BU。含花色苷 30～40mg/L、多酚物质 100～200mg/L。花色苷会影响啤酒的胶体稳定性及香味稳定性。其次，啤酒中含有较多 B 族维生素（维生素 B_1 0.02～0.06mg/L，维生素 B_2 0.21～1.3mg/L）和维生素 C 10～20mg/L。并且含有微量脂质（中性脂肪 0.5mg/L）、色素物质（类黑精、还原酮及焦糖）和有机酸（乙酸 60～140mg/L、脂肪酸 10mg/L）。生产工艺应控制啤酒的总酸，以保证啤酒的口味和风味，防止严重的微生物污染。另外，啤酒中的硝酸盐主要来源于水和酒花，因其会转变成对微生物和人体有害的亚硝酸盐，所以在啤酒中的含量受到严格限制，德国规定不超过 50mg/L，欧洲共同体规定不超过 25mg/L。

3. 原麦汁浓度

原麦汁浓度是指发酵前麦汁中浸出物的浓度（%），它由啤酒的酒精含量和真正浓度计算得出，是啤酒重要指标之一，作为划分啤酒规格的标准。例如我国 11°P 啤酒表示原麦汁含浸出物 11%±0.3%（质量分数）。

4. 二氧化碳

啤酒中的二氧化碳是在发酵过程中产生和溶解于啤酒中的，也有人工补充的。其质量分数在 0.35%～0.6%之间，它有利于啤酒起泡，饮后给人以舒服的刺激感，即啤酒的杀口力。有些啤酒一打开盖就发生喷涌现象，除振荡、过热的原因之外，并不是气足的现象，而是存在质量缺陷的表现。

5. 挥发性成分

啤酒中除酒精外，还有高级醇类、醛类、酮类、脂肪酸类、有机酸类、酯类和含硫化物等（见表 2-9-3）。这些物质主要由麦汁中的可发酵性糖代谢产生。微量的挥发性物质是构成啤酒风味的成分。双乙酰是啤酒发酵的产物，其含量高是啤酒不成熟的表现，当其含量超过 0.2mg/L 时，能尝出馊饭味，给人不愉快的感觉。

第二节　啤酒的感官检验

一、啤酒的外观特征

啤酒的外观特征是：富有洁白细腻、持久挂杯的泡沫，清新悦目的色泽，酒液清澈透明。饮后爽口，有醇厚感或爽快感，后味不苦，不淡薄如水。

因不同地区的饮食习惯要求不同，各企业生产的啤酒有其自己的特色风味，从而出现具有典型特征的各种啤酒，一些具有独特风格的啤酒被世界市场所接受，如表 2-9-4 所示。

表 2-9-3　啤酒中的一些香气和风味化合物

挥发性物质分类	名　称	阈值/(mg/L)	啤酒中含量/(mg/L)	在啤酒中呈味
高级醇	正丙醇	25 50	4.4～25	
	正丁醇	50	1.0～10	
	异丁醇	75 100	7.5～30	过量臭，是不愉快的苦味
	异戊醇	50	45～100	不愉快的苦味
	活性戊醇	75	15～30	
	总高级醇	100	60～150	不愉快的杂醇味，易致醉
	β-苯酒精	50	5.0～80	玫瑰花香，不愉快的香味
	酪醇	10	1.0～3.0	
	色醇	1.0	0.1～1.0	强烈的不愉快苦味，过量酚味
酯	总挥发酯	—	20～75	适量使啤酒香味丰满协调
	乙酸乙酯	30	12.5～25	淡雅果实香味，独特风格
	乙酸异戊酯	2.0	1.0～5.0	明显酯香、玫瑰香
	丁酸乙酯	0.4	0.1～0.2	苹果味、奶油味、甜味
	己酸乙酯	0.2	0.1～0.4	苹果味、甜味、茴香味
	辛酸乙酯	0.2	0.1～1.5	水果味、木瓜味
	癸酸乙酯	1.5	0.07～1.0	香蕉味、苹果味
	乙酸苯乙酯	3.8	0.2～2.0	玫瑰香、苹果味、甜味
醛	乙醛	25	3.0～17	青草味、水果味
	丙醛	1.0	0.02～0.5	青草味、香蕉味、清漆味
	丁醛	0.6	0.1～0.3	苹果味、樱桃味
酮	双乙酰	0.15	0.03～0.22	双乙酰味、奶糖味、馊饭味
	2,3-戊二酮	1.0	0.01～0.2	馊饭味、奶油味
硫化合物	硫化氢	5.0～10μg/L	0.2～4μg/L	过量臭蛋味，少量生酒味
	二甲基硫醚	25～60μg/L	15μg/L	大蒜味、硫化氢味
酒花树脂	葎草乙烯酮	100μg/L	34～72μg/L	酒花苦味
	葎草酮	500μg/L	250～1150μg/L	酒花苦味
氧化物	反-2-壬醛	0.1μg/L	0.03～3.6μg/L	氧化味、纸板味、陈旧味
	丁烯-1-硫醇	0.1～32μg/L	暴晒 30μg/L	日光臭味、膻味

注：此表引自王文甫．啤酒生产工艺．北京：中国轻工业出版社．

二、技术要求

感官要求应符合 GB 4927—2001 的要求。

（1）浓、黑色啤酒的感官指标　应符合表 2-9-5 规定。

我国黑啤酒给分扣分办法见表 2-9-6。

表 2-9-4 世界著名啤酒质量指标

名称及产地	色度	口味	原麦汁浓度/°P	水质
比尔森啤酒(捷克)	淡色	苦味,酒花香气浓	11～12	软水
慕尼黑啤酒(德国)	红棕色	口味浓厚,浓郁麦香味	12～13	暂时硬度较高
巴登爱尔啤酒(英国)	色淡	苦味重,明显酒花香、酯香	11～12	盐类高
青岛啤酒(中国)	淡金黄色	口味柔和纯厚,苦味适中	12±0.3	软水

注：此表引自王文甫．啤酒生产工艺．北京：中国轻工业出版社．

表 2-9-5 浓、黑色啤酒的感官指标

项目			优级	一级	二级
外观①			酒体有光泽,允许有肉眼可见的微细悬浮物和沉淀物(非外来异物)		
泡沫	形态		泡沫细腻挂杯	泡沫较细腻挂杯	泡沫尚细腻
	泡持性②/s ≥	瓶装	200	170	120
		听装	170	150	
香气和口味			具有明显的麦芽香气,口味纯正,爽口,酒体醇厚,柔和,杀口,无异味	有较明显的麦芽香气,口味纯正,较爽口,杀口,无异味	有麦芽香气,口味较纯正,较爽口,无异味

① 对非瓶装的“鲜啤酒”无要求。
② 对桶装（鲜、生、熟）啤酒无要求。

表 2-9-6 我国黑啤酒给分扣分办法

项目		内容	得分	扣分
(一)外观(10分)	色泽	呈黑红色或黑棕色	5	
		呈黑色或浅红色或棕色,酌情		1～5
	透明度	迎光检查清亮透明,无悬浮物或沉淀	5	
		轻微失光或稍有悬浮物,酌情		1～5
(二)泡沫(15分)		啤酒倒入杯中时,泡沫高而持久,洁白或微黄,细腻挂杯	15	
		泡沫持久达 4min 以上		不扣分
		泡持性达 3min,不到 4min		1
		泡持性达 2min,不到 3min		3
		泡持性达 1min,不到 2min		5
		泡持性在 1min 以下		7
		泡沫不挂杯,酌情		1～4
		微有喷酒,酌情		5～10
		发生严重喷酒		15
(三)香气(20分)		当啤酒倒入杯中时,嗅之有明显麦芽香味,无不愉快味和老化气味	20	
		有麦芽香,但不明显,酌情		1～5
		香气不正常,酌情		1～5
		有老化味,酌情		1～4
		嗅之或口尝均无麦芽香气		20
(四)口味(55分)	纯正	饮后无不愉快的怪味、杂味或酵母味、酸味等不正常味道	15	
		饮后有明显的双乙酰或高级醇或其他怪味,酌情		1～10
		饮后有烟焦味和酱油味或酵母味,酌情		1～5
	爽口	饮后口味柔和协调而爽快,苦味清爽而消失快,无明显的涩味和焦糖味	15	
		饮后口味不协调、不柔和、辣、涩而粗杂,酌情		1～5
		饮后有后苦味粗糙并有后苦味或腥味,酌情		1～5
	浓厚	饮后感到酒味浓厚、圆满、不单调	15	
		饮后口味淡而无味,且单调,酌情		1～15
	杀口	饮后有二氧化碳的刺激感,且愉快清爽	10	
		饮后杀口力不强,酌情		1～10

注：此表引自王文甫．啤酒生产工艺．北京：中国轻工业出版社．

（2）淡色啤酒的感官指标 应符合表 2-9-7 的规定。

表 2-9-7 淡色啤酒的感官指标

项目			优级	一级	二级
外观[①]	透明度		清亮透明，允许有肉眼可见的微细悬浮物和沉淀物（非外来异物）		
	浊度/EBC ≤		0.9	1.2	1.5
泡沫	形态		泡沫洁白细腻，持久挂杯	泡沫较洁白细腻，较持久挂杯	泡沫尚洁白，尚细腻
	泡持性[②]/s ≥	瓶装	200	170	120
		听装	170	150	
香气和口味			有明显的酒花香气，口味纯正，爽口，酒体协调，柔和，无异香、异味	有较明显的酒花香气，口味纯正，较爽口，协调，无异香、异味	有酒花香气，口味较纯正，无异味

① 对非瓶装的“鲜啤酒”无要求。
② 对桶装（鲜、生、熟）啤酒无要求。

我国淡色啤酒给分扣分办法见表 2-9-8。

表 2-9-8 我国淡色啤酒给分扣分办法

项目		内容	得分	扣分
（一）外观（10分）	色泽	呈淡黄、淡黄绿色	5	
		呈深黄色或棕色，酌情		1～5
	透明度	迎光检查清亮透明，无悬浮物或沉淀	5	
		轻微失光或稍有悬浮物或沉淀物，酌情		1～5
（二）泡沫（15分）		啤酒倒入杯中时，泡沫高而持久，洁白，细腻挂杯	15	
		泡沫持久达 4min 以上		不扣分
		泡持性达 3min，不到 4min		1
		泡持性达 2min，不到 3min		3
		泡持性达 1min，不到 2min		5
		泡沫粗大，不细腻，色泽暗，酌情		1～4
		泡沫不挂杯，酌情		1～4
		微有喷酒，酌情		5～10
		发生严重喷涌		15
（三）香气（20分）		当啤酒倒入杯中时，嗅之有明显酒花香气，没有生酒花味、老化气味及其他异香	20	
		有酒花香，但不明显，酌情		1～5
		有老化气味，酌情		1～5
		有生酒花味，酌情		1～4
		有异香或怪气味，酌情		1～6
		嗅之或口尝均不能感到酒花香气，并有异香		20
（四）口味（55分）	纯正	饮后无不愉快的怪味、杂味或酵母味、酸味等不正常味道	18	
		饮后有老化味，酌情		1～5
		饮后有双乙酰或高级醇或酸等味道，酌情		1～8
		饮后有麦皮味或酵母味，酌情		1～5
	爽口	饮后口味柔和协调而愉快，苦味清爽而消失快，没有明显的涩味	18	
		饮后口味不协调、不柔和或有铁腥味，酌情		1～7
		饮后有后苦味和涩味，酌情		1～6
		饮后有焦糖味或甜味，酌情		1～5
	醇厚	饮后感到酒味醇厚、圆满、不单调	10	
		饮后口味淡薄无味，酌情		1～10
	杀口	饮后感到二氧化碳的刺激感，愉快清爽	9	
		饮后杀口力不强，酌情		1～9

注：此表引自王文甫．啤酒生产工艺．北京：中国轻工业出版社．

第三节 啤酒的微生物检验

食品应具有一定的营养价值，是人类赖以生存的必要条件。提供安全、卫生、营养丰富的食品，保证人类生存和健康，是食品卫生的根本任务。但在生产、加工、贮存、运输、销售过程中，食品可能被微生物和化学物质污染，国内外资料都表明食品的微生物污染是非常重要的卫生问题。因此，各类食品出厂前必须经过微生物检验，通过检验可以判断被污染的程度，也可观察微生物在食品中繁殖的动态，以便对被检样品进行卫生学评价时提供依据。

一、啤酒的微生物指标

本指标应符合发酵酒卫生标准（GB 2758—2005），见表 2-9-9 所示。

表 2-9-9 啤酒的微生物指标

项目	指标	
	鲜啤酒	生啤酒、熟啤酒
菌落总数/(cfu/mL)	—	≤50
大肠菌群/(MPN/100mL)	≤3	≤3
肠道致病菌(沙门菌、金黄色葡萄球菌、志贺菌)	不得检出	

二、啤酒微生物指标的测定方法

啤酒微生物指标按 GB/T 4789.25 规定的方法检验。

(一) 菌落总数的测定

菌落总数是指食品检样经过处理，在一定条件下培养后，所得 1g 或 1mL 检样中所含细菌菌落的总数。

1. 检样稀释及培养

① 以无菌操作，将检样 25mL 置于含有 225mL 灭菌生理盐水或其他稀释液的灭菌玻璃瓶（瓶内预置适当数量的玻璃珠）或灭菌乳钵内，经充分振摇制成 1∶10 的均匀稀释液。

② 用 1mL 灭菌吸管吸取 1∶10 稀释液 1mL，沿管壁徐徐注入含有 9mL 灭菌生理盐水或其他稀释液的试管内（注意吸管尖端不要触及管内稀释液），振摇试管混合均匀，制成1∶100 的稀释液。

③ 另取 1mL 灭菌吸管，按②操作顺序，制备 10 倍递增稀释液，如此每递增稀释一次，即换用 1 支 1mL 灭菌吸管。

④ 根据食品卫生标准要求或对标本污染情况的估计，选择 2～3 个适宜稀释度，分别在进行 10 倍递增稀释的同时，即以吸取该稀释度的吸管移 1mL 稀释液于灭菌平皿内，每个稀释度做两个平皿。

⑤ 稀释液移入平皿后，应及时将晾至 46℃的营养琼脂培养基［可放置于（46±1)℃水浴保温］注入平皿约 15mL，并转动平皿使混合均匀。同时将营养琼脂培养基倾入加有 1mL 稀释液（不含样品）的灭菌平皿内作空白对照。

⑥ 待琼脂凝固后，翻转平板，置（36±1)℃温箱内培养（48±2)h。

2. 菌落计数方法

做平板菌落计数时，可用肉眼观察，必要时用放大镜检查，以防遗漏。在记下各平板的菌落数后，求出同稀释度的各平板平均菌落数。

3. 菌落计数的报告

（1）平板菌落数的选择 选取菌落数在 30～300 之间的平板作为菌落总数测定标准。一个稀释度使用两个平板，应采用两个平板平均数，其中一个平板有较大片状菌落生长时，则不宜采用，而应以无片状菌落生长的平板作为该稀释度的菌落数。若片状菌落不到平板的一半，而另一半中菌落分布又很均匀，即可计算半个平板后乘 2 以代表全皿菌落数。平皿内如有链状菌落生长（菌落之间无明显界线），若仅有一条链，可视为一个菌落；如果有不同来源的几条链，则应将每条链作为一个菌落计。

（2）稀释度的选择

① 应选择平均菌落数 30～300 的稀释度，乘以稀释倍数报告之。

② 若有两个稀释度，其生长的菌落数均在 30～300 之间，则视二者之比如何来决定，若其比值小于 2，应报告其平均数；若大于 2 则报告其中较小的数字。

③ 若所有稀释度的平均菌落数均大于 300，则应按稀释度最高的平均菌落数乘以稀释倍数报告之。

④ 若所有稀释度的平均菌落数均小于 30，则应按稀释度最低的平均菌落数乘以稀释倍数报告之。

⑤ 若所有稀释度均无菌落生长，则以小于 1 乘以最低稀释倍数报告之。

⑥ 若所有稀释度的平均菌落数均不在 30～300 之间，则以最接近 30 或 300 的平均菌落数乘以稀释倍数报告之。

（3）菌落数的报告　菌落数在 100 以内时，按其实有数据报告；大于 100 时，采用二位有效数字，在二位有效数字后面的数值，以四舍五入方法计算。为了方便计算，也可用 10 的指数来表示。

（二）大肠菌群的测定

1. 检样稀释

参照（一）1. ①②③。

④根据食品卫生标准要求或对标本污染情况的估计，选择 3 个适宜稀释度，每个稀释度接种 3 管。

2. 初步发酵试验

将上述待检样品接种于乳糖胆盐发酵管内。接种量为 1mL 以上者，可用双料乳糖胆盐发酵管；1mL 及 1mL 以下者，可用单料乳糖胆盐发酵管。每一稀释度接种 3 管，置于 37℃培养 24h，如所有乳糖胆盐发酵管都不产酸、产气，则可报告大肠菌群阴性。如有产酸、产气者，再按下列程序进行。

3. 分离培养

将产酸、产气的发酵管分别用接种环取发酵液，用划线接种法接种于伊红美蓝培养基平板上，于 37℃培养 18～24h。观察菌落形态，并对可疑菌落进行涂片，革兰染色，镜检。

4. 证实试验

挑取经镜检为革兰阴性，无芽孢的短杆菌的菌落，接种于乳糖发酵培养基管中摇匀，置 37℃培养 24h，如果产酸、产气，即可报告为大肠菌群阳性。

5. 报告

根据发酵试验的阳性管数，查大肠菌群最可能数（MPN）检索表。得出每 100mL 检样中存在的大肠菌群数的 MPN 值。

（三）肠道致病菌

1. 沙门菌的检验

目前食品中沙门菌的检验按国家标准《食品卫生检验方法微生物学部分》GB 4789. 4—94 的方法进行。

包括五个基本步骤：①前增菌，用无选择性的培养基使处于濒死状态的沙门菌恢复活力；②选择性增菌，使沙门菌得以增殖，而大多数的其他细菌受到抑制；③选择性平板分离沙门菌；④生化试验，鉴定到属；⑤血清学分型鉴定。

2. 志贺菌的检验

应按照国家标准《食品卫生检验方法微生物学部分》GB 4789. 5—94 的方法进行。主要包括以下几个步骤：增菌，分离及生化鉴定，血清学分型等，作出报告。

3. 金黄色葡萄球菌的检验

食品中金黄色葡萄球菌的检验按国家标准《食品卫生检验方法微生物学部分》GB 4789.10—94 的方法进行。

主要包括以下 3 大步骤：①分离与鉴定；②血浆凝固酶试验；③直接计数方法。

第四节　啤酒的物理、化学检验

啤酒的种类繁多，不同种类和等级的啤酒应呈现各自的特性，因此，对其理化要求也各不相同。

一、啤酒理化要求

啤酒的理化要求应符合 GB 4927—2001。

（1）浓、黑色啤酒　其理化要求应符合表 2-9-10 规定。

表 2-9-10　浓、黑色啤酒理化要求

项　目			优级	一级	二级
酒精度①/%(体积分数或质量分数)	≥	≥14.1°P	5.5[4.3]	5.2[4.1]	
		12.1～14.0°P	4.7[3.7]	4.5[3.5]	
		11.1～12.0°P	4.3[3.4]	4.1[3.2]	
		10.1～11.0°P	4.0[3.1]	3.7[2.9]	
		8.1～10.0°P	3.6[2.8]	3.3[2.6]	
		≤8.0°P	3.1[2.4]	2.8[2.2]	
原麦汁浓度②/°P	≥	≥10.1°P	X－0.3		
		≥10.0°P	X－0.2		
总酸/(mL/100mL)	≤		4.0		
二氧化碳③/%(质量分数)			0.40～0.65		0.35～0.65

① 不包括低醇啤酒。

② “X” 为标签上标注的原麦汁浓度，“－0.3” 或 “－0.2” 为允许的负偏差。

③ 桶装（鲜、生、熟）啤酒二氧化碳不得小于 0.25%（质量分数）。

（2）淡色啤酒　其理化要求应符合表 2-9-11 规定。

表 2-9-11　淡色啤酒理化要求

项　目			优级	一级	二级
酒精度①/%(体积分数或质量分数)	≥	≥14.1°P	5.5[4.3]	5.2[4.1]	
		12.1～14.0°P	4.7[3.7]	4.5[3.5]	
		11.1～12.0°P	4.3[3.4]	4.1[3.2]	
		10.1～11.0°P	4.0[3.1]	3.7[2.9]	
		8.1～10.0°P	3.6[2.8]	3.3[2.6]	
		≤8.0°P	3.1[2.4]	2.8[2.2]	
原麦汁浓度②/°P	≥	≥10.1°P	X－0.3		
		≤10.0°P	X－0.2		
总酸/(mL/100mL)	≤	≥14.1°P	3.5		
		10.1～14.0°P	2.6		
		≤10.0°P	2.2		
二氧化碳③/%(质量分数)			0.40～0.65		0.35～0.65
双乙酰/(mg/L)	≤		0.10	0.15	0.20
蔗糖转化酶活性④			呈阳性		

① 不包括低醇啤酒。

② “X” 为标签上标注的原麦汁浓度，“－0.3” 或 “－0.2” 为允许的负偏差。

③ 桶装（鲜、生、熟）啤酒二氧化碳不得小于 0.25%（质量分数）。

④ 仅对 “生啤酒” 和 “鲜啤酒” 有要求。

二、啤酒卫生指标

1. 啤酒的卫生理化指标

应符合 GB 2758—2005，见表 2-9-12。

表 2-9-12　啤酒卫生理化指标

项　目	指　标
总二氧化硫(SO_2)/(mg/L)	—
甲醛/(mg/L)	≤2.0
铅(Pb)/(mg/L)	≤0.5

2. 啤酒卫生理化指标的测定方法

(1) 总二氧化硫　按 GB/T 5009.34 规定的方法测定。

(2) 甲醛　按 GB/T 5009.49 规定的方法测定。

(3) 铅　按 GB/T 5009.12 规定的方法测定。

第五节　啤酒的稳定性

随着人民生活水平的提高和健康消费观念的提升，饮酒习惯由原来追求高度酒转变为低度酒、保健酒。而啤酒为酒类中酒精含量最少的饮料酒，而且营养丰富，这就引导了啤酒消费的不断增加，啤酒产业的不断蓬勃发展。啤酒工业呈现大型化和集团化，市场范围扩大，运输距离延长，生产者对啤酒保质期（或称货架期）的延长愈来愈重视。人们对啤酒的澄清、透明以及啤酒风味的追求愈来愈高。这一切都要求啤酒有较高的质量，也即啤酒的稳定性要好。

啤酒丧失原有的澄清透明，产生失光、浑浊及有沉淀，称之为“外观稳定性的破坏”；如失去原有风味，风味恶化（老化），称为“风味稳定性的破坏”。

啤酒的稳定性
- 外观稳定性
  - 生物稳定性
  - 非生物稳定性
- 风味稳定性

一、啤酒的生物稳定性

经过一般过滤的成品啤酒中或多或少存在培养酵母和其他细菌、野生酵母等，由于存在数量少（10^2～10^3/mL)，对啤酒的澄清、透明度影响不大。若在啤酒保存期中，这些微生物繁殖到 10^4～10^5/mL 以上，啤酒就会发生口味的恶化，变浑浊和产生沉淀物，这种现象称为啤酒的“生物稳定性破坏”或“生物浑浊”。

包装啤酒如不经过除菌处理，称为“鲜啤酒”，其生物稳定性仅能保持 7～30d。经过除菌处理的啤酒，能保持长期的生物稳定性。

目前允许使用的啤酒除菌的方法有两种，即低热消毒法（杀菌法）和过滤除菌法。啤酒热消毒的原理是微生物在某一高于生长温度的条件下，微生物中的蛋白质、核酸、酶就会逐步发生不可逆的变性、失活，甚至导致微生物的死亡。过滤除菌法是利用细菌不能通过致密具孔滤材的原理，除去气体或液体中微生物的方法。常用于热不稳定的药品溶液或原料的除菌。

啤酒呈酸性（pH3.8～4.5)、CO_2 浓度高、氧含量低，还存在具有抑菌作用的酒花成分。在啤酒中能存在的主要是兼性厌氧、厌氧和微好氧微生物，可以采用温热巴氏消毒灭菌。

啤酒中常见微生物生长和灭活温度见表 2-9-13。

表 2-9-13　啤酒中常见微生物生长和灭活温度

微生物	最低生长温度/℃	最适生长温度/℃	最高生长温度/℃	灭活温度及时间	
				温度/℃	时间/min
啤酒酵母	2	25～30	37	52～54	5～10
其他酵母	0.5	25～32	39～40	52～57	10
乳酸菌	5	35～40	55	58	10
醋酸菌	4～10	28～37	33～45	55	10
大肠菌群	5～10	30～40	45～55	55	10
足球菌	4～6	25	40～45	55	10
野生酵母孢子	—	—	—	56	10
青霉菌	−5～1.5	25～27	31～36	120	5

注：此表引自顾国贤．酿造酒工艺学．第二版．北京：中国轻工业出版社．

瓶装啤酒温热消毒的Pu值受到如下多种因素的影响。

（1）消毒前啤酒含菌量和含菌种类　若含嗜热菌种类或数量越多，则所需消毒温度就相对越高，且消毒时间相对越长。

（2）介质性质　若啤酒pH越低、异α-酸和CO_2含量越高，致死效果越好。而蛋白质和糖（5%以下）含量越高，致死效果越差。

（3）啤酒过滤质量，啤酒澄清透明程度　若啤酒过滤不清，有微颗粒，就会影响热传递，从而影响消毒效果。

（4）啤酒消毒后的保存条件　如保存温度、避光措施是否符合要求等。

此外，就啤酒风味影响而言，在一定温度下延长热消毒时间和采用一定时间提高热消毒温度相比，延长热消毒时间对啤酒风味损害更大。但瓶装啤酒在热消毒时，由于啤酒热膨胀系数（3.3×10^{-4}）大于玻璃瓶热膨胀系数（2.1×10^{-5}），啤酒中CO_2溶解系数与温度成反比，所以，在啤酒热消毒时，瓶内压力会升高。如果瓶颈空隙率过低（如<2.3%），瓶内压力会升高至超过瓶盖紧锁压力或瓶受压，导致漏气或炸瓶。我国目前啤酒消毒均采用装瓶压盖后，带瓶进行隧道式喷淋消毒。因此，为了更好地指导实践生产，有必要了解瓶颈空隙率和瓶内压力的关系，见表2-9-14。

表2-9-14　瓶颈空隙率和消毒时瓶内压力的关系

瓶颈空隙率/%	瓶内压力/MPa	瓶颈空隙率/%	瓶内压力/MPa
1.7	1.04	4.5	0.5
2.3	0.82	5.1	0.41
3.6	0.58		

注：以上关系成立的条件是CO_2 0.35%，消毒温度为60℃。

二、啤酒的非生物稳定性

啤酒是一种稳定性不强的胶体溶液，含有多种有机和无机成分，如糊精、β-葡聚糖、蛋白质及其分解产物多肽、多酚、酒花树脂，还有少量的酵母等微生物。当外界条件发生变化时，一些胶体颗粒便聚合成较大粒子而析出，形成浑浊沉淀，影响产品的外观质量。啤酒生产者在生产啤酒时，力求减少成品啤酒中这些不稳定的大分子物质，使啤酒在保质期内始终是稳定的，即保持澄清、透明。但这些大分子胶体物质又是口味物质，非生物稳定性长的啤酒并不一定口味最好。

影响啤酒非生物稳定性的因素主要有以下两种。

1. 高分子蛋白质：啤酒非生物浑浊的主要因素之一

（1）蛋白质浑浊的分类　蛋白质浑浊是啤酒非生物浑浊中最常见的浑浊，它可以分成以下四类：

① 消毒浑浊（或称杀菌浑浊，热凝固浑浊）　过滤后澄清的啤酒，经过巴氏低热消毒后，啤酒中立即出现絮状大块或小颗粒（肉眼可见的）悬浮性物质，称为“消毒浑浊”。

形成此类浑浊的原因主要是啤酒中存在大分子蛋白质或高肽（平均相对分子质量为6万以上），含量大于30mg/L。高肽或大分子蛋白质在啤酒加热中，低pH（4.5左右）下，水膜破坏，失去电荷，发生变性、絮凝，又和多酚结合，聚合形成浑浊物。

② 冷雾浊（又称可逆浑浊）　麦汁和啤酒中存在较多的β-球蛋白、δ-醇溶蛋白（平均相对分子质量为3万左右）。此类蛋白质在20℃以上可以和水形成氢键，呈水溶性，但在低于20℃下，它又可以和多酚以氢键结合，与水结合氢键断裂，就会以0.1～1μm颗粒（肉眼不可见）析出，造成啤酒失光，浊度上升。如将此啤酒加热到50℃以上，它们与多酚结合的氢键会断裂，又恢复与水结合的氢键，变成水溶性，失光消除，浊度恢复正常，所以称“可逆浑浊”。

③ 氧化浑浊（或称永久浑浊）　啤酒中若存在较多的大分子蛋白质，在包装以后，保存数周至数月，啤酒中首先出现颗粒浑浊，然后颗粒变大，慢慢沉于器底，在器底出现薄薄一

层较松散的沉淀物质，而啤酒液又恢复澄清、透明，这种浑浊和沉淀物质本质是大分子蛋白质中发生了巯基蛋白质氧化聚合反应，形成更大的分子。

总多酚中花色苷、花色素原也会发生二聚、三聚化反应，变成聚多酚。聚多酚又和氧化聚合蛋白质结合，它们在啤酒中先以小颗粒析出，随着存放时间的延长，聚合度愈变愈大，颗粒也随之增大，最后变成较紧密的颗粒，沉于器底。此类浑浊是由氧化引起，而且加热啤酒无法消除，所以称“氧化浑浊”或“永久浑浊”。可逆浑浊经常是永久浑浊的先兆。

④ 铁蛋白浑浊 若啤酒中铁含量大于 0.5mg/L，就容易引起铁蛋白浑浊。当啤酒中铁含量在 0.5～0.8mg/L 范围时，过滤啤酒可能是澄清的，但消毒以后，不久就会有褐色至黑色的颗粒出现，这是因为 Fe^{2+} 被氧化为 Fe^{3+}，并和高分子蛋白质结合形成铁-蛋白质配合物。当啤酒中含铁大于 1.2mg/L 时，过滤后啤酒浊度在 0.7EBC 单位以上，消毒以后很快超过 1.5EBC 单位。

由上述可知，高分子蛋白质（包括高分子多肽）是造成啤酒非生物浑浊的主要因素，而啤酒风味物质中含氮物质是赋予啤酒浓醇性、柔和性、亲润性及啤酒泡沫、泡持性、挂杯等特性不可缺少的物质。若以蛋白质平均相对分子质量区分，啤酒中相对分子质量从几千至数万的含氮物质，几乎是连续分布的（某些相对分子质量段有不明显的峰）。也就是说，正常酿造啤酒中，不可能没有潜在浑浊的大分子蛋白质或多肽；某些多肽也会在长期贮存中发生聚合、氧化，使分子增大；蛋白质的亲水性也会由于物理、化学因素而破坏，使亲水胶体溶液破坏，形成疏水颗粒。

（2）常规工艺中减少啤酒中高分子氮的措施

① 选择易溶解、蛋白质含量适中（9.5%～11.0%）的大麦制麦芽。

② 成品麦芽中选择蛋白质溶解充分、蛋白酶活性强、焙焦充分的麦芽，如：库尔巴哈指数（简称库值）43%～45%，45℃，维生素 E 值>40%，83℃焙焦不少于 3h，出炉水分为 4.3%～4.5%。

③ 配料中适当添加玉米、大米或糖类辅料，使麦汁中总含氮物质控制在 5～7mg/g 浸出物。

④ 糖化工艺中加强蛋白质的分解。麦芽糖化工艺库值/麦芽协定法糖化库值＝1.2。

⑤ 过滤洗槽采用 pH<6.0 的 75℃热水洗槽。洗槽强度适可而止，如洗到残水中麦汁浓度 3.5°P。尽可能提高过滤麦汁和洗槽麦汁的透明度，减少进入麦汁的大分子蛋白质。

⑥ 麦汁煮沸，添加适量酒花，调节 pH5.2，增加 Ca^{2+} 等使麦汁中高分子蛋白质变性絮凝充分，通过良好的回旋沉淀分离后，使定型麦汁中热凝固性氮含量降至最低值：0.2mg/g 浸出物。

⑦ 用强壮酵母发酵，发酵降糖快，在短时间（1.5～2.5d）内，发酵液 pH 迅速降低为 4.3～4.4。由于 pH 迅速降低，发酵液中不稳定大分子蛋白质在急剧变化的 pH 下，容易形成沉淀。

⑧ 啤酒在低温下（－1.5～0℃）贮存时间越长，大分子蛋白质沉淀越充分。温度越低越有利于冷凝固蛋白质沉淀，啤酒抗冷雾浊能力也越强。

⑨ 啤酒在后酵，特别是在贮酒阶段，降低酵母浓度，防止酵母死亡自溶，也可杜绝酵母大分子蛋白质进入啤酒。

⑩ 采用恰当的硅藻土过滤、纸板精滤，也可以有效地除去部分大分子蛋白质。

（3）减少啤酒蛋白质浑浊的处理方法

① 单宁沉淀法 单宁又称鞣质，在啤酒中使用的是天然单宁的一种，称“没食子单宁”（棓酸单宁），它能和啤酒中可溶性高子蛋白质形成配合物沉淀。一般在后发酵贮酒过滤前的啤酒中加入 6～16g/hL 的没食子单宁作为啤酒蛋白质去除剂，可延长啤酒非生物稳定性 4～12 周。

啤酒用单宁作为沉淀剂的添加方法是在过滤前的啤酒中，用脱氧无菌水溶解单宁，从罐上部加入，用 CO_2 搅拌，静置 3～7d，再通过常规硅藻土过滤法除去。其操作要求是所使用单宁的纯度应>92%，添加时应防止接触氧和氧化。应通过小试确定最适添加量。加入量太少会使沉淀细小，难以过滤；加入量过多，会导致啤酒残留涩味，影响啤酒风味。

② 蛋白酶水解法　过去将从麦芽、动物胰脏中提取的蛋白酶作为啤酒稳定剂，现代从木瓜、菠萝中提取木瓜蛋白酶作为啤酒稳定剂。添加时常用脱氧无菌水溶解，配合维生素C等抗氧化剂，添加在过滤后的啤酒中，它们可以在30～50℃温度下，缓慢水解高分子蛋白质。

我国多采用木瓜或菠萝蛋白酶制剂作为啤酒的稳定剂，加入量为每1000L啤酒20万～40万单位，它对啤酒抗冷雾浊有明显作用。

现介绍几种蛋白酶对啤酒含氮区分的影响，见表2-9-15。

表2-9-15　蛋白酶处理对啤酒含氮区分的影响/(mg/L)

酶来源		对照	米曲霉蛋白酶	细菌蛋白酶	菠萝蛋白酶	土曲霉蛋白酶
啤酒总氮量		597.8	581	570.5	595.3	570.5
隆丁区分	A区分	120.9	26.3	113.5	102.8	32.3
	B区分	28.2	112.0	34.6	43.6	97.2
	C区分	449.6	442.7	451.2	443.8	451.1

注：此表引自顾国贤. 酿造酒工艺学：第二版. 北京：中国轻工业出版社.

由表2-9-15可看出，米曲霉蛋白酶效果最好，菠萝蛋白酶效果不明显，细菌蛋白酶基本没有效果。

③ 吸附法　为了减少啤酒中蛋白质，可使用蛋白质吸附剂，如用皂土、硅藻土、硅胶等。由于皂土的非选择性吸附，会减少啤酒中泡沫蛋白，从而影响啤酒的泡沫。硅胶不吸附低、中分子的蛋白质，不影响啤酒泡沫，因此现代多采用硅胶作为蛋白质吸附剂。硅胶粉剂是高研磨产品，平均粒度只有数十微米。每克硅胶有700m^{2}的比表面积，而且是多孔性的，孔径为40～90μm。可以利用它的微孔和堆积架桥形成孔及巨大的比表面积，使大分子蛋白质（相对分子质量大于6万）镶在孔中或吸附在表面上使啤酒中的蛋白质减少。

另外，硅胶还可以配合硅藻土使用，在第二次预涂硅藻土时添加硅胶，或在过滤前的啤酒中添加硅胶，添加量一般为200～500g/kL啤酒，停留20～40min，再通过硅藻土过滤法除去，此方法更有效。

2. 多酚物质

啤酒非生物浑浊的主要因素之二。

多酚是指同一苯环上有2个以上酚羟基的化合物。在非生物浑浊啤酒中，主要是多酚-蛋白质形成的浑浊。浑浊物主要包括蛋白质和高肽（45%～75%）、多酚（20%～35%），此外还有α-葡聚糖和β-葡聚糖、戊聚糖、甘露聚糖以及铁、锰等金属离子。

多酚主要来自于麦芽和酒花以及大麦、小麦等辅料。麦芽中含有多酚物质0.1%～0.3%，酒花中含有4%～14%。在12°P煮沸麦汁中通常含有总多酚物质75～200mg/L，它对啤酒的色泽、泡沫、口味、杀口力、风格等有显著影响，且会引起啤酒的非生物浑浊和啤酒喷涌。麦汁在煮沸时总多酚特别是单宁类化合物能和高分子蛋白质结合形成热凝固物，在麦汁冷却后，也能和β-球蛋白等形成冷凝固物，在分离热、冷凝固物时可减少或除去。但总多酚不能从发酵液乃至成品啤酒中完全消除。

（1）引起啤酒浑浊的多酚物质

① 儿茶酸类化合物　大麦和酒花中存在较多的儿茶酸和少量的没食子儿茶酸、表儿茶酸及表没食子儿茶酸。这四类儿茶酸除游离存在外，还常常以结合态存在。

② 花色素原　花色素是一大类水溶性的植物色素，如花青素、花翠素。花色素在植物中常以糖苷形式存在，称“花色苷”，如大麦果皮中存在的花青素阿拉伯糖苷。

在酒花中存在的主要是花色素的前体物质——花色素原。花色素原可分成两类：一类是单体，如白花青素、白花翠素，白花青素在有氧和酸性条件下，可以转化成花青素；另一类花色素原，是由2个或2个以上的单体结合的聚合物，常称“聚多酚”，它们的相对分子质量更大，更容易和啤酒中的蛋白质结合，造成啤酒的“永久浑浊”。当存在多酚氧化酶和过氧化氢酶，或在酸性条件和有氧存在下，都能促进此聚合反应。

(2) 常规工艺中减少啤酒中的多酚物质

① 选择适宜的酿造原料　由于大麦多酚物质主要集中于大麦谷壳及皮层，谷壳含量为7%～13%（干物质），因此应选择皮壳含量低的大麦，如粒形短、腹径大、千粒重高的春播大麦。一般谷壳含量低于9%，若在发芽前或后经过擦皮，谷壳含量可降至7%～8%，有利于减少大麦及麦芽的总多酚。另外，可增加无多酚物质的大米和糖类或多酚含量低的玉米等作辅料，可减少麦汁中总多酚含量。

② 控制适当的麦芽粉碎度　麦芽粉碎时，尽可能使皮壳裂开而不碎，尽可能采用回潮粉碎或连续浸渍湿法粉碎。

③ 采取有效措施降低酶活性　麦芽充分地焙焦，可大幅度减少多酚氧化酶的活性，从而减少由于多酚氧化酶的催化，形成更容易浑浊的二聚聚多酚至四聚聚多酚。

④ 选择适当的浸麦工艺　制麦时，用NaOH的碱性水（pH10.5）浸麦，有利于多酚物质在浸麦中溶解。用大麦重的0.3%～0.5%甲醛水浸麦，可使大麦中总多酚下降50%以上。

⑤ 控制适当的pH　控制糖化（pH5.4～5.6）、糊化（pH5.8～6.2）、洗糟（pH6.5～6.6）用水的pH，使其呈酸性，可抑制麦皮中多酚的溶出。用脱氧水作投料水，密闭隔氧操作，可减少多酚的氧化聚合。

⑥ 采用适当的过滤工艺　糖化醪过滤、洗糟时，洗糟终点浓度适当提高，控制在2.0%左右，减少因洗糟而增加多酚的溶解。洗糟水温控制在76～78℃，温度过高会使麦皮中的多酚物质溶出过多，温度过低会使醪液黏度升高，影响洗糟效果。

⑦ 采用适当的煮沸工艺　煮沸强度一般控制在8%～10%，可促进变性蛋白的絮凝、沉淀。煮沸时间一般控制在80～110min，煮沸时间太长会使絮凝物质重新扩散，煮沸时间太短达不到凝聚效果。尽可能使用不受氧化的酒花或使用无多酚酒花浸膏。添加酒花时采用分批添加，如煮沸40～50min后，添加部分酒花，利于酒花中的单宁与蛋白质结合。煮沸60～70min后，第二次添加酒花，可延长酒花作用时间，促进蛋白质凝聚和α-酸的异化。

⑧ 选择适当的发酵工艺　发酵过程中，严格控制好温度、压力、卫生条件，防止酵母自溶，产生大分子蛋白质及酵母自溶碎片。确保合适的酒龄和贮酒温度，一般控制20天以上酒龄，0～1.5℃的贮酒温度。酒龄太短或贮酒温度太高，不利于酵母、蛋白质等大颗粒、大分子物质沉降。

⑨ 适当使用添加剂　使用适当的添加剂可有效分散、吸附蛋白质，去除多酚，防止氧化，提高啤酒的非生物稳定性。常用的添加剂有：蛋白酶、过氧化氢、单宁、硅胶、PVPP、抗坏血酸、葡萄糖氧化酶等。

多酚是啤酒出现浑浊的潜在物质之一，影响成品啤酒的非生物稳定性，但也是风味物质。虽然啤酒中总多酚（包括花色苷）的减少能增加啤酒的非生物稳定性，但过多减少反而会影响啤酒的风味。因此，在确保延长保质期而又不影响啤酒风味的前提下，国外成品啤酒中一般控制总多酚浓度在100mg/L以内，花色苷浓度在30～50mg/L以内。

三、啤酒风味稳定性

消费者对啤酒质量的要求，首要的是口味新鲜，对新鲜度的要求越来越高。其次是认品牌购买已成为一种消费趋势，在我国，优质啤酒已成为紧俏商品。啤酒厂面向市场的生产销售体系就是将消费者需要的新鲜啤酒按时按量生产出来，并及时送到预定地点，及时掌握消费者对各种啤酒风味的反映，按销售信息调控生产。风味问题可以说是酿酒技术高低的综合反映，是决定酒质优良的根本，必须着重注意和努力做好。

1. 风味的概念

风味即香气和口味，是人的视觉、嗅觉和味觉对啤酒的综合感觉的反映。啤酒的风味稳定性，即啤酒经灌装后，在规定的保质期内，啤酒的香气和口味无显著变化，也是口味新鲜度的具体表现。

啤酒产品应符合国标 GB 4927—2001 中感官指标香气和口味的规定要求，这些正是啤酒风味良好的综合描述。作为评价啤酒产品质量的方法，感官品评法具有与理化检验同等重要的地位。判断啤酒的风味，首先要根据啤酒的类型：浓色啤酒以慕尼黑型为代表，具有明显的麦芽香气；淡色啤酒以比尔森型为代表，具有明显的酒花香气，无老化气味和生酒花气味及其他怪、异气味。啤酒口味纯正，要求由麦芽、酒花、水和酵母在酿造过程中产生的所有成分，具有啤酒特有的味道，没有双乙酰味、酵母味、氧化味、麦皮味、酸味及其他异杂味。口味爽口，就是啤酒饮后感到协调、柔和、清爽、愉快，没有后苦味、涩味、焦糖味以及甜味。口味醇厚，酒体圆满而口味不单调，口感不淡薄。应根据啤酒类型，调整口味醇厚性的高低。浓色啤酒力求醇厚性高，淡色啤酒醇厚性低、苦味强，淡爽型啤酒要求苦味低、清爽。杀口，就是有二氧化碳的刺激感，新鲜、舒适感。

2. 啤酒风味物质的性质

形成啤酒的香和味的风味化合物，是由麦芽和酒花成分在发酵过程中产生的。各种成分要求浑然一体，稳定而协调地表现出来。正常酿造啤酒的各种香味成分，其含量接近辨别阈值，就可以判断是由哪些成分产生的。因此，啤酒的风味因所用的原料、酵母、酿造方法、设备等不同，而具有不同的风格。啤酒的风味物质大致可分为以下五类。

(1) 啤酒中的连二酮类（双乙酰、2,3-戊二酮）及其前驱体　双乙酰的味觉阈值 0.15mg/L，极易给啤酒带来馊饭味。啤酒中因氧的存在，在巴氏杀菌过程中以及在 25～40℃下贮存，会使双乙酰的前驱体（α-乙酰乳酸）氧化成双乙酰，出现成品双乙酰反弹现象。

(2) 发酵副产物如醛类、高级醇、有机酸等　乙醛的阈值为 20～25mg/L，超过时产生酸的、使人恶心的气味。高级醇含量的较大偏差受酵母种类的不同性质，以及麦汁组成和发酵工艺的影响。光学活性异戊醇的阈值为 15mg/L，非活性异戊醇的阈值为 60～65mg/L，超过时呈汗臭、不愉快的苦味，即所谓的杂醇油味。β-苯乙醇的阈值为 50mg/L 时，呈类似酯的酸气味。发酵中产生的有机酸、非挥发酸有丙酮酸、α-酮戊二酸、乳酸、柠檬酸、酒石酸、苹果酸、琥珀酸等。挥发酸主要是脂肪酸，以乙酸为主。啤酒生产控制总酸 2.2～2.3mL/100mL，饮用时，酸刺激感强；若挥发酸＞100mg/100mL，啤酒已酸败。

(3) 发酵副产物如硫化氢、二甲基硫等　硫化氢的阈值为 5～10μg/L，优质啤酒中只含有 1～5μg/L。二甲基硫（DMS）的阈值为 30～50μg/L，超过时，啤酒呈腐烂卷心菜味。控制麦芽中的 DMS＜2mg/L 就可控制正常啤酒中的 DMS＜30μg/L。

(4) 发酵副产物（如多种酯类）　己酸乙酯的阈值为 0.37mg/L，乙酸乙酯的阈值为 14～35mg/L，是啤酒重要的香气成分。

(5) 酒花类物质　包括溶解物和挥发性成分。啤酒中香叶烯含量 40μg/L 时，有明显的酒花香气，萜烯、倍半萜烯碳氢化合物及其含氧衍生物都是啤酒主要的香气成分，异 α-酸赋予啤酒苦味，常检测苦味质 20BU 左右。

3. 影响啤酒风味稳定性的主要因素

要掌握风味变化的规律，从原料、酵母、工艺上采取措施，恰如其分地进行微量分析和品评，制定科学的酿造工艺，就可把握住酒质的风味，酿造新鲜可口的好啤酒。影响风味稳定性的主要因素有以下几种。

(1) 原料问题　麦芽皮厚，粒小，多酚含量高；辅料油脂已氧化；酒花陈旧、氧化；水质暂时硬度过高，pH 偏碱性等。

(2) 制麦问题　大麦精选不良，含杂质多；浸麦水偏酸，添加石灰或苛性钠不足，麦皮中色素、多酚浸出不够；麦芽过溶解，干燥温度偏高，会使啤酒色深味粗。

(3) 糖化问题　糖化各工序应尽量避免氧的吸收，以防还原物质被氧化；控制过滤麦汁浊度，减少脂肪酸含量；避免麦汁过分暴露在热环境中，以防美拉德反应及类似物反应。

(4) 发酵问题　加强酵母的管理，防止变异退化；麦汁充氧不适当；热冷凝固物分离不彻底，发酵温度偏高，双乙酰还原不充分等致使发酵副产物不良，酒龄太短，贮酒温度偏高等。

(5) 过滤问题 硅藻土质量不好，含杂味重；滤酒操作不当，酒不清，溶解氧多，二氧化碳逃逸过多。

(6) 灌装问题 灌装会直接影响啤酒的风味。洗瓶后残留碱液，瓶颈空气含量多，杀菌温度高、时间长，啤酒贮存温度高，光照等均会严重影响啤酒的风味。

(7) 卫生问题 凡和成品接触的容器及管道，清洗和杀菌不彻底，污染化学残液和杂菌，铁质涂料脱落，压缩空气不净化处理、带水带油等，都会影响啤酒的风味。

4. 啤酒常见的风味病害及产生原因

酿造者只有熟悉啤酒常见的风味病害及产生原因，才能积极采取措施加以预防和纠正。

(1) 啤酒的涩味 涩味是使舌头感到不滑润、不好受的一种滋味，即：使舌头有发木、发滞、粗糙的感觉。

造成啤酒苦涩的原因是：糖化水的 pH 偏高，高硫酸盐、高镁和高铁，麦汁煮沸时 pH 高，使用陈旧酒花和冷凝物进入发酵液，过分使用单宁酸作沉淀剂，非正常高酒精含量等。

(2) 酵母味 酵母死亡后除产生酵母自溶外，还产生一种苦涩的异味，俗称酵母味。导致酵母自溶的因素主要有酵母贮养温度高、发酵温度高，酵母衰老、退化，酵母添加量过大，麦汁供氧不足等。此外，啤酒中硫化氢超过 5μg/L 时也会出现酵母味。如麦汁煮沸不完善，麦汁过分氧化，采用劣质酵母，发酵缓慢，使用亚硫酸盐，污染了产生硫化氢的微生物，巴氏灭菌温度过高，包装啤酒高温贮藏和曝光等，都可能导致硫化氢含量的增加。

(3) 腻厚味 啤酒产生腻厚味的原因可能是啤酒中高级醇含量超过 100mg/L，发酵度低，残余浸出物多，糊精含量高。

(4) 氧化味或老化味 啤酒生产从制麦到发酵过程，形成大量的风味老化物质的前体，如杂醇、脂肪酸（尤其是不饱和脂肪酸）、α-氨基酸、还原糖等，以及一些本身无风味活性，但其可以通过氧化还原作用和催化活性来影响风味老化的物质，如类黑色素、多酚等。

(5) 日光臭味 啤酒中存在的异葎草酮、硫化氢、核黄素、含硫氨基酸和维生素 C 等，在波长为 350～500nm 的光线照射下，均会不同程度地加速日光臭的特性物质 3-甲基-2-丁烯-1-硫醇形成。这种波长的光透过无色瓶最多，绿色瓶次之，棕色瓶和铝罐最少，所以应避免日光照射或采用透光少的材料包装。

(6) 微生物的污染产生的异味 高温发酵染上杆菌和球菌，会产生令人恶心的芹菜味和酸味；染上野生酵母，会产生异香、酸、霉、辣、苦涩、甜味等。染上乳酸杆菌后，会使啤酒变酸，很快产生浑浊；污染八叠球菌会带来酸味和双乙酰味。

(7) 设备缺陷产生的异味 容器涂料不良产生的涂料味、溶剂味，酒液与铁质容器接触产生的铁腥味等，降低啤酒的品质。

四、啤酒常见异味处理方法

啤酒产生异味，直接影响啤酒品质，影响消费者的购买欲望。因此，应根据实际情况，查明原因，采取相应措施加以解决。下面介绍几种处理异味的方法。

(1) 二氧化碳洗涤法 酒液中充入二氧化碳，上部排出口带走易挥发异味。

(2) 活性炭吸附 下酒时添加活性炭 10～15g/hL，或滤酒前 3～7d 添加活性炭和硅胶 30～50g/hL。此法只能吸附不良的挥发性物质和高分子蛋白质，特别对酵母味、腻厚味、涩味、不成熟味有较好的效果。但对泡沫有一定的负影响。

(3) 中和法 总酸超标，选用碳酸氢钠中和。可以选小样进行试验，以确定用量和对口味的影响。

(4) 添加法 添加适量味精和提高二氧化碳含量，可改善口味。

思 考 题

1. 某员工先后在两家不同啤酒生产企业工作，发现其瓶装啤酒温热消毒的 Pu 值不尽相同，试分析可能是什么原因造成的？

2. 某厂生产的啤酒在保质期内发生了蛋白质浑浊，试分析可能是什么原因造成的，并提出相应的解决措施。

3. 高分子蛋白质（包括高分子多肽）容易造成啤酒浑浊，如将其全部去除，会给啤酒带来什么样的影响？

4. 某啤酒在饮用时有酵母味，试分析产生的原因。

5. 某种啤酒在刚打开酒盖时发生了喷涌现象，试分析可能是什么原因造成的？

6. 经检验，某啤酒发生浑浊现象是因含有某些多酚物质，就该问题提出相应解决的办法。

第三篇　实训项目

基础实训项目

实训一　酿酒葡萄成熟度的测定

实训二　不同澄清剂对葡萄汁的澄清效果

实训三　葡萄酒酵母的发酵性能测定

实训四　葡萄酒活性干酵母的使用

实训五　呼吸缺陷型啤酒酵母的筛选

实训六　麦芽糖化与培养基的制备

实训七　静置培养——啤酒发酵实验

实训八　啤酒和葡萄酒的品评实验

综合设计实训项目

实训九　红葡萄酒酿造实验

实训十　葡萄酒酒精度的测定（密度瓶法）

实训十一　葡萄酒的稳定性试验

实训十二　啤酒酵母的固定化与啤酒发酵实验

企业实训项目

基础实训项目

实训一　酿酒葡萄成熟度的测定

一、实训技能验收标准

成熟度是决定葡萄酒质量的重要因素。通过测定浆果的成熟度，了解原料的成熟质量，确定各品种的最佳工艺成熟度。并根据葡萄酒类型学会确定各种葡萄的采收时间与收购标准。

二、仪器与试剂

(1) 仪器　pH 计，手持糖量计，托盘天平，量筒，水浴锅，电炉，移液管，752 型分光光度计。

(2) 试剂　费林试剂，测酸试剂，95%酒精，盐酸等。

三、步骤与方法

(1) 采样　从转色期开始每隔 5～7d 采样一次。对于大面积葡萄园，采用 250 株取样法：每株随机取 1～2 粒果实，共取 300～400 粒，面积较小的品种，可随机取 5～10 穗果实。装入塑料袋然后置于冰壶中，迅速带回实验室分析。

(2) 百粒重与百粒体积　随机取 100 粒果实，称重，然后将 100 粒果实放入 250mL (或 500mL) 量筒中，加入一定体积的水，至完全淹没果实，读取筒中水面读数，减去加入的水量，即为百粒体积。

(3) 出汁率测定　取果粒若干，放入小压榨机或大研钵中压碎，然后自然滴出其中的葡萄汁，称量，再进行压榨至流不出葡萄汁为止，称量。

计算：

$$自流汁率(\%)=\frac{W}{W_s}\times 100\%$$

$$总出汁率(\%)=\frac{W_1+W_2}{W_s}\times 100\%$$

式中　W_s——试样质量，g；

W_1——葡萄浆自流汁的质量，g；

W_2——经压榨流出的葡萄汁质量，g。

(4) 可溶性固形物与 pH　用手持糖量计测定葡萄汁的可溶性固形物 (%)，取汁 20mL 左右测 pH。

(5) 还原糖与总酸　用费林试剂法测定还原糖。用碱滴定法测定总酸。

(6) 果皮色价测定　取 20 粒果实，洗净擦干，取下果皮并用吸水纸擦净皮上所带果肉及果汁，然后剪碎，称取 0.2g 果皮用盐酸酒精液 (1mol/L 盐酸：95%酒精＝15：85) 50mL 浸泡，浸渍 20h 左右，然后测定 540nm 下的吸光度，计算果皮色价：

$$色价=\frac{A\times 10}{W}$$

式中　A——吸光度；

W——果皮质量，g。

四、结果与分析

(1) 将上述指标绘制成随时间变化的曲线，了解各指标变化规律。

（2）比较不同品种曲线的异同。

（3）根据上述指标，评价浆果的成熟质量。

五、问题与讨论

用于酿造红葡萄酒、白葡萄酒和桃红葡萄酒的葡萄品种对成熟度的要求有什么不同？为什么？

实训二　不同澄清剂对葡萄汁的澄清效果

一、实训技能验收标准

掌握葡萄汁的澄清方法，了解葡萄汁的澄清在葡萄酒发酵中的作用。比较不同澄清剂对葡萄汁的澄清作用与效果，学会选择葡萄汁澄清剂及确定其使用浓度。

二、仪器与试剂

（1）试剂　膨润土，聚乙烯聚吡咯烷酮（PVPP），亚硫酸等。

（2）仪器　量筒，具塞刻度试管，752 型分光光度计。

三、步骤与方法

（1）取葡萄酒 0.5L＋80mg/L SO_2，然后分别进行下列处理：

处理Ⅰ：1g/L 膨润土。

处理Ⅱ：1g/L 膨润土＋0.2g/L PVPP。

处理Ⅲ：果胶酶 20mg/L。

处理Ⅳ：果胶酶 20mg/L＋1g/L 膨润土。

也可以自行设计处理组合。

充分摇匀、静置，同时设置对照。

（2）分别于 1h、3h、6h、9h、12h、18h、24h、36h、48h 后测量沉淀物的高度。

（3）处理 4～5d 后，取上清液测定总氮、多酚、澄清度，同时观察沉淀高度及表面平整度、紧密度、上清液澄清状况及澄清速度等。

四、结果与分析

（1）比较上述处理的澄清效果。

（2）各种处理的最佳作用范围。

五、问题与讨论

查阅资料，选择一种目前常用葡萄汁的澄清剂，并解释其澄清原理与使用方法。

实训三　葡萄酒酵母的发酵性能测定

一、实训技能验收标准

根据葡萄酒酵母的特点进行发酵性能的测定，掌握评价和筛选优良酵母的方法。

二、材料与仪器

（1）材料　成熟良好的葡萄汁，亚硫酸，膨润土。

（2）仪器　试管，三角瓶，玻璃瓶，高压灭菌锅等。

三、步骤与方法

（1）抗 SO_2 能力　用杀菌后的葡萄汁在试管中培养酵母，然后在三角瓶中放入杀菌后的葡萄汁，分别加入 40mg/L、70mg/L、90mg/L、100mg/L、120mg/L、140mg/L、150mg/L SO_2，于室温下定期观察，记录其开始发酵的时间。

（2）产酒精能力　在装有 250mL 葡萄汁的三角瓶中，接入 10mL 酵母液，于室温下发酵，待发酵旺盛时，分别于第2天、第3天两次将发酵葡萄汁的糖调至340g/L，任其发酵，自然终止。澄清后，取样分析残糖、酒精度及产酒率。

(3) 不同温度下的发酵能力　在葡萄汁250mL中，接入10mL酵母液，分别在10℃、20℃、30℃下发酵，记录发酵时间，产酒率等。

(4) 酵母对于白葡萄酒的酿造性能　将酵母菌接入装有5L或10L葡萄汁的玻璃瓶中，将糖调至210g/L，于18～20℃下发酵，发酵结束后除沉淀、过滤，调 SO_2，陈酿1个月后进行化学分析、感官品评，需分析和观察的指标见下表：

葡萄汁		葡萄酒成分							发酵后酒的澄清状况	感官评语
含糖量	含酸量	酒度	总酸	挥发酸	总酯	二氧化硫	总酚	残糖		

(5) 酵母对于红葡萄酒的酿造性能　红葡萄酒破碎去梗后，取10L，加二氧化硫80mg/L，加入酵母，控制温度在25～30℃下发酵，发酵结束后，分离，调 SO_2，陈酿1个月后，过滤，分析与感官品尝，分析观察标准同上表。

(6) 耐酒精能力　试验采用50°Bé麦汁为培养基，接入酵母后静置培养，当达到对数生长期时加入酒精，使每个试样内酒精含量分别为4%、7%、10%、13%、15%和21%（体积分数），此时，细胞浓度为（40～50）$\times 10^6$/mL。在加入酒精后10min、30min、60min、90min、120min、150min、180min时，分别取样，以亚甲基蓝为染色液，测定死亡细胞数量。计算细胞存活力。

四、结果与分析

记录筛选酵母的特性，分析其酿酒特性。

五、问题与讨论

请根据所学的知识分析你所实验的酵母是否可以用于葡萄酒的发酵？有何优缺点？

实训四　葡萄酒活性干酵母的使用

一、实训技能验收标准

了解活性干酵母的特性，能够正确选择商品化的活性干酵母，学会活性干酵母使用方法。

二、实验原理

葡萄汁转化为葡萄酒本质上是一个微生物作用的过程。好的葡萄酒产品不仅需要优质葡萄作为原料和科学的生产工艺，也离不开质量稳定、性质优良的葡萄酒酵母。优良葡萄酒酵母不仅可以保证葡萄酒的安全发酵，还可以提高酒的质量。随着葡萄酒工业的发展，以活性干酵母形式供应的商品酵母逐渐得到了葡萄酒生产厂商的认可。现在，世界上有多家公司生产葡萄酒活性干酵母，产品种类繁多。优良葡萄酒活性干酵母产品应符合以下质量指标：水分含量5.5%；细胞总数（250～400）$\times 10^8$/g；活细胞率>80%；保质期24个月。

另外，葡萄酒活性干酵母应具有的基本发酵特性如下：生长速率快；耐高糖能力好；具有较好的耐 SO_2 性能；发酵平稳，产酒率高；发酵完全（残糖少或无残糖）。一般要求发酵结束时残糖在4g/L以下。

三、材料与仪器

(1) 材料　待发酵的葡萄汁，3～5种品牌的活性干酵母。

(2) 仪器　分析天平，温度计，量筒，电炉，水浴锅，显微镜等。

四、步骤与方法

1. 活性干酵母产品质量的测定

（1）活细胞的测定　称取葡萄糖 2.5g 于 250mL 三角瓶中，加自来水 100mL，溶解后于电炉上加热煮沸，冷却至 35～40℃。准确称取活性干酵母样品 2.5g，溶解于上述葡萄糖溶液中，维持 35℃复水 30min，在 30℃培养箱中活化 2h。当酵母细胞开始出芽时，用水稀释定容至 500mL。用美蓝染色法和血细胞计数法测定活细胞数和活细胞率。

（2）含水量的测定　于恒重的称量瓶中，称取 1g 左右样品，置于 103℃干燥箱中烘 3h，于干燥器中冷却 30min 后称重，再放入干燥箱中烘 1h，再称重，直至恒定。测定活性干酵母产品水分含量。

2. 酿酒试验

（1）葡萄酒活性干酵母的活化和扩培　称取定量葡萄酒活性干酵母（1g 左右），加入到 100mL 4%的蔗糖水溶液中，于 38℃水浴锅中活化 30min，得 ADY 活化液，其酵母活细胞浓度约 2.0×10^8/g。

（2）发酵试验　本试验采用容量为 100mL 的玻璃瓶作为发酵容器。发酵基本条件如下。

① 初糖浓度：210g/L，葡萄汁中含糖量较低时用葡萄糖补充。

② 装液量：总装液量 80mL。

③ 接种量：葡萄酒 ADY 活化液 4.0mL（2.0×10^8/g）。

④ 培养条件：接种后于 18℃生化培养箱中发酵。

⑤ 发酵液残糖的测定：采用快速法测定。

⑥ 酒精度的测定：采用快速氧化法测定。

发酵期间，每天测量发酵失重；主发酵结束后，测定发酵液残糖和酒度。

五、结果与分析

（1）测定不同活性干酵母的含水量，分析含水量与保质期的关系。

（2）测定活化酵母的细胞浓度，比较不同酵母的差别。

（3）根据酵母的发酵特性进行分析评价。

六、问题与讨论

（1）不同活性干酵母活化的共同之处是什么？活性干酵母活化作用与目的是什么？

（2）查阅资料，对目前葡萄酒行业活性干酵母的使用带来产业的发展情况进行分析？

实训五　呼吸缺陷型啤酒酵母的筛选

一、实训技能验收标准

掌握呼吸缺陷型啤酒酵母生理特性；学会呼吸缺陷型啤酒酵母的筛选方法；了解呼吸缺陷型啤酒酵母发酵特性。

二、实验原理

所谓呼吸缺陷型，是酵母细胞丧失了呼吸能力，不能在有氧条件下完全分解葡萄糖，产生二氧化碳和水，放出大量的能量，只能发酵葡萄糖生成酒精和二氧化碳，只放出呼吸作用 1/10 的能量。筛选呼吸缺陷型酵母菌株常采用 TTC（2,3,5-三苯基四氮唑盐酸盐）显色鉴别快速筛选。TTC 是一种显色剂，能与氧气竞争呼吸链中的还原氢［H］，其还原产物三苯基甲腈（TF）以红色结晶存在于细胞内，使呼吸正常的酵母呈红色，而呼吸链发生突变的酵母菌因缺少［H］而不能与 TTC 结合生成 TF，而呈白色。

在啤酒生产中，许多因素决定啤酒的质量，这些因素中首要的是酵母性能和稳定性，而啤酒酵母在繁殖和发酵过程中，由于麦汁营养不足，长期缺氧或某些金属离子的影响，会使某些酵母细胞发生自发性突变，产生呼吸缺陷型酵母。正常情况下，呼吸缺陷型菌落不应超过 1.0%，含量增多对啤酒的质量产生很大影响。

三、仪器与材料

(1) 检测样品菌株　发酵液、啤酒酵母泥。

(2) 主要试剂及其仪器设备　生化培养箱；培养箱；糖度仪；显微镜；试管；TTC；三角瓶等。

(3) YPD 培养基　酵母浸出物 10g，葡萄糖 20g，蛋白胨 20g，琼脂 20g，蒸馏水 1000mL。溶解后 0.1MPa 灭菌 15min，冷却，制成平皿固体培养基。

(4) TTC 覆盖琼脂

A 液：两倍浓度的磷酸缓冲液琼脂。无水 NaH_2PO_4 1.26g，无水 NaH_2PO_4 1.26g，琼脂 3.0g，加水溶解至 100mL。

B 液：两倍浓度的 TTC 溶液。2,3,5-三苯基四氮唑盐酸盐 0.2g 加水溶解至 100mL。

A 液和 B 液分别于 0.1MPa 蒸汽灭菌 15min，冷却至 44～46℃，以 1∶1 混合。

四、步骤与方法

(1) 取有代表性的样品，发酵液和酵母泥。

(2) 用无菌水样将样品稀释，使酵母浓度为 500/mL。

(3) 取稀释样品 0.1mL，滴在平皿固体培养基表面，用涂布棒涂匀。

(4) 平皿倒置于 28℃培养 3d。

(5) 准备 TTC 培养基，将 A 液和 B 液分别灭菌后，冷却到 44～46℃混合后再小心倒入培养好菌落的平皿表面，覆盖住所有的菌落，28℃再培养 3d。

(6) 检查菌落颜色，呼吸正常型为红色，呼吸缺陷型为白色，计算白色菌落比率。

(7) 在显微镜下比较两种酵母的大小。

五、实验结果记录

观察正常酵母和呼吸缺陷酵母在 TTC 培养基的生化反应菌落特征，并计算呼吸缺陷型酵母的检出率。

序号	初始浓度/(cfu/mL)	红色菌落数/cfu	白色菌落数/cfu	呼吸缺陷型检出率/%
1				
2				
3				
4				

六、问题与讨论

(1) 为什么呼吸缺陷型啤酒酵母在 TTC 培养基上形成白色菌落？

(2) 结合学过的知识分析生产中产生过多呼吸缺陷型酵母的原因。

实训六　麦芽糖化与培养基的制备

一、实训技能验收标准

掌握麦汁的制备方法；了解麦汁糖化的原理和澄清方法；学会麦汁培养基的制备。

二、实验原理

麦芽糖化即利用麦芽中各种水解酶，在适宜的条件下，将麦汁中的不溶性大分子物质（淀粉、蛋白质、纤维素及中间的分解产物等）逐步分解为可溶性低分子物质（麦芽糖等可发酵性糖）的分解过程。麦芽粉碎后在 65℃条件下进行糖化，用碘液检查糖化的终点。

三、仪器与材料

(1) 材料与试剂　麦芽；琼脂；碘液。

(2) 仪器与设备　粉碎机；水浴锅；糖度仪；试管；三角瓶等。

四、步骤与方法

(1) 取大麦芽一定数量，粉碎。

(2) 加 4 倍于麦芽量的 60℃水，在 60～65℃下水浴保温糖化，经 3～4h。用玻璃棒蘸一滴烧杯中的液体滴于平板上，再向液滴上滴一滴碘液，碘液不变蓝色且不变红为终点。若变红，说明淀粉分解产生多种产物，糖化不完全。一直加热直至加碘液后为不变色为止。

(3) 用 8 层纱布过滤，除去残渣，煮沸后再重复用滤纸或脱脂棉过滤一次，即得澄清的麦汁。

(4) 用糖度仪测麦汁糖度，加水稀释成 10～12°Bx 的麦汁。

(5) 按 2%的琼脂用量制备固体培养基。115℃灭菌 20min。

五、实训结果记录

(1) 测定麦芽糖化的终点及糖度。

(2) 制备液体与固体培养基。

六、问题与讨论

若麦汁过滤后仍然浑浊沉淀，应如何处理？

实训七　静置培养——啤酒发酵实验

一、实训技能验收标准

掌握啤酒静置发酵方法；观察啤酒主发酵过程的三个时期（低泡期、高泡期和落泡期）的现象；学会测定啤酒发酵工艺的有关参数（残糖、酵母发芽率、酵母死亡率等）。

二、实验原理

酵母在无菌条件下与麦汁充分混合，在适宜的温度及其他条件下增殖，并发酵产生酒精与 CO_2，产生泡沫。主发酵又称前发酵，是发酵的主要阶段，在液体表面出现低泡期、高泡期和落泡期。在低泡期时酵母开始繁殖，但是 CO_2 产生少，在此期间不需严格降温，糖度下降不大；在高泡期酵母开始大量繁殖，产生大量 CO_2 和泡沫，泡沫表面呈棕黄色为发酵旺盛期，糖度逐渐下降，并大量释放能量，须注意降温；发酵 4～5d 后，逐渐减弱，CO_2 气泡减少，泡沫回吸，为落泡期。啤酒主发酵结束，残糖量降低，酵母沉淀。

三、仪器与试剂

(1) 仪器设备　生化培养箱；培养箱；糖度仪；酸度计；显微镜；血细胞计数板；试管；三角瓶等。

(2) 试剂　美蓝。

四、步骤与方法

1. 酵母活化与接种

斜面菌种（20℃，24～48h）→种子液试管（24℃，16～18h）→摇匀试管

↓

测试、观察←20℃静置发酵←从试管接种到发酵瓶（接种量为发酵瓶液体体积的 3%左右）

2. 静置培养

(1) 将发酵瓶放入保温箱中在 20℃下静置培养，记录低泡期、高泡期和落泡期的时间。

(2) 发酵过程中从接种时开始每隔 4h 对发酵液测试一次，其测试项目包括糖度、pH、酵母细胞数（包括酵母总数、出芽数、死亡数）、酵母形态的变化。用糖度计测糖度、pH 计测定 pH。

(3) 计算每次测试酵母的出芽率和死亡率。1mL 发酵液加 9mL 蒸馏水制成试剂液，然

后取一滴滴于血细胞计数板上，再滴加 0.1%的美蓝试剂 2～3 滴染色，在显微镜下观察，死酵母被染成蓝色，活酵母可使美蓝褪色。但染色后应尽快观察，时间过长，美蓝对活酵母也有影响。计数酵母细胞时，视野边缘的或出芽的细胞大于母体的 1/2 时，则按 2 个细胞算。若小于母体的 1/2 则按 1 个细胞算。

（4）发酵啤酒的品评，发酵结束后，进行适当的后酵品评，观察下面酵母发酵结束后絮凝沉降的情况。

五、实训数据及其处理

（1）对结果进行记录，见下表：

项　目	时间/h										
	4	8	12	16	20	24	28	32	36	40	44
出芽率/%											
死亡率/%											
pH											
糖度											

（2）根据上表结果绘制酵母的生长曲线（酵母总数-时间变化曲线）、pH-时间变化曲线、糖度-时间变化曲线、死亡率-时间变化曲线、出芽率-时间变化曲线。

六、问题与讨论

啤酒主发酵过程三个阶段酵母总数、pH、糖度、死亡率和出芽率随时间的变化趋势分别是怎样的？

实训八　啤酒和葡萄酒的品评实验

一、实训技能验收标准

掌握啤酒、葡萄酒的质量标准，品评的要求；了解啤酒、葡萄酒的品评方法；学会评价啤酒和葡萄酒感官品评。

通过对啤酒、葡萄酒的品评，进一步了解啤酒、葡萄酒的风味，加深对其色泽、口感及气泡性的认识。

二、实验材料

高脚杯（透明），各种啤酒（如青岛啤酒、烟台啤酒、崂山啤酒、纯生啤酒、燕京啤酒等），葡萄酒（干红葡萄酒、干白葡萄酒、桃红葡萄酒、香槟酒）。

三、步骤与方法

1. 葡萄酒感官品评步骤

（1）将葡萄酒倒入杯内，量为杯容积的 1/3。

（2）观察色泽、透明度。

（3）嗅香气　先不摇动杯子，嗅其香气，再环形摇动杯子后嗅其香气。红葡萄香气挥发得很慢。摇动后香气易挥发出来，嗅完后作好记录。

（4）入口品尝　入口 10s 后会有一些感觉，然后在口中搅动，及时捕捉感觉作好记录。10s 后吐出一部分，将小部分咽下。多品尝几次，有利于香气的再现和品尝准确。然后再尝一小口，将口张开让酒与空气接触，味感会更好。记录风味特点。

2. 啤酒感官品评步骤

（1）将啤酒倒入杯内，以酒杯倒满为佳。

（2）泡持性　泡沫会迅速膨胀，从泡沫开始下降计时，至泡沫全部落下的时间，即为泡持性（落泡时间）。

（3）观察色泽、透明度。

（4）挂壁性　观察啤酒的泡沫在酒杯壁上是否停留。

（5）入口品尝　入口 10s 后会有一些感觉，然后在口中搅动，及时捕捉感觉作好记录。10s 后吐出一部分，将小部分咽下。多品尝几次，有利于香气的再现和品尝准确。然后再尝一小口，将口张开让酒与空气接触，味感会更好。记录风味特点。

四、实验结果记录

观察记录啤酒泡沫挂杯时间，观察记录不同葡萄酒的颜色透明度等，闻各种酒的特有香气，口感品评，最后把数据记录填表打分比较。

（1）葡萄酒的品评

名称	原汁含量	酒精度	保质期	类型	品评结果

（2）啤酒的品评

名称	配料	酒精度	原麦汁浓度	保质期	泡持性	品评结果

五、问题与讨论

（1）品酒过程中，对于品酒温度有何要求？

（2）查阅资料对照国家对品酒师的要求，分析你品酒的结果。

综合设计实训项目

实训九　红葡萄酒酿造实验

一、实训技能验收标准

掌握家庭自酿红葡萄酒的发酵工艺；观察红葡萄酒发酵过程的现象；学会测定红葡萄酒发酵工艺的有关参数。

二、实验原理

成熟度符合要求的红葡萄，压榨后，果肉、果核、果皮都装入发酵容器内进行发酵。酿酒酵母利用葡萄中的还原糖进行发酵，生成酒精的同时，葡萄皮的色素经浸渍进入酒体中。发酵过程中 pH、糖度、酵母数产生一系列变化。

三、仪器与材料

(1) 材料、试剂　酿酒葡萄；偏重亚硫酸钾；蔗糖；活性干酵母。

(2) 仪器设备　生化培养箱；pH 计；手持糖度仪；显微镜；试管；用于发酵的大三角瓶等。

四、步骤与方法

(1) 成熟度控制　含糖量≥170g/L，剔除生青、腐烂的果实。

(2) 手工去梗、破碎。

(3) 装瓶　装量不超过瓶容的 75%，同时按汁量加入 50～80mg/L SO_2 搅匀，并加入果胶酶 20mg/L（或参照说明书）。同时取汁测糖、酸、相对密度、温度，根据需要进行糖度、酸度调整。

(4) 浸渍发酵　采取红葡萄酒专用活性干酵母发酵，当有酒帽[1]形成时，补加糖 1 次。按 18g/L 生成 1%酒精度加糖至生成 12%（体积分数）。每天测 3 次相对密度、温度，并定期用压帽柄压“帽”、发酵容器控温在 26～30℃。

(5) 当相对密度降至 1.010～1.020 时，出酒，同时压榨皮渣，混合，控温 18～20℃，进行发酵管理。

(6) 当残糖＜2g/L 时，酒精发酵结束，用 $KHCO_3$ 调整 pH≥3.2，触发苹果酸-乳酸发酵。

(7) 贮藏　满罐或满瓶，调游离 SO_2 为 20～30mg/L。

(8) 下胶与过滤　自然澄清半年后，用明胶下胶，通过下胶实验确定用量，然后用澄清板过滤。

(9) 稳定性试验　检查酒的氧化、铁、铜、色素、微生物稳定性，若不稳定需要进行相应的处理。

(10) 装瓶、将酒冷至其冰点以上 0.5℃左右，在温和条件下进行澄清、除菌、过滤，并加入 5～10mg/L SO_2，打塞，卧放贮存。

五、实训数据及其处理

记录发酵前及发酵后过程中糖度、酸度的变化，及发酵后所得葡萄酒的色泽、香味等感

---

[1] 酒帽：果皮、果柄等浮在表面在盖中央形成的一种盖状物。

官指标。制定出家庭自酿葡萄酒的简单工艺参数。

六、问题与讨论

（1）生产酒精度为10%的干红葡萄酒发酵时糖度最少应调到多少？

（2）根据已经学习的知识，请自行设计一个家庭自酿葡萄酒工艺。

实训十　葡萄酒酒精度的测定（密度瓶法）

一、实训技能验收标准

熟练掌握测定葡萄酒酒精度的方法。学会葡萄酒的分析方法。

二、实验原理

用蒸馏法去除葡萄酒中的不挥发性物质，再用密度瓶法测定馏出液的密度。根据馏出液（酒精溶液）的密度，查《酒精溶液密度与酒精度（酒精含量）对照表》，求得20℃时酒精的体积分数，即酒精度。

三、仪器与材料

（1）材料　各类型葡萄酒。

（2）仪器设备　分析天平、蒸馏器、高精度恒温水浴箱、密度瓶（附温度计）、容量瓶、玻璃珠等。

四、步骤与方法

（1）用容量瓶准确量取100mL样品（液温20℃）于500mL蒸馏瓶中，用50mL水分三次冲洗容量瓶，洗液并入蒸馏瓶中，再加几颗玻璃珠，连接冷凝器，以取样用的原容量瓶作接收器（外加冰浴）。开启冷却水，缓慢加热蒸馏。收集馏出液接近刻度，取下容量瓶，盖塞。在20℃水浴中保温30min，补加水至刻度，混匀后备用。

（2）将密度瓶洗净并干燥，带温度计和侧孔罩称量。重复干燥和称重，直至恒重（m）。取下温度计，将煮沸冷却至15℃左右的蒸馏水注满恒重的密度瓶，插上温度计（瓶中不得有气泡）。将密度瓶浸入（20.0±0.1）℃的恒温水浴中，待内容物温度达20℃，并保持10min不变后，用滤纸吸去侧管溢出的液体，使侧管中的液面与侧管管口齐平，立即盖好侧孔罩，取出密度瓶，用滤纸擦干瓶壁上的水，立即称重（m_1）。

（3）将密度瓶中的水倒出，洗净并使之干燥，然后装满试样，按步骤（2）同样操作，称重（m_2）。

（4）根据以下公式计算结果：

$$\rho_{20}^{20}=\frac{m_2-m+A}{m_1-m+A}\times\rho_0$$

$$A=\rho_a\times\frac{m_1-m}{997.0}$$

式中　ρ_{20}^{20}——试样馏出液在20℃时的密度，g/L；

m——密度瓶的质量，g；

m_1——20℃时密度瓶与充满密度瓶蒸馏水的总质量，g；

m_2——20℃时密度瓶与充满密度瓶试样馏出液的总质量，g；

ρ_0——20℃时蒸馏水的密度（998.20g/L）；

A——空气浮力校正值；

ρ_a——干燥空气在20℃、101.325kPa时的密度值（约1.29g/L）；

997.0——在20℃时蒸馏水与干燥空气密度值之差，g/L。

根据试样馏出液的密度，查规范性附录，求得酒精度。

五、数据分析

将所得实验结果与葡萄酒标签所标记的酒精度进行分析比较，如出现偏差请分析原因。

六、问题与讨论

酒精度的测定方法有哪些？

实训十一　葡萄酒的稳定性试验

一、实训技能验收标准

通过对葡萄酒有关项目的稳定性试验，预测酒的稳定性；学习相关项目的测试方法，分析葡萄酒稳定性。

二、材料与仪器

（1）材料与药品　红葡萄酒，白葡萄酒，酒石酸氢钾，氯化钠，饱和氯化钾溶液，酚酞，0.5mol/L NaOH，10%单宁，H_2O_2，$K_2S_2O_5$，$Na_2S_2O_4 \cdot 2H_2O$，5%硫氰化钾，浓盐酸，亚硫酸。

（2）仪器与器皿　比色管（25mL或50mL），磁力搅拌器，冰箱，漏斗，水浴锅，电炉，烧杯，玻璃棒，温度计（－20～100℃），高压灭菌锅，恒温培养箱，挥发酸测定装置，有机酸色谱分离装置。

三、步骤与方法

1. 酒样的准备

用于稳定性试验的酒样必须是澄清的，澄清是稳定性试验的前提。

红、白葡萄酒都需要进行的稳定性试验项目包括：氧化、微生物、铁、酒石。

只有红葡萄酒需要进行的项目包括：色素。

只有白葡萄酒需要进行的项目包括：蛋白质、铜。

桃红葡萄酒容易出现与白葡萄酒相同的浑浊；而甜型葡萄酒和开胃酒容易出现红葡萄酒型的浑浊。

2. 冷冻试验

主要用于检验葡萄酒的酒石稳定性和红葡萄酒的色素稳定性。

将葡萄酒装入无色透明的玻璃瓶中，加塞密封，然后放入温度为酒的冰点之上0.5℃的冰箱中，保持7d，每天观察透明度变化情况。酒样仍然澄清，说明该酒在冷冻的情况下是稳定的。若有浑浊沉淀，说明该酒在冷冻的情况下是不稳定的，经离心分离，取其沉淀物于显微镜上检查。若有结晶析出即为酒石结晶；若为絮状沉淀，则多有蛋白质或胶体沉淀；若沉淀物带有色泽，则为单宁色素或单宁蛋白质沉淀物。

将酒样在结冰条件下维持8～24h，冰晶融化之后如果出现盐的结晶则意味着酒液不稳定。

（1）检验酒石稳定性的方法　于250mL烧杯中注入50mL待测葡萄酒，准确称取0.125～0.15目的分析纯酒石酸氢钾200mg，加入酒中。烧杯中放入磁力搅拌棒，然后将烧杯置于铜制水浴锅中，烧杯周围堆放冰盐混合物（冰盐比为5∶11），使温度保持在0～1℃，水浴锅放在磁力搅拌器上，开动磁力搅拌器，烧杯中的葡萄酒得以匀速搅拌。经2h的搅拌后，将析出的沉淀物倾至漏斗中的滤纸上，用30mL饱和氯化钾液洗涤，将滤纸及沉淀物移入500mL烧杯中，加入中性蒸馏水50mL。加热待沉淀溶解后，加入酚酞指示剂，用0.5mol/L NaOH溶液滴定，然后计算出酒石酸氢钾值。

如果50mL葡萄酒中析出的酒石酸氢钾小于200mg，则不会发生结晶性浑浊沉淀；如果超过212mg，则表明酒石不稳定。

（2）通过测定葡萄酒的电导率来检验酒石稳定性　冷冻处理前后电导率的变化值若小于25μS/cm，葡萄酒是稳定的；若大于25μS/cm小于50μS/cm，葡萄酒有酒石沉淀的危险；若大于50μS/cm，则葡萄酒酒石不稳定。

（3）通过分析酒石含量来预测酒石稳定性　若酒石含量低于0.7g/L，则该葡萄酒酒石稳定。

测定饱和温度来判断酒石稳定性。

某温度下酒石的稳定性检测：100mL 酒样在搅拌下降至预定温度，加入 1.5g 粉状酒石酸氢钾晶种，记录初始电导率读数。大约 20min 后，记录平衡时的电导率读数。只有读数的变化超过仪表精度的 2 倍以上，才能表明电导率真正发生了变化。

3. 热稳定性试验

主要检验白葡萄酒的蛋白质稳定性。

将葡萄酒装入 500mL 无色透明的玻璃瓶中，瓶颈空隙只保留 15～20mm 的距离，放入 55℃保温箱中，24h、48h 和 72h 后观察其清浑变化。如果在 24h 热处理后失光变浑，白葡萄酒多为蛋白质不稳定；如果在 48h 和 72h 浑浊沉淀，则多为酚类化合物不稳定或单宁蛋白质不稳定。

另外，可取 200mL 烧杯，装满葡萄酒，加入 2mL 10％（或 0.5g/L）的单宁液，在 80℃水浴中加热 30min，冷却后（24h 后），如果葡萄酒出现絮凝沉淀，则表明它具有引起瓶内蛋白破坏病的过量蛋白。

4. 氧化试验

主要检验葡萄酒的氧稳定性，包括氧化稳定性和铁稳定性。

在 3 个 100mL 的烧杯中各装入 30mL 酒样，一个为对照，另外 2 个分别加入 30％H_2O_2 25mL、3mg $K_2S_2O_5$，用塞密封摇匀或用玻璃棒搅匀，用纸盖严，放置，每天观察其变化，以 4d 的变化为依据，继续观察 1 周。

如果三者均澄清，未出现浑浊，说明该酒有较强的抗氧能力，可在较长时间内不出现氧化性浑浊沉淀；如果加 H_2O_2 者浑浊，另两者澄清，或空白有轻微失光，说明该酒有一定的抗氧能力；如果加 $K_2S_2O_5$ 者澄清或轻度失光，空白失光或浑浊，说明该酒对氧极不稳定。

氧化条件下浑浊沉淀的葡萄酒可能是氧化破坏，也可能是铁破坏。

如果在氧化条件下葡萄酒变为乳白色，甚至出现灰白色沉淀，且在加入少许连二亚硫酸钠后重新变为澄清状，则为铁破坏。或者将最为浑浊的部分装入试管并加入 2mL 浓盐酸和 5mL 5％硫氰化钾，如果溶液变红，则为铁破坏。

5. 铜稳定性试验

主要检验白葡萄酒和桃红葡萄酒的铜稳定性。

如果葡萄酒中铜含量低于 0.5g/L，则不会出现铜不稳定性；如果高于 0.5g/L，就有产生铜破坏的危险。取一无色瓶，装满葡萄酒，加入 0.5mL 8％亚硫酸，密封，水平置于非直射阳光下 1 周，如果葡萄酒变浑，并且在通气后重新变清，则为铜破坏。

也可将葡萄酒平放于 30℃的恒温箱中 3～4 周进行检验。

6. 微生物稳定性

主要检验葡萄酒中微生物的稳定性。也可用于了解葡萄酒是否容易感染微生物病害，或检查过滤或离心效果。

（1）还原糖的测定　用费林试剂滴定葡萄酒中的还原糖。

（2）苹果酸的测定　通过有机酸色谱分离，判断苹果酸-乳酸发酵是否进行，或进行得是否彻底。

（3）微生物计数　在显微镜下观察或通过培养对葡萄酒中的微生物进行计数。细菌总数$\leqslant$50 个/mL，大肠菌群$\leqslant$3 个/100mL。

（4）温箱试验　醋酸菌试验（好气性微生物）、其他病害试验（厌气性微生物）。

注意：保证是葡萄酒中的微生物在适宜的条件下进行的活动，而非来自于环境和容器等。

四、问题与讨论

（1）葡萄酒稳定性试验包括哪些？分别在什么时期进行？

（2）查阅资料，分析影响葡萄酒非生物稳定性和生物稳定性的因素有哪些？

实训十二 啤酒酵母的固定化与啤酒发酵实验

一、实训技能验收标准

（1）熟悉固定化细胞技术的方法与原理。

（2）掌握用固定化酵母生产啤酒的过程。

二、实验原理

利用物理或化学的手段将游离的生物细胞定位于限定的空间区域，使其保持活性并可反复使用的技术，称之为细胞的固定化。对应的细胞称固定化细胞。

目前制备固定化细胞的方法有吸附法、包埋法、共价结合法、交联法、多孔物质包络法、超滤法、多种固定化方法联用等几类方法。其中包埋法应用较为普遍。

1. 吸附法

（1）表面吸附法　利用微生物细胞固有的吸附能力，使细胞固定化。通常供吸附细胞用的载体多为多孔性物质，主要有高岭土、多孔硅、聚氯乙烯碎片、活性炭、木屑、离子交换树脂、多孔玻璃等。有的微生物不具有吸附能力，可通过改变细胞或载体表面的理化性质使微生物细胞以离子引力或借助化学键吸附到载体上。

（2）细胞聚集法　某些细胞具有形成聚集或絮凝物颗粒的倾向，如果将其进行较长时间的悬浮培养，细胞浓度很高时，这种倾向更为明显。如酿酒酵母本身就能形成聚集体，可以置于连续塔式反应器内生产酒精。由于细胞在反应器内非常稳定，细胞浓度很高，因而表现出很高的生物转化速率。在某些环境条件下，可以诱导形成微生物细胞聚集，如利用多聚电解质可以引起细菌形成聚集体，某些细胞能够分泌高分子化合物，使微生物细胞与固体物质的表面发生吸附作用。

2. 包埋法

（1）凝胶包埋法　利用凝胶包埋来进行固定化的方法。如将细胞悬浮物与一定浓度的海藻酸钠溶液混合，再与适当浓度的氯化钙溶液接触，则形成海藻酸钙凝胶，用于生产酒精、啤酒、抗生素、有机酸和酶制剂等各种代谢产物；还可采用各种天然的凝胶物质（琼脂、壳聚糖、明胶、胶原、蛋清、槐豆胶）、合成聚合物（如醋酸纤维）以及利用辐射作用能聚合的物质等进行包埋制备固定化细胞。

（2）微胶囊法　利用半通透性聚合物薄膜将细胞包裹起来形成微型胶囊的方法。微胶囊的直径一般在 1～100mm。微胶囊法又可分为界面聚合法、液体干燥法、分相法、液膜法等几种。

3. 多孔物质包络法

多孔物质包络法介于吸附法和包埋法之间，利用一些能够使细胞渗入空隙，并在其中形成很大细胞群体的多孔物质来制备，常用的多孔物质有棉布或尼龙布、金属丝网及各种类型的海绵和泡沫塑料。

4. 超过滤法

利用超滤膜（即半透膜）也可以将细胞固定起来，底物与产物可以自由进出超滤膜，而位于膜内的细胞却不能流出来。本法常用于制备生物传感器和膜反应系统。

5. 多种固定化方法的联用

目的在于平衡传统单一固定化方法使用中的优缺点，如采用吸附-交联法，即先将细胞吸附在树脂上再用交联剂交联，提高了细胞的活性与稳定性，还有包埋-交联法、PVA 包埋-吸附法、细胞聚集-交联法、包埋-共价结合法等。

三、材料与仪器

（1）菌种　啤酒酵母。

（2）培养基　麦汁琼脂培养基（斜面）；种子培养基（麦汁加入 0.3%酵母膏，调节 pH

至 5.0，每个小三角瓶装入 75mL 液体培养基）；发酵培养基（250mL 三角瓶中盛入 150mL 8%～12%麦汁）。

（3）固定化细胞材料（要求无菌）

① 2.5%海藻酸钠溶液 10mL，加热溶解，高压灭菌后冷却至 45℃备用。

② 50mL 1.5% $CaCl_2$，灭菌后冷却备用。

（4）其他　无菌生理盐水、ϕ2mm 滴管、旋转蒸发仪、酒精密度计。

四、步骤与方法

（1）酵母菌液的制备　将培养 24h 的新鲜斜面菌种，接种于三角瓶种子培养基中，在 28℃静置培养 48h 或 28℃下在转速 100r/min 的摇床振荡培养 24h。

（2）酵母细胞的固定化　在冷却至 45℃的海藻酸钠溶液中加入 5mL 预热至 35℃的酵母培养液，混合均匀。用无菌滴管以缓慢而稳定的速度滴入 1.5% $CaCl_2$ 溶液中，边滴入菌液边摇动三角瓶，即可制得直径约为 3mm 的凝胶珠。在 $CaCl_2$ 溶液中钙化 30min，即可使用。

（3）固定化酵母细胞发酵啤酒　将制得的固定化酵母细胞移入生理盐水中，洗去表面的 $CaCl_2$。将固定化酵母凝胶珠全部转移到发酵培养基中，室温下静置培养 7d 后测酒精含量。将发酵后的固定化酵母细胞用生理盐水清洗，即可再接入新的发酵培养基，进行第二次发酵。

（4）发酵液中酒精含量的测定　取发酵液 50mL，加水 100mL 进行蒸馏。收集前馏分 50mL，用酒精密度计测定酒精含量。

五、实训结果

（1）固定化细胞凝胶珠直径的测定。

（2）无菌操作条件下取出经过钙化的凝胶珠 5～10 粒，测定其直径并计算平均值。

编　号	直径/mm	编　号	直径/mm
1		7	
2		8	
3		9	
4		10	
5		平均	
6			

（3）观察固定化细胞啤酒发酵液蒸馏前的颜色，闻其气味并记录；在无菌操作条件下取出 5～10 粒凝胶珠，测定其直径，计算平均值，并与发酵前的凝胶珠比较。

编　号	直径/mm	编　号	直径/mm
1		7	
2		8	
3		9	
4		10	
5		平均	
6			

（4）记录发酵液的酒精含量，并与啤酒国家标准对照。

六、注意事项

酒精密度计与糖密度计不同。由于酒精密度比水小，酒精含量越高，密度计上浮越多。

七、思考题

（1）与一般啤酒发酵相比，固定化细胞发酵有何特点？

（2）啤酒发酵前后，固定化细胞有何不同？

企业实训项目

为了更好地实现本课程的工学结合，本课程按照葡萄酒、啤酒两个项目设计了教学内容与校内实验、实训内容，在完成这些教学环节后，学生需要进行生产性综合实训，这也是本课程重要的实践教学环节。内容主要涉及葡萄酒企业和啤酒企业的认知实习、生产实训、顶岗锻炼等。通过生产性实训，要求学生掌握并熟悉葡萄酒和啤酒的实际生产工艺流程、生产管理技术、产品检验方法。通过生产实训，提高学生运用所学理论知识解决生产中实际问题的能力和生产操作技能。

（1）本课程学习开始时，进行一次认识实习，分别到啤酒企业和葡萄酒企业进行参观，增加对行业的感性认识（0.5 周）。

（2）本课程啤酒项目学习结束后，到啤酒厂进行啤酒生产实训（2 周）。

实训内容如下：

① 啤酒酿造工艺过程（1 周） 啤酒的酿造工艺技术。

② 啤酒质量分析与控制（1 周） 包括：啤酒原料的检验分析；啤酒的检验分析。

（3）本课程葡萄酒部分学习结束后，到葡萄酒厂进行葡萄酒生产实训（2 周）。

实训内容如下：

① 葡萄酒酿造工艺过程（任选一种葡萄酒）（1 周） 包括：酿酒葡萄原料的选择；干红葡萄酒的酿造；干白葡萄酒的酿造。

② 葡萄酒质量分析与控制（1 周） 包括：酿酒葡萄成熟度的控制；葡萄酒的检验与分析。

参 考 文 献

[1] 刘玉田等. 现代葡萄酒酿造技术. 济南：山东科学技术出版社，1990.

[2] 顾国贤. 酿造酒工艺学. 第2版. 北京：中国轻工业出版社，1996.

[3] E mile Peynaud. 葡萄酒科学与工艺. 朱宝墉等译. 北京：中国轻工业出版社，1992.

[4] Zraly K. 著. 葡萄酒入门. 刘钜堂译. 台北：联经出版事业公司，1996.

[5] 高年发. 葡萄酒生产技术. 北京：化学工业出版社，2005.

[6] 李华，王华等. 葡萄酒化学. 北京：科学出版社，2005.

[7] 王福源. 现代食品发酵技术. 第2版. 北京：中国轻工业出版社，2004.

[8] 王恭堂，张雪梅等. 葡萄酒的酿造与欣赏. 北京：中国轻工业出版社，2001.

[9] 中华人民共和国质量监督检验检疫总局，中国国家标准化管理委员会. GB/T 15038—2005 葡萄酒、果酒通用分析方法.

[10] 高树贤等. 葡萄酒工程学. 杨凌：西北农业大学出版社，1997.

[11] 张惟广等. 发酵食品工艺学. 北京：中国轻工业出版社，2004.

[12] 高畅等. 葡萄酒发酵罐分析综述. 杨凌：包装与食品机械，2005，23（1）：35-39.

[13] 瞿衡. 酿酒葡萄栽培及加工技术. 北京：中国农业出版社，2001.

[14] 刘凡清等. 固液分离与工业水处理. 北京：化学工业出版社，2001.

[15] 吕一波. 分离技术. 北京：中国矿业大学出版社，2000.

[16] 张宝善. 果品加工技术. 北京：中国轻工业出版社，2000.

[17] 李华. 现代葡萄酒工艺学. 北京：中国轻工业出版社，2001.

[18] 朱梅等. 葡萄酒工艺学. 北京：中国轻工业出版社，1983.

[19] 何国庆等. 食品发酵与酿造工艺学. 北京：中国农业出版社，2001.

[20] 李玉鼎. 葡萄栽培（贮藏保鲜）与葡萄酒酿造. 银川：宁夏人民出版社，2006.

[21] 朱宝镛，葡萄酒工业手册. 北京：中国轻工业出版社，1995.

[22] 桂祖发. 酒类制造. 北京：化学工业出版社，2001.

[23] 张振文. 葡萄品种学. 西安：西安地图出版社，2001.

[24] 王文甫. 啤酒生产工艺. 北京：中国轻工业出版社，1998.

[25] 赵金海. 酿造工艺：下. 北京：高等教育出版社，2002.

[26] 逯家富，赵金海. 啤酒生产技术. 北京：科学出版社，2004.

[27] Wolfgang Kunze 著. 啤酒工艺实用技术. 湖北啤酒学校翻译组. 北京：中国轻工业出版社，1998.

[28] 徐斌. 啤酒生产问答. 北京：中国轻工业出版社，2000.

[29] 程殿林. 啤酒生产技术. 北京：化学工业出版社，2005.

[30] 桂祖发. 酒类酿造. 北京：化学工业出版社，2001.

[31] 程丽娟，袁静主编. 发酵食品工艺学. 杨凌：西北农林科技大学出版社，2002.

[32] 康明官. 特种啤酒酿造技术. 北京：中国轻工业出版社，1999.

[33] 孙俊良. 发酵工艺. 北京：中国农业出版社，2002.

[34] 王叔淳. 食品卫生检验技术手册. 第3版. 北京：化学工业出版社，2002.

[35] 管敦仪. 啤酒工业手册. 修订版. 北京：中国轻工业出版社，1998.

[36] 何国庆，丁立孝主编. 食品酶学. 北京：化学工业出版社，2006.

[37] 周广田，聂聪. 啤酒酿造技术. 济南：山东大学出版社，2004.

[38] 苏畅，肖冬光，许葵. 几种进口葡萄酒活性干酵母发酵性能比较. 酿酒，2004，121（1）：31-33.

[39] 刘延琳，蒋思欣，张振文等. 葡萄酒活性干酵母的温度适应性研究. 西北农林科技大学学报：自然科学版，2004，32，（6）：87-89.